高端图像与视频新技术丛书

新一代通用视频编码 H.266/VVC：
原理、标准与实现

万　帅　霍俊彦　马彦卓　杨付正　著

电子工业出版社

Publishing House of Electronics Industry

北京 · BEIJING

内 容 简 介

本书系统全面地介绍了新一代的通用视频编码标准 H.266/VVC，讲解了相关编码原理和实现方法，并对相应标准语法语义进行了模块化的解读。全书共 13 章。第 1 章概述了视频编码国际标准和 H.266/VVC 的发展历程，介绍了 H.266/VVC 的特色技术。第 2 章讨论了数字视频格式和 H.266/VVC 编码视频格式。第 3 章详细解析了 H.266/VVC 编码结构及参数集，并介绍了 H.266/VVC 的档次、层和级别。第 4～10 章为 H.266/VVC 编码技术的分模块论述和语法语义解析，包括帧内预测编码、帧间预测编码、变换编码、量化、熵编码、环路滤波和面向多样化视频的编码工具。第 11～13 章针对 H.266/VVC 的实现和应用，详细介绍了 H.266/VVC 的网络适配层、率失真优化和速率控制。

本书可作为电子信息类和广播电视类本科高年级学生和研究生的相关课程教材，也可供视频技术研究领域的研究生、教师、工程师参考，并且适合相关技术人员作为解读 H.266/VVC 标准的参考用书。

图书在版编目（CIP）数据

新一代通用视频编码 H.266/VVC：原理、标准与实现/万帅等著. —北京：电子工业出版社，2022.8
（高端图像与视频新技术丛书）

ISBN 978-7-121-43927-8

Ⅰ. ①新⋯　Ⅱ. ①万⋯　Ⅲ. ①视频编码　Ⅳ.①TN762

中国版本图书馆 CIP 数据核字（2022）第 117508 号

责任编辑：李　敏　　文字编辑：曹　旭
印　　刷：北京虎彩文化传播有限公司
装　　订：北京虎彩文化传播有限公司
出版发行：电子工业出版社
　　　　　北京市海淀区万寿路 173 信箱　邮编 100036
开　　本：787×1 092　1/16　印张：24.5　字数：612 千字
版　　次：2022 年 8 月第 1 版
印　　次：2024 年 6 月第 6 次印刷
定　　价：129.00 元

凡所购买电子工业出版社图书有缺损问题，请向购买书店调换。若书店售缺，请与本社发行部联系，联系及邮购电话：（010）88254888，88258888。

质量投诉请发邮件至 zlts@phei.com.cn，盗版侵权举报请发邮件至 dbqq@phei.com.cn。

本书咨询联系方式：（010）88254753 或 limin@phei.com.cn。

前　言

　　人类主要通过视觉感知世界，对于"看见"有着天然的渴望。如今，各式各样的视频应用已经渗透到人类社会的方方面面。毫不夸张地说，数字视频是现代人类社会的重要组成部分。作为一种数据量非常巨大的信息载体，视频获得实际应用的根本条件和前提，是对视频进行有效的压缩编码。自 20 世纪 80 年代以来，国际标准化组织一直在持续研究视频编解码方法，并根据当时的整体技术水平，制定视频编码国际标准，以适应不断涌现的新需求。

　　近年来，视频应用的多样化特点越来越突出。从移动短视频、网络直播到高清、超高清电视，从共享屏幕视频到沉浸式视频体验……视频的种类繁多、特色各异，数据量与日俱增。视频应用的多样化和数据量的爆发式增长为视频编码带来了新的挑战。在这样的背景下，国际电信联盟电信标准化部门（ITU-T）与国际标准化组织/国际电工委员会（ISO/IEC）再次通力合作，于 2020 年发布了新一代的通用视频编码标准 H.266/VVC（Versatile Video Coding）。H.266/VVC 包含大量视频编码新技术。与它的前代标准 H.265/HEVC 相比，H.266/VVC 在相同重建视频质量下能够节约 50% 左右的码率。除了出色的压缩性能，H.266/VVC 还包含针对全景视频、屏幕视频特有的编码工具，有望在各类视频业务中获得广泛的应用。

　　H.266/VVC 的出色性能来源于复杂而精妙的编码新技术，相关标准的语法语义理解起来比较困难。作者针对 H.265/HEVC 标准著有《新一代高效视频编码 H.265/HEVC：原理、标准与实现》一书，获得了读者的广泛好评。本书沿袭了前书的基本思路，从原理出发，对 H.266/VVC 视频编码标准进行分模块解读。在给出 H.266/VVC 整体编码框架及其中的关键技术之后，针对 H.266/VVC 的各个编码模块分别进行详尽分析。为方便读者理解，每个编码模块都包含了相应的背景知识、语法语义、实现方式等。此外，本书的作者深入参与了 H.266/VVC 标准的制定，并有多项编码技术被该标准采纳。在撰写本书的过程中，作者根据自身对标准的理解，对重点、难点进行了仔细剖析。

　　全书共 13 章。第 1 章概述了视频编码国际标准和 H.266/VVC 的发展历程，介绍了 H.266/VVC 的特色技术。第 2 章讨论了数字视频格式和 H.266/VVC 编码视频格式。第 3 章详细解析了 H.266/VVC 编码结构及参数集，并介绍了 H.266/VVC 的档次、层和级别。第 4～10 章为 H.266/VVC 编码技术的分模块论述和语法语义解析，包括帧内预测编码、帧间预测编码、变换编码、量化、熵编码、环路滤波和面向多样化视频的编码工具。第 11～13 章针对 H.266/VVC 的实现和应用，详细介绍了 H.266/VVC 的网络适配层、率失真优化和速率控制。

　　本书的撰写获得了业内同行专家的大力支持，在此特别感谢 AVS 视频组联合组长郑萧桢博士为本书友情撰写 AVS 系列标准的相关内容，特别感谢丁丹丹博士为本书友情撰写开放媒体联盟 AOM 系列标准的相关内容，特别感谢华为技术有限公司杨海涛博士（H.266/VVC 标准"帧间预测编码"专题组主席）和陈焕浜研究员帮助校对帧间编码相关章节的技术描述。

　　同时，衷心感谢周健全、王海鑫、顾程铭、冉启宏、李程程、梁红、王璐歌、薛毅、巩浩等同学在资料收集和内容整理方面付出的辛勤劳动。

　　本书可作为电子信息类和广播电视类本科高年级学生和研究生的相关课程教材，也可供视频技术研究领域的研究生、教师、工程师参考，并且适合相关技术人员作为解读 H.266/VVC 标准的参考用书。

　　由于时间有限，书中的论述难免出现疏漏，恳请广大读者批评指正。

作　者

2021 年 8 月 19 日

目　录

1

第1章

绪 论

　　人们感知和认知外部世界主要通过视觉。实验心理学家赤瑞特拉通过大量实验证实，人类获得信息的 80%以上都来自视觉。所以，中文谚语中有"眼见为实"，英文谚语中也强调"Seeing is believing"，这些都是符合科学事实的。正因为如此，在这个信息化的时代，与视觉相关的应用往往受到用户极大的青睐。通信、娱乐、军事侦察、抗震救灾等，人们总是希望看到相应的动态影像，即视频信息。涉及视频的应用已经渗透到现代人类社会的方方面面，如数字电视、视频会议、在线课程、网络直播、沉浸式体验等。数字视频就是这些应用中的"主角"。

　　然而，人们在实际应用中接触到的视频，都是压缩过的视频。这是因为未经压缩的原始视频的数据量是非常惊人的，根本无法直接用于实际的传输或存储。因此，视频应用的一项关键技术就是视频编码（Video Coding），也称为视频压缩，其目的是尽可能去除视频数据中的冗余成分，减少表征视频的数据量。本章首先剖析视频压缩与编码的基本概念，进而简要介绍视频编码标准的发展历程，包括国际标准、国家标准，以及开放媒体联盟制定的系列开放标准。最后，本章针对本书所关注的新一代视频编码标准——通用视频编码 H.266/VVC（Versatile Video Coding），从整体理念出发，分析编码的基本架构和特征。

1.1　视频压缩与编码概述

1.1.1　视频

　　最初的视频信号是模拟的，最早是基于光电管及阴极射线管的电视系统产生的。但是模拟时代早已过去，如今我们所说的视频通常是指数字视频，从本质上讲其由一系列内容连续的数字图像按时间顺序排列而成。由于人眼的视觉暂留机理，连续播放的图像会形成平滑连续的视觉效果，当播放速度足够快时，人眼不再分辨出每一幅图像，而是在脑海中形成连续的视频。因此，图像是视频信号的基本单位。为了与静止图像相区别，视频中完整图像通常被称为帧（Frame），由许多帧按照时间顺序组成的视频也被称为视频序列（Video Sequence）。

视频序列中的每一幅图像，都是由 $N{\times}M$ 个像素（Pixel）组成的，每个像素都有具体的数值。因此，视频序列可以表示为三维矩阵，其中 $N{\times}M$ 表示每幅图像两个维度中的像素个数，形成视频的空间域；第 3 个维度代表视频的时间域，如图 1.1 所示。这里需要注意的是，彩色的视频需要 3 个这样的矩阵，分别代表 3 个基本的色彩分量，或者亮度和色度分量。此外，每秒播放的帧数目叫作帧率（Frame Rate），单位为 fps（Frame Per Second）。为了使人眼能够有平滑连续的感受，一般视频的帧率需要达到 25～30fps，超高清晰度视频的帧率甚至需要达到 60fps 以上。这部分内容将会在第 2 章中进行详细介绍。视频技术的一些基本概念和基础内容可参考文献 [1]。

从上文的分析中可以看出，原始视频的数据量是非常巨大的。以标清电影视频格式（720P）为例，假设 3 个色彩分量的每个像素均用 8bit 表示，帧率为 30fps，这样每秒的视频数据量达到 $1280{\times}720{\times}3{\times}8{\times}30{=}6.64{\times}10^{8}$（bit）。而时下的潮流应用如高清晰度电视、超高清晰度电视，"4K"甚至"8K"，分辨率和帧率则更高，同时可能采用 10bit 以上的编码比特深度或比特位深（Bit Depth），读者可以自行换算相应的原始视频数据量。原始视频巨大的数据量为存储带来困难，更无法将原始视频数据在网络上直接进行传输。因此，视频应用的一项关键技术就是视频编码，也称为视频压缩，其目的是尽可能去除视频数据中的冗余成分，减少压缩或编码后的数据量。

图 1.1　标准测试视频序列 Basketball Drill 中的连续三帧图像

1.1.2　视频压缩与编码

视频压缩是一类特殊的数据压缩方法。数据是信息的载体，对于定量的信息，设法减少表达这些信息所用数据量的方法称为数据压缩。数据压缩通常分为无损压缩和有损压缩两大类。其中，无损压缩是指数据经过压缩后，所携带的信息并没有损失，通过重建可以完全恢复压缩前的数据。无损压缩适用于数据需要严格完全重建的情形，常用于对文本文件、程序文件等进行压缩（如压缩成.zip 或.rar 的文本文件，在解压重建后与原文件应是完全相同的）。在某些特殊应用场合，也可以对音频或图像进行无损压缩，如需要完美音质的音乐制作、用于精确诊断的医学图像、来之不易的遥感图像等。然而，受信源熵的限制，无损压缩的压缩比普遍不高，对于图像的无损压缩来说，压缩比以 3：1 左右最为常见[2-3]。对于海量的原始视频数据来说，这样的压缩比是远远不够的，因此在绝大多数情况下，视频压缩都采用有损压缩的方式。

有损压缩以引入一定失真为代价，换取更高的压缩比。能够应用有损压缩的条件是人们对于引入的失真"无法察觉"或"可以接受"。有损压缩的典型应用对象就是人类认知用的音频、图像和视频。这是因为对于人耳或人眼来说，丢掉某些信息是不易察觉的。例如，图像中往往包含着许多细节，这些细节在频域里表现为大量的高频信息。而人眼对于细节或高频信息并不敏感，在压缩时丢掉部分高频信息可能并不会被人眼察觉。以如图 1.2 所示的图像为例，图 1.2（a）经过压缩比为 8：1 的有损压缩后获得图 1.2（b），二者在视觉上差别较小。此外，即使压缩产生的失真能够被人感知到，但是如果不会影响人们对视频内容的理解，那么人们也通常愿意接受质量稍差的音频、视频或图像，以获取较高的压缩比。例如，对比图 1.2（d）与图 1.2（a），能够明显看出图 1.2（d）中的字迹模糊，但并不影响人们对图像内容的理解；而此时，我们能够获得更高的压缩比（64：1）。音频、视频和图像压缩算法极大地利用了人类的感知特性，尽可能使压缩产生的失真发生在人不容易察觉的地方。总体来说，有损压缩能够获得比无损压缩高出许多的压缩比，然而，世上没有免费的午餐，其代价就是在质量上产生损失。

（a）原始图像　　　　　　　　　　（b）压缩比为8：1

（c）压缩比为16：1　　　　　　　　（d）压缩比为64：1

图 1.2　图像的有损压缩（JPEG 2000）

为了获得较高的压缩比，有损视频压缩以损失一定质量的代价获取高压缩比。此时压缩算法性能优劣与两个参数有关：码率和失真。有损压缩追求的是，在重建质量一定的条件下获得最高的压缩比（最低的码率）；或者在码率一定的条件下，视频重建质量最好。对于视频来说，还应当考虑视频在时间域的质量，也就是帧率的变化。视频的时间域失真常见于网络视频传输，传输中的视频数据遇到带宽变化，容易在接收端产生停顿等令人观看不适的现象。

虽然近年来信息技术发展非常迅速，有线与无线网络的带宽都在不断增加，各类存储器的容量也在不断增长，但是与此同时，人们对视频源保真度的要求也越来越高。如今，超高清视频日渐普及，存储容量与网络带宽的增长始终无法满足人们对存储和传输高分辨率视频的要求，因此，视频压缩与编码技术的进步和革新始终没有停歇。

在中文里，"视频压缩"和"视频编码"两个词常常被认为是等同的，被广泛交替使用。无论是视频压缩还是视频编码，通常都是指采用预测、变换、量化和熵编码等方式，尽可能地减少视频数据中的冗余，使用尽可能少的数据来表征视频。但是从严格意义上讲，二者存在细微的差别。视频压缩是"目的"，视频编码则更强调"手段"和"方法"。因此，在讨论视频压缩的方法时，国际上通常采用"视频编码"这一说法，相应的标准也被称为"视频编码标准"。按照国际惯例，本书中均使用"视频编码"的说法。

1.2　视频编码标准

各式各样的视频应用从一开始就催生了多种视频编码方法。为了使编码后的码流能够在大范围内互通和规范解码，自 20 世纪 80 年代起，国际组织就开始对视频编码建立国际标准。视频编码的国际标准通常代表同时代最先进的视频编码技术，目前国际上最新的视频编码标准就是本书所介绍的 H.266/VVC。

值得一提的是，2006 年，我国形成了具有自主知识产权的视频编码标准 AVS（Audio Video Coding Standard），其发展至今已具有相当的国际竞争力。除此之外，谷歌主导的开放媒体联盟系列标准也在视频编码领域形成了鲜明的特色。下面将对这些内容逐一进行介绍。

1.2.1　什么是视频编码标准

值得注意的是，视频编码标准只规定了码流的语法语义和解码器，只要求视频编码后的码流符合标准的语法结构，解码器就可以根据码流的语法语义进行正常解码。因此，符合某个视频编码标准的编码器是有很大自由度的，只要编码后的码流符合标准规定即可。

在编码器输出的码流中，数据的基本单位是语法元素，每个语法元素由若干比特组成，它表征了某个特定的物理意义，如预测类型、量化参数等。视频编码标准的语法规定了各个语法元素的组织结构，而语义则阐述了语法元素的具体含义。在编码器输出的比特码流中，每比特都隶属于某个语法元素，每个语法元素在标准中都有相应的解释。可见，视频编码标准规定了编码后码流的语法语义，也就阐明了从比特码流提取语法元素并进行解释的方法，也就是视频的解码过程。

然而，在编码标准的制定过程中，为了确定如何对语法元素进行合理的设计，首先要明确该标准所支持的编码方式，以及可能出现的相应编码方法。在标准的制定过程中，标准化组织会向业界广泛征集各类提案。这些提案当中包含了大量编码新技术的设计方案，并会逐渐形成标准组织发布的参考软件（Reference Software），这些参考软件通常包含一整套标准的编解码器。由于参考软件的开发凝聚了广大科研人员的新思路，并且经过标准提案的多种性能测试，参考软件中的编码方法往往代表了当时先进的编码技术，因此，标准组织发布的参考软件不仅可用于标准开发过程中的测试和研究，也常常被科研人员作为研究先进视频编码技术的方法和平台，甚至作为商业开发的基础和参考。

目前，国际上制定视频编码标准的组织是国际电信联盟电信标准化部门（International Telecommunication Union-Telecommunication Standardization Sector，ITU-T[4]）、国际标准化组织（International Organization for Standardization，ISO）/国际电工委员会（International Electrotechnical Commission，IEC）。ITU-T 制定的视频编码标准通常被称为 H.26x 系列，包括 H.261、H.263（H.263+、H.263++）等，这些标准被广泛应用于基于网络传输的视频通信，如可视电话、会议电视等。ISO/IEC 的动态图像专家组（Moving Picture Experts Group，MPEG）制定了著名的 MPEG 系列视频编码标准，主要应用于视频存储（如 VCD/DVD）、广播电视、网络流媒体等。值得一提的是，这两个组织曾经有过 3 次非常成功的合作。ITU-T 与 ISO/IEC 在视频编码标准中的首次合作形成了 H.262/MPEG-2 标准，成为风靡一时的 DVD 的核心技术。2003 年两者再次携手，开发了 H.264/AVC 视频编码标准，涵盖了包括视频广播、视频存储、交互式视频等各式各样的视频应用。2013 年携手开发了 H.265/HEVC 视频编码标准，获得了突出的压缩性能，正在被广泛应用。新一代视频编码标准 H.266/VVC 同样由 ISO/IEC 的 MPEG 和 ITU-T 的视频编码专家组（Video Coding Experts Group，VCEG）联合制定。

1.2.2　视频编码标准的发展

视频编码的国际标准化过程始于 20 世纪 80 年代早期，至今已经走过了将近 40 个年头。图 1.3 给出了主流视频编码国际标准的发展历程。在 H.266/VVC 出现之前，H.264/AVC 和 H.265/HEVC 在相当长的时间内占据了主导地位。H.264/AVC 诞生后，国际标准组织围绕该标准进行了可伸缩视频编码（Scalable Video Coding，SVC）和多视点视频编码（Multiview Video Coding，MVC）等扩展。H.265/HEVC 制定完成后，也在可伸缩、多视角、三维、屏幕内容等方面进行了扩展，以适应更广的应用范围。目前最新的 H.266/VVC 标准已经正式完成，其扩展正在高动态范围、高比特位深、基于神经网络编码等多个方面进行探索。

2002 年 6 月，我国原信息产业部科学技术司成立了"数字音视频编解码技术标准工作组"（简称 AVS 工作组），制定了具有自主知识产权的音视频编码标准 AVS。2006 年 2 月，国家标准化管理委员会（SAC）发布通知：《信息技术　先进音视频编码　第 2 部分：视频》于 2006 年 3 月起实施，AVS 视频编码部分正式成为国家标准。随着广电高清数字广播的发展，2012 年 3 月，工业和信息化部电子信息司与国家广播电影电视总局科技司联合发文共同成立"AVS 技术应用联合推进工作组"；2016 年 12 月，工作组完成了第二代视频编码标准 AVS2；2019 年 6 月，工作组完成第三代视频编码标准第一阶段标准（AVS3 Phase 1）；2021 年 4 月，工作组完成 AVS3 第二阶段标准（AVS3 Phase 2）。

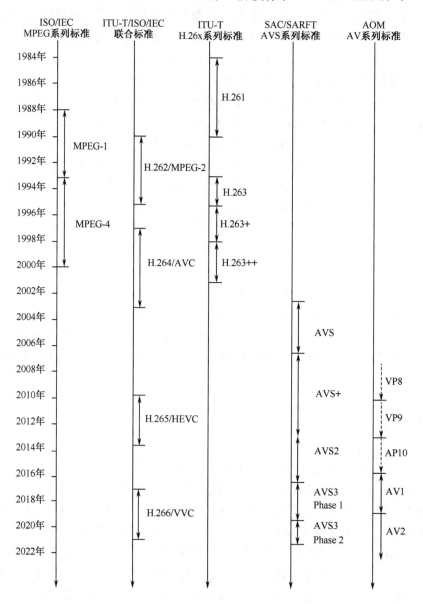

图 1.3　主流视频编码国际标准的发展历程

除国际、国内标准外，视频编码领域的另一大热点是开放式标准。在谷歌的主导下，开放媒体联盟（Alliance for Open Media，AOM）于 2015 年成立，其致力于开发开放式、无版权费的视频编码标准。在开源编解码器 VP9 的基础上，2018 年底，AOM 完成了 AV1 视频编码格式（标准），其性能优于 x265 编码器。目前，AOM 正在组织开发下一代视频编码标准 AV2。

1. H.26x 系列标准

（1）H.261 标准。

H.261 标准[5]是 ITU-T 在 1990 年制定的一个数字视频编码标准，其制定目的是能够在带宽为 64kbit/s 倍数的综合业务数字网（Integrated Services Digital Network，ISDN）上传输质量可接受的视频信号，它被称为一种 $p×64$kbit/s 的编解码器（p 为 1～30）。此时 H.261 标准主要针对的应用是基于 ISDN 的视频通信应用，如可视电话、视频会议等。

由于世界各国采用的电视制式不同，主要有 PAL（Phase Alternating Line）和 NTSC（National Television System Committee）两大类，要在这些国家之间建立可视电话或视频会议业务，是不能直接使用电视信号进行传输的。因此，H.261 标准提出一种通用的中间格式视频（Common Intermediate Format，CIF）来解决上述问题。CIF 格式视频的空间分辨率为 352×288，帧率为 30fps，可以很方便地转化为 PAL 和 NTSC 制式的电视信号。另外，H.261 标准也可处理 QCIF（Quarter CIF，分辨率为 176×144）的视频，主要面对的是更低带宽下视频传输的应用。

H.261 标准主要采用的编码方法包括基于运动补偿的帧间预测、离散余弦变换（Discrete Cosine Transform，DCT）、量化、zig-zag 扫描和熵编码等。这些编码技术组合在一起就形成了沿用至今的混合编码（Hybrid Coding）框架，可以认为 H.261 标准是混合编码标准的鼻祖。

（2）H.263 标准。

H.263 标准[6]由 ITU-T 制定，最初是针对低码率的视频会议应用而设计的。后期应用证明，H.263 标准视频编码并不局限于低码率传输环境，还适用于很大范围的动态码率。H.263 标准最初为 H.324 系统设计，进而成功应用于基于 H.323 标准的视频会议系统，以及基于 H.320、RTSP（Real Time Streaming Protocol）和 SIP（Session Initiation Protocol）标准的视频通信系统。

H.263 标准仍然以混合编码框架为核心，其基本原理、原始数据和码流组织都与 H.261 标准十分相似。同时，H.263 标准也吸收了 MPEG 系列标准等其他一些国际标准的技术，如半像素精度的运动估计、PB 帧预测、无限制运动矢量和 8×8 块的帧间预测等。通过使用这些当时最先进的编码技术，H.263 标准的编码性能有了革命性的提高。当时，H.263 标准在所有测试码率下的性能均优于 H.261 标准。在很长一段时间里，H.263 标准是各大相关厂商必须支持的标准之一。

在 H.263 标准的发展中，出现了两个具有增强功能的改进版本，分别是 H.263+标准[7]和 H.263++标准[8]。H.263+标准也叫作 H.263v2 标准。相比 H.263 标准，H.263+标准允许更多的图像输入格式，拓宽了视频编码的范围；采用了帧内预测及去块效应滤波，提高了压缩效率；增加了时间分级、信噪比和空间分级，提高了视频信号传输的有效性，增强了视频传输的抗误码能力。

H.263++（也称 H.263v3）标准在 H.263+标准的基础上增加了附加选项（Annex）U（增强型参考帧选择）、V（数据分片）和 W（补充信息）来提高码流的抗出错性能（Error Resilience），这些措施同时提高了编码效率。

2．MPEG 系列标准

（1）MPEG-1 标准。

MPEG-1 标准[9]是 MPEG 制定的第一个视频和音频有损压缩标准，也是最早推出及在市场上应用的 MPEG 技术。当初，它主要是针对数字存储媒体（如 CD 光盘），记录活动图像及其伴音的编码方式。MPEG-1 标准后来成为影音光碟 VCD（Video CD）的核心技术，其数据编码输出速率定位为 1.5Mbit/s，在这个码率下它的编码质量与传统录像机相当。由于编码能力的限制，MPEG-1 标准对运动较快的视频信号进行编码会产生"马赛克"现象，因此较为适合运动适中或较慢的视频内容。MPEG-1 标准可以实现传统磁带式录像机的各项功能，包括存取、正放、快进、快退和慢放等功能，曾成功应用于卡拉 OK、VCD 影音光碟及视频点播（Video On Demand，VOD）等多种音像系统。

（2）MPEG-2 标准。

MPEG-2 标准[10]是继 MPEG-1 标准制定之后由 MPEG 推出的音视频编码标准，于 1994 年面世。MPEG-2 标准的应用领域包括卫星电视、有线电视等，经过少量修改后，成为广为人知的 DVD 产品的核心技术。前面曾提到，MPEG-2 视频编码标准（MPEG-2 标准第 2 部分）事实上是由 MPEG 和 ITU-T 联合制定的，ITU-T 的 H.262 与 MPEG-2 视频编码标准是完全相同的。不过，MPEG-2 标准是人们更为熟悉的名称。

比较特别的是，MPEG-2 视频编码标准中开始引入了档次（Profile）和等级（Level）概念，能够针对不同应用要求进行编码模式的选择。MPEG-2 标准按编码图像的分辨率分为 4 个"等级"，按不同的编码复杂程度分为 5 个"档次"。"等级"与"档次"的若干组合构成 MPEG-2 视频编码标准在某种特定应用下的子集：对某一输入格式的图像，采用特定集合的编码工具，产生规定速率范围内的编码码流。

（3）MPEG-4 标准。

MPEG-4 标准[11]在 1998 年 11 月被 ISO/IEC 正式批准，于 1999 年被正式命名为 ISO/IEC 14496 国际标准。相比于 MPEG-1 标准和 MPEG-2 标准，MPEG-4 标准涵盖的内容非常丰富，它包括 31 个部分（Parts）。MPEG-4 标准的不同部分分别定义了系统、音视频编码、多媒体传输集成框架、知识产权管理、动画框架扩展和 3D 图形压缩等内容，其中第 10 部分就是著名的 H.264/AVC 标准。MPEG-4 标准支持面向对象编码，面向的应用包括数字电视、动画、影音合成、网页浏览和交互式多媒体等。它将众多多媒体应用集成在一个完整框架内，旨在为各类多媒体通信及应用环境提供标准算法及工具，从而建立起一种能被多媒体传输、存储、检索等应用领域普遍采用的统一数据格式。

（4）H.264/AVC 标准。

H.264/AVC 标准[12]是由 ITU-T 的 VCEG 和 ISO/IEC 的 MPEG 组成的联合视频组（Joint Video Team，JVT）共同开发的数字视频编码标准，也称 ITU-T H.264 建议和 MPEG-4 第 10 部分先进视频编码（Advanced Video Coding，AVC）标准。

H.264/AVC 标准仍然沿用了混合编码的理念，此框架支持了许多先进的编码技术，如具有方向性的帧内预测、多参考帧的运动补偿、灵活分块的运动补偿、可用于预测的 B 帧、

4×4/8×8 的整数 DCT 变换、环路去方块滤波和自适应熵编码等。H.264/AVC 标准还提供了一系列增强视频编码鲁棒性的编码方式，如数据分割、灵活宏块顺序等。这些编码方式均在 H.264/AVC 标准中的视频编码层（Video Coding Layer，VCL）进行规定。除 VCL 外，H.264/AVC 标准还定义了网络抽象层（Network Abstraction Layer，NAL），通过 NAL 单元，将 H.264/AVC 标准中的 VCL 码流数据与下层传输协议有机"黏合"。

由于采用了先进的编码技术，H.264/AVC 标准获得了远超以往标准的编码性能。在相同重建视频质量条件下，H.264/AVC 标准比 H.263+、MPEG-4（SP）标准减少了约 50%的码率。同时，H.264/AVC 标准具有非常好的网络适配性和抗出错性能，因此适用于各类交互式网络视频应用。H.264/AVC 标准的优秀压缩性能也保证了它在视频存储、广播和流媒体等领域的广泛应用。不过，这些优秀的性能都来自复杂的编码方式，因此 H.264/AVC 标准的复杂度也较以往编码标准高出许多。

（5）H.265/HEVC 标准。

H.265/HEVC 标准[13-14]也是由 ITU-T 的 VCEG 和 ISO/IEC 的 MPEG 组成的联合视频组 JVT 共同开发的数字视频编码标准，也称为 ITU-T H.265 建议和 ISO/IEC 23008-2 高性能视频编码（High Efficiency Video Coding，HEVC）标准，简称为 H.265/HEVC 标准。

H.265/HEVC 标准沿用了混合编码框架，支持更多先进的编码技术，如四叉树编码单元划分结构、35 种帧内预测模式、运动信息融合技术、先进的运动矢量预测技术、自适应变换技术、像素自适应补偿技术等。H.265/HEVC 标准还进一步进行了扩展，如支持更高的比特深度（Bit Depth）、4：4：4 色度采样视频、多视角 HEVC（Multiview High Efficiency Video Coding）、可伸缩 HEVC（Scalable High Efficiency Video Coding）、3D HEVC（3D High Efficiency Video Coding）、HEVC 屏幕内容编码 HEVC-SCC（Screen Content Coding）等。

由于采用了先进的编码技术，H.265/HEVC 标准获得了远超以往的编码性能。在相同重建视频质量条件下，H.265/HEVC 标准比 H.264/AVC 标准减少了约 50%的码率。

3. AVS 系列标准

《信息技术 先进音视频编码 第 2 部分：视频》[15]（简称 AVS1-P2）是第一个 AVS 视频标准，于 2006 年 2 月颁布。AVS1-P2 针对标清和高清视频进行编码工具的优化，在编码性能与编解码复杂度之间实现了较好的平衡。AVS1-P2 标准采用了 16×16 的宏块结构，帧内预测块的尺寸设置为 8×8，采用了 5 个帧内预测模式进行帧内预测；帧间预测块的尺寸可为 16×16、16×8 和 8×16，可以采用两个前向参考帧或前后各一个参考帧进行帧间预测。为了进一步降低复杂度，AVS1-P2 采用 4 抽头滤波器进行 1/2 帧间预测插值及采用 2 抽头滤波器进行 1/4 帧间预测插值；变换块和环路滤波器尺寸设置为 8×8，并且采用自适应 2D 变长码（Variable Length Coding，VLC）进行熵编码。此外，AVS1-P2 还引入增强直接模式和对称模式，用于双向编码帧（B 帧）的模式编码和运动信息（包含运动矢量及参考帧索引值）编码，兼顾了低复杂度和高效编码的需求[16]。经国家广播电视总局、工业和信息化部测试机构测试，AVS1-P2 编码效率比 MPEG-2 提高 1 倍以上[17]。

在 AVS1-P2 的基础上，AVS 标准工作组与中央电视台、国家广播电视总局针对广播电视高清视频的需求联合制定了广电行业标准《广播电视先进音视频编解码 第 1 部分：视频》（简称 AVS+）[18]，并于 2012 年 7 月获批成为行业标准。AVS+相比于 AVS1-P2 增加了高级熵编码、加权量化和增强场编码 3 类编码工具，显著提升了 AVS 在广播电视视频内容方面的主观和客观质量。目前，AVS+标准已经广泛应用于中央电视台及多个地方电视台标清和高清电视节目的播放[17]。

随着视频内容分辨率由高清向 4K 过渡，以及视频内容比特位宽由 8bit 演进为 10bit，中国视频产业界对视频编码效率的要求日益增长。因此，AVS 标准工作组于 2012 年启动第二代 AVS 视频编解码标准制定工作（简称 AVS2-P2），2016 年 5 月和 12 月，AVS2-P2 分别被颁布为行业标准和国家标准[18-19]。AVS2-P2 相比 AVS1-P2 和 AVS+做了全面的技术升级。AVS2-P2 将编码单元尺寸由 16×16 扩展为 64×64，并采用了四叉树编码单元划分结构进行块划分；帧内预测模式由 5 种模式扩展为 33 种模式，并采用短距离帧内编码技术（Short Distance Intra Prediction，SDIP）和 1/32 精度帧内插值技术；帧间预测过程采用非对称帧间预测块划分、8 抽头帧间插值滤波器、F 帧技术，其中 F 帧是一种采用双前向参考技术的特殊 P 帧[20]。在变换技术领域，AVS2-P2 标准采用 4×4、8×8、16×16、32×32 的方形块变换，以及 16×4、4×16、32×8、8×32 的非方形块变换（Non-Square Transform），并且将 LOT（Logical Transform）技术应用于 64×64 系数块，以及将二次变换（Secondary Transform）应用于帧内预测残差[20]。在系数编码方面，两级系数编码策略及系数组的概念被引入 AVS2-P2 标准。为了增强环路滤波的性能，AVS2-P2 还采纳了像素自适应补偿和自适应滤波技术。此外，为了有效提升视频监控场景的编码压缩性能，AVS2-P2 还采用背景帧和背景建模技术，背景帧可以看作一类特殊的长期参考帧技术。

得益于 AVS2-P2 技术的全面升级，在广播电视应用场景中，其比 AVS1-P2 编码压缩性能提升了 1 倍，与 H.265/HEVC 编码压缩性能相当。在监控场景中，AVS2-P2 编码性能可超过 H.265/HEVC。目前，AVS2-P2 标准已应用于中央电视台和部分地方电视台 4K 广播频道的音视频播放[17]。

第三代 AVS3 视频编解码标准（AVS3-P2）于 2017 年 12 月启用，于 2019 年 6 月完成 AVS3-P2 第一阶段标准（AVS3-P2 Phase 1）的制定，于 2021 年 4 月完成 AVS3-P2 第二阶段标准（AVS3-P2 Phase 2）的制定。AVS3-P2 两个阶段标准版本分别反映了在不同应用场景下的编解码需求。AVS3-P2 Phase 1 针对较低复杂度应用，在编码性能与编解码实现复杂度上进行了较好的平衡。根据相关文献的测试[21]，AVS3-P2 Phase 1 比 AVS2-P2 在 4K 分辨率方面有超过 25%的性能提升，解码复杂度增加幅度可控制在合理的范围内。AVS3-P2 Phase 2 则面向高编码压缩性能的应用，其目标性能与 H.266/VVC 基本持平。

AVS3-P2 Phase 1 标准化过程中侧重于筛选对解码器实现影响较小的编码工具。在块结构方面，Phase 1 标准的编码块尺寸由 64×64 扩展为 128×128，并使用四叉树（Quad Tree）+二叉树（Binary Tree）+增强四叉树（Enhanced Quad Tree）的方法进行块划分识别。帧内预测的模式数仍与 AVS2-P2 保持一致，但引入了新的帧内滤波技术及跨亮度分量的色度预测编码技术（Cross-Component Prediction Mode）[22]。帧间预测和编码过程引入了仿射变换、基于历史的运动矢量预测、多精度运动矢量编码及新型的运动矢量和运动矢量差表示技术[22]。在变换编码技术领域，AVS3-P2 Phase 1 标准采用了基于位置的变换组合技术，可根据变换块的位置从 DCT-II 型、DCT-VII 型、DST-VII 型（Discrete Sine Transform，DST）选择合适的变换对[22]。考虑到实现复杂度，AVS3-P2 Phase 1 标准的系数编码技术替换为基于游程编码的系数编码方案，大幅降低了系数编解码的实现代价。此外，AVS3-P2 Phase 1 标准设计了大跨度编码技术（Cross-rap）用于提升监控类视频场景的编码质量[23]。

AVS3-P2 Phase 2 标准则在 AVS3-P2 Phase 1 的基础上引入了更多对编码性能提升有帮助的工具。帧内编码的预测模式数由 33 种扩展为 65 种，并采用非方形的帧内预测块划分技术。帧间预测和编码过程引入了解码端导出运动信息及修正运动信息的技术，并将滤波技术应用于帧间预测块的获取过程，以及采用了更灵活的帧间预测块划分形状（非方形），扩展了运动矢量和预测模式的编码方式。在滤波技术上，AVS3-P2 Phase 2 标准亦有较多扩展，增强像素自适应补偿、跨分量的像素自适应补偿及自适应滤波改进技术均被采纳到标准中。系数编码技术领域则新设计了多假设概率模型熵编码和基于扫描区域的系数编码方案，用于提高系数编码的性能[24]。除此以外，AVS3-P2 Phase 2 标准还针对屏幕内容编码引入了新的编码工具，主要涉及帧内块复制（Intra Block Copy，IBC）、串匹配（String Matching）、跳过变换块（Transform Skip）和环路滤波器条件修改 4 类技术[25]。AVS3-P2 Phase 2 标准是第一个将屏幕内容编码工具标准化的 AVS 标准，其编码性能与 H.266/VVC 标准的屏幕内容编码性能基本相当。

4. AOM 标准

（1）开放媒体联盟。

2015 年 9 月，谷歌、微软、Netflix 等多家科技巨头创立了开放媒体联盟 AOM，旨在通过制定全新、开放、免版权费的视频编码标准和视频格式，以创建一个持久的生态系统，为下一代多媒体体验创造新的机遇。截至 2021 年 6 月，AOM 已经拥有 48 家会员单位，包括 14 家理事会成员单位（Founding Members）和 34 家 Promoter 会员单位。这些会员单位涵盖了从采集制作、传输分享到播放消费的视频完整生态系统，包括：流媒体平台，如 YouTube、Netflix、Facebook、腾讯视频等；浏览器供应商，如谷歌（Chrome）、苹果（Safari）、微软（Edge）及 Mozilla（Firefox）；硬件制造商，如 Intel、AMD、NVIDIA、ARM、SAMSUNG、Xilinx、Broadcom、华为等；云服务商，如北美的亚马逊（AWS）、微软（Azure）、谷歌（GCP）、IBM，以及中国的阿里（阿里云）、腾讯（腾讯云）、金山云、华为（华为云）等；同时包括思科等网络与系统提供商。

（2）AV1 标准历程。

2010 年，谷歌启动开源项目 WebM，旨在为互联网视频提供开源解决方案。同年，谷歌收购了专注视频编解码的 On2 公司，并开源了 VP8 编解码方案。

2011 年 11 月至 2013 年 7 月，谷歌研发了开源的 VP9 编码标准，在不同测试条件下，VP9 的性能与 HEVC 相当[26]或低于 HEVC[27]。

2014 年起，谷歌开始了 VP10 编码标准的研发工作。到 2015 年底，VP10 的性能已经比 VP9 高出 15%～20%。不过，随着 2015 年 9 月 AOM 的成立，谷歌就停止了 VP10 的研发工作，而后 AOM 开始了 AV1 标准的研究。

2018 年 6 月，AOM 发布了其首款免版权费、开源的视频编码格式 AV1。AV1 沿袭了传统混合视频编码框架，它始于同样免版权费、开源格式的 VP9 的衍生版本，同时采纳了 Google VP10、Mozilla Daala、Cisco Thor 共 3 款开源编码项目中的技术成果。2018 年 6 月，AV1 封稿。AV1 相比其前身 VP9，共推出了 100 多个新的编码工具，在压缩效率方面显著优于同期的编码器，在实现方面也考虑了硬件可行性和后续可扩展性。

（3）AV1 编码工具[26]。

编码块的划分：在 VP9 中，划分树有 4 种方法，尺寸从最大的 64×64 开始，一直可以递归到 4×4，不过，可独立选择帧内/帧间模式及参考帧的最小单元为 8×8。AV1 不仅将划分树扩展到了 10 种结构，还将最大的分块尺寸（AV1 的 Superblock）扩大至 128×128。值得注意的是，这 10 种结构中包括 4：1/1：4 的矩形划分，并且这种矩形划分是不可再分的。同时，对于 8×8 及以下的编码单元，AV1 允许每个编码单元有独立的帧内、帧间模式和参考帧选择。

帧内预测： AV1 使用了多种不同的方法进行帧内预测，在方向预测上，AV1 在 VP9 的 8 个角度的基础上，增加了 48 种模式，即共有 56 种方向模式。另外，AV1 提供了 4 种无方向的帧内模式，它们分别是 DC_PRED、SMOOTH_PRED、SMOOTH_V_PRED 和 SMOOTH_H_PRED。在预测方法上，AV1 支持基于递归滤波的预测和根据亮度来预测色度（Chroma from Luma，CfL）。此外，AV1 提供了块复制（IntraBC Mode）、调色板模式（Pallette Mode）等适用于屏幕内容编码的特定工具。

帧间预测：VP9 允许在至多 3 个候选参考帧中选择 1～2 个作为参考，然后进行基于块平移的运动补偿，当编码块有两个参考帧时，取这两次预测的平均值作为该编码块的最终预测值。AV1 将每个编码帧的候选参考帧数量扩展到 7 个，使用复杂的参考帧结构来挖掘时域帧之间的相关性，以达到最大可能的压缩性能，并满足不同的应用需求。在预测中，AV1 支持单帧帧间预测和复合帧间预测方法（如 Wedge 预测、Mask 预测、基于帧距离的预测、帧内和帧间混合预测），以及可变块大小的重叠块运动补偿（Overlapped Block Motion Compensation，OBMC）、仿射运动补偿（包括全局仿射与局部仿射，分别应对相机移动和局部运动）。

变换编码：为支持上述丰富的块划分方式，AV1 能够完成尺寸从 4×4 到 64×64 的正方形及 2：1 或 1：2、4：1 或 1：4 的长方形的变换，由水平方向和垂直方向的 4 种一维变换基共可以组合成 16 种可分离变换基。这 4 种一维变换基通常适用于不同的内容：离散余弦变换（DCT）适用于压缩常规的自然信号，对于尖锐的边缘可以不进行变换（IDTX），而非对称离散正弦变换（ADST）或翻转非对称离散正弦变换（flip-ADST）对残差能量单调变化的情况非常有效。为了最大化编码效率，AV1 针对不同的变换块尺寸和预测模式，定义了不同的变换基选择范围。

熵编码：VP9 中所用的熵编码是基于二叉树的布尔非自适应二进制算术编码，AV1 则使用了符号间自适应多符号算术编码器，与纯二进制算术编码相比，多符号熵编码能够使吞吐量降低 50%以上。

环路滤波：AV1 中包括 3 种环路滤波工具，分别是去块（Deblock）滤波器、受约束的方向增强滤波器（Constrained Directional Enhancement Filter，CDEF）和环路恢复（Loop Restoration，LR）滤波器。其中，CDEF 旨在保留方向细节；LR 滤波器又包括两个可开关的滤波器，即 Wiener 滤波器和 Self-Guided 滤波器，旨在对图像进行去噪或边缘增强。

AV1 还采用了一种超高分辨率编码模式，该模式允许将高分辨率的编码帧进行横向下采样得到低分辨率帧再进行编码，在更新参考帧缓冲区前，通过上采样及环路恢复滤波将低分辨率帧恢复至高分辨率图像。

此外，电影或电视场景中的颗粒通常是创作内容的一部分，为在压缩中能够保留这些颗粒，AV1 提供了一种胶片颗粒合成的后处理技术：编码前，将颗粒从编码帧中删除，仅在码流中传输相关参数；解码时，通过解析相关参数再合成颗粒，并添加到视频内容中。

1.3 H.266/VVC 简介

1.3.1 标准化历程

近年来，随着高清、超高清视频应用逐步走进人们的视野，视频编码技术受到了巨大的挑战。此外，各式各样的视频应用也随着网络技术、视频采集处理技术和存储技术的发展不断涌现。如今，数字视频广播、视频会议会话、短视频、沉浸式视频体验、远程监测、医学成像和便携摄影等，都已走进人们的生活。同时，由于远程办公的兴起，在视频会议场景中更多时候需要对屏幕内容（PPT、文档、表格等）进行分享。因此，视频应用的多样化和高清化趋势对视频编码性能提出了更高的要求。为此，2015 年 10 月 VCEG 和 MPEG 再次组建联合视频探索小组（Joint Video Exploration Team，JVET），评估可用的压缩技术并研究下一代视频编码标准的要求，开发了 JEM（Joint Exploration Model）参考平台，为新一代视频编码标准 H.266/VVC 的研发和制定做准备。

2015 年 10 月至 2017 年 7 月，针对标准动态范围（Standard Dynamic Range，SDR）视频，多项编码工具和技术提案被评估，JEM 经历了 7 个版本的不断演进。

2016 年 10 月至 2017 年 10 月，为支持 AR 和 VR 等新兴视频应用，JVET 研究了针对360 度全景视频的编码技术。JVET 对全景视频的前后处理、编解码和质量评估等重要技术开展了系统性研究，建立了 360Lib 参考软件平台。

2017 年 10 月，ITU-T VCEG 和 ISO/IEC MPEG 正式共同发布了新一代视频编码标准的技术征求书（Joint Call for Proposals）。新一代视频编码标准的目标不仅是业界广泛使用的 SDR 视频，还包括 4K 到 16K 超高分辨率视频、高动态范围（High Dynamic Range，HDR）视频、360 度全景视频、屏幕内容视频等。新一代视频编码标准的性能目标是，在相同的感知质量下编码效率提高 30%～50%。

在 2018 年 4 月召开的圣地亚哥会议上，JVET 共收到来自世界各地 32 家单位提交的23 份提案（Response to Joint Call for Proposals），其中性能最高提案相比 H.265/HEVC 的参考软件（HM）可以提升 40% 以上的编码效率，充分证明下一代标准的编解码技术已经成熟。在这次会议上，JVET 将下一代标准命名为通用视频编码（Versatile Video Coding，VVC；其中 Versatile 也有多功能的意思），并建立了第一版 VVC 测试模型（VVC Test Model）VTM-1.0，正式开启了 VVC 新标准的制定。

从 2018 年 4 月到 2020 年 7 月，JVET 委员会共召开了 10 次会议，激烈讨论了 6000 多份技术提案，对提出的编码工具进行集中测试，陆续采纳多项编码工具，VTM 编码性能获得了较大幅度的提升。2019 年 7 月，JVET 发布了委员会草案（Committee Draft，CD），确定 VVC 的主体编码框架和编码工具。2019 年 10 月，JVET 发布了国际标准草案（Draft International Standard，DIS），标准进入关键阶段。

2020 年 7 月 1 日，第 19 次 JVET 会议在线上落下帷幕，新一代国际视频编码标准 VVC 第一版（Versatile Video Coding Version 1）在这次会议上正式定稿。随后，ITU-T 的 SG16（Study Group 16）批准 VVC 标准，并正式定名为 ITU-T H.266，ISO/IEC 批准 VVC 成为 ISO/IEC 23090-3 FDIS（Final Draft International Standard），并正式启动各个国家最后的投票过程。至此，H.266/VVC 标准正式形成。

与已有视频编码标准相比，H.266/VVC 标准考虑了更多样的视频格式和内容，旨在为已有和新兴的视频应用提供更加强大的压缩性能及更加灵活易用的功能。例如，采用专用编码工具编码计算机生成内容的视频和全景视频，采用渐进解码刷新技术避免超低时延视频流中码率波动，采用参考帧重采样技术为自适应视频流提供灵活的空间分辨率变化，采用多层编码机制提供了时域、空间域及质量域的可分级能力，等等。

H.266/VVC 标准具有优秀的编码性能，在同样峰值信噪比（Peak Signal to Noise Ratio，PSNR）条件下，H.266/VVC 标准的性能相比 H.265/HEVC 标准能够平均节省大约 50% 的码率[28]。H.266/VVC 在制定过程中，不仅追求卓越的压缩性能，也兼顾编解码的计算复杂度。相比 H.265/HEVC 标准，H.266/VVC 标准解码复杂度不超过 2 倍，编码复杂度与压缩性能基本保持正比关系。

1.3.2 编码框架及编码工具

从根本上讲，H.266/VVC 视频编码标准的编码框架并没有革命性的改变。在标准制定过程中，JVET 曾经积极探索各类神经网络编码工具，但均因复杂度等因素未纳入标准第一版。因此，目前的 H.266/VVC 标准类似于以往的国际视频编码标准，仍采用混合编码框架，如图 1.4 所示，包括变换、量化、熵编码、帧内预测、帧间预测及环路滤波等模块[29]。为了编码框架的简洁，H.266/VVC 标准的少量编码技术没有在图 1.4 中体现，如亮度映射与色度缩放滤波、自适应色度变换、块差分脉冲编码调制等。

1. 编码单元

H.266/VVC 仍采用基于编码树单元（Coding Tree Unit，CTU）和编码树块（Coding Tree Block，CTB）的编码单元划分结构。待编码图像被分割成大小相等的方形 CTU，1 个 CTU

由 1 个亮度 CTB、2 个色度 CTB 组成。视频编码以 CTU 为单位，按顺序遍历所有 CTU。

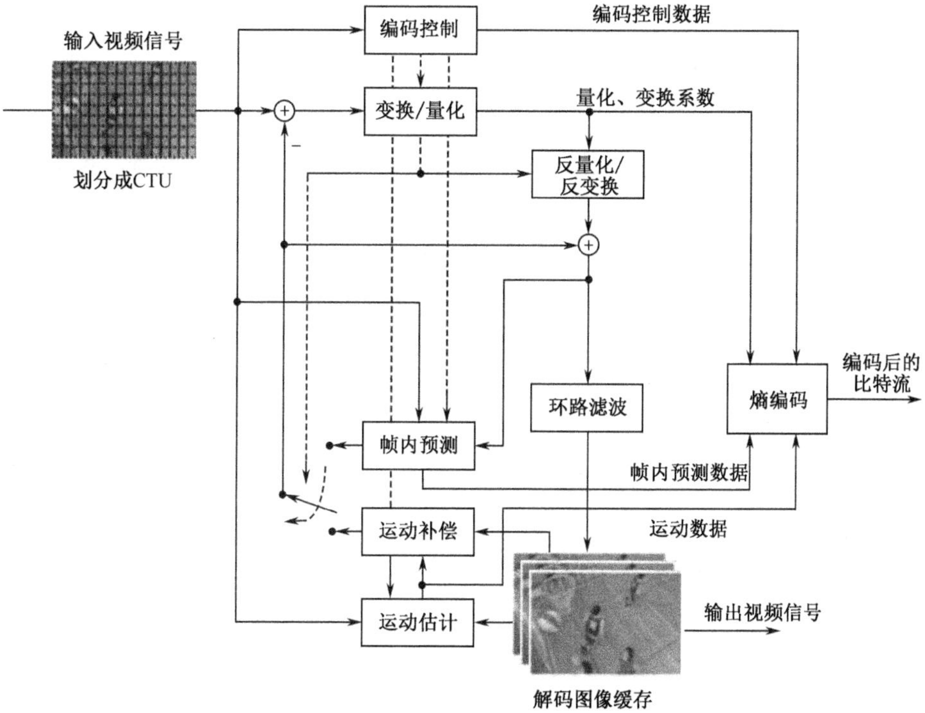

图 1.4 H.266/VVC 视频编码标准的编码框架

为更灵活、更有效地表示视频内容，H.266/VVC 利用四叉树、二叉树、三叉树将 CTU 递归划分成不同尺寸的编码单元（Coding Unit，CU）。CU 是视频编码的基本单位，大多编码工具以 CU 为单位进行编码。这种特性有助于编码器根据视频内容特性、视频应用和终端的特性来自适应地选择编码模式。

2. 帧内预测

帧内预测模块主要用于去除图像的空间相关性。通过编码后的重建信息来预测当前像素块以去除空间冗余信息，提高图像的压缩效率。与以往的标准相比，H.266/VVC 引入了多参考行帧内预测、模式依赖的帧内平滑、更多角度模式、宽角度帧内预测、基于矩阵的帧内预测、分量间线性预测、位置相关的帧内预测组合等新技术。

3. 帧间预测

帧间预测模块主要用于去除视频的时间相关性。帧间预测通过将已编码图像作为当前帧的参考图像，获取编码块的预测值，去除时间冗余，提高压缩效率。H.266/VVC 引入了带有运动矢量差的 Merge、几何划分帧间预测、联合帧内帧间预测、对称运动矢量差分编码、自适应运动矢量精度、仿射运动补偿预测、基于子块的时域 MV 预测、双向光流、解码端运动矢量细化等新技术。

4．变换

变换模块是指将以空间域像素形式描述的图像转换至变换域，以变换系数的形式表示。在较平坦和内容变化缓慢的区域，变换可使图像能量集中至低频区域，达到去除空间冗余的目的。H.266/VVC 引入了多核变换、高频调零、子块变换、二次变换等新技术。

5．量化

量化模块将变换系数（不进行变换时为残差）进行多对一的映射，减小变换系数的动态范围，可以有效地减小信号取值空间，进而获得更好的压缩效果。由于多对一的映射机制，量化过程不可避免地会引入失真，这也是视频编码中产生失真的根本原因。H.266/VVC 引入了依赖标量量化新技术。

6．环路滤波

H.266/VVC 中的环路滤波模块包括去方块滤波、像素自适应补偿、自适应环路滤波、亮度映射与色度缩放等技术。去方块滤波用于降低方块效应；像素自适应补偿用于改善振铃效应；自适应环路滤波可以减小解码误差；亮度映射与色度缩放通过对动态范围内信息重新分配码字提高压缩效率。去方块滤波、像素自适应补偿、自适应环路滤波 3 个模块都处在编码环路中，对重建图像进行处理，并作为后续编码像素的参考使用。亮度映射与色度缩放模块较为复杂，详见第 9 章。

7．熵编码

熵编码模块将编码控制数据、量化变换系数、帧内预测数据、帧间预测数据等信息编码为二进制流进行存储或传输。熵编码模块的输出数据即原始视频编码后的码流。H.266/VVC 中采用先进的基于上下文的自适应二进制算术编码进行熵编码，引入了并行处理架构，在速度、压缩效率和内存占用等方面均得到了大幅改善。

参考文献

[1] 谈新权，邓天平．视频技术基础[M]．武汉：华中科技大学出版社，2004．

[2] Saghri J A, Tescher A G. Near-lossless Bandwidth Compression for Radiometric Data[J]. Optical Engineering, 1991, 30(7): 934-939.

[3] Saghri J A, Tescher A G, Reagan J T. Practical Transform Coding of Multispectral Imagery[J]. IEEE Signal Processing Magazine, 1995, 12(1): 32-43.

[4] ITU-T Recommendation H.120. Codecs for Videoconferencing using Primary Digital Group Transmission[S]. 1993.

[5]　ITU-T Recommendation H.261.Video Codec for Audiovisual Services at $p\times64$kbit/s[S]. 1990.

[6]　ITU-T Recommendation H.263. Video Coding for Low Bitrates Communication[S]. 1996.

[7]　ITU-T Recommendation H.263, Version 2 (H.263+). Video Coding for Low Bitrates Communication[S]. 1998.

[8]　ITU-T/SG16/Q15 and ITU-T. Draft for 'H.263++' annexes U, V, and W to recommendation H.263[S]. 2000.

[9]　ISO/IEC 11172-2 (MPEG-1). Information Technology-coding of Moving Pictures and Associated Audio for Digital Storage Media at up to about 1.5Mbit/s, in Part 2: Video[S]. 1991.

[10]　ISO/IEC 13818-2 (MPEG-2), ITU-T Recommendation H.262. Information Technology-Generic Coding of Moving Pictures and Associated Audio, in Part 2: Video[S]. 1994.

[11]　Draft ISO/IEC 14496-2 (MPEG-4), version 1. Information Technology-Generic Coding of Audio-visual Objects, in Part 2: Visual[S]. 1998.

[12]　ITU-T Recommendation H.264 and ISO/IEC 14496-10. Advanced Video Coding[S]. 2003.

[13]　ITU-T Recommendation H.265 and ISO/IEC 23008-2 (HEVC). High Efficiency Video Coding[S]. 2013.

[14]　万帅，杨付正. 新一代高效视频编码 H.265/HEVC：原理、标准与实现[M]. 北京：电子工业出版社，2014.

[15]　中国国家标准化管理委员会. GB/T 20090.2—2006，信息技术　先进音视频编码 第 2 部分：视频[S]. 2006.

[16]　侯金亭，马思伟，高文. AVS 标准综述[J]. 计算机工程，2009, 35(8): 247-249, 252.

[17]　数字音视频编解码技术标准工作组. 数字音视频编解码技术标准工作组简介[OL].

[18]　国家广播电影电视总局. GY/T 257.1—2012，广播电视先进音视频编解码　第 1 部分：视频[S]. 2012.

[19]　国家新闻出版广电总局 GY/T 299.1—2016，高效音视频编码　第 1 部分：视频[S]. 2016.

[20]　Ma S, Huang T, Reader C, et al. AVS2—Making Video Coding Smarter[J]. IEEE Signal Processing Magazine, 2015, 32(2): 172-183.

[21]　Zheng X, Liao Q, Wang Y, et al. Performance Evaluation for AVS3 Video Coding Standard[C]. 2020 IEEE International Conference on Multimedia & Expo Workshops (ICMEW), London, UK (Virtual), 2020.

[22]　Zhang J, Jia C, Lei M, et al. Recent Development of AVS Video Coding Standard: AVS3[C]. PCS, 2019.

[23]　Gao X, Yu H, Yuan Q, et al. Standard Designs for Cross Random Access Point Reference in Video Coding[C]. 2019 Picture Coding Symposium (PCS), Ningbo, China, 2019.

[24]　AVS 视频组 AVS-N3096. AVS3-P2（第二阶段）征求意见稿（FCD1.0 中英文版）[S]. 2021.

[25]　Xu X, Liu S. Overview of Screen Content Coding in Recently Developed Video Coding Standards[J]. IEEE Transactions on Circuits and Systems for Video Technology, 2022, 32(2): 839-852.

[26] Chen Y, Mukherjee D, Han J, et al. An Overview of Coding Tools in AV1: the First Video Codec from the Alliance for Open Media[J]. APSIPA Transactions on Signal and Information Processing, 2020, 9: 1-15.

[27] Chen Y, Mukherjee D. Variable Block-size Overlapped Block Motion Compensation in the Next Generation Open-source Video Codec[C]. 2017 IEEE International conference on Image Processing (ICIP), Beijing, China, 2017.

[28] Bross B, Chen J, Ohm J R, et al. Developments in International Video Coding Standardization After AVC, With an Overview of Versatile Video Coding (VVC)[J]. Proceedings of the IEEE, 2021, 109(9): 1463-1493.

[29] ITU-T Recommendation H.266 and ISO/IEC 23090-3. Versatile Video Coding[S]. 2020.

第 2 章
数字视频格式

数字视频作为视频编码器的输入和解码器的输出，具有时间分辨率、空间分辨率、颜色空间等多个参数，不同格式的视频具有不同的特性，也应采用不同的处理方式。本章主要介绍数字视频的表示形式、格式，H.266/VVC 标准支持的视频格式，以及 H.266/VVC 标准中视频格式的表示。

2.1　数字视频

视频由许多幅按时间排列的连续图像组成，每幅完整图像称为一帧（Frame）。图像是视频信号的基本单位，每幅图像的内容不同，整个图像序列按时间顺序播放看起来就是活动的图像。由于视觉暂留机理[1]，当连续播放图像每秒超过 24 帧以上时，人眼无法辨别单幅的静态画面，图像序列看上去是平滑连续的效果，这样连续的画面叫作视频。

视频技术最早是从基于光电管及阴极射线管电视系统的创建而发展起来的，随后新的显示技术和数字电路的发展使视频技术具有了更大的范畴。基于电视的应用和基于计算机的应用从两个不同方面促进了视频技术的发展，随着计算机性能的提升及数字电视的普及，这两个领域又有了新的交叉和集中。视频技术泛指将一系列的图像以电信号的方式加以捕捉、记录、处理、存储、传送与重现的各种技术[2]。数字视频就是以数字形式记录的视频，数字视频由一幅幅数字图像组成，每幅图像由 N 行、每行 M 个像素组成，每个像素由数字化的数值表示。

数字视频有时间分辨率、空间分辨率、颜色空间、量化深度等参数，这些参数的组合称为视频格式。时间分辨率的单位为 fps（每秒的图像帧数），即帧率。一般来说，帧率越高，视频的流畅性越好，但是人眼对帧率的分辨率是有限的，当帧率高到一定程度时（如普通视频为 30fps 以上，高清视频为 60fps 以上），人们已经基本不能看出帧率的变化。空间分辨率由图像的像素行数及每行的像素数表示，空间分辨率越高，图像的细节越清晰。

颜色空间描述像素颜色的表示，一个彩色像素通常由 3 种分量描述。像素每种分量的数值对应的量化等级称为量化深度，量化深度越大，像素值可以越精确。一个视频序列可以定义为

$$\begin{cases} f_X(m,n,k) \\ f_Y(m,n,k) \\ f_Z(m,n,k) \end{cases}$$

其中，k 为帧数；(m,n) 为空间坐标；(X,Y,Z) 为颜色空间；$f_X(m,n,k)$ 为第 k 帧在坐标点 (m,n) 处 X 分量的幅度。对于视频信号的亮度和色度分量而言，时间分辨率和空间分辨率可以不同。

2.1.1 色彩

1．视觉色彩感知

人类对五彩斑斓的世界的感知始于视网膜内的感光细胞，这里的光感受器由光敏感化学物质构成的神经细胞组成，它将光信号转换为大脑可理解的信号。光感受器由两类细胞组成：杆状细胞（Rods）和锥状细胞（Cones）。杆状细胞是很敏感的光探测细胞，可接收到仅由一个光子发出的微弱信号，其代价是牺牲了分辨率，杆状细胞并不能分辨细节内容，它只在光线较弱时起作用[3]。

根据化学成分和对不同波长光敏感性的差异，锥状细胞可再分为 3 类：S 锥状细胞、M 锥状细胞和 L 锥状细胞。图 2.1 给出了这 3 类细胞对不同波长光的敏感度[4]，从图中可以看出，这 3 类锥状细胞感光能力的峰值波长分别为 440nm（蓝色光）、540nm（绿色光）、570nm（红色光）。这 3 类锥状细胞在可见光谱上具有重叠的通带，不同入射光对 3 类锥状细胞产生不同强度的激励响应，不同的激励响应组合被感知成不同的色彩[5]。

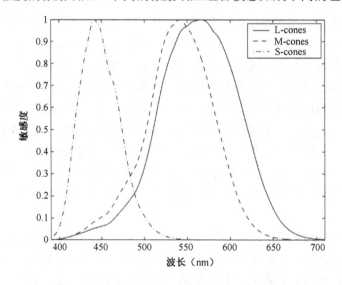

图 2.1　3 类锥状细胞对不同波长光的敏感度[4]

入射光源可以分为照明光源和反射光源。照明光源的感知色彩直接取决于光源的光谱。

反射光源是指能够反射入射光的光源，如当一束光照射到物体上时，某个波长范围内的能量被吸收，其他波长的能量被反射。因此，非光源体的感知色彩取决于入射光的光谱成分和物体吸收光谱的物理特性。虽然同一物体在不同照射光源下产生不同的反射光谱，然而人眼在不同入射光照条件下对物体颜色的感知趋于稳定，即人眼可以分辨这种由光源变化导致的物体表面反射谱的变化，这称为色彩恒定[6-7]。需要注意的是，数字相机感光色彩只与进入相机的光谱相关，因此需要采用后处理方式调整拍摄图像以达到色彩恒定。

2．三基色原理

3 类锥状感光细胞的不同响应组合形成了视觉色彩感知，这意味着感知色彩只依赖 3 类锥状细胞的响应强度，这称为色彩视觉的三感光细胞原理[8]。虽然自然界中的光往往包含丰富的频谱分量，但其视觉感知仍与 3 类锥状细胞对其的响应强度有关。如果使用少量单波长入射光组合使这 3 类锥状细胞的响应强度与自然光引起的响应强度相同，那么其视觉感知亦相同。

实验表明，自然界中的绝大部分颜色，都可以由 3 种基色按一定比例混合得到；反之，任意一种颜色均可被分解为 3 种基色。如大多数单色光也可以分解成红、绿、蓝 3 种色光，这是色度学的最基本原理，即三基色原理[9]。3 种基色是相互独立的，任何一种基色都不能由其他两种颜色合成。这 3 种基色合成的颜色范围最为广泛，红、绿、蓝按照不同的比例相加合成混色称为相加混色。

3．颜色空间

颜色空间也称彩色模型，其使用某些标准方式对颜色加以说明。本质上，彩色模型是坐标系统和子空间的阐述，位于系统中的每种颜色都由单个点表示。颜色空间从提出到现在已经有上百种，大部分只是局部不同或专用于某一领域，常用的颜色空间有 RGB、YUV、YCbCr、HIS 等[10-11]，这里只介绍视频压缩中常用的 RGB、YUV、YCbCr 颜色空间。

（1）RGB 颜色空间。

RGB（红绿蓝）是依据人眼识别的颜色定义出的空间，可表示大部分颜色。RGB 颜色空间是图像处理中最基本、最常用、可直接面向硬件的颜色空间。我们采集得到的彩色图像，一般是被分成 R、G、B 加以保存的，彩色监视器的显示系统也基于该颜色空间。采用 RGB 颜色空间表示视频时，每个像素用 3 个分量表示，即 R、G、B 这 3 个色度值。需要注意的是，RGB 颜色空间的分量与亮度密切相关，即只要亮度改变，3 个分量都会随之相应地改变，该特性并不适用于图像处理。

（2）YUV 颜色空间。

YUV 颜色空间主要用于优化彩色视频信号的传输，并使其向后兼容老式黑白电视机。其中，Y 表示明亮度，也就是灰阶值；而 U 和 V 表示的是色度，用于指定像素的颜色。亮度 Y 是通过 RGB 输入信号来建立的，方法是将 RGB 信号按特定比例叠加到一起；色度 U 反映的是 RGB 输入信号蓝色部分与信号亮度值之间的差异；色度 V 反映了 RGB 输入信号红色部分与信号亮度值之间的差异。YUV 颜色空间的重要特征是它的亮度信号 Y 和色度信号 U、V 是分离的。如果只有 Y 信号分量而没有 U、V 分量，这样表示的图像就是黑白灰度图像。彩色电视机采用 YUV 颜色空间正是为了用亮度信号 Y 解决彩色电视机与黑白电视机的兼容问题，使黑白电视机也能接收彩色电视机信号。Y′ UV 也是经常使用的颜色空间，其原理与 YUV 颜色空间相同，其中 Y′ 为 Y 经过伽马校正后的值。

（3）YCbCr 颜色空间。

YCbCr 颜色空间与 YUV 颜色空间类似，其中，Y 表示明亮度，Cb 表示 RGB 输入信号蓝色部分与信号亮度值之间的差异，Cr 表示 RGB 输入信号红色部分与信号亮度值之间的差异。YUV 颜色空间过去用于表示电视系统中向后兼容的模拟彩色信息，而 YCbCr 颜色空间则主要应用于图像、视频编码的数字彩色信息表示，是 YUV 颜色空间压缩和偏移的版本。然而，目前 YUV 颜色空间也常用于数字彩色信息的表示，此时其与 YCbCr 颜色空间相同。

YCbCr 颜色空间是数字视频编码源的主要表示形式。YCbCr 与 RGB（8 比特量化深度）相互转换的公式为

$$\begin{bmatrix} y \\ c_b \\ c_r \end{bmatrix} = \begin{bmatrix} 0.299 & 0.587 & 0.114 \\ -0.169 & -0.331 & 0.499 \\ 0.499 & -0.418 & -0.0813 \end{bmatrix} \begin{bmatrix} r \\ g \\ b \end{bmatrix} + \begin{bmatrix} 0 \\ 128 \\ 128 \end{bmatrix}$$

$$\begin{bmatrix} r \\ g \\ b \end{bmatrix} = \begin{bmatrix} 1.0 & 0.0 & 1.402 \\ 1.0 & -0.344 & -0.714 \\ 1.0 & 1.772 & 0.0 \end{bmatrix} \begin{bmatrix} y \\ c_b - 128 \\ c_r - 128 \end{bmatrix}$$

4．色域

色域（Color Gamut）是指所能表达的颜色构成的范围区域，也指具体设备（如显示器、打印机等）所能表现的颜色范围。国际照明协会（International Commission on Illumination，CIE）制定了一种描述色域的方法：CIE 色度图（CIE Chromaticity Diagram）[12]。CIE 色度图如图 2.2 所示，坐标 x、y 表示颜色空间的颜色分量，分别反映红色和绿色在 RGB 三基色中的比例。环绕在颜色空间边沿的颜色是光谱色，边界代表光谱色的最大饱和度，边界上的数字表示光谱色的波长，其轮廓包含所有的感知色调。所有单色光都位于舌形曲线上，这条曲线就是单色轨迹，曲线旁标注的数字是单色光（光谱色）的波长。自然界中各种实际颜色对应的点都位于这条闭合曲线内。

人眼可见的色彩包含数百万种颜色，但扫描仪、显示器或彩色打印机等显色设备只能重现其中的部分颜色，这个"子集"就是色域。人们为不同的领域制定了不同的色域标准，将这些色域标准能表现的色域范围用 RGB 三点连线组成的三角形区域来表示，三角形的面积越大，表示能表现的色域范围越大。ITU-R BT.709 高清数字电视标准（又称 Rec. 709，High-Definition TeleVision，HDTV）和 ITU-R BT.2020 超高清数字电视标准（又称 Rec. 2020，Ultra-High Definition TeleVision，UHDTV）规定的色域如图 2.2 所示。

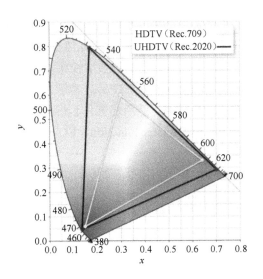

图 2.2　CIE 色度图

2.1.2　亮度动态范围

亮度动态范围是指系统能够表示亮度信号的最大值与最小值的比值。人眼所能感知的亮度动态范围通常为 10^{12}，而传统显示设备只能显示 10^3 的亮度动态范围，这个动态范围称为标准动态范围（Standard Dynamic Range，SDR）[13]。

1. 伽马校正

由于视网膜上的光敏感细胞及视神经元都有自动适应光强的能力，因此人眼具有很强的细节分辨能力。图 2.3 给出了对比度门限随背景亮度变化的曲线，对比度门限是指人眼能观察到的最小亮度变化的对比度[14]。可以看到，在不同的背景亮度下，人眼的敏感度是不同的，人眼对较暗处的亮度变化十分敏感，而当亮度增加到一定程度时，对比度门限几乎维持常数。研究表明，在亮度呈现线性变化的情况下，人类视觉感受到的亮度并不是线性变化的，而是呈现幂函数关系[15]。

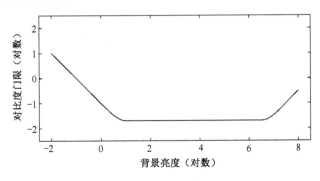

图 2.3　对比度门限随背景亮度的变化

为了保证视频处理过程中视觉感知的一致性，通常将亮度信息进行非线性映射，使其被视觉线性感知。典型的视频获取、处理、显示过程如图 2.4 所示。摄影设备获取外界光信息，然后利用非线性映射转化为视觉感知线性的数字视频信号，该非线性映射称为光电转换函数（Opto-Electronic Transfer Function，OETF）。显示设备利用非线性映射将视频信号（视觉感知线性）转换成场景光线性信号，然后将其作为屏幕输出的光信息，该非线性映射称为电光转换函数（Electro-Optical Transfer Function，EOTF）。

图 2.4　视频获取、处理、显示过程

ITU-R BT.709 标准规定了 SDR 的光电转换函数：

$$V = \begin{cases} 1.099L^{0.45} - 0.099, & 0.0198 \leqslant L \leqslant 1 \\ 4.500L, & 0 \leqslant L \leqslant 0.0198 \end{cases} \qquad (2\text{-}1)$$

其中，V 为电信号；L 为亮度。相应地，电光转换函数为光电转换函数的逆函数。

式（2-1）反映了光信号到电信号的非线性映射，也常称为伽马（Gamma）校正。伽马校正的目的是对人眼视觉特性进行补偿，根据人眼对亮度的感知能力，有效地表示亮度使其被视觉线性感知。另外，早期最常用的显示设备是 CRT（Cathode Ray Tube）显示器。这类设备屏幕的显示亮度与施加的电压（电信号强度）关系大致是一个伽马值为 2.5 的幂函数曲线。显示器的这类伽马曲线也称为显示伽马（Display Gamma）曲线，为了与之匹配，图像获取设备就需要进行伽马校正。

2. 高动态范围

现实世界中的场景，特别是户外场景往往具有很大的动态范围，如一些自然条件下的光照强度：阳光（10^5cd/m^2），室内光线（10^2cd/m^2），星光（10^{-3}cd/m^2）。相对于传统的 SDR，高动态范围 HDR（High-Dynamic Range）具有更宽的色彩范围、更高的亮度上限和更低的亮度下限，更好地反映了高动态范围的自然场景，可以给体验者带来更高质量的视觉感受。

针对 HDR 的扩大，ITU-R BT.2100 标准[16]规范了两种光电转换曲线：PQ（Perceptual Quantization）和 HLG（Hybrid Log-Gamma）。PQ 是由杜比公司提出的一套光电转换算法，有更符合人类视觉感知的伽马曲线，适合在互联网上制作电影或流媒体内容。HLG 由 NHK 和 BBC 联合推出，旨在使 HDR 内容与目前广泛运用的广播基础设施及 SDR 内容兼容，适用于广播电视和直播视频。

图 2.5 显示了 HDR 的 PQ 和 HLG 伽马曲线，可以看到，PQ 伽马曲线的最高亮度固定为 1000cd/m^2，也就是说，无论显示设备的最高亮度如何，伽马曲线始终相同，上限为 1000cd/m^2，不会按照显示设备的亮度来进行适配。与 PQ 绝对映射相比，HLG 是一种相对

映射，它的优势在于可以向下兼容传统的伽马曲线，所以即使在现有的 SDR 显示器上，也可以观看 HDR 内容，并且图像劣化较小。PQ 更注重画质，支持更大的动态范围（10000nits）；HLG 兼容性更好，能够使用现阶段的 SDR 设备，但最大动态范围只能支持 5000nits。

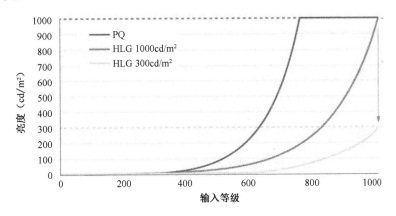

图 2.5　HDR 的 PQ 和 HLG 伽马曲线

对于 HDR 视频，H.266/VVC 中新增的亮度映射与色度缩放技术（Luma Mapping with Chroma Scaling，LMCS）支持块级 QP 调整的算法，以适应 HDR 视频更大的亮度动态范围和更宽的色彩空间，提升 HDR 视频（尤其是基于 PQ 的 HDR 视频）的压缩性能。

2.1.3　量化深度

数字视频中像素的幅值需要被量化，量化深度为像素值可以对应的量化等级，也称比特深度或比特位深（Bit Depth）。例如，传统图像的每个颜色空间分量用 8bit 来表示像素值，有 256 个灰度等级。量化深度越大，则可表示的颜色数量越多，从而使色彩渐变更平滑、更自然。例如，8 位显示器可以显示大约 1677 万种颜色，而 10 位显示器可以显示大约 10.7 亿种颜色。

在高动态范围（HDR）条件下，想要维持精细的颜色渐变程度，需要增加量化深度。例如，HDR10 标准支持 10 位色深，而杜比视界支持 12 位色深，可以显示 680 亿种颜色，相比 HDR10 支持更丰富的色彩显示、更平滑的颜色渐变。UHD 联盟制定了消费类设备 HDR 显示标准，主要规范了液晶、有机发光二极管（Organic Light Emitting Diodes，OLED）电视 HDR 显示效果，要求位深达到 10 位。

2.1.4　空间分辨率

视网膜中锥状细胞的分布密度差别很大，视网膜的小凹处圆锥细胞的密度最大，它们紧凑地排列成规则的六边形[17]。因此，小凹区域对物体的分辨能力最强。光感受器的结构决定了视觉系统的最高分辨率，假设屈光度为 60，则此时眼睛的焦距约为 17mm，使用简单的正切变换，可将视网膜上的成像范围用可视角表示，整个小凹区域覆盖的可视角是2°。小凹区域上 L 锥状细胞和 M 锥状细胞之间的距离是 2.5μm，即可视角为 $2\arctan(2.5/2\times17)\approx30''$，因此可获得的最大分辨率约为 $3600/(30\times2)=60\mathrm{cpd}$（Cycles Per Degree），这个分辨率几乎可捕捉物体所有的空间变化。而 S 锥状细胞之间的距离为 50μm，转换成可视角为 10'，即分辨率仅为 3cpd，因此眼睛对短波长色光的接收能力较差。

数字图像由排列整齐的像素组成，通常表示为矩形像素阵，矩形像素阵内的元素对应图像中的像素。像素矩阵的行列数被用来表示图像的空间分辨率，如高清视频的空间分辨率为 1920×1080，表示每幅图像的像素矩阵有 1920 列、1080 行。可见图像的空间分辨率越高，图像包含的细节就越多，高空间分辨率也是数字视频追求的目标。另外，像素宽高比也是影响图像显示比例的关键因素，像素宽高比是指像素的宽度和高度的比值。图像空间分辨率结合像素宽高比就可以确定图像的显示宽高比例，如空间分辨率为 352×288，且像素宽高比为 12∶11 时，图像的显示比例为传统的电视荧幕长宽比（4∶3）。

2.1.5　时间分辨率

视频的时间分辨率是指每秒包含的图像帧数，也称帧率。视频的帧率越高，视频的时域流畅性越好。每秒 24 帧的电影看起来也许还行，但事实上每一帧都会有视觉模糊，在快速运动的镜头中尤为明显。目前高清、超高清视频的帧率达到了每秒 60 帧以上。高帧率也是数字视频追求的目标。

在早期的视频处理技术中，隔行扫描技术通过牺牲空间分辨率来获得更好的时域流畅性。隔行扫描就是每一帧图像被分割为两场（Field），每场只包含一帧中所有的奇数扫描行或偶数扫描行，通常先扫描奇数行得到顶场，然后扫描偶数行得到底场，如图 2.6 所示。类似地，对于逐行扫描的图像，每幅图像上所有的扫描线在一起，叫作一帧。如果隔行扫描图像要和逐行扫描图像保持同样的帧率，则采集时隔行扫描每秒采集的次数应是逐行扫描次数的 2 倍。

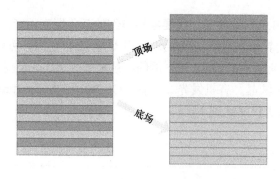

图 2.6　隔行扫描

隔行扫描源于早期的模拟显示，因其节约带宽，在广播电视行业获得广泛应用。然而，因其存在场间闪烁、锯齿效应等问题，随着数字显示和传输带宽的发展，越来越多的应用采用了更为自然的逐行扫描方式。

2.1.6　全景视频

全景视频，也称为 360°视频，是具有 360°全包围视角的球形视频。全景视频通常由多个摄像机同时对一个场景进行多角度拍摄，然后利用图像拼接算法将不同角度的视频拼接而成。如果用户使用头戴式显示设备 HMD（Head-Mounted Display），就可以通过转动头部观看全景视频各个角度的视频画面，从而获得最佳的观看体验。如图 2.7 所示，观看全景视频时用户位于全景视频球的中心。相比于传统视频，观看全景视频时用户成为观看内容的参与者，而不再被动观看。全景视频提高了用户与视频的互动性，带来了一种全新的沉浸式体验。

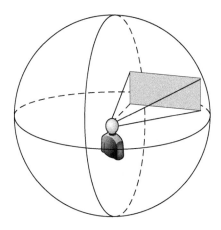

图 2.7　全景视频观看示意图

为了利用针对传统平面视频的处理及压缩算法，全景球形视频需要转换为平面视频。目前已经有多种映射方式：经纬图等角映射（Equirectangular Projection，ERP）、立方体映射（Cube Map Projection，CMP）、八面体映射（Octahedron Projection，OHP）、截断金字塔映射（Truncated Square Pyramid Projection，TSP）、球面条带映射（Segmented Sphere Projection，SSP）等。其中，ERP 与 CMP 是最为常用的两种映射方式。

ERP 是一种等距圆柱投影格式，也是一种简单的地图投影格式。该投影格式将每条经线圈映射为圆柱上等间隔的竖直直线，将每条纬线圈映射为圆柱上等间隔的水平直线。ERP 格式的映射关系示意图如图 2.8 所示，生成的平面视频的宽高比为 2：1。ERP 映射方式较为简单，但南北两极存在严重的过采样现象。

CMP 映射是在球体外接一个正六面体，以球心与正六面体重合的中心作为中心投影，从而实现球体和正六面体之间的映射，如图 2.9 所示。

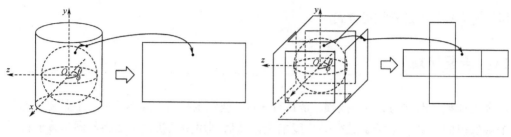

图 2.8　ERP 与圆柱体映射关系示意图　　　　图 2.9　CMP 与球体映射关系示意图

2.2　数字视频采样及格式标准

数字视频有两种常用的采样方法：一种是采用相同的空间采样频率对图像的亮度信号和色度信号进行采样；另一种是对亮度信号和色度信号分别采用不同的空间采样频率进行采样。如果对色度信号采用的空间采样频率比对亮度信号采用的空间采样频率低，那么这种采样就称为色度亚采样。

2.2.1　色度亚采样

色度亚采样在数字图像压缩技术中得到了广泛的应用，其基本依据是人眼对色度信号的敏感程度比亮度信号低，利用该特性可以把图像中表达颜色的信息去掉一些而不易被察觉。这意味着对色度信号的采样频率可以比亮度信号低，即相邻几个像素点可以有相同的色度值。色度亚采样就利用人类视觉的这一特性来达到压缩数据的目的，从而衍生出多种 YCbCr 采样格式，如 4∶4∶4、4∶2∶2、4∶1∶1 和 4∶2∶0。

1. 4∶4∶4 的 YCbCr 格式

图 2.10（a）给出了 ITU-R 标清视频格式 BT.601 中 4∶4∶4 采样格式的位置示意。在每个像素位置，都有 Y、Cb 和 Cr 分量，即无论是水平方向还是垂直方向，每 4 个亮度样本都对应 4 个 Cb 色度样本和 4 个 Cr 色度样本。在这种格式中，色度分量和亮度分量具有相同的空间分辨率，这种格式适用于视频源设备和高质量视频信号处理。

2. 4∶2∶2 的 YCbCr 格式

图 2.10（b）给出了 BT.601 中定义的 4∶2∶2 采样格式的位置示意。在水平方向上，每 2 个 Y 样本有 1 个 Cb 样本和 1 个 Cr 样本。显示图像时，对于没有 Cb 和 Cr 的样本，可使用前后相邻的 Cb 和 Cr 样本计算得到。在这种格式中，色度分量和亮度分量具有同样的垂直分辨率，但前者的水平分辨率仅为后者的一半。在 BT.601 中，这是彩色电视的标准格式。

3．4∶1∶1 的 YCbCr 格式

图 2.10（c）给出了 BT.601 中定义的 4∶1∶1 采样格式的位置示意。在水平方向上对色度分量进行 4∶1 抽样，即每 4 个 Y 样本有 1 个 Cb 样本和 1 个 Cr 样本。显示图像时，对于没有 Cb 和 Cr 的样本，可使用前后相邻的 Cb 和 Cr 样本计算得到。在这种格式中，色度分量和亮度分量具有同样的垂直分辨率，但色度分量的水平分辨率是亮度分量的 1/4。这是数字电视盒式磁带（Digital Video Cassette，DVC）上使用的格式。

4．4∶2∶0 的 YCbCr 格式

图 2.10（d）给出了 BT.601 中定义的 4∶2∶0 采样格式的位置示意，这是 MPEG-2 编码标准中使用的视频格式，在水平方向和垂直方向上对色度分量都进行了 2∶1 的抽样，即每 4 个 Y 样本对应 1 个 Cb 样本和 1 个 Cr 样本，但是和 4∶1∶1 采样格式中色度样本的位置不同。在这种采样格式中，色度分量在水平方向和垂直方向的分辨率均是亮度分量的 1/2。对于 4∶2∶0 采样格式，还有一种是 H.261、H.263 和 MPEG-1 标准中使用的格式，即 Cb 和 Cr 样本位于 4 个对应 Y 样本的中心。

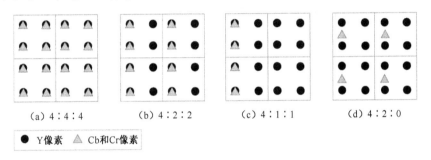

(a) 4∶4∶4　　　(b) 4∶2∶2　　　(c) 4∶1∶1　　　(d) 4∶2∶0

● Y 像素　△ Cb和Cr像素

图 2.10　BT.601 中色度亚采样格式

2.2.2　数字视频格式的规范标准

近年来，数字电视、数字视频技术在通信、广播电视等领域得到了广泛的应用，并且逐渐成熟。随着市场对数字图像和视频质量要求的逐渐提高，高清晰度的图像和视频越来越被人们所关注，甚至出现多种超高清晰度的图像和视频格式。因此，国际标准化组织对各种不同需求的视频格式进行了统一的规定，其中包括 BT.601 标清视频格式[18]、BT.709 高清视频格式[13]、BT.1201 超高清视频格式[19]、BT.2020[20]新一代超高清视频格式及 BT.2100[16]高动态范围视频格式。

1．BT.601 标准

1982 年，国际无线电咨询委员会（International Radio Consultative Committee，CCIR）制定了彩色电视图像数字化标准，称为 CCIR 601 标准，现改为 ITU-R BT.601 标准。该标

准规定了彩色电视图像转换成数字图像时使用的采样频率，以及 RGB 和 YCbCr 两个颜色空间之间的转换关系等。

为了便于节目交换、消除数字设备之间的制式差别，以及使 625 行电视系统与 525 行电视系统之间兼容，数字电视广播系统参数统一化、标准化工作开启，BT.601 强调以分量形式进行数字化，即以亮度分量 Y 和两个色度分量 R-Y、B-Y 为基础分别进行采样、量化和编码。该标准对彩色电视图像转换成的数字图像分辨率、帧率、颜色空间和量化深度都进行了比较详细的规定。

目前，按 BT.601 规定，对于 625 行/50 场的 PAL 制式而言，数字图像的有效分辨率通常是 720×576，视频图像的帧率是 25fps；对于 525 行/60 场的 NTSC 制式而言，数字图像的有效分辨率是 720×480，视频图像的帧率是 30fps。这样，无论是 625 行/50 场还是 525 行/60 场，数字图像每行有效亮度样本数均是 720，4：2：2 格式的色度信号样本数均是 360，这便于制式之间的转换。

除了图像分辨率，BT.601 标准还定义了数字颜色空间 YCbCr，并规定了亮度分量 Y 和色度分量 Cr、Cb 样本之间的比例是 4：2：2，如图 2.10（b）所示，无论是 PAL 制式电视，还是 NTSC 制式电视，这 3 个分量的采样频率分别为 13.5MHz、6.75MHz、6.75MHz。除此之外，BT.601 还规定了色度采样频率更低的 4：1：1 和 4：2：0 采样格式，还有为满足更高图像质量要求而对色度分量和亮度分量使用相同采样频率的 4：4：4 采样格式，如图 2.10 所示。因为 BT.601 规定的数字图像均是隔行扫描信号，所以，如图 2.10 所示的 4 种采样格式中两个相邻行属于两个不同场。

对采样后的亮度信号和两个色度信号进行线性 PCM 编码（脉冲编码调制，Pulse Code Modulation），每个样本采用 8bit 或 10bit 量化。同时，规定编码信号是经过伽马预校正的 Y、Cb、Cr 信号，为亮度信号分配 220 个量化级，即 Y 的取值范围为[16, 235]；为色度信号分配 225 个量化级，即色度分量 Cb、Cr 的取值范围为[16, 240]，色度信号的零电平 128 除外。表 2.1 给出了 ITU-R BT.601 推荐的 4：2：2 采样格式和 4：4：4 采样格式的参数对比。

表 2.1 4：2：2 采样格式与 4：4：4 采样格式的参数对比

采样格式		采样频率（MHz）	分辨率		数字信号取值范围
			PAL（625 行/50 场）	NTSC（525 行/60 场）	
4：2：2	Y	13.5	720×576 25fps	720×480 30fps	220 个量化级 [16, 235]
	Cb	6.75			225 个量化级 [16, 240]
	Cr	6.75			128 除外
4：4：4	Y	13.5	720×576 25fps	720×480 30fps	220 个量化级 [16, 235]
	Cb	13.5			225 个量化级 [16, 240]
	Cr	13.5			128 除外

2. BT.709 标准

BT.601 是适用于数字电视（Digital Television，DTV）的标准图像格式。为了进一步提高视频质量，BT.709 在两种标准扫描方式 1125/60/2∶1 和 1250/50/2∶1 的基础上，提出了两种高清晰度电视演播室参数方案。一种是传统的隔行扫描数字高清晰度电视（HDTV）视频格式，可以向下兼容普通清晰度电视；另一种是方形像素通用数字高清晰度电视视频格式，这种格式和多媒体计算机等多种应用之间具有互操作性的优点。

ITU-R BT.709 传统的隔行扫描图像特征如表 2.2 所示，规定每行有效样本数为 1920，每帧有效行数为 1035 或 1152，画面宽高比为 16∶9，垂直扫描类型为逐行或 2∶1 隔行扫描。亮度取样频率为 74.25MHz，色度取样频率为 37.125MHz，即 4∶2∶2 格式，采用 8bit 或 10bit 量化。

表 2.2　隔行扫描图像特征

参　　数	两种高清晰度图像特点	
	1125/60/2∶1	1250/50/2∶1
画面宽高比	16∶9	
每行有效样本数	1920	
每帧有效行数	1035	1152
隔行扫描比例	2∶1	
帧率	30fps	25 fps
场频（Filed/s）	60	50
采样格式（YCbCr）	4∶2∶2	4∶2∶2
量化深度	8bit 或 10bit	

HDTV 方形像素高清图像特征如表 2.3 所示，规定每行有效样本数为 1920，每帧有效行数为 1080，画面宽高比为 16∶9，采用方形像素的正交取样结构、逐行和隔行扫描形式。每个像素采用 8bit 或 10bit 量化。

表 2.3　方形像素高清图像特征

参　　数	不同扫描方式									
	60/P	30/P	30/PsF	60/I	50/P	25/P	25/PsF	50/I	24/P	24/PsF
帧率	60	30	30	30	50	25	25	25	24	24
画面宽高比	16∶9									
每行有效样本数	1920									
每帧有效行数	1080									
像素宽高比	1∶1（方形像素）									
量化深度	8bit 或 10bit									
采样格式（YCbCr）	4∶2∶2									

其中，P 表示逐行扫描和传输；I 表示隔行扫描和传输；PsF 表示逐行扫描、分段传输。

3．BT.1201 标准

在规定了高清晰度电视视频格式的标准后，国际电信联盟又提出了超高清晰度图像（High Resolution Image，HRI）格式和标准的建议书 ITU-R BT.1201。该建议认为空间分辨率、时间分辨率及画面宽高比应该足够灵活，以满足各种不同应用场合的需要（见表 2.4）。

表2.4　超高清晰度图像特征

参　　数	超高清晰度图像
画面宽高比	4∶3 或 16∶9 是基本尺寸，但鉴于其他用途也可采用其他数值
空间分辨率	考虑到计算机的兼容性，最好在 16∶9 屏幕上采用 1920×1080 或与其成整数倍的像素数来实现方形像素
帧率	由于该扫描系统包含横条纹的字符和数字，逐行扫描比隔行扫描更便于图像编码和图像处理，更高的空间分辨率通常需要更高的时间分辨率，所以采用 60fps 和逐行扫描是合适的
量化深度	运动图像必须是 8bit，静止图像必须是 10bit。在图像合成、视频编辑和二次使用的场合，灰度量化深度应该为 12bit
色度	可按照 ITU-R BT.709 建议的色度，但需要新的方法来实现宽范围的色彩重现

BT.1201 在空间分辨率上提出了等级模型，图像的最小分辨率为 1920×1080，HRI 分为 4 个等级。等级结构基于 16∶9 的画面宽高比，HRI 空间分辨率等级结构的定义基于时间轴上的图像是固定的（或者非实时的）这一假设，在实时情况下，要视具体的帧率而定。高清晰度图像的实时传输可以通过卫星、光纤信道进行。BT.1201 给出了实时传输时空间分辨率等级下的图像特征，如表 2.5 所示。

表2.5　实时传输时空间分辨率等级下的图像特征

图　像　层	实时的 HRI-0	实时的 HRI-1	实时的 HRI-2	实时的 HRI-3
有效像素数	1920×1080	3840×2160	5790×3240	7680×4320
采样频率比	4∶2∶2	4∶2∶2	4∶4∶4	4∶4∶4
量化深度	10bit	10bit	12bit	12bit
帧率	60fps	60fps	60fps	60fps

4．BT.2020 标准

面向新一代超高清（Ultra-High Definition，UHD）视频，国际电信联盟制定了 BT.2020 标准，定义了电视广播与消费电子领域关于超高清视频的各项参数指标。BT.2020 标准规定 UHD 图像的显示分辨率为 3840×2160 与 7680×4320，画面宽高比为 16∶9，其规定的 UHD 图像空间特征如表 2.6 所示。

表 2.6　UHD 图像空间特征

参　数	值	
画面宽高比	16∶9	
像素数（水平×垂直）	7680×4320	3840×2160
取样点阵	正交	
像素宽高比	1∶1 方形像素	
像素寻址	每行像素的顺序为从左向右、从上至下	

BT.2020 标准支持的帧率（单位：fps）包括 120、120/1.001、100、60、60/1.001、50、30、30/1.001、25、24、24/1.001，并且取消了隔行扫描，所有超高清标准下的影像都是基于逐行扫描的，这进一步提升了超高清影像的细腻度与流畅感。标准规定 UHD 图像时间特征如表 2.7 所示。

表 2.7　UHD 图像时间特征

参　数	值
帧率（fps）	120、120/1.001、100、60、60/1.001、50、30、30/1.001、25、24、24/1.001
扫描模式	逐行扫描

5．BT.2100 标准

ITU-R HDR-TV BT.2020 标准进一步推动了电视图像技术的发展，HDR 技术可使明亮的场景更为自然，并能展现较暗区域里的更多细节，还原标准动态范围中损失的图像质感和微妙色彩。

BT.2100 标准令电视机厂商得以在 3 个层次的细节和分辨率方案中加以选择，即高清晰度电视（1920×1080）及超高清晰度电视"4K"（3840×2160）和"8K"（7680×4320）。所有方案均采用了国际电信联盟 UHDTV BT.2020 标准中具有扩展色域和帧率范围的逐行成像系统。

BT.2100 标准针对高动态范围电视画面的制作规定了两种方案。通过采用细调转换功能以符合人类视觉系统，感性量化（PQ）规范实现一种非常广域的亮度水平。混合对数伽马（HLG）规范则通过更精密地适应以往确定的电视转移曲线，实现了与传统显示技术在某种程度上的兼容。该标准还介绍了在两种 HDR-TV 方案之间转换的方案。

6．其他常用标准

除了 BT.601、BT.709 和 BT.1201 中所定义的格式，国际标准化组织还定义了其他标准数字格式，表 2.8 概括了这些图像格式及它们的主要应用和压缩方法。ITU T 规定的 CIF 格式在水平方向和垂直方向上的分辨率都比 BT.601 小了约一半，它是为视频会议应用而开发的；在水平方向和垂直方向上具有 CIF 格式一半分辨率的 QCIF 格式，适用于可视电话及类似的应用场合。它们都是逐行扫描的，YCbCr 采样格式为 4∶2∶0。ITU-T H.261 编码标准的推出是为了将上述这些格式的视频信号压缩到 $p\times64$kbit/s，以便在只允许传输速率是 64kbit/s 整数倍的 ISDN（Integrated Services Digital Network）线路上传。随后出现的 H.263 标准是在 H.261 标准的基础上发展而来的，除支持 QCIF 和 CIF 格式外，还支持 Sub-QCIF、4CIF 和 16CIF 格式。Sub-QCIF 的分辨率相当于 QCIF 分辨率的 1/4，4CIF 和 16CIF 的分辨率分别为 CIF 分辨率的 4 倍和 16 倍。后来，ITU-T H.263+标准在原来 5 种视频源格式的基础上，允许更大范围的图像输入格式，自定义图像的尺寸，从而拓宽了标准使用的范围，可以处理基于视窗的计算机图像、更高帧率的图像序列及宽屏图像。H.264/AVC 支持逐行或隔行扫描的标清和高清视频源格式。H.265/HEVC 采用较统一的数据结构，灵活支持包括超高清在内的不同视频格式。

与此同时，ISO 的 MPEG 也规定了一系列数字视频标准。MPEG-1 视频编码部分对活动图像处理的格式没有规定，可处理 SIF（Standard Interchange Format 或 Source Input Format）视频数据，这种格式的目标定位是中等质量的视频应用。类似 BT.601，有两种 SIF 格式：一种帧率是 30Hz，行数是 240；另一种帧率是 25Hz，行数是 288，它们都是 352 像素/行。MPEG-1 算法能够把一个源码率为 30Mbit/s 的典型 SIF 视频信号压缩到大约 1.1Mbit/s，质量类似于在家用录像系统（Video Home System，VHS）、盒式磁带录像机（Video Cassette Recorder，VCR）上看到的分辨率，低于广播电视的质量。在此基础上，ISO 的活动图像专家组和 ITU-T 的 15 研究组于 1994 年共同制定了 MPEG-2 标准，MPEG-2 适用于隔行或逐行扫描系统，可用于 4∶2∶0、4∶2∶2、4∶4∶4 等色度采样格式。

表 2.8　图像格式、尺寸和典型应用

图像格式	空间分辨率	采样比率（YCbCr）	帧　　率	应用领域及压缩方法
Sub-QCIF	128×96	4∶2∶0	30P	手机视频及通过 PSTN 进行的视频会议，H.263
QCIF	176×144	4∶2∶0	30P	无线调制解调可视电话，H.261/H.263
CIF	352×288	4∶2∶0	30P	Internet 视频会议，H.261/H.263
SIF	352×240/288	4∶2∶0	30P/25P	中等质量视频（VCD），MPEG-1
4CIF	704×576	4∶2∶0	30P	H.263
16CIF	1408×1152	4∶2∶0	30P	H.263
BT.601	720×480/576	4∶2∶2/4∶4∶4	60I/50I	视频制作（SDTV），MPEG-2
BT.1543	1280×720	4∶2∶0	24P/30P/60P	地面、有线及卫星 HDTV，MPEG-2/H.264
BT.709 HDTV	1920×1080	4∶2∶0/4∶2∶2	25P/24P/30P/60I/50I/60P/50P	HDTV，MPEG-2/H.264
BT.1201 HRI-1	3840×2160	4∶2∶2	60P	超高清视频，H.265
BT.1201 HRI-2	5790×3240	4∶4∶4	60P	超高清视频，H.265
BT.1201 HRI-3	7680×4320	4∶4∶4	60P	超高清视频，H.265

2.3 H.266/VVC 编码视频格式

图 2.11 为视频通信的原理框图，不同格式的视频源经过前处理模块转换成统一的数据格式，编解码器只需要应对少量几种统一的视频数据格式，解码后的视频再经过后处理模块转换成与视频源格式一致的恢复视频。H.266/VVC 视频编码标准采用了这种思路，在保持编解码算法简洁的同时，可以支持不同的视频源及更广泛的视频应用。

这里将编码器输入视频称为编码视频，H.266/VVC 中编码视频只允许少量的格式，不同格式的编码视频采用较统一的数据结构。解码器输出视频称为解码视频，其具有的格式信息被称为解码视频格式。后处理模块恢复视频源的过程中需要解码视频的格式信息，如色度空间、显示比例等，这些解码视频的格式信息都不影响编解码过程，可以通过附加信息传送，H.266/VVC 标准已经定义了传送这些信息的语法语义。

图 2.11　视频通信的原理框图

2.3.1　编码图像格式

在 H.266/VVC 中，编码视频采用统一的多级数据结构。

（1）编码视频为按顺序排列的图像（Picture）序列。

（2）图像为一个或多个长方形采样矩阵，每个矩阵对应亮度或色度分量。

（3）像素对应矩阵的元素，元素值为像素的取值，元素的行列坐标表示像素空间位置。

在 H.266/VVC 中，图像可以是逐行扫描模式的视频帧、隔行扫描模式下的一场或多场，这里统一称为图像。本书中除了常用的帧率、帧内预测、帧间预测等少量视频专用词汇，统一使用"图像"作为编码单位，以配合 H.266/VVC 的编码图像格式。因此，编码视频格式主要是指编码图像格式，编码图像格式主要包括矩阵数量及空间关系、图像空间分辨率、像素量化深度等。承载编码图像格式的语法元素属于序列参数集（Sequence Parameter Set, SPS），由于 SPS 表征一组图像 CLVS（Coded Layer Video Sequence）的共有参数，一个 CLVS 内的所有图像应具有相同的格式。SPS 中编码图像格式的相关语法格式如表 2.9 所示，其中，表格右侧的符号为相应语法元素的编码方式，如 ue(v) 为无符号整数指数哥伦布码编码，u(n) 为无符号整数定长编码，各类编码方式的定义请参考标准[21]。

表 2.9　编码图像格式的相关语法格式

语法元素	编码方式
seq_parameter_set_rbsp( ) {	—
...	—

续表

语法元素	编码方式
sps_chroma_format_idc	u(2)
sps_pic_width_max_in_luma_samples	ue(v)
sps_pic_height_max_in_luma_samples	ue(v)
sps_conformance_window_flag	u(1)
if(sps_conformance_window_flag) {	—
sps_conf_win_left_offset	ue(v)
sps_conf_win_right_offset	ue(v)
sps_conf_win_top_offset	ue(v)
sps_conf_win_bottom_offset	ue(v)
}	—
sps_bitdepth_minus8	ue(v)
...	—
}	—

H.266/VVC 仅规定了 4 类编码图像格式，每类对应不同的矩阵数量及相应的色度分量。

（1）仅有 1 个采样矩阵 Y，对应单色图像中的亮度分量（Luma）。

（2）1 个亮度分量的采样矩阵和 2 个色度分量的采样矩阵（YCbCr 或 YCgCo），该格式对应所有亮度分量和 2 个色度分量的情况，具体对应的颜色空间为解码图像格式信息。

（3）3 个色度采样矩阵，分别为绿、蓝、红分量（GBR）。

（4）其他未指定的单色（Momochrome）或三激励颜色空间采样矩阵（如 YZX）。

针对具有 1 个亮度分量和 2 个色度分量的图像格式，还允许亮度分量矩阵和色度分量矩阵有不同的空间对应关系。H.266/VVC 支持的色度格式（Chroma Format）如表 2.10 所示，这里的色度格式主要用来描述亮度矩阵与色度矩阵的空间对应关系。其中，单色格式对应只有 1 个亮度矩阵的情况；如 2.2.1 节所述，4：2：0 格式色度矩阵行列的像素数都为亮度的一半；4：2：2 格式色度矩阵每行的像素数为亮度的一半，每列的像素数与亮度相同；4：4：4 格式色度矩阵行列的像素数相同。

在表 2.10 中，sps_chroma_format_idc 为 SPS 中的语法元素，SubWidthC 表示亮度矩阵宽度（每行像素个数）与色度矩阵宽度的比值，SubHeightC 表示亮度矩阵高度（每列像素个数）与色度矩阵高度的比值。

表 2.10 H.266/VVC 支持的色度格式

sps_chroma_format_idc	色度格式	SubWidthC	SubHeightC
0	单色	1	1
1	4：2：0	2	2
2	4：2：2	2	1
3	4：4：4	1	1

SPS 语法元素中 sps_pic_width_max_in_luma_samples 和 sps_pic_height_max_in_luma_ samples 分别表示图像亮度矩阵的最大行像素数和最大列像素数，它们应为 max(8, MinCbSizeY)的整数倍，且不等于 0。MinCbSizeY 为允许最小亮度编码块的大小。 H.266/VVC 允许像素的量化深度为 8～16bit。SPS 语法元素中 sps_bitdepth_minus8 标识亮度 信息和色度信息的量化深度。

另外，如果 SPS 语法元素 sps_conformance_window_flag 的值为 1，则解码后图像应按裁剪 窗口进行裁剪后输出。具体的裁剪窗口由语法元素 sps_conf_win_left_offset、sps_conf_win_right_ offset、sps_conf_win_top_offset 和 sps_conf_win_bottom_offset 确定。当图像符合条件 pps_pic_width_in_luma_samples=sps_pic_width_max_in_luma_samples、 pps_pic_height_in_ luma_samples=sps_pic_height_max_in_luma_samples 时进行裁剪。解码图像矩阵的裁剪窗口 为矩形，4 个顶点坐标为 SubWidthC × sps_conf_win_left_offset、sps_pic_width_max_in_luma_ samples − (SubWidthC × sps_conf_win_right_offset + 1)、SubHeightC × sps_conf_win_top_offset 和 sps_pic_height_max_in_luma_samples − (SubHeightC × sps_conf_win_bottom_offset + 1)。裁剪 过程只作用于解码输出图像时，这组参数不影响编解码过程。

2.3.2 解码图像格式

解码图像格式除了编码图像携带的格式信息，还包括扫描类型、图像类型、色彩空间 等格式信息。其中，扫描类型和图像类型为每幅图像必需的格式信息，用于确定图像是逐 行扫描模式的一帧、隔行扫描模式的顶场、隔行扫描模式的底场或隔行模式扫描的多场等。

与解码图像格式相关的主要 3 段语法如下。

（1）属于 SPS 的语法元素集 profile_tier_level( )和 seq_parameter_set_rbsp( )包含了解码 图像的格式信息，是视频流中必须存在的语法元素，作用于一个 CLVS 中的所有图像。 表 2.11 给出了 profile_tier_level( )与 seq_parameter_set_rbsp( )中与图像格式相关的两个语法 元素。需要注意的是，虽然这两个语法元素肯定存在，但解码器解码过程会忽略这两个语 法元素，语法元素的值不影响解码器的输出结果。

（2）VUI（Video Usability Information）参数主要包含解码图像的格式信息，如采样横 纵比、光电转换特性、颜色空间等。表 2.12 给出了 vui_parameters( )语法元素集中的相关语 法元素，VUI 参数属于 SPS，作用于一个或多个 CLVS。但 VUI 参数属于可选参数， vui_parameters( )语法元素集在视频压缩码流中不一定存在，VUI 参数同样也不影响视频的 解码过程。

（3）SEI（Supplemental Enhancement Information）语法元素集 frame_field_info( )也可能 包含解码图像的格式信息，如扫描类型、图像类型等。表 2.13 给出了 frame_field_info( )语 法元素集中的相关语法元素，这些语法元素只作用于一幅图像。SEI 语法元素属于可选语 法元素，frame_field_info( )语法元素集在视频压缩码流中不一定存在，同样也不影响视频的 解码过程。这些语法元素的取值应与 SPS 中语法元素的取值保持一致。

表 2.11　SPS 中的图像格式相关语法元素

语法元素	编码方式
profile_tier_level(profileTierPresentFlag, MaxNumSubLayersMinus1) {	—
...	—
ptl_frame_only_constraint_flag	u(1)
...	—
}	—
seq_parameter_set_rbsp( ) {	—
...	—
sps_field_seq_flag	u(1)
...	—
}	—

表 2.12　VUI 中的主要图像格式相关语法元素

语法元素	编码方式
vui_parameters(payloadSize) {	—
vui_progressive_source_flag	u(1)
vui_interlaced_source_flag	u(1)
vui_non_packed_constraint_flag	u(1)
vui_non_projected_constraint_flag	u(1)
vui_aspect_ratio_info_present_flag	u(1)
if(vui_aspect_ratio_info_present_flag) {	—
vui_aspect_ratio_constant_flag	u(1)
vui_aspect_ratio_idc	u(8)
if(vui_aspect_ratio_idc = = 255) {	—
vui_sar_width	u(16)
vui_sar_height	u(16)
}	—
}	—
vui_overscan_info_present_flag	u(1)
if(vui_overscan_info_present_flag)	—
vui_overscan_appropriate_flag	u(1)
vui_colour_description_present_flag	u(1)
if(vui_colour_description_present_flag) {	—
vui_colour_primaries	u(8)
vui_transfer_characteristics	u(8)
vui_matrix_coeffs	u(8)
vui_full_range_flag	u(1)
}	—
vui_chroma_loc_info_present_flag	u(1)

续表

语法元素	编码方式
if(vui_chroma_loc_info_present_flag) {	—
if(vui_progressive_source_flag && !vui_interlaced_source_flag)	—
vui_chroma_sample_loc_type_frame	ue(v)
else {	—
vui_chroma_sample_loc_type_top_field	ue(v)
vui_chroma_sample_loc_type_bottom_field	ue(v)
}	—
}	—
}	—

表 2.13　SEI 中的主要图像格式相关语法元素

语法元素	编码方式
frame_field_info(payloadSize) {	—
ffi_field_pic_flag	u(1)
if(ffi_field_pic_flag) {	—
ffi_bottom_field_flag	u(1)
ffi_pairing_indicated_flag	u(1)
if(ffi_pairing_indicated_flag)	—
ffi_paired_with_next_field_flag	u(1)
} else {	—
ffi_display_fields_from_frame_flag	u(1)
if(ffi_display_fields_from_frame_flag)	—
ffi_top_field_first_flag	u(1)
ffi_display_elemental_periods_minus1	u(4)
}	—
ffi_source_scan_type	u(2)
ffi_duplicate_flag	u(1)
}	—

1. 扫描类型

扫描类型指明图像是逐行扫描的还是隔行扫描的，H.266/VVC 中的 SEI 语法元素 ffi_source_scan_type 表明每幅图像的扫描类型。图像的 ffi_source_scan_type 的值为 0 表明该图像为隔行扫描；值为 1 表明该图像为逐行扫描；值为 2 表明该图像的扫描类型未知；值为 3 表明预留未来使用，该标准版本中不应使用该预留值，若 ffi_source_scan_type 的值为 3，则遵循该标准版本的解码器按值为 2 时处理。

由于 ffi_source_scan_type 是可选语法元素，当 SEI 中 ffi_source_scan_type 存在时，其应该与 SPS 语法元素 vui_progressive_source_flag 和 vui_interlaced_source_flag 的取值一致；

当 SEI 中 ffi_source_scan_type 不存在时，其应根据 SPS 语法元素 vui_progressive_source_flag 和 vui_interlaced_source_flag 推断得到。

（1）当 vui_progressive_source_flag 的值为 0 和 vui_interlaced_source_flag 的值为 1 时，如果 SEI 中 ffi_source_scan_type 存在，则其值应该为 0；如果 SEI 中 ffi_source_scan_type 不存在，则 ffi_source_scan_type 应设置为 0。

（2）当 vui_progressive_source_flag 的值为 1 和 vui_interlaced_source_flag 的值为 0 时，如果 SEI 中 ffi_source_scan_type 存在，则其值应该为 1；如果 SEI 中 ffi_source_scan_type 不存在，则 ffi_source_scan_type 应设置为 1。

（3）当 vui_progressive_source_flag 的值为 0 和 vui_interlaced_source_flag 的值为 0 时，如果 SEI 中 ffi_source_scan_type 存在，则其值应该为 2；如果 SEI 中 ffi_source_scan_type 不存在，则 ffi_source_scan_type 应设置为 2。

（4）当 vui_progressive_source_flag 的值为 1 和 vui_interlaced_source_flag 的值为 1 时，SEI 中 ffi_source_scan_type 应存在，图像的 ffi_source_scan_type 为 SEI 中的 ffi_source_scan_type。

2. 图像类型

图像类型是指图像中像素的空间结构，如图像为逐行扫描模式的帧、隔行扫描模式的顶场等。H.266/VVC 中的 SEI 语法元素 ffi_field_pic_flag 表明每幅图像的图像类型，其取值与图像类型的关系如表 2.14 所示。不同的图像类型对应不同的像素空间结构，H.266/VVC 标准详细给出了逐行扫描模式视频帧通常的像素空间结构，以及隔行扫描模式顶场和底场通常的像素空间结构[21]。根据所有图像的图像类型就可以得出整个视频序列应如何应用，如隔行扫描模式的顶场和配对的底场组合到一起在逐行扫描模式的显示器上显示。

表 2.14　图像类型

ffi_field_pic_flag	FixedPicRateWithinCvsFlag	ffi_bottom_field_flag	ffi_display_fields_from_frame_flag	ffi_top_field_first_flag	DisplayElementalPeriods	图像格式
0	0	—	0	—	1	逐行扫描的帧
		—	1	0	2	底场、顶场
		—	1	1	2	顶场、底场
		—	1	0	3	底场、顶场、重复的底场
		—	1	1	3	顶场、底场、重复的顶场

续表

ffi_field_pic_flag	FixedPicRateWithinCvsFlag	ffi_bottom_field_flag	ffi_display_fields_from_frame_flag	ffi_top_field_first_flag	DisplayElementalPeriods	图像格式
0	1	—	0	—	n	逐行扫描的帧，显示 n 个基本时间段
		—	1	0	2	底场、顶场，每个显示 1 个基本时间段
		—	1	1	2	顶场、底场，每个显示 1 个基本时间段
		—	1	0	3	底场、顶场、重复的底场，每个显示 1 个基本时间段
		—	1	1	3	顶场、底场、重复的顶场，每个显示 1 个基本时间段
1	0	0	—	—	1	顶场
		1	—	—	1	底场
	1	0	—	—	1	顶场，每个显示 1 个基本时间段
		1	—	—	—	底场，每个显示 1 个基本时间段

由于 SEI 语法元素 ffi_field_pic_flag 是可选语法元素，当 SEI 中 ffi_field_pic_flag 存在时，其应该与 SPS 语法元素的 sps_field_seq_flag 取值一致。sps_field_seq_flag 的值为 1 表明 CLVS 内的所有图像为场，值为 0 表示 CLVS 内的所有图像为帧。当 sps_field_seq_flag 的值等于 1 时，CLVS 中的每个已编码图像的 frame_field_info( ) 语法元素集都应存在。

SEI 语法元素的 ffi_field_pic_flag 表明简单图像类型，ffi_field_pic_flag 的值为 0 表示当前图像为帧，值为 1 表示当前图像为场，需要元素 ffi_bottom_field_flag、ffi_display_fields_from_frame_flag、ffi_top_field_first_flag、FixedPicRateWithinCvsFlag 及 DisplayElementalPeriods 进一步标明图像的详细图像类型，其中 ffi_bottom_field_flag、ffi_display_fields_from_frame_flag、ffi_top_field_first_flag 为 SEI 中 的 语 法 元 素，FixedPicRateWithinCvsFlag 等于 HRD 中的语法元素 fixed_pic_rate_within_cvs_flag，当 FixedPicRateWithinCvsFlag 的值等于 1 时，DisplayElementalPeriods 等于 SEI 中的语法元素 ffi_display_elemental_periods_minus1 + 1。

另外，SPS 语法元素 ptl_frame_only_constraint_flag 作为必有的语法元素也表明图像类型，ptl_frame_only_constraint_flag 的值为 1 表明 CLVS 中所有图像为帧。这时，sps_field_seq_flag 的值应为 0，与 SPS 语法元素 ptl_frame_only_constraint_flag 保持一致。

3. 采样宽高比

采样宽高比（Pixel Aspect Ratio，PAR）表示像素的宽度与高度的比值，结合图像的空间分辨率就可以得到图像显示时的宽高比。图像的采样宽高比由 VUI 语法元素 vui_aspect_ratio_idc 标识，表 2.15 给出了 vui_aspect_ratio_idc 部分取值与采样宽高比的对应关系及应用例子。当 VUI 语法元素 vui_aspect_ratio_idc 不存在时，图像的 vui_aspect_ratio_idc 应设定为 0。当 vui_aspect_ratio_idc 取值为 255 时，采样宽高比应设定为 vui_sar_width 与 vui_sar_height 的比值。

表 2.15　图像采样宽高比

vui_aspect_ratio_idc	采样宽高比	应用例子
0	未指定	—
1	1∶1	分辨率为 1920×1080，帧宽高比为 16∶9
2	12∶11	分辨率为 352×288，帧宽高比为 4∶3
3	10∶11	分辨率为 352×240，帧宽高比为 4∶3
4	16∶11	分辨率为 528×576，帧宽高比为 4∶3
5	40∶33	分辨率为 528×480，帧宽高比为 4∶3
...	...	...
16	2∶1	分辨率为 960×1080，帧宽高比为 16∶9
17～254	Reserved	—
255	SarWidth∶SarHeight	—

4．过扫描

过扫描（Overscan）是指显示器输入图像的边缘附近部分像素在显示屏上不可见，这是 CRT（Cathode Ray Tube）显示技术的主要特征。VUI 语法元素 vui_overscan_appropriate_flag 的值为 1 表示裁剪后的解码图像适合用过扫描，可用于娱乐电视节目等应用。

vui_overscan_appropriate_flag 的值为 0 表示裁剪后的解码图像不适合用过扫描，可用于计算机屏幕获取等应用。

5．像素值特性

颜色是由亮度和色度共同表示的，而色度（Chromaticity）则是不包括亮度在内的颜色的性质，它反映的是颜色的色调和饱和度。VUI 语法元素 vui_colour_primaries 表明视频的 RGB 空间中 RGB 分量对应的色度坐标（Chromaticity Coordinates）。VUI 语法元素 vui_matrix_coeffs 表明亮度和色度信号与 RGB 信号的转换关系矩阵，结合 VUI 语法元素 vui_full_range_flag 可以确定解码器输出像素值对应的 RGB 空间的像素值。VUI 语法元素 vui_transfer_characteristics 表明像素信息的光电转换关系，结合 RGB 空间的像素值可以确定像素位置的光强度。

参考文献

[1]　Anderson J, Anderson B. The Myth of Persistence of Vision Revisited[J]. Journal of Film and Video, 1993, 45(1): 3-12.

[2]　Brett S. Digital Video Processing. US Patent 6026179[P]. 2000-02-15.

[3]　Brown P K, Wald G. Visual Pigments in Human and Monkey Retinas[J]. Nature, 1963, 200(4901): 37-43.

[4]　Stockman A, Sharpe L T. Spectral Sensitivities of the Middle-and- long-wavelength Sensitive Cones Derived from Measurements in Observers of Known Genotype[J]. Vision Research, 2000, 40(13): 1711-1737.

[5]　Hinchey M, Pagnoni A, Rammig F J, et al. Color Theory and Its Application in Art and Design[M]. Berlin: Springer Publishing Company, Incorporated, 2008.

[6]　Land E H, McCann J J. Lightness and Retinex theory[J]. Journal of the Optical Society of America, 1971, 61(1): 1-11.

[7]　McCann J J, McKee S P, Taylor T H. Quantitative Studies in Retinex Theory[J]. Vision Research, 1976, 16(5): 445-458.

[8]　Hunt R W G. The reproduction of colour (6th Edition)[M]. Chichester UK: Wiley–IS&T Series in Imaging Science and Technology, 2004.

[9]　Backhaus W G, Kliegl R, Werner J S, et al. Perspectives from Different Disciplines[M]. De Gruyter, section 5.5, 1998.

[10]　冈萨雷斯. 数字图像处理[M]. 阮秋琦, 阮宇智, 译. 2 版. 北京: 电子工业出版社, 2003.

[11]　Manjunath B S, Ohm J R, Vasudevan V V, et al. Color and Texture Descriptors[J]. IEEE Transactions on Circuits and Systems for Video Technology, 2001, 11(6): 703-715.

[12]　Wikipedia. CIE[OL].

[13]　ITU-R BT.709-5. Parameter Values for the HDTV Standards for Production and International Programme Exchange[S]. 2008.

[14]　Winkler S. Vision Models and Quality Metrics for Image Processing Applications[D]. Ph.D. Thesis, EPFL, 2000.

[15]　Arterberry M E, Craver-Lemley C, Reeves A. Visual Imagery Is Not Always Like Visual Perception[J]. Behavioral & Brain Sciences, 2002, 25(2): 183-184.

[16]　ITU-R BT.2100-2. Image Parameter Values for High Dynamic Range Television for Use in Production and International Programme Exchange[S]. 2018.

[17]　Fain G L, Dowling J E, Dowling. Intracellular Recordings from Single Rods and Cones in the Mudpuppy Retina[J]. Science, 1973, 180(4091): 1178-1181.

[18]　CCIR Recommendation 656. Interfaces for Digital Component Video Signals in 525-line and 625-line Television Systems [S]. 1998.

[19]　Sugawara M, Emoto M, Masaoka K, et al. Super Hi-vision for the Next Generation Television[J]. ITE Transactions on Media Technology and Applications, 2013, 1(1): 27-33.

[20]　ITU-R BT.2020-2. Parameter Values for Ultra-High Definition Television Systems for Production and International Programme Exchange[S]. 2015.

[21]　ITU-T Recommendation H.266 and ISO/IEC 23090-3. Versatile Video Coding[S]. 2020.

第 3 章

编码结构

为了增强各种应用下操作的灵活性及数据损失的鲁棒性，H.266/VVC 在编解码的设计上添加了多种新的语法架构。相较于以往的视频编码标准（如 H.265/HEVC），这种新的语法架构使得 H.266/VVC 在压缩效率和网络适应性两个方面都有显著提升。此外，根据不同业务需求、终端运算能力等，H.266/VVC 还相应地规定了不同的档次、层、级，以适应各种应用场景。本章首先对 H.266/HEVC 的编码结构及其所涉及的相关语法参数集进行详细介绍，然后给出档次、层、级的基本概念，以及在 H.266/VVC 中对它们的具体规范[1]。

3.1 编码结构概述

关于编码结构，可以从编码时的分层处理架构和编码之后码流的语法架构两个方面进行描述。一般来说，为了支持视频编码标准的通用性，标准只规定码流的语法语义，以保证编码器的设计更为灵活。因此，本章重点介绍 H.266/VVC 编码后码流的语法架构[1]。片（Slice）头及其之上的语法架构通常称为高层语法（High-Level Syntax，HLS）[2]。

一个 H.266/VVC 编码码流包含一个或多个编码视频序列（Coded Video Sequence，CVS），每个 CVS 以帧内随机接入点（Intra Random Access Point，IRAP）图像或逐渐解码刷新（Gradual Decoding Refresh，GDR）图像开始，可以作为随机接入点对视频流进行解码。CVS 是时域独立可解码的基本单元。

CVS 结构如图 3.1 所示，每个 CVS 包含一个或多个按解码顺序排列的访问单元（Access Unit，AU）。每个 AU 包含一个或多个同一时刻的图像单元（Picture Unit，PU），每个 PU 包含且仅包含一幅完整图像的编码数据。当一个 AU 包含多个 PU 时，每个 PU 可以是特定质量或分辨率（可分级视频流）图像，也可以是多视点视频的某一视点，以及深度、反射率等属性信息。因此，AU 中的不同 PU 被归属为不同的层（Layer），一个 CVS 中所有同层的 PU 组成了编码视频序列层（Coded Layer Video Sequence，CLVS）。当编码码流只包含一层时，CVS 与 CLVS 一致。从图 3.1 可以看出，AU 为同一时刻 PU 的垂直分组，CLVS 是同层 PU 的水平分组。

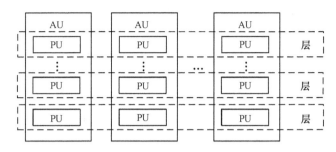

图 3.1　CVS 结构

每个 PU 为一幅编码图像，包含一个或多个片（Slice），片与片之间进行独立编解码，主要目的之一是在数据丢失时进行重新同步。每个 Slice 由相同大小的树形编码单元（Coding Tree Unit，CTU）组成，每个 CTU 包括一个亮度分量树形编码块（Coding Tree Block，CTB）和两个色度分量树形编码块。每个 CTU 按照二叉树、三叉树、四叉树递归划分为不同尺寸的矩形编码单元（Coding Unit，CU）。Slice 到 CU 之间的编码结构如图 3.2 所示。

不同于 H.265/HEVC，在 H.266/VVC 中不再使用独立的预测单元（Prediction Unit，在 H.265/HEVC 中也简称为 PU，注意与上文图像单元 PU 进行区别，如无特殊说明本书中 PU 均指图像单元）和变换单元（Transform Unit，TU），而是预测、变换、编码均以 CU 作为基本单位。只有当 CU 尺寸大于最大变换尺寸时，TU 才使用更小尺寸。

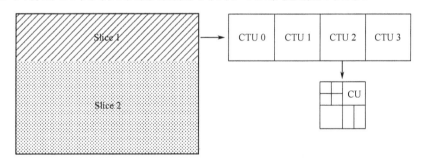

图 3.2　Slice 到 CU 之间的编码结构

为了保证压缩视频流的灵活使用，H.266/VVC 也采用了视频编码层（Video Coding Layer，VCL）和网络适配层（Network Abstract Layer，NAL）的双层架构，网络适配层将在第 11 章详细描述。编码视频流被封装成 NAL 单元，并且对视频流的特性进行标识，以便适配网络传输或存储。Slice 编码数据的 NAL 单元被称为 VCL NAL 单元。除此之外，图像单元 PU 还包含 non-VCL NAL 单元，如参数集、访问单元分割符等。

参数集是一个独立的数据单位，它包含视频不同层级编码单元的共用信息，包括视频参数集（Video Parameter Set，VPS）、序列参数集（Sequence Parameter Set，SPS）、图像参数集（Picture Parameter Set，PPS）、图像头（Picture Header，PH）、自适应参数集（Adaptation Parameter Set，APS）、解码能力信息（Decoding Capability Information，DCI）、附加增强信

息（Supplemental Enhancement Information，SEI）等。非编码数据的参数集作为 non-VCLU 进行传输，这为传递关键数据提供了高鲁棒机制。参数集的独立性使得其可以提前发送，也可以在需要增加新参数集的时候再发送，可以被多次重发或采用特殊技术加以保护，甚至采用带外（Out-of-Band）发送的方式。

VPS 包含层级信息（PU 间的相互依赖关系）和输出层信息（哪些 PU 解码图像可以输出），主要用于支持分层编码。SPS 包含一个 CVS 中所有图像共用的信息，主要包括档次级别、分辨率、编码工具开关标识等。PPS 包含一幅图像所有 Slice 的共用信息，主要包括编码工具开关标识、量化参数、分块信息等。PH 包含图像级的信息，与 PPS 不同，PH 主要包含频繁变化的信息。APS 包含类似图像头信息或 Slice 头信息，其会被一幅图像的多个 Slice 或不同图像的 Slice 使用，这类信息包含大量数据并在不同图像间频繁变化使用，因此不适合被包含在 PPS 中。DCI 主要包含 PTL（Profile, Tier, and Level）信息，用于编码流的会话协商。SEI 主要包含视频内容的附加信息，该信息不影响解码过程。

一个参数集并不对应某个特定的图像或 CVS，同一个 VPS 或 SPS 可以被多个 CVS 引用，同一个 PPS 可以被多幅图像引用。只有当参数集直接或间接被 Slice 引用时才有效，一个 Slice 引用它所使用的 PPS，该 PPS 又引用其对应的 SPS，该 SPS 又引用它对应的 VPS，最终得到 Slice 的共用信息。H.266/VVC 压缩码流的结构如图 3.3 所示。

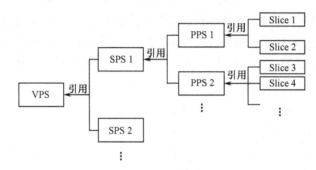

图 3.3　H.266/VVC 压缩码流的结构

3.2　多层视频及参数集

H.266/VVC 采用了多层视频编码结构，一个 CVS 可以包含多个 CLVS 视频层。VPS 可以描述不同 CLVS 间的参考依赖关系，配合参考帧管理支持可分级视频编码、多视点视频编码、多层视频编码等需求。

3.2.1　多层视频编码结构

1. 可分级视频编码

可分级（Scalability）视频编码是指对视频进行一次编码得到包含多个子集的码流，解码部分子集即可得到一定质量的重建视频。图 3.4 给出了一种可分级视频编码的码流结构，箭头表示视频帧间的参考依赖关系。视频帧 $F_{1,1}$、$F_{1,3}$、$F_{1,5}$ 子集可以独立解码，增加 $F_{1,2}$、$F_{1,4}$ 子集可以提高视频帧率，称为时域可分级。视频帧 $F_{2,x}$ 依赖视频帧 $F_{1,x}$，可以是对 $F_{1,x}$ 重建帧与原始帧差值的编码，增加 $F_{2,x}$ 子集可以提高重建视频的质量，称为质量可分级。当 $F_{1,x}$ 为低空域分辨率，$F_{2,x}$ 为高空域分辨率时，增加 $F_{2,x}$ 子集可以提高重建视频的空域分辨率，称为空域可分级。可见，可分级视频编码可以有效适应多样的网络条件、终端设备，以满足不同用户需求。

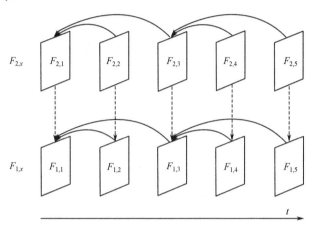

图 3.4　可分级视频编码的码流结构

2. 多视点视频编码

多视点视频是由摄像机阵列从不同角度拍摄同一场景得到的一组视频信号。多视点视频编码除了利用单视点视频的空时域相关性，还可以利用视点间的相关性，如图 3.5 所示。

图 3.5　多视点视频编码

3. 多层视频编码

为了支持可分级视频编码和多视点视频编码等需求，H.266/VVC 采用了多层视频编码结构。如图 3.1 所示，一个 AU 可以包含多个 PU，每个 PU 属于一层。各层间可以独立编码，也可以使用层间参考预测编码。可分级编码时每个空域或质量等级都可以看作一层，多视点视频编码时每个视点可以看作一层。

在 H.266/VVC 中，各层间的参考依赖关系由 VPS 描述，参考帧管理模块根据 VPS 确定当前解码图像与各已解码图像间的依赖关系，将有参考关系的图像按规则放入参考帧列表，随后的解码过程不需要关心参考帧的由来。当参考帧为低质量等级的同时刻帧时，即可实现质量可分级视频编码。当参考帧为同一时刻不同视角图像时，即可实现视角间依赖的多视点视频编码。

为了有效地反映图像间的依赖关系，H.266/VVC 把图像划分到多个时域层，每幅图像都有一个标识所属时域层的时域层标识号。低层图像（时域层标识号小）不使用比其时域层高的图像作为参考，也就是说，低层图像解码不依赖比其时域层高的图像。图像的时域层标识号可以充分反应图像的时域重要性，可依此实现视频的时域分级。

另外，在 H.266/VVC 标准中，允许一个 CVS 内的图像具有不同的空间分辨率，即参考图像重采样（Reference Picture Resampling，RPR）。RPR 技术通过灵活改变图像空间分辨率，可以生成自适应视频流，提供更强的信道匹配能力。通常，帧间编码技术需要参考帧与当前编码帧具有相同的分辨率，因此，当图像空间分辨率发生变化时，利用重采样技术首先将参考帧的分辨率调整为当前编码帧的分辨率。

3.2.2　视频参数集

H.266/VVC 灵活的多层编码结构依赖 VPS 和参考帧管理。VPS 主要用于承载视频分级信息，表达 PU 间的依赖关系，支持可分级视频编码或多视点视频编码。

一个给定的编码视频序列（CVS），无论每层的 SPS 是否相同，都参考相同的 VPS。VPS 的语法架构详见标准 7.3.2 节[1]，包含的信息有：

（1）每个 PU 的子层标识，子层间的相互依赖关系；

（2）标识输出层集合；

（3）会话所需的有关操作点的关键信息，如档次、级别。

VPS 的相关语法元素如下。

vps_video_parameter_set_id：提供 VPS 的标识符，供其他语法元素使用，值应大于 0。

vps_max_layers_minus1：表示引用这一 VPS 的 CVS 允许的最大层数减 1。

vps_max_sublayers_minus1：表示比特流中可支持时域子层的最大层数减 1，取值范围为 0～6，即最大可支持 7 个子层。

vps_default_ptl_dpb_hrd_max_tid_flag：值为 1 表示语法元素 vps_ptl_max_tid[i]、vps_dpb_max_tid[i]和 vps_hrd_max_tid[i]不存在，并被推断为使用默认值 vps_max_ sublayers_minus1；值为 0 表示语法元素 vps_ptl_max_tid[i]、vps_dpb_max_tid[i]和 vps_hrd_max_tid[i]存在。当 vps_default_ptl_dpb_hrd_max_tid_flag 不存在时，其值被推断为1。

vps_all_independent_layers_flag：值为1表示所有引用 VPS 的层都是独立编码的，不使用层间预测；值为 0 表示一个或多个引用 VPS 的层可能使用层间预测。当 vps_all_independent_layers_flag 不存在时，其值被推断为1。

vps_layer_id[i]：表示第 i 层的 nuh_layer_id 值。对任意两个非负整数 m 和 n，当 m 小于 n 时，vps_layer_id[m]应该小于 vps_layer_id[n]。

vps_independent_layer_flag[i]：值为1表示索引为 i 的层不使用层间预测；值为 0 表示索引为 i 的层可能使用层间预测，并且语法元素 vps_direct_ref_layer_flag[i][j]在 VPS 中存在，其中 j 取 0～i-1。当 vps_independent_layer_flag[i]不存在时，其值被推断为1。

vps_max_tid_ref_present_flag[i]：值为 1 表示语法元素 vps_max_tid_il_ref_pics_plus1 [i][j]可能存在，值为 0 表示语法元素 vps_max_tid_il_ref_pics_plus1[i][j]不存在。

vps_direct_ref_layer_flag[i][j]：值为 0 表示第 j 层不是第 i 层的直接参考层，值为 1 表示第 j 层是第 i 层的一个直接参考层。当 i 和 j 的取值为 0～vps_max_layers_minus1 时，vps_direct_ref_layer_flag[i][j]不存在，其值被推断为 0。当 vps_independent_layer_flag[i] 的值等于 0，j 在 0～i-1 内应至少有一个值使得 vps_direct_ref_layer_flag[i][j]的值为 1。

vps_max_tid_il_ref_pics_plus1[i][j]：值为 0 表示当第 j 层的图像既不是 IRAP 图像也不是 ph_recovery_poc_cnt 等于 0 的 GDR 图像时，其不能用作解码第 i 层图像的 ILRP（Inter-Layer Reference Picture）；值大于 0 表示在解码第 i 层的图像时，没有来自第 j 层的 TemporalId 大于 vps_max_tid_il_ref_pics_plus1[i][j] − 1 的图像被用作 ILRP，并且没有 nuh_layer_id 等于 vps_layer_id[j]同时 TemporalId 大于 vps_max_tid_il_ref_pics_plus1[i][j] − 1 的 VPS 被引用。当 vps_max_tid_il_ref_pics_plus1[i][j]不存在时，其值被推断为 vps_max_sublayers_ minus1 + 1。

vps_each_layer_is_an_ols_flag：值为 1 表示每个输出层集（Output Layer Set，OLS）仅包含一层，并且每个被此 VPS 指定的层都是一个将单一被包含层作为仅有输出层的 OLS。值为 0 表示至少有一个 OLS 多于一层。如果 vps_max_layers_minus1 等于 0，则 vps_each_layer_is_an_ols_flag 被推断为 1；否则，当 vps_all_independent_layers_flag 等于 0 时，vps_each_layer_is_an_ols_flag 被推断为 0。

vps_ols_mode_idc：值为 0 表示被 VPS 指定的 OLS 总数等于 vps_max_layers_minus1 + 1，第 i 个 OLS 包含索引 0～i 的层，并且对于每个 OLS 来说仅其中的最高层作为输出层。值为 1 表示被 VPS 指定的 OLS 总数等于 vps_max_layers_minus1 + 1，第 i 个 OLS 包含索引 0～i 的层，并且对于每个 OLS 来说其中的所有层都为输出层。值为 2 表示被 VPS 指定的 OLS 总数被明确标识，并且对每个 OLS 来说其输出层被明确标识，同时其他层是 OLS 输出层的直接或间接参考层。vps_ols_mode_idc 的值应该在 0～2 内，3 留作未来使用。当 vps_all_independent_layers_flag 等于 1，且 vps_each_layer_is_an_ols_flag 等于 0 时，vps_ols_mode_idc 被推断为 2。

vps_num_output_layer_sets_minus2：当 vps_ols_mode_idc 等于 2 时，表示被 VPS 指定

的 OLS 的总数减 2。

vps_ols_output_layer_flag[i][j]：值 为 1 表示当 vps_ols_mode_idc 等于 2 时，nuh_layer_id 等于 vps_layer_id[j]的层是第 i 个 OLS 的一个输出层。值为 0 表示当 vps_ols_mode_idc 等于 2 时，nuh_layer_id 等于 vps_layer_id[j]的层不是第 i 个 OLS 的一个输出层。

vps_num_ptls_minus1：表示 VPS 中 profile_tier_level( )语法结构的数目减 1，其值应小于 TotalNumOlss。当 vps_num_ptls_minus1 不存在时，其值被推断为 0。

vps_pt_present_flag[i]：值为 1 表示档次、层和综合约束信息（GCI）在 VPS 的第 i 个 profile_tier_level( )语法结构中存在。值为 0 表示档次、层和综合约束信息（GCI）在 VPS 的第 i 个 profile_tier_level( )语法结构中不存在。vps_pt_present_flag[0]被推断为 1。当 vps_pt_present_flag[i]等于 0，在 VPS 的第 i 个 profile_tier_level( )语法结构中的档次、层和综合约束信息（GCI）被推断为与 VPS 的第 i-1 个 profile_tier_level( )语法结构中的相同。

vps_ptl_max_tid[i]：表示最高子层描述的 TemporalId。其取值范围为 0～vps_max_sublayers_minus1。当 vps_default_ptl_dpb_hrd_max_tid_flag 等于 1 时，vps_ptl_max_tid[i]被推断为等于 vps_max_sublayers_minus1。

vps_ptl_alignment_zero_bit：值应等于 0。

vps_ols_ptl_idx[i]：表示 VPS 的 profile_tier_level( )语法结构列表中应用于第 i 个 OLS 的 profile_tier_level( )语法结构的索引。其取值范围应为 0～vps_num_ptls_minus1。

vps_num_dpb_params_minus1：该语法元素存在时表示 VPS 中 dpb_parameters( )语法结构的数目减 1，取值 0～NumMultiLayerOlss − 1。

vps_sublayer_dpb_params_present_flag：被用于控制当 vps_dpb_max_tid[i]大于 0 时 VPS 中 dpb_parameters( )语法结构的 dpb_max_dec_pic_buffering_minus1[j]、dpb_max_num_reorder_pics[j]和 dpb_max_latency_increase_plus1[j]这 3 个语法元素的存在，其中，j 取 0～vps_dpb_max_tid[i] − 1。当 vps_sub_dpb_params_info_present_flag 不存在时，其值被推断为 0。

vps_dpb_max_tid[i]：表示 VPS 第 i 个可能存在解码图像缓冲（Decoded Picture Buffer，DPB）参数的 dpb_parameters( )语法结构中，最高子层描述的 TemporalId。取值范围为 0～vps_max_sublayers_minus1。当 vps_dpb_max_tid[i]不存在时，其值被推断为 vps_max_sublayers_minus1。

vps_ols_dpb_pic_width[i]：表示亮度样本单元中第 i 个多层 OLS 中每个图像存储缓冲区的宽度。

vps_ols_dpb_pic_height[i]：表示亮度样本单元中第 i 个多层 OLS 中每个图像存储缓冲区的高度。

vps_ols_dpb_chroma_format[i]：表示第 i 个多层 OLS 的 CVS 中被 CLVS 引用的所有 SPS 的 sps_chroma_format_idc 的最大值。

vps_ols_dpb_bitdepth_minus8[i]：表示第 i 个多层 OLS 的 CVS 中被 CLVS 引用的所有 SPS 的 sps_bitdepth_minus8 的最大值。取值范围为 0～2。

vps_ols_dpb_params_idx[i]：表示 VPS 的 dpb_parameters( )语法结构列表中应用于第 i 个多层 OLS 的 dpb_parameters( )语法结构的索引。取值范围应为 0～VpsNumDpbParams－1。

vps_timing_hrd_params_present_flag：值为 1 表示 VPS 包含 general_timing_hrd_parameters( )语法结构和其他虚拟参考解码器（Hypothetical Reference Decoder，HRD）参数。值为 0 表示 VPS 不包含 general_timing_hrd_parameters( ) 语法结构或其他 HRD 参数。当 NumLayersInOls[i]等于 1 时，应用于第 i 个 OLS 的 general_timing_hrd_parameters( )语法结构和 ols_timing_hrd_parameters( )语法结构存在于被第 i 个 OLS 中的层参考的 SPS。

vps_sublayer_cpb_params_present_flag：值为 1 表示 VPS 中第 i 个 ols_timing_hrd_parameters( )语法结构包含了用于 TemporalId 取值 0～vps_hrd_max_tid[i]的子层表示的 HRD 参数。值为 0 表示 VPS 中第 i 个 ols_timing_hrd_parameters( )语法结构仅包含了用于 TemporalId 等于 vps_hrd_max_tid[i]的子层表示的 HRD 参数。当 vps_max_sublayers_minus1 等于 0 时，vps_sublayer_cpb_params_present_flag 被推断为 0。

vps_num_ols_timing_hrd_params_minus1：当 vps_timing_hrd_params_present_flag 等于 1 时，表示 VPS 中存在的 ols_timing_hrd_parameters( )语法结构数目减 1。取值范围为 0～NumMultiLayerOlss－1。

vps_hrd_max_tid[i]：表示包含 HRD 参数的第 i 个 ols_timing_hrd_parameters( )语法结构中，最高子层描述的 TemporalId。取值范围为 0～vps_max_sublayers_minus1。当 vps_hrd_max_tid[i]不存在时，其值被推断为 vps_max_sublayers_minus1。

vps_ols_timing_hrd_idx[i]：表示 VPS 的 ols_timing_hrd_parameters( )语法结构列表中应用于第 i 个多层 OLS 的 ols_timing_hrd_parameters( )语法结构的索引。取值范围应为 0～vps_num_ols_timing_hrd_params_minus1。

vps_extension_flag：值为 0 表示 VPS 原始字节序列载荷（Raw Byte Sequence Payload，RBSP）语法结构中不存在 vps_extension_data_flag 语法元素。值为 1 表示 VPS RBSP 语法结构中可能存在 vps_extension_data_flag 语法元素。

vps_extension_data_flag：可以是任意值。在该版本中，其取值不影响解码器，解码器可以忽略该语法元素。

3.3　视频序列及参数集

3.3.1　编码视频序列

视频序列由若干时间连续的图像构成，在对其进行压缩时，先将该视频序列分割为若干小的图像组（Group of Pictures，GOP），每个 GOP 可以被独立解码。值得注意的是，GOP 一词并不在 H.266/VVC 标准中使用，一个 GOP 编码后所生成的压缩数据对应标准中的 CVS（Coded Video Sequence）。

CVS 从 IRAP 图像或 GDR 图像开始，到下一个 IRAP 图像或 GDR 图像前结束。每个

CVS 是时域独立可解码的基本单元，可以作为随机接入点对视频流进行解码。时域预测技术可以有效地提高视频的压缩效率，也使具有参考关系的图像具有解码依赖关系，每幅图像的正确解码依赖其参考图像的正确解码。应注意使用后向时域预测（包括双向预测）技术后，图像的解码顺序与播放顺序并不一致。如图 3.6 所示，箭头表示图像间的参考关系，标号表示图像的编/解码顺序。由于图像 3 编码时参考了图像 2，因此，图像 2 先于图像 3 编码，也先于图像 3 解码。图像的解码顺序为图像 1、图像 2、图像 3、图像 4、图像 5、图像 6、图像 7、图像 8、图像 9，此解码顺序也为压缩码流中图像的顺序。图像应按时间顺序播放，播放顺序为图像 1、图像 4、图像 3、图像 5、图像 2、图像 8、图像 7、图像 9、图像 6。图像 2、图像 7、图像 8、图像 9 属于一个 CVS，该 CVS 码流从图像 2（IRAP 图像）开始到图像 6（下一个 IRAP 图像）结束（图像 6 属于下一个 CVS）。

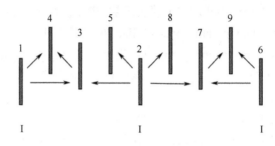

图 3.6　图像时域依赖关系

3.3.2　图像类型

从 IRAP 开始，后续视频流（播放顺序在 IRAP 后的图像）可以独立正确解码，无须参考 IRAP 前面的视频信息。IRAP 后的第一幅解码图像被称为 IRAP 图像，解码顺序在 IRAP 图像后而播放顺序在其前的图像被称为该 IRAP 图像的前置（Leading）图像，播放顺序在 IRAP 图像后（解码顺序必在其后）的图像被称为该 IRAP 图像的后置（Trailing）图像。如图 3.6 所示，图像 2 为 IRAP 图像，图像 5 为图像 2 的前置图像，图像 8 为图像 2 的后置图像。IRAP 图像只包含帧内编码片，不采用帧间预测技术，可以独立解码。值得注意的是，只包含帧内编码片的图像不一定是 IRAP 图像，判断是否为 IRAP 图像还需要考虑其后置图像能否独立正确解码。

前置图像又分为随机接入可解码前置（Random Access Decodable Leading，RADL）图像和随机接入跳过前置（Random Access Skipped Leading，RASL）图像。不依赖 IRAP 前码流信息的前置图像被称为 RADL 图像，即从 IRAP 图像接入，其 RADL 图像可以正确解码，如图 3.6 所示的图像 5 为图像 2 的 RADL 图像。依赖 IRAP 前码流信息的前置图像被称为 RASL 图像，即从 IRAP 图像接入，其 RASL 图像不能正确解码，如图 3.6 中的图像 3 为图像 2 的 RASL 图像。

H.266/VVC 规定了 2 种 IRAP 图像：即时解码刷新（Instantaneous Decoding Refresh，IDR）图像和完全随机接入（Clean Random Access，CRA）图像，IDR 图像要求其前置图像

必须是 RADL 图像，也就是说，IDR 图像及其后续码流可以不依赖该 IDR 图像前的视频流信息进行独立解码。CRA 图像则允许其前置图像是 RASL 图像，允许参考 CRA 图像前的视频流可以使 RASL 图像获得更高的编码效率，当直接从 CRA 图像接入时，其 RASL 图像无法正常解码。当以 CRA 图像开始的码流的一部分也属于另一段码流时，如图 3.6 中播放顺序在图像 2 后的图像属于另一段码流，从图像 2 接入视频流时，其 RASL 图像肯定无法正确解码。

除 IRAP 图像外，H.266/VVC 中 GDR 图像也可以作为 CVS 的起始帧。每帧 GDR 图像中的部分区域（子图、Slice）仅采用帧内编码，连续多帧 GDR（不同帧不同区域采用帧内编码）采用帧内编码的区域可以组合成一个完整的帧，该帧仅包含帧内编码模式，可以随机接入，如图 3.7 所示。GDR 提供了从 Non-IDR 图像开始解码，在解码特定数量的图像后就能获得内容正确的解码图像的能力，即 GDR 可以实现从帧间预测图像随机接入。与 IRAP 图像需要一次全部传输相比，GDR 图像最主要的特点是可以将 I 帧的高码率分散到一小段时间内传输。这样可以避免由于 IDR 图像的出现而导致的码率短时间内突然增大，从而在网络传输中有更好的表现。

GDR 图像中的刷新区域（仅采用帧内编码）与非刷新区域的边界被标识为虚拟边界（Virtual Boundary），环路滤波将不对其进行处理，避免编解码的不匹配。

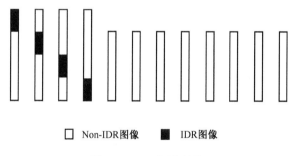

☐ Non-IDR图像　■ IDR图像

图 3.7　GDR 图像结构

3.3.3　序列参数集

对于一段视频码流，其可能包含一个或多个编码视频序列 CVS。序列参数集 SPS 包含 CVS 的共用编码参数，一旦被 CVS 引用，该 CVS 中所有编码图像都使用该参数集的编码参数，SPS 通过被图像参数集（Picture Parameter Set，PPS）引用而作用于编码图像，一个 CVS 中所有被使用的 PPS 必须引用同一个 SPS。实际上，SPS 为所有的 Slice 提供了公共参数，如图像的格式、档次、级等。当一个 SPS 被引用时，该 SPS 处于激活状态，直到整个 CVS 结束。

SPS 的语法结构详见标准中的 7.3.2.4 节[1]，其包含的内容主要包括以下几个部分。

（1）图像格式的信息。包括采样格式、图像分辨率、量化深度、解码图像是否需要裁剪输出及相关的裁剪参数。

（2）编码参数信息。包括编码块、变换块的最小尺寸和最大尺寸，帧内预测、帧间预测编码时变换块的最大划分深度，对 4 : 4 : 4 采样格式的 3 个通道分量是否单独编码，是否使用特定编码工具。

（3）与参考图像相关的信息。包括短期参考图像的设置，长期参考图像的使用和数目，长期参考图像的图像序列号（Picture Order Count，POC）及其能否作为当前图像的参考图像。

（4）档次、层和级相关参数。具体内容见 3.9 节。

（5）时域分级信息。包括时域子层的最大数目、控制传输 POC 进位的参数、时域子层顺序标识开关、与子层相关的参数（如解码图像缓冲区的最大需求）。

（6）可视化可用性信息（Video Usability Information，VUI）。用于表征视频格式等额外信息。

（7）其他信息。包括当前 SPS 引用的 VPS 编号、SPS 标识号和 SPS 扩展信息。

SPS 的相关语法元素如下。

sps_seq_parameter_set_id：表示 SPS 的标识号。

sps_video_parameter_set_id：大于 0 时表示当前激活的 VPS 的标识号。

sps_max_sublayers_minus1：表示引用当前 SPS 的每个 CLVS 中可能出现的时域子层数的最大值减 1。

sps_chroma_format_idc：表示图像的色度格式，即包含亮度分量和色度分量的数量及采样比率。

sps_log2_ctu_size_minus5：表示 CTU 的亮度 CTB 尺寸，其值为 CTB 尺寸的对数减 5，取值范围为 0~2。

sps_ptl_dpb_hrd_params_present_flag：等于 1 表示 SPS 中存在 profile_tier_level( ) 和 dpb_parameters( ) 语法结构，并且可能存在 general_timing_hrd_parameters( ) 和 ols_timing_hrd_parameters( ) 语法结构；等于 0 表示 SPS 中不存在以上 4 个语法结构。

sps_gdr_enabled_flag：等于 1 表示 GDR 图像被允许使用，并且可能存在于 CLVS 中；等于 0 表示 GDR 图像不被允许，并且不存在于 CLVS 中。

sps_ref_pic_resampling_enabled_flag：标识参考图像是否允许重新采样。

sps_res_change_in_clvs_allowed_flag：等于 1 表示引用当前 SPS 的 CLVS 中的图像空间分辨率可能改变；等于 0 表示引用当前 SPS 的任何 CLVS 中的图像空间分辨率都不改变。

sps_pic_width_max_in_luma_samples：表示每个引用当前 SPS 的解码图像中亮度样本的最大宽度。

sps_pic_height_max_in_luma_samples：表示每个引用当前 SPS 的解码图像中亮度样本的最大高度。

sps_conformance_window_flag：标识解码器是否要对解码后的图像裁剪输出。

sps_conf_win_left_offset、sps_conf_win_right_offset、sps_conf_win_top_offset 和 sps_conf_win_bottom_offset：当 sps_conformance_window_flag 值为 1 时，解码图像需要裁剪输出，这 4 个参数用于指定左、右、上、下的裁剪宽度。

sps_subpic_info_present_flag：等于 1 表示 CLVS 存在子图信息，并且 CLVS 的每幅图像可能有一个或多个子图。

sps_num_subpics_minus1：表示 CLVS 中的每幅图像含有的子图数量减 1。

sps_independent_subpics_flag：等于 1 表示 CLVS 中所有的子图边界被视为图像边界，并且在子图边界上不使用环路滤波器；等于 0 则没有以上限制。

sps_subpic_same_size_flag：等于 1 表示 CLVS 中的所有子图具有由 sps_subpic_width_minus1[0]指定的相同宽度和由 sps_subpic_height_minus1[0]指定的相同高度；等于 0 则没有以上限制。

sps_subpic_ctu_top_left_x[i]：表示第 i 个子图左上角 CTU 以 CtbSizeY 为单位的横坐标。

sps_subpic_ctu_top_left_y[i]：表示第 i 个子图左上角 CTU 以 CtbSizeY 为单位的纵坐标。

sps_subpic_width_minus1[i]：表示第 i 个子图以 CtbSizeY 为单位的宽度减 1。

sps_subpic_height_minus1[i]：表示第 i 个子图以 CtbSizeY 为单位的高度减 1。

sps_subpic_treated_as_pic_flag[i]：等于 1 表示除了环路滤波操作，在整个解码过程中 CLVS 内每个编码图像的第 i 个子图都被视为一幅图像；等于 0 表示其不被视为一幅图像。

sps_loop_filter_across_subpic_enabled_flag[i]：等于 1 表示允许在子图边界上进行环路滤波操作，并且其可能在 CLVS 内每个编码图像的第 i 个子图边界上执行；等于 0 表示其被禁止。

sps_subpic_id_len_minus1：表示当语法元素 element sps_subpic_id[i]、pps_subpic_id[i] 和 sh_subpic_id 存在时，描述它们所需比特数，取值范围为 0~15。

sps_subpic_id_mapping_explicitly_signalled_flag：等于 1 表示在 SPS 和 CLVS 内已编码图像引用的 PPS 中，子图 ID 映射被明确标识；等于 0 表示 CLVS 内的子图 ID 未被明确标识。

sps_subpic_id_mapping_present_flag：等于 1 表示在 sps_subpic_id_mapping_explicitly_signalled_flag 等于 1 的条件下，SPS 中的子图 ID 映射被标识；等于 0 表示在 sps_subpic_id_mapping_explicitly_signalled_flag 等于 1 的条件下，CLVS 内已编码图像引用的 PPS 中的子图 ID 映射被标识。

sps_subpic_id[i]：表示第 i 个子图的 ID。

sps_bitdepth_minus8：表示亮度与色度采样的比特深度和量化参数范围偏移，比特深度为 sps_bitdepth_minus8 + 8，量化参数范围偏移为 sps_bitdepth_minus8×6。其取值范围为 0~2。

sps_entropy_coding_sync_enabled_flag：标识解码 CTU 前的上下文同步标识是否启用。

sps_entry_point_offsets_present_flag：等于 1 表示 Slice 头中存在入口点偏移信号量，等于 0 则表示不存在。

sps_log2_max_pic_order_cnt_lsb_minus4：用于得到解码过程中图像顺序的计数变量 MaxPicOrderCntLsb。

sps_poc_msb_cycle_flag：等于 1 表示在引用当前 SPS 的 PH 语法结构中，存在 ph_poc_msb_cycle_present_flag 语法元素；等于 0 则表示不存在。

sps_poc_msb_cycle_len_minus1：表示当 ph_poc_msb_cycle_val 语法元素存在于 PH 语法结构中时，其长度值减 1。

sps_num_extra_ph_bytes：表示引用当前 SPS 的编码图像中 PH 语法结构的额外比特

数，以字节为单位。

sps_extra_ph_bit_present_flag[*i*]：等于 1 表示引用当前 SPS 的 PH 语法结构中第 *i* 个额外比特存在，等于 0 则表示不存在。

sps_num_extra_sh_bytes：表示引用当前 SPS 的编码图像中 Slice 头的额外比特数，以字节为单位。

sps_extra_sh_bit_present_flag[*i*]：等于 1 表示引用当前 SPS 的 Slice 头中第 *i* 个额外比特存在，等于 0 则表示不存在。

sps_sublayer_dpb_params_flag：当 sps_max_sublayers_minus1 大于 0 时，用于控制 SPS 的 dpb_parameters( ) 语法结构中 dpb_max_dec_pic_buffering_minus1[*i*]、dpb_max_num_reorder_pics[*i*]和 dpb_max_latency_increase_plus1[*i*]3 个语法元素的存在，其中 *i* 的取值范围为 0～sps_max_sublayers_minus1 − 1。

sps_log2_min_luma_coding_block_size_minus2：表示最小亮度编码块尺寸，最小亮度编码块尺寸为其值减 2。

sps_partition_constraints_override_enabled_flag：等于 1 表示引用当前 SPS 的 PH 语法结构中存在 ph_partition_constraints_override_flag，等于 0 则表示不存在。

sps_log2_diff_min_qt_min_cb_intra_slice_luma：表示四叉树划分所得亮度样本最小尺寸与 sh_slice_type 等于 2 的 Slice 中最小亮度编码块尺寸的默认差值，两者都以 2 为底取对数。

sps_max_mtt_hierarchy_depth_intra_slice_luma：表示 sh_slice_type 等于 2 的 Slice 中四叉树叶子节点亮度编码块进一步用多类型树划分的默认最大层深。

sps_log2_diff_max_bt_min_qt_intra_slice_luma：表示 sh_slice_type 等于 2 的 Slice 中可以使用二叉树划分的亮度样本最大尺寸与四叉树划分能得到的亮度样本最小尺寸之间的默认差值，两者都以 2 为底取对数。

sps_log2_diff_max_tt_min_qt_intra_slice_luma：表示 sh_slice_type 等于 2 的 Slice 中可以使用三叉树划分的亮度样本最大尺寸与四叉树划分能得到的亮度样本最小尺寸之间的默认差值，两者都以 2 为底取对数。

sps_qtbtt_dual_tree_intra_flag：等于 1 表示对 I Slice 来说，每个 CTU 被隐式地用四叉树划分为 64×64 的亮度样本 CU，并且这些 CU 对亮度和色度来说是两个独立的 coding_tree 语法结构的根；等于 0 表示独立的 coding_tree 语法结构未在 I Slice 中使用。

sps_log2_diff_min_qt_min_cb_intra_slice_chroma：表示当 treeType 等于 DUAL_TREE_CHROMA 时，四叉树划分所得色度样本最小尺寸与 sh_slice_type 等于 2 的 Slice 中最小色度编码块尺寸的默认差值，两者都以 2 为底取对数。

sps_max_mtt_hierarchy_depth_intra_slice_chroma：表示在 sh_slice_type 等于 2 的 Slice 中，当 treeType 等于 DUAL_TREE_CHROMA 时，四叉树叶子节点色度编码块进一步用多类型树划分的默认最大层深。

sps_log2_diff_max_bt_min_qt_intra_slice_chroma：表示 sh_slice_type 等于 2 的 Slice 中可以使用二叉树划分的色度样本最大尺寸与四叉树划分能得到的色度样本最小尺寸之间的

默认差值，两者都以 2 为底取对数。

sps_log2_diff_max_tt_min_qt_intra_slice_chroma：表示 sh_slice_type 等于 2 的 Slice 中可以使用三叉树划分的色度样本最大尺寸与四叉树划分能得到的色度样本最小尺寸之间的默认差值，两者都以 2 为底取对数。

sps_log2_diff_min_qt_min_cb_inter_slice：表示四叉树划分所得亮度样本最小尺寸与 sh_slice_type 等于 0 或 1 的 Slice 中最小亮度编码块尺寸的默认差值，两者都以 2 为底取对数。

sps_max_mtt_hierarchy_depth_inter_slice：表示 sh_slice_type 等于 0 或 1 的 Slice 中四叉树叶子节点编码块进一步用多类型树划分的默认最大层深。

sps_log2_diff_max_bt_min_qt_inter_slice：表示 sh_slice_type 等于 0 或 1 的 Slice 中可以使用二叉树划分的亮度样本最大尺寸与四叉树划分能得到的亮度样本最小尺寸之间的默认差值，两者都以 2 为底取对数。

sps_log2_diff_max_tt_min_qt_inter_slice：表示 sh_slice_type 等于 0 或 1 的 Slice 中可以使用三叉树划分的亮度样本最大尺寸与四叉树划分能得到的亮度样本最小尺寸之间的默认差值，两者都以 2 为底取对数。

sps_max_luma_transform_size_64_flag：等于 1 表示亮度样本最大变换尺寸等于 64，等于 0 表示亮度样本最大变换尺寸等于 32。

sps_transform_skip_enabled_flag：等于 1 表示在变换单元语法中可能存在 transform_skip_flag，等于 0 则表示不存在。

sps_log2_transform_skip_max_size_minus2：表示用于变换跳过的最大块尺寸，取值范围为 0~3。

sps_bdpcm_enabled_flag：等于 1 表示帧内 CU 的编码单元语法中可能存在 intra_bdpcm_luma_flag 和 intra_bdpcm_chroma_flag，等于 0 则表示不存在。

sps_mts_enabled_flag：等于 1 表示 SPS 中存在 sps_explicit_mts_intra_enabled_flag 和 sps_explicit_mts_inter_enabled_flag，等于 0 则表示不存在。

sps_explicit_mts_intra_enabled_flag：等于 1 表示 CLVS 的帧内编码单元语法中可能存在 mts_idx，等于 0 则表示不存在。

sps_explicit_mts_inter_enabled_flag：等于 1 表示 CLVS 的帧间编码单元语法中可能存在 mts_idx，等于 0 则表示不存在。

sps_lfnst_enabled_flag：等于 1 表示帧内编码单元语法中可能存在 lfnst_idx，等于 0 则表示不存在。

sps_joint_cbcr_enabled_flag：等于 1 表示 CLVS 开启色度残差联合编码，等于 0 则表示未开启。

sps_same_qp_table_for_chroma_flag：等于 1 表示只有一个色度 QP 映射表被标识，并且该表适用于 Cb 与 Cr 残差；此外，当 sps_joint_cbcr_enabled_flag 等于 1 时还适用于 Cb-Cr 联合残差；等于 0 表示为上述 3 者标识了 3 个色度 QP 映射表。

sps_qp_table_start_minus26[i]：表示第 i 个色度 QP 映射表的亮度和色度起始 QP 减 26。

sps_num_points_in_qp_table_minus1[i]：表示第 i 个色度 QP 映射表中点的个数。

sps_delta_qp_in_val_minus1[i][j]：表示第 i 个色度 QP 映射表中第 j 个中心点输入坐标的 delta 值。

sps_delta_qp_diff_val[i][j]：表示第 i 个色度 QP 映射表第 j 个中心点输出坐标的 delta 值。

sps_sao_enabled_flag：等于 1 表示 CLVS 开启像素自适应补偿（SAO），等于 0 则表示关闭。

sps_alf_enabled_flag：等于 1 表示 CLVS 开启自适应环路滤波（ALF），等于 0 则表示关闭。

sps_ccalf_enabled_flag：等于 1 表示 CLVS 开启分量间 ALF（CCALF），等于 0 则表示关闭。

sps_lmcs_enabled_flag：等于 1 表示 CLVS 开启亮度映射与色度缩放（LMCS），等于 0 则表示关闭。

sps_weighted_pred_flag：等于 1 表示引用此 SPS 的 P Slice 可能使用加权预测，等于 0 则表示不使用。

sps_weighted_bipred_flag：等于 1 表示引用此 SPS 的 B Slice 可能使用显式加权预测，等于 0 则表示不使用。

sps_long_term_ref_pics_flag：等于 0 表示 CLVS 内没有编码图像使用 LTRP 进行帧间预测，等于 1 则表示 CLVS 内一个或多个编码图像使用 LTRP 进行帧间预测。

sps_inter_layer_prediction_enabled_flag：等于 1 表示 CLVS 开启层间预测，并且 CLVS 内一张或多张编码图像可能使用 ILRP 进行帧间预测；等于 0 表示未开启层间预测且不使用 ILRP。

sps_idr_rpl_present_flag：等于 1 表示 nal_unit_type 为 IDR_N_LP 或 IDR_W_RADL 的 Slice 头信息可能存在 RPL 语法元素；等于 0 则表示不存在。

sps_rpl1_same_as_rpl0_flag：等于 1 表示 sps_num_ref_pic_lists[1] 语法元素和 ref_pic_list_struct(1, rplsIdx) 语法结构不存在。

sps_num_ref_pic_lists[i]：表示 SPS 中包含的 ref_pic_list_struct(listIdx, rplsIdx) 语法结构在 listIdx 为 i 时的个数。

sps_ref_wraparound_enabled_flag：等于 1 表示 CLVS 开启水平环绕运动补偿，等于 0 则表示不开启。

sps_temporal_mvp_enabled_flag：等于 1 表示 CLVS 开启时域运动矢量预测，等于 0 则表示不开启。

sps_sbtmvp_enabled_flag：等于 1 表示 CLVS 开启基于子块的时域运动矢量预测，并且可能用于所有 sh_slice_type 不等于 1 的 Slice 内图像的解码；等于 0 则表示不开启。

sps_amvr_enabled_flag：等于 1 表示 CLVS 开启自适应运动矢量精度，等于 0 则表示不开启。

sps_bdof_enabled_flag：等于 1 表示 CLVS 开启双向光流帧间预测，等于 0 则表示不开启。

sps_bdof_control_present_in_ph_flag：等于 1 表示引用此 SPS 的 PH 语法结构中可能存在 ph_bdof_disabled_flag，等于 0 则表示不存在。

sps_smvd_enabled_flag：等于 1 表示 CLVS 开启对称运动矢量差分编码，等于 0 则表示不开启。

sps_dmvr_enabled_flag：等于 1 表示 CLVS 开启基于帧间双向预测的解码端运动矢量细化，等于 0 则表示不开启。

sps_dmvr_control_present_in_ph_flag：等于 1 表示引用此 SPS 的 PH 语法结构中可能存在 ph_dmvr_disabled_flag，等于 0 则表示不存在。

sps_mmvd_enabled_flag：等于 1 表示 CLVS 开启带有运动矢量差的 Merge 模式，等于 0 则表示不开启。

sps_mmvd_fullpel_only_enabled_flag：等于 1 表示 CLVS 开启仅使用整数采样精度的带有运动矢量差的 Merge 模式，等于 0 则表示不开启。

sps_six_minus_max_num_merge_cand：表示 SPS 支持的最大 Merge MVP 候选数与 6 的差值。

sps_sbt_enabled_flag：等于 1 表示 CLVS 开启帧间预测 CU 的子块变换，等于 0 则表示不开启。

sps_affine_enabled_flag：等于 1 表示 CLVS 开启基于运动补偿的仿射模式，并且 CLVS 中的编码单元语法结构中可能存在 inter_affine_flag 和 cu_affine_type_flag；等于 0 则表示不开启。

sps_five_minus_max_num_subblock_merge_cand：表示 SPS 支持的最大基于子块的 Merge MVP 候选数与 5 的差值。

sps_6param_affine_enabled_flag：等于 1 表示 CLVS 开启基于运动补偿的 6 参数仿射模式，等于 0 则表示不开启。

sps_affine_amvr_enabled_flag：等于 1 表示 CLVS 开启自适应运动矢量精度，等于 0 则表示不开启。

sps_affine_prof_enabled_flag：等于 1 表示 CLVS 开启基于光流的仿射运动补偿细化，等于 0 则表示不开启。

sps_prof_control_present_in_ph_flag：等于 1 表示引用此 SPS 的 PH 语法结构中可能存在 ph_prof_disabled_flag，等于 0 则表示不存在。

sps_bcw_enabled_flag：等于 1 表示 CLVS 开启带有 CU 级权重的双向预测，并且 CLVS 中的编码单元语法可能存在 bcw_idx；等于 0 则表示不开启。

sps_ciip_enabled_flag：等于 1 表示帧间编码单元中的编码单元语法可能存在 ciip_flag，等于 0 则表示不存在。

sps_gpm_enabled_flag：等于 1 表示 CLVS 开启基于运动补偿的几何划分模式，并且 CLVS 的编码单元语法中可能存在 merge_gpm_partition_idx、merge_gpm_idx0 和 merge_gpm_idx1；等于 0 则表示不开启。

sps_max_num_merge_cand_minus_max_num_gpm_cand：表示 SPS 支持的最大几何划分 Merge 模式候选数与 MaxNumMergeCand 的差值。

sps_log2_parallel_merge_level_minus2：表示推导空域 Merge 候选所用变量 Log2ParMrgLevel

的值减 2。

sps_isp_enabled_flag：等于 1 表示 CLVS 开启基于子块的帧内预测，等于 0 则表示不开启。

sps_mrl_enabled_flag：等于 1 表示 CLVS 开启多参考行帧内预测，等于 0 则表示不开启。

sps_mip_enabled_flag：等于 1 表示 CLVS 开启基于矩阵的帧内预测，等于 0 则表示不开启。

sps_cclm_enabled_flag：等于 1 表示 CLVS 开启分量间线性模型帧内预测，等于 0 则表示不开启。

sps_chroma_horizontal_collocated_flag：等于 1 表示预测过程使用为色度样本设计的操作，在该操作下色度块不会跟随对应的亮度块位置进行水平偏移；等于 0 则表示会进行向右 0.5 单元的偏移。

sps_chroma_vertical_collocated_flag：等于 1 表示预测过程使用为色度样本设计的操作，在该操作下色度块不会跟随对应的亮度块位置进行垂直偏移；等于 0 则表示会进行向下 0.5 单元的偏移。

sps_palette_enabled_flag：等于 1 表示 CLVS 开启 Palette 预测模式，等于 0 则表示不开启。

sps_act_enabled_flag：等于 1 表示 CLVS 开启自适应颜色变换，并且 CLVS 编码单元语法中可能出现 cu_act_enabled_flag；等于 0 则表示不开启。

sps_min_qp_prime_ts：表示变换跳过模式允许的最小量化参数。

sps_ibc_enabled_flag：等于 1 表示 CLVS 开启 IBC（Intra Block Copy）预测模式，等于 0 则表示不开启。

sps_six_minus_max_num_ibc_merge_cand：当 sps_ibc_enabled_flag 等于 1 时，表示 SPS 支持的最大 IBC merge BVP 候选数与 6 的差值。

sps_ladf_enabled_flag：等于 1 表示 SPS 中存在 sps_num_ladf_intervals_minus2、sps_ladf_lowest_interval_qp_offset、sps_ladf_qp_offset[i]和 sps_ladf_delta_threshold_minus1[i]，等于 0 则表示不存在。

sps_num_ladf_intervals_minus2：表示 SPS 中 sps_ladf_delta_threshold_minus1[i]和 sps_ladf_qp_offset[i]语法元素存在的个数减 2。取值范围为 0~3。

sps_ladf_lowest_interval_qp_offset：表示获得变量 QP 所用的偏移值，取值范围为-63~63。

sps_ladf_qp_offset[i]：表示获得变量 QP 所用的偏移值数组。

sps_ladf_delta_threshold_minus1[i]：用于计算 SpsLadfIntervalLowerBound[i]的值，该变量表示第 i 个亮度强度级别间隔的下界。

sps_explicit_scaling_list_enabled_flag：等于 1 表示使用一个额外的缩放列表，等于 0 则表示不使用。

sps_scaling_matrix_for_lfnst_disabled_flag：等于 1 表示 CLVS 对通过 LFNST（Low Frequency Non-Separable Transform）编码的块禁用缩放矩阵；等于 0 则表示启用。

sps_scaling_matrix_for_alternative_colour_space_disabled_flag：等于 1 表示当块的颜色空间不等于缩放矩阵指定的颜色空间时，CLVS 缩放矩阵禁用且不应用于块；等于 0 则表示启用。

sps_scaling_matrix_designated_colour_space_flag：等于 1 表示缩放矩阵指定的颜色空间是原始颜色空间，等于 0 则表示是变换颜色空间。

sps_dep_quant_enabled_flag：等于 1 表示 CLVS 使用依赖标量量化，等于 0 则表示不使用。

sps_sign_data_hiding_enabled_flag：等于 1 表示 CLVS 开启符号位隐藏技术，等于 0 则表示不开启。

sps_virtual_boundaries_enabled_flag：等于 1 表示 CLVS 禁用在虚拟边界上的环路滤波，等于 0 则表示启用。

sps_virtual_boundaries_present_flag：等于 1 表示 SPS 标识了虚拟边界信息，等于 0 则表示未标识。

sps_num_ver_virtual_boundaries：表示 SPS 中存在的 sps_virtual_boundary_pos_x_minus1[i] 语法元素个数。

sps_virtual_boundary_pos_x_minus1[i]：表示亮度样本单元第 i 个垂直虚拟边界的位置除以 8 再减 1。

sps_num_hor_virtual_boundaries：表示 SPS 中存在的 sps_virtual_boundary_pos_y_minus1[i] 语法元素个数。

sps_virtual_boundary_pos_y_minus1[i]：表示亮度样本单元第 i 个水平虚拟边界的位置除以 8 再减 1。

sps_timing_hrd_params_present_flag：等于 1 表示 SPS 包含 general_timing_hrd_parameters( ) 和 ols_timing_hrd_parameters( )语法结构；等于 0 则表示不包含。

sps_sublayer_cpb_params_present_flag：等于 1 表示 SPS 的 ols_timing_hrd_parameters( ) 语法结构中包含 HRD 参数，该参数用于 TemporalId 在 0～sps_max_sublayers_minus1 的子层表示；等于 0 则表示该参数仅用于 TemporalId 等于 sps_max_sublayers_minus1 的子层表示。

sps_field_seq_flag：等于 1 表示 CLVS 传输描述域的图像。

sps_vui_parameters_present_flag：等于 1 表示 SPS 的 RBSP 语法结构中存在 vui_payload( )；等于 0 则表示不存在。

sps_vui_payload_size_minus1：表示 vui_payload( )语法结构中 RBSP 字节数。

sps_vui_alignment_zero_bit：取值应为 0。

sps_extension_flag：等于 0 表示 SPS 的 RBSP 语法结构中不存在 sps_extension_data_flag 语法元素；等于 1 则表示存在。

sps_extension_data_flag：可以为任意值，在现有版本中解码器忽略该语法元素。

3.4　图像及参数集

每幅图像包含一个或多个 Slice。在 H.266/VVC 标准中，除了 PPS，还使用了 PH 和 APS 来表示图像的共用编码参数，可被图像内的所有 Slice 使用。APS 包含的信息具有大量数据，主要传递自适应环路滤波参数（ALF）、亮度映射与色度缩放（LMCS）参数、量化矩阵参数，这些内容将在相关章节中详细介绍。

3.4.1 图像参数集

对于同一幅图像，其内所有的 Slice 都用同一个 PPS。需要注意的是，PPS 中存在一些与 SPS 中相同的参数，PPS 中的这些参数值将会覆盖 SPS 中的取值，也就是说，Slice 使用 PPS 中的这些参数进行解码。在解码开始时，所有的 PPS 全部是非活动状态，而且在解码的任意时刻最多只能有一个 PPS 处于激活状态。当某一幅图像在其解码过程中引用了某个 PPS 时，这个 PPS 便处于激活状态，直到该图像解码结束。

PPS 的语法结构详见标准中的 7.3.2 节[1]，其内容主要包括以下几个部分。

（1）编码工具的可用性标志，指明 Slice 中一些工具是否可用。这些编码工具主要包括符号位隐藏、帧内预测受限、去方块滤波、P/B 图像的加权预测、环路滤波跨边界处理、变化跳过模式等。

（2）量化过程相关语法元素。包括每个 Slice 中 QP 初始值的设定、计算每个 CU 的 QP 时所需的参数，以及亮度量化参数的偏移量和由它导出的色度量化参数的偏移量等。

（3）Tile 相关语法元素，包括 Tile 划分模式的可用性标志，以及在使用 Tile 划分模式时的一些参数，如 Tile 的划分形式、总行数、总列数及第几行、第几列的标志等。

（4）去方块滤波相关语法元素，包括去方块滤波的可用性标志及使用去方块滤波时的一些控制信息和参数，如去方块滤波的默认参数。

（5）Slice 头中的控制信息，包括 Slice 头中是否有额外的 Slice 头比特、图像解码顺序与输出顺序的先后关系，以及基于上下文的自适应算术编码（CABAC）中确定上下文变量初始化表格时使用的方法等。

（6）编码一幅图像时可以共用的其他信息。ID 标识符用于标识当前活动的参数集，主要是当前活动的 PPS 的自身 ID 及其引用的 SPS 的 ID。变换矩阵信息是否存在的标识位，这一变换矩阵信息若存在，便会对 SPS 中的该信息进行覆盖。

PPS 的相关语法元素如下。

pps_pic_parameter_set_id：表示该 PPS 的 ID 号，被引用时使用。

pps_seq_parameter_set_id：表示当前激活的 SPS 的 ID 号。

pps_mixed_nalu_types_in_pic_flag：等于 1 表示引用 PPS 的每个图像拥有多个 VCL NAL 单元，并且 VCL NAL 单元拥有不同的 nal_unit_type 值。

pps_pic_width_in_luma_samples：表示图像亮度分量的宽度分辨率。

pps_pic_height_in_luma_samples：表示图像亮度分量的高度分辨率。

pps_conformance_window_flag：标识是否要对解码后的图像裁剪输出。

pps_conf_win_left_offset 、 pps_conf_win_right_offset 、 pps_conf_win_top_offset 和 pps_conf_win_bottom_offset：当 pps_conformance_window_flag 的值为 1 时，解码图像需要裁剪输出，这 4 个参数用于标识左、右、上、下的裁剪宽度。

pps_scaling_window_explicit_signalling_flag：等于 1 表示 PPS 中存在缩放窗口偏移参

数，等于 0 则表示不存在。

pps_scaling_win_left_offset、pps_scaling_win_right_offset、pps_scaling_win_top_offset 和 pps_scaling_win_bottom_offset：当 pps_scaling_window_explicit_signalling_flag 等于 1 时，用于表示上、下、左、右 4 个方向的缩放窗口偏移值。

pps_output_flag_present_flag：等于 1 表示 PH 中可能存在 ph_pic_output_flag 语法元素，等于 0 则表示不存在。

pps_no_pic_partition_flag：等于 1 表示图像不允许被划分，等于 0 表示可能被划分为多个 Tile 或 Slice。

pps_subpic_id_mapping_present_flag：等于 1 表示 PPS 中标识了子图 ID 映射，等于 0 则表示未标识。

pps_num_subpics_minus1：应等于 sps_num_subpics_minus1。

pps_subpic_id_len_minus1：应等于 sps_subpic_id_len_minus1。

pps_subpic_id[i]：表示第 i 个子图的子图 ID。

pps_log2_ctu_size_minus5：表示 CTU 的亮度 CTB 尺寸，其值为 CTB 尺寸值的对数减 5。

pps_num_exp_tile_columns_minus1：表示图像有多少列 Tile，Tile 的数量为其值加 1。

pps_num_exp_tile_rows_minus1：表示图像有多少行 Tile，Tile 的数量为其值加 1。

pps_tile_column_width_minus1[i]：表示第 i 列 Tile 的宽度，以 CTB 为单位。

pps_tile_row_height_minus1[i]：表示第 i 行 Tile 的高度，以 CTB 为单位。

pps_loop_filter_across_tiles_enabled_flag：等于 1 表示使用跨越 Tile 边界的环路滤波操作，等于 0 则表示不使用。

pps_rect_slice_flag：等于 0 表示使用光栅扫描 Slice 模式，并且 Slice 排列不在 PPS 中标识；等于 1 表示使用矩形 Slice 模式，并且 Slice 排列在 PPS 中标识。

pps_single_slice_per_subpic_flag：等于 1 表示每个子图仅由一个矩形 Slice 组成，等于 0 表示每个子图可能由一个或多个矩形 Slice 组成。

pps_num_slices_in_pic_minus1：表示图像中矩形 Slice 的数量。

pps_tile_idx_delta_present_flag：等于 0 表示按照光栅顺序划分 Slice，等于 1 表示所有矩形 Slice 按照 pps_tile_idx_delta_val[i]值所指定的顺序标识。

pps_slice_width_in_tiles_minus1[i]：表示第 i 个矩形 Slice 的宽度包含多少列的 Tile。

pps_slice_height_in_tiles_minus1[i]：表示第 i 个矩形 Slice 的高度包含多少行的 Tile。

pps_num_exp_slices_in_tile[i]：表示 Tile 中包含的第 i 个 Slice 的高度。

pps_exp_slice_height_in_ctus_minus1[i][j]：表示 Tile 中第 i 个 Slice 中第 j 个矩形 Slice 的高度。

pps_tile_idx_delta_val[i]：表示在第 i+1 个矩形 Slice 中包含第一个 CTU 的 Tile 的索引和第 i 个矩形 Slice 中包含第一个 CTU 的 Tile 的索引之间的差值。

pps_loop_filter_across_slices_enabled_flag：等于 1 表示使用跨越 Slice 边界的环路滤波操作，等于 0 则表示不使用。

pps_cabac_init_present_flag：等于 1 表示 Slice 头中存在 sh_cabac_init_flag，等于 0 则

表示不存在。

pps_num_ref_idx_default_active_minus1[i]：当 i 等于 0 时，表示 sh_num_ref_idx_active_override_flag 等于 0 的 P Slice 或 B Slice 中变量 NumRefIdxActive[0]的推断值减 1；当 i 等于 1 时，表示 sh_num_ref_idx_active_override_flag 等于 0 的 B Slice 中变量 NumRefIdxActive[1]的推断值减 1。

pps_rpl1_idx_present_flag：等于 0 表示 PH 或 Slice 头不存在 rpl_sps_flag[1]和 rpl_idx[1]，等于 1 则表示可能存在。

pps_weighted_pred_flag：等于 0 表示 P Slice 不使用加权预测，等于 1 则表示使用。

pps_weighted_bipred_flag：等于 0 表示 B Slice 不使用显式加权预测，等于 1 则表示使用。

pps_ref_wraparound_enabled_flag：等于 1 表示引用此 PPS 的图像使用水平环绕运动补偿，等于 0 则表示不使用。

pps_pic_width_minus_wraparound_offset：表示图像宽度和用于计算水平环绕位置的偏移值之间的差值。

pps_init_qp_minus26：表示 Slice 的 Slice Qp$_Y$ 初始值。

pps_cu_qp_delta_enabled_flag：等于 1 表示 ph_cu_qp_delta_subdiv_intra_slice 和 ph_cu_qp_delta_subdiv_inter_slice 语法元素至少有一个存在于 PH 中，并且 cu_qp_delta_abs 和 cu_qp_delta_sign_flag 语法元素可能存在于变换单元和 Palette 编码中；等于 0 则表示都不存在。

pps_chroma_tool_offsets_present_flag：等于 1 表示 PPS 中存在色度工具偏移参数和色度去方块滤波参数，等于 0 则表示不存在。

pps_cb_qp_offset 和 pps_cr_qp_offset：分别表示色度量化参数 Qp'$_{Cb}$ 和 Qp'$_{Cr}$ 相对于亮度量化参数 Qp'$_Y$ 的偏移值。

pps_joint_cbcr_qp_offset_present_flag：等于 1 表示 PPS 中存在 pps_joint_cbcr_qp_offset_value 和 pps_joint_cbcr_qp_offset_list[i]，等于 0 则表示不存在。

pps_joint_cbcr_qp_offset_value：表示用于得到 Qp'$_{CbCr}$ 的相对于亮度量化参数 Qp'$_Y$ 的偏移值。

pps_slice_chroma_qp_offsets_present_flag：等于 1 表示相关 Slice 头中存在 sh_cb_qp_offset 和 sh_cr_qp_offset 语法元素，等于 0 则表示不存在。

pps_cu_chroma_qp_offset_list_enabled_flag：等于 1 表示 PH 中存在 ph_cu_chroma_qp_offset_subdiv_intra_slice 和 ph_cu_chroma_qp_offset_subdiv_inter_slice 语法元素，并且变换单元语法和 Palette 编码语法中可能存在 cu_chroma_qp_offset_flag；等于 0 则表示不存在。

pps_chroma_qp_offset_list_len_minus1：表示 PPS 中存在的 pps_cb_qp_offset_list[i]、pps_cr_qp_offset_list[i]和 pps_joint_cbcr_qp_offset_list[i]语法元素的个数减 1。

pps_cb_qp_offset_list[i]、pps_cr_qp_offset_list[i]和 pps_joint_cbcr_qp_offset_list[i]：分别表示用于推导 Qp'$_{Cb}$、Qp'$_{Cr}$ 和 Qp'$_{CbCr}$ 的偏移值。

pps_deblocking_filter_control_present_flag：等于 1 表示 PPS 存在去方块滤波控制语法元素，等于 0 则表示不存在。

pps_deblocking_filter_override_enabled_flag：等于 1 表示图像的去方块操作可能在图像级别或 Slice 级别中被覆盖，等于 0 则表示不被覆盖。

pps_deblocking_filter_disabled_flag：等于 1 表示图像不使用去方块滤波，除非使用 PH 或 SH（Slice Header）中的信息对图像或 Slice 覆盖；等于 0 则表示使用。

pps_dbf_info_in_ph_flag：等于 1 表示去方块滤波信息存在于 PH 中，并且不存在于没有包含 PH 的 Slice 头中；等于 0 则表示不存在于 PH，可能存在于 Slice 头中。

pps_luma_beta_offset_div2 和 pps_luma_tc_offset_div2：表示用于亮度分量的 β 和 t_C 的默认去方块参数偏移值。

pps_cb_beta_offset_div2 和 pps_cb_tc_offset_div2：表示用于 Cb 分量的 β 和 t_C 的默认去方块参数偏移值。

pps_cr_beta_offset_div2 和 pps_cr_tc_offset_div2：表示用于 Cr 分量的 β 和 t_C 的默认去方块参数偏移值。

pps_rpl_info_in_ph_flag：等于 1 表示 RPL 信息存在于 PH 中，并且不存在于没有包含 PH 的 Slice 头中；等于 0 则表示不存在于 PH 中，可能存在于 Slice 头中。

pps_sao_info_in_ph_flag：等于 1 表示 SAO 滤波器信息存在于 PH 中，并且不存在于没有包含 PH 的 Slice 头中；等于 0 则表示不存在于 PH 中，可能存在于 Slice 头中。

pps_alf_info_in_ph_flag：等于 1 表示 ALF 信息存在于 PH 中，并且不存在于没有包含 PH 的 Slice 头中；等于 0 则表示不存在于 PH 中，可能存在于 Slice 头中。

pps_wp_info_in_ph_flag：等于 1 表示加权预测信息存在于 PH 中，并且不存在于没有包含 PH 的 Slice 头中；等于 0 则表示不存在于 PH 中，可能存在于 Slice 头中。

pps_qp_delta_info_in_ph_flag：等于 1 表示 QP 增量信息存在于 PH 中，并且不存在于没有包含 PH 的 Slice 头中；等于 0 则表示不存在于 PH 中，可能存在于 Slice 头中。

pps_picture_header_extension_present_flag：等于 0 表示 PH 不存在 PH 拓展语法元素，等于 1 则表示存在。

pps_slice_header_extension_present_flag：等于 0 表示 Slice 头不存在 Slice 头拓展语法元素，等于 1 则表示存在。

pps_extension_flag：等于 0 表示 PPS 中不存在 pps_extension_data_flag 语法元素，等于 1 则表示存在。

pps_extension_data_flag：可以是任意值。该语法元素的取值不影响解码器，解码过程忽略该语法元素。

3.4.2 图像头

PH 的作用与 PPS 相似，PH 对图像中的所有 Slice 有效，承载 Slice 的共用参数；而 PH 承载频繁变换的编码参数信息，如 IRAP/GDR 图像标识、Slice 类型允许、图像序号、去方块滤波参数、SAO 参数等。

另外，PH 也用于识别一幅图像的第一个 Slice，因为每幅图像只有一个 PH。PH 可以作为独立的 PH NAL，也可以被包含在 SH（Slice Header）中。尤其是当一幅图像只有一个 Slice 时，PH 将被包含在 SH 中。PH 的语法结构详见标准的 7.3.2.8 节[1]。

图像头的相关语法元素如下。

ph_gdr_or_irap_pic_flag：等于 1 表示该图像为 IRAP 或 GDR，等于 0 表示不是 IRAP 和 GDR。

ph_non_ref_pic_flag：等于 1 表示该图像不被用作参考帧，等于 0 表示可以被用作参考帧。

ph_gdr_pic_flag：等于 1 表示该图像为 GDR，等于 0 表示不是 GDR。

ph_inter_slice_allowed_flag：等于 0 表示所有 Slice 的 sh_slice_type 为 2，等于 1 表示可能有 Slice 的 sh_slice_type 为 0 或 1。

ph_intra_slice_allowed_flag：等于 0 表示所有 Slice 的 sh_slice_type 为 0 或 1，等于 1 表示可能有 Slice 的 sh_slice_type 为 2。

ph_pic_parameter_set_id：表示引用 PPS 的 ID 号。

ph_pic_order_cnt_lsb：表示图像顺序编号（POC）。

ph_recovery_poc_cnt：表示按输出顺序的解码图像恢复点。

ph_extra_bit[i]：当前版本标准解码器忽略该信息。

ph_poc_msb_cycle_present_flag：等于 1 表示 PH 中存在 element ph_poc_msb_cycle_val，等于 0 表示 PH 中不存在 element ph_poc_msb_cycle_val。

ph_poc_msb_cycle_val：表示图像 POC 的最高有效位循环值。

ph_alf_enabled_flag：等于 1 表示开启 ALF，等于 0 表示不开启 ALF。

ph_num_alf_aps_ids_luma：表示使用 ALF APS 的数量。

ph_alf_aps_id_luma[i]：表示引用 ALF APS 的 ID 号。

ph_alf_cb_enabled_flag：等于 1 表示 Cb 色度分量开启 ALF，等于 0 表示不启用。

ph_alf_cr_enabled_flag：等于 1 表示 Cr 色度分量开启 ALF，等于 0 表示不启用。

ph_alf_aps_id_chroma：表示色度分量引用 ALF APS 的 ID 号。

ph_alf_cc_cb_enabled_flag：等于 1 表示 Cb 色度分量开启 CCALF，等于 0 表示不启用。

ph_alf_cc_cb_aps_id：表示 Cb 色度分量在使用 CCALF 时引用 ALF APS 的 ID 号。

ph_alf_cc_cr_enabled_flag：等于 1 表示 Cr 色度分量开启 CCALF，等于 0 表示不启用。

ph_alf_cc_cr_aps_id：表示 Cr 色度分量在使用 CCALF 时引用 ALF APS 的 ID 号。

ph_lmcs_enabled_flag：等于 1 表示开启 LMCS，等于 0 表示不开启 LMCS。

ph_lmcs_aps_id：表示引用 LMCS APS 的 ID 号。

ph_chroma_residual_scale_flag：等于 1 表示开启色度缩放，等于 0 表示不开启。

ph_explicit_scaling_list_enabled_flag：等于 1 表示使用显性缩放列表，等于 0 表示不使用。

ph_scaling_list_aps_id：表示引用缩放列表 APS 的 ID 号。

ph_virtual_boundaries_present_flag：等于 1 表示 PH 包含虚拟边界信息，等于 0 表示不存在。

ph_num_ver_virtual_boundaries：表示垂直虚拟边界的数量。

ph_virtual_boundary_pos_x_minus1[i]：表示第 i 个垂直虚拟边界的位置。

ph_num_hor_virtual_boundaries：表示水平虚拟边界的数量。

ph_virtual_boundary_pos_y_minus1[i]：表示第 i 个水平虚拟边界的位置。

ph_pic_output_flag：影响解码图像输出及去除过程。

ph_partition_constraints_override_flag：等于 1 表示 PH 包含划分限制参数，等于 0 表示不包含。

ph_log2_diff_min_qt_min_cb_intra_slice_luma：表示四叉树划分所得亮度样本最小尺寸与 sh_slice_type 等于 2 的 Slice 中最小亮度编码块尺寸的默认差值，两者都以 2 为底取对数。

ph_max_mtt_hierarchy_depth_intra_slice_luma：表示 sh_slice_type=2 的 Slice 中四叉树叶子节点亮度编码块进一步用多类型树划分的默认最大层深。

ph_log2_diff_max_bt_min_qt_intra_slice_luma：表示 sh_slice_type=2 的 Slice 中可以使用二叉树划分的亮度样本最大尺寸与四叉树划分能得到的亮度样本最小尺寸之间的默认差值，两者都以 2 为底取对数。

ph_log2_diff_max_tt_min_qt_intra_slice_luma：表示 sh_slice_type=2 的 Slice 中可以使用三叉树划分的亮度样本最大尺寸与四叉树划分能得到的亮度样本最小尺寸之间的默认差值，两者都以 2 为底取对数。

ph_log2_diff_min_qt_min_cb_intra_slice_chroma：表示当 treeType =DUAL_TREE_CHROMA 时，四叉树划分所得色度样本最小尺寸与 sh_slice_type =2 的 Slice 中最小色度编码块尺寸的默认差值，两者都以 2 为底取对数。

ph_max_mtt_hierarchy_depth_intra_slice_chroma：表示在 sh_slice_type=2 的 Slice 中当 treeType=DUAL_TREE_CHROMA 时，四叉树叶子节点色度编码块进一步用多类型树划分的默认最大层深。

ph_log2_diff_max_bt_min_qt_intra_slice_chroma：表示 sh_slice_type=2 的 Slice 中可以使用二叉树划分的色度样本最大尺寸与四叉树划分能得到的色度样本最小尺寸之间的默认差值，两者都以 2 为底取对数。

ph_log2_diff_max_tt_min_qt_intra_slice_chroma：表示 sh_slice_type=2 的 Slice 中可以使用三叉树划分的色度样本最大尺寸与四叉树划分能得到的色度样本最小尺寸之间的默认差值，两者都以 2 为底取对数。

ph_cu_qp_delta_subdiv_intra_slice：表示 QG 的大小，为帧内编码 Slice 中 CU 的 cbSubdiv 的最大值。

ph_cu_chroma_qp_offset_subdiv_intra：表示色度分量 QG 的大小，为帧内编码 Slice 中 CU 的 cbSubdiv 的最大值。

ph_log2_diff_min_qt_min_cb_inter_slice：表示四叉树划分所得亮度样本最小尺寸与 sh_slice_type 等于 0 或 1 的 Slice 中最小亮度编码块尺寸的默认差值，两者都以 2 为底取对数。

ph_max_mtt_hierarchy_depth_inter_slice：表示 sh_slice_type 等于 0 或 1 的 Slice 中四叉树叶子节点编码块进一步用多类型树划分的默认最大层深。

ph_log2_diff_max_bt_min_qt_inter_slice：表示 sh_slice_type 等于 0 或 1 的 Slice 中可以使用二叉树划分的亮度样本最大尺寸与四叉树划分能得到的亮度样本最小尺寸之间的默认

差值，两者都以 2 为底取对数。

ph_log2_diff_max_tt_min_qt_inter_slice：表示 sh_slice_type 等于 0 或 1 的 Slice 中可以使用三叉树划分的亮度样本最大尺寸与四叉树划分能得到的亮度样本最小尺寸之间的默认差值，两者都以 2 为底取对数。

ph_cu_qp_delta_subdiv_inter_slice：表示 QG 的大小，为帧间编码 Slice 中 CU 的 cbSubdiv 的最大值。

ph_cu_chroma_qp_offset_subdiv_inter_slice：表示色度分量 QG（Quantization Group）的大小，为帧间编码 Slice 中 CU 的 cbSubdiv 的最大值。

ph_temporal_mvp_enabled_flag：等于 1 表示时域运动矢量预测（MVP）可以使用，等于 0 表示不可以使用。

ph_collocated_from_l0_flag：等于 1 表示用于时域运动矢量预测的同位图像由 RPL 0 得到，等于 0 则表示由 RPL 1 得到。

ph_collocated_ref_idx：表示用于时域运动矢量预测的同位图像参考索引。

ph_mmvd_fullpel_only_flag：等于 1 表示 CLVS 开启仅使用整数采样精度的带有运动矢量差的 Merge 模式，等于 0 则表示不开启。

ph_mvd_l1_zero_flag：等于 1 表示 mvd_coding($x_0, y_0, 1, \text{cpIdx}$) 不被解析，MvdL1[x_0][y_0][compIdx] 和 MvdCpL1[x_0][y_0][cpIdx][compIdx] 都被设置为 0；等于 0 表示 mvd_coding($x_0, y_0, 1, \text{cpIdx}$) 被解析。

ph_bdof_disabled_flag：等于 1 表示不允许使用双向光流帧间预测模式，等于 0 表示允许使用。

ph_dmvr_disabled_flag：等于 1 表示不允许使用 DMVR（Decoder Side Motion Vector Refinement）模式，等于 0 表示允许使用。

ph_prof_disabled_flag：等于 1 表示不允许使用 PROF（Prediction Refinement with Optical Flow）模式，等于 0 表示允许使用。

ph_qp_delta：表示图像的 Q_{p_Y} 初始值的偏移量，该值直到被编码单元层的变量 CuQpDeltaVal 改变前都有效。

ph_joint_cbcr_sign_flag：等于 1 表示 Cb 和 Cr 冗余像素的符号相反；等于 0 表示 Cb 和 Cr 冗余像素的符号相同，前提是 tu_joint_cbcr_residual_flag[x_0][y_0] 等于 1。

ph_sao_luma_enabled_flag：等于 1 表示当前 Slice 亮度分量开启 SAO，等于 0 则表示不开启。

ph_sao_chroma_enabled_flag：等于 1 表示当前 Slice 色度分量开启 SAO，等于 0 则表示不开启。

ph_deblocking_params_present_flag：等于 1 表示 PH 中存在去方块滤波参数，等于 0 表示不存在。

ph_deblocking_filter_disabled_flag：等于 1 表示不允许使用去方块滤波，等于 0 表示允许使用。

ph_luma_beta_offset_div2 and ph_luma_tc_offset_div2：表示用于亮度分量的 β 和 t_C 的默

认去方块参数偏移值。

ph_cb_beta_offset_div2 and ph_cb_tc_offset_div2：表示用于色度分量 Cb 的 β 和 t_C 的默认去方块参数偏移值。

ph_cr_beta_offset_div2 and ph_cr_tc_offset_div2：表示用于色度分量 Cr 的 β 和 t_C 的默认去方块参数偏移值。

ph_extension_length：表示 PH 扩展数据的字节数。

ph_extension_data_byte：PH 扩展的数据，不影响该版本标准解码过程。

3.5 Slice

在 H.266/VVC 中，一幅图像可以被分割为一片或多片（Slice）。Slice 划分的目的是压缩数据的高效存储、传输，每个 Slice 对应一个单独的 NAL 单元。

每个 Slice 的压缩数据不依赖其他 Slice，可以被独立解码，当数据丢失后能再次解码同步。Slice 头信息无法通过其他 Slice 的头信息推断得到，Slice 也不能跨过它的边界进行帧内预测或帧间预测，熵编码在每个 Slice 开始前进行初始化。但在进行环路滤波时，允许滤波器跨越 Slice 的边界进行滤波。除 Slice 的边界可能受环路滤波影响外，Slice 的解码过程可以不受任何来自其他 Slice 的影响。

根据编码类型，Slice 分为 3 类，即 I Slice、P Slice、B Slice，每类具有不同的时域依赖特性。Slice 类型会在 NAL 单元头信息中标识，以便于优化传输。

（1）I Slice：该 Slice 中所有 CU 都只能使用帧内预测。

（2）P Slice：在 I Slice 的基础上，该 Slice 中的 CU 还可以使用帧间预测，每个 CU 使用至多一个运动补偿预测信息。P Slice 只使用图像参考列表 list 0。

（3）B Slice：在 P Slice 的基础上，B Slice 中的 CU 可以使用至多两个运动补偿预测信息。B Slice 可以使用图像参考列表 list 0 和 list 1。

每个 Slice 包含数据与头信息，其语法结构详见标准中的 7.3.11 节[1]。当 Slice 头中存在与 PPS 中相同的参数时，Slice 头中的这些参数值会对 PPS 中的相应参数值进行覆盖。

Slice 头的相关语法元素如下。

sh_picture_header_in_slice_header_flag：等于 1 表示 Slice 头中存在 PH 语法结构，等于 0 则表示不存在。

sh_subpic_id：表示包含此 Slice 的子图的 ID。

sh_slice_address：表示 Slice 的地址，当其不存在时被推断为 0。

sh_extra_bit[i]：可能等于 1 或 0。当前版本解码器应该忽略 sh_extra_bit[i]的值，它的值不影响此版本规范中指定的解码过程。

sh_num_tiles_in_slice_minus1：当其存在时，表示 Slice 中 Tile 的数量，取值范围为 0～NumTilesInPic − 1。

sh_slice_type：表示 Slice 的编码类型。

sh_no_output_of_prior_pics_flag：解码一幅图像后，影响 DPB 内先前解码图像的输出。

sh_alf_enabled_flag：等于 1 表示当前 Slice 的 Y、Cb、Cr 分量开启 ALF，等于 0 则表示不开启。

sh_num_alf_aps_ids_luma：表示 Slice 参考的 ALF APS 的个数。

sh_alf_aps_id_luma[i]：表示 Slice 亮度分量引用的第 i 个 ALF APS 的 aps_adaptation_parameter_set_id 值。

sh_alf_cb_enabled_flag：等于 1 表示当前 Slice 的 Cb 色度分量开启 ALF，等于 0 则表示不开启。

sh_alf_cr_enabled_flag：等于 1 表示当前 Slice 的 Cr 色度分量开启 ALF，等于 0 则表示不开启。

sh_alf_aps_id_chroma：表示 Slice 色度分量引用的 ALF APS 的 aps_adaptation_parameter_set_id 值。

sh_cc_alf_cb_enabled_flag：等于 1 表示 Cb 色度分量开启 CCALF，等于 0 则表示不开启。

sh_cc_alf_cb_aps_id：表示 Slice 的 Cb 色度分量引用的 aps_adaptation_parameter_set_id 值。

sh_cc_alf_cr_enabled_flag：等于 1 表示 Cr 色度分量开启 CCALF，等于 0 则表示不开启。

sh_cc_alf_cr_aps_id：表示 Slice 的 Cr 色度分量引用的 aps_adaptation_parameter_set_id 值。

sh_lmcs_used_flag：等于 1 表示当前 Slice 使用亮度映射且可能使用色度缩放（由 ph_chroma_residual_scale_flag 而决定），等于 0 则表示未使用。

sh_explicit_scaling_list_used_flag：等于 1 表示显式缩放列表被用在当前 Slice 解码时的变换系数缩放处理上，等于 0 则表示未使用。

sh_num_ref_idx_active_override_flag：等于 1 表示在 num_ref_entries[0][RplsIdx[0]] 大于 1 时 P Slice 和 B Slice 存在 sh_num_ref_idx_active_minus1[0] 语法元素，在 num_ref_entries[1][RplsIdx[1]] 大于 1 时 B Slice 存在 sh_num_ref_idx_active_minus1[1] 语法元素；等于 0 则表示 sh_num_ref_idx_active_minus1[0]和 sh_num_ref_idx_active_minus1[1] 语法元素都不存在。

sh_num_ref_idx_active_minus1[i]：用来得到变量 NumRefIdxActive[i]，取值范围为 0～14。

sh_cabac_init_flag：标识用于上下文变量初始化过程的初始化列表确定方法。

sh_collocated_from_l0_flag：等于 1 表示用于时域运动矢量预测的同位图像由 RPL 0 得到，等于 0 则表示从 RPL 1 得到。

sh_collocated_ref_idx：表示用于时域运动矢量预测的同位图像参考索引。

sh_qp_delta：表示 Slice 中编码块 Qp_Y 初始值的偏移量，该值直到被编码单元层的变量 CuQpDeltaVal 改变前都有效。

sh_cb_qp_offset：表示相对亮度分量 QP 的差值，为 pps_cb_qp_offset + sh_cb_qp_offset。

sh_cr_qp_offset：表示相对亮度分量 QP 的差值，为 pps_cr_qp_offset + sh_cr_qp_offset。

sh_joint_cbcr_qp_offset：表示在确定 Qp'_{CbCr} 量化参数时，pps_joint_cbcr_qp_offset_value 需要加上的差值。

sh_cu_chroma_qp_offset_enabled_flag：等于 1 表示变换单元及当前 Slice 的 Palette 编码语法中可能存在 cu_chroma_qp_offset_flag，等于 0 则表示不存在。

sh_sao_luma_used_flag：等于 1 表示当前 Slice 亮度分量开启 SAO，等于 0 则表示不开启。

sh_sao_chroma_used_flag：等于 1 表示当前 Slice 色度分量开启 SAO，等于 0 则表示不开启。

sh_deblocking_params_present_flag：等于 1 表示 Slice 头中可能存在去方块参数，等于 0 则表示不存在。

sh_deblocking_filter_disabled_flag：等于 1 表示当前 Slice 不开启去方块滤波，等于 0 则表示开启。

sh_luma_beta_offset_div2 和 sh_luma_tc_offset_div2：表示用于当前 Slice 亮度分量的 β 与 t_C（除以 2）的去方块参数偏移值。

sh_cb_beta_offset_div2 和 sh_cb_tc_offset_div2：表示用于当前 Slice 色度分量 Cb 的 β 与 t_C（除以 2）的去方块参数偏移值。

sh_cr_beta_offset_div2 和 sh_cr_tc_offset_div2：表示用于当前 Slice 色度分量 Cr 的 β 与 t_C（除以 2）的去方块参数偏移值。

sh_dep_quant_used_flag：等于 0 表示当前 Slice 不使用依赖量化，等于 1 则表示使用。

sh_sign_data_hiding_used_flag：等于 0 表示当前 Slice 不使用符号位隐藏技术，等于 1 则表示使用。

sh_ts_residual_coding_disabled_flag：等于 1 表示 residual_coding( )语法结构用于解析当前 Slice 变换跳过块的残差样本。

sh_slice_header_extension_length：表示 Slice 头拓展数据以字节为单位的长度，不包括标识其自身所用比特。

sh_slice_header_extension_data_byte[i]：可能是任意值。当前版本解码器应该忽略所有的 sh_slice_header_extension_data_byte[i]语法元素值。

sh_entry_offset_len_minus1：表示 sh_entry_point_offset_minus1[i]语法元素以比特为单位的长度减 1。取值范围为 0~31。

sh_entry_point_offset_minus1[i]：表示第 i 个接入点的偏移值减 1，其由 sh_entry_offset_len_minus1 加 1bit 表示。

3.6　Tile

H.266/VVC 也使用了 Tile 的概念，一幅图像可以划分为若干个 Tile，即从水平方向和垂直方向将一幅图像分割为若干个矩形区域，一个矩形区域就是一个 Tile。每个 Tile 包含整数个 CTU，可以独立解码。划分 Tile 的主要目的是在增强并行处理能力的同时又不引入新的错误扩散。Tile 提供比 CTB 更大程度的并行（在图像或子图像的层面上），在使用时无须进行复杂的线程同步。

3.6.1　Tile 划分

Tile 的划分并不要求水平和垂直边界均匀分布，可根据并行计算和差错控制的要求灵活掌握。在通常情况下，每个 Tile 中包含的 CTU 数据是近似相等的。图 3.8 中给出了 Tile 的一种划分方式，整幅图像被划分为 9 个 Tile，每个 Tile 都为矩形。在编码时，图像中的所有 Tile 都按照扫描顺序进行处理，每个 Tile 中的 CTU 按照光栅扫描（Raster Scan）顺序进行编码。CTU 光栅扫描是指从左往右、由上往下，先扫描完一行再移至下一行起始位置继续扫描的扫描方法。

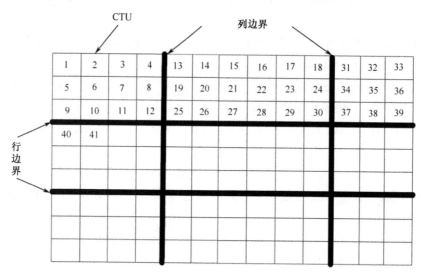

图 3.8　Tile 划分示意图

3.6.2　Slice 与 Tile

在 H.266/VVC 中，Slice 和 Tile 划分的目的不同，都可以进行独立解码。二者的划分关系较为复杂，可能出现一个 Slice 中包含多个 Tile 或一个 Tile 中包含多个 Slice 的情况。Slice 和 Tile 之间必须遵循一些基本原则，每个 Slice 和 Tile 至少要满足以下两个条件之一。

（1）一个 Slice 中的所有 CTU 属于同一个 Tile。

（2）一个 Tile 中的所有 CTU 属于同一个 Slice。

一个 Slice 可以由图像中整数个完整的 Tile 组成，或者由一个 Tile 中整数个连续完整的 CTU 行组成。Slice 的垂直边界也是 Tile 的垂直边界，而当一个 Tile 中包含多个 Slice 时，Slice 的水平边界不一定是 Tile 的水平边界。

Tile 必须为矩形，而 Slice 有两种模式：光栅扫描 Slice 模式和矩形 Slice 模式。在光栅扫描 Slice 模式中，Slice 可以是连续的非矩形区域，一个 Slice 包含一副图像内的多个 Tile，这些 Tile 需要以光栅扫描方式连续。在矩形 Slice 模式中，一个 Slice 为图像内的一块矩形区域，并且包含数个完整 Tile 或包含一个 Tile 内的数个连续完整 CTU 行。

　　图 3.9、图 3.10 给出了不同 Slice 划分和 Tile 划分关系的例子。在图 3.9 中，图像被分为 12 个 Tile 和 3 个光栅扫描 Slice。在图 3.10（a）中，图像被分为 24 个 Tile（6 个 Tile 列和 4 个 Tile 行）和 9 个矩形 Slice；在图 3.10（b）中，图像被分为 4 个 Tile（2 个 Tile 列和 2 个 Tile 行）和 4 个矩形 Slice。

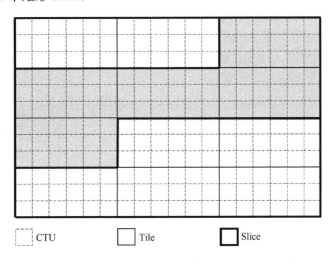

图 3.9　光栅扫描 Slice

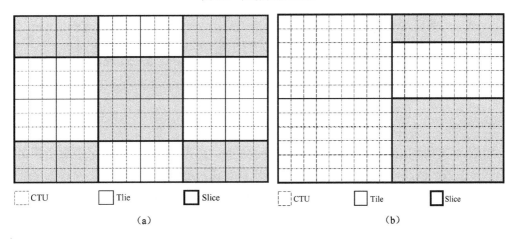

（a）　　　　　　　　　　　　　　　　（b）

图 3.10　矩形 Slice 划分

3.7　子图像

　　为了适应 VR 全景视频、多视角视频等的应用，H.266/VVC 使用了子图像（Subpicture）的概念。一个子图像由图像内一块矩形区域的一个或多个 Slice 组成，因此，子图像的边界总是 Slice 的边界，并且每个子图像的垂直边界总是 Tile 的垂直边界。每个子图像和 Tile 至少要满足以下两个条件之一。

（1）一个子图像中的所有 CTU 属于同一个 Tile。

（2）一个 Tile 中的所有 CTU 属于同一个子图像。

子图像边界会被作为图像边界对待，每个子图像都能够独立解码，为不同应用而重新构建的子图像可以直接解码。

图 3.11 给出了一幅图像中的子图像、Slice 和 Tile 划分关系，图像被分为 18 个 Tile，其中，左侧 12 个 Tile 每个覆盖一块 4×4 个 CTU 大小的区域，右侧 6 个 Tile 每个覆盖垂直排列的两块 2×2 个 CTU 大小的区域，总共形成了大小不同的 24 个 Slice 和 24 个子图像（每个子图像就是一个 Slice）。

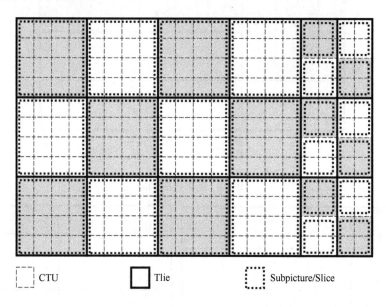

图 3.11　子图像、Slice 和 Tile 划分关系

如 2.1.5 节所述，全景视频具有 360 度观看视角，而人眼在某一时刻只观看全景视频的一小部分区域。因此，可以利用子图像将用户观看视角进行高质量编码，以降低全景视频的带宽需求，其与 H.265/HEVC 中的 MCTS（Motion-Constrained Tile Set）技术目的相似。

3.8　树形编码单元

H.266/VVC 使用树形编码单元（CTU）作为编码的基本单位，一幅图像被分成一个 CTU 序列。对于一幅三通道图像，CTU 由一个亮度 CTB 和两个对应的色度 CTB 构成。为了匹配 4K、8K 等视频的编码需求，H.266/VVC 中 CTU 亮度块的最大允许尺寸为 128×128，色度块的最大允许尺寸为 64×64。

3.8.1 CU 划分

为了适应不同的视频内容，CTU 可以进一步划分成多个编码单元 CU。不同于 H.265/HEVC，在大多数情况下 H.266/VVC 使用 CU 尺寸作为预测、变换、编码的共同单位，只有当 CU 尺寸大于最大变换尺寸时才使用更小尺寸的 TU。

在 H.266/VVC 中，CU 可以是正方形或矩形，一个 CTU 可能只包含一个 CU（没有进行划分），也可能被划分为多个 CU。CTU 先利用四叉树进行划分，其划分后的叶子节点再利用多类型树进一步划分。图 3.12 给出了多类型树结构的 4 种划分方式：垂直二叉树划分（SPLIT_BT_VER）、水平二叉树划分（SPLIT_BT_HOR）、垂直三叉树划分（SPLIT_TT_VER）和水平三叉树划分（SPLIT_TT_HOR）。

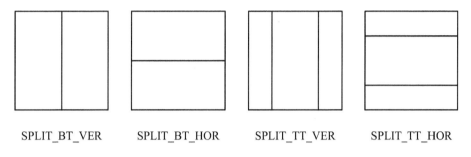

| SPLIT_BT_VER | SPLIT_BT_HOR | SPLIT_TT_VER | SPLIT_TT_HOR |

图 3.12 多类型树结构

嵌套了多类型树的四叉树划分提供了一种内容自适应的编码树结构划分，图 3.13 展示了利用多类型树将一个 CTU 递归划分为多个 CU 的例子。CU 的最大尺寸可以和 CTU 尺寸相同，最小为 4×4。对于 YUV 4：2：0 视频格式，最大尺寸色度 Cb 为 64×64，最小尺寸色度 Cb 为 2×2。需要注意的是，在 H.266/VVC 中，最大亮度变换尺寸为 64×64，最大色度变换尺寸为 32×32；在变换模块中，当 Cb 的尺寸大于最大变换尺寸时，Cb 将在水平方向或垂直方向上进行划分以满足该方向的变换尺寸限制，这时 TU 尺寸与 CU 尺寸不同。

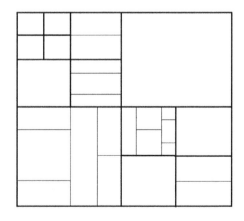

图 3.13 CU 划分

图 3.14 详细地给出了图 3.13 所示结果的划分过程，说明了多类型树的递归划分机制。

CTU 作为根节点首先利用多类型树进行划分。每个叶子节点（当其足够大时）递归使用二叉树、三叉树、四叉树进一步划分，是否划分及如何划分通常采用率失真优化确定。每个节点的划分状态由 split_cu_flag、split_qt_flag、mtt_split_cu_vertical_flag、mtt_split_cu_binary_flag 等标识位标识。首先 split_cu_flag 标识节点是否进一步划分；当节点被进一步划分时，split_qt_flag 标识节点是否采用四叉树进一步划分；当节点不采用四叉树进一步划分时，标识位 mtt_split_cu_vertical_flag 表示划分方向，标识位 mtt_split_cu_binary_flag 表示划分是二叉树划分还是三叉树划分。根据 mtt_split_cu_vertical_flag 和 mtt_split_cu_binary_flag 的值就能够获得 CU 多类型树划分模式，如表 3.1 所示。

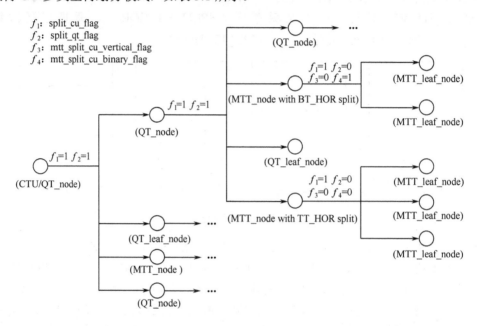

图 3.14　多类型树的递归划分过程

表 3.1　二叉树、三叉树划分标识

MttSplitMode	mtt_split_cu_vertical_flag	mtt_split_cu_binary_flag
SPLIT_TT_HOR	0	0
SPLIT_BT_HOR	0	1
SPLIT_TT_VER	1	0
SPLIT_BT_VER	1	1

SPS 参数集包含了多个 CU 划分相关的参数，对 CU 的多类型树划分进行了限制。相关语法元素如下。

MinQtSize：最小四叉树叶子节点允许尺寸。

MaxBtSize：最大二叉树根节点允许尺寸。

MinBtSize：最小二叉树叶子节点允许尺寸。

MaxTtSize：最大三叉树根节点允许尺寸。

MinTtSize：最小三叉树叶子节点允许尺寸。

MaxMttDepth：从一个四叉树叶子节点开始的最大多类型树划分允许层深。

另外，为了适配硬件解码器中 64×64 亮度块和 32×32 色度块的流水线设计，当亮度编码块的长度或高度大于 64 时，三叉树划分被禁止。同理，当色度编码块的长度或高度大于 32 时，三叉树划分被禁止。对于 P Slice 和 B Slice，同一个 CTU 内的亮度 CTB 和色度 CTB 必须采用相同的 CU 划分树结构。对于 I Slice，亮度 CTB 和色度 CBT 可以具有独立的 CU 划分树结构。

3.8.2 图像边界上的 CU 划分

对于图像边界上的 CTU，当 CU 超出了图像底部或右侧边界时，该块需要被强制划分，直到 CU 的所有样本点都在图像边界内。H.266/VVC 的相关划分规则如下。

（1）如果块的任何部分超出了图像底部或右侧边界，且由于块尺寸的限制导致不能进行任何四叉树、三叉树和二叉树划分，则该块需要被强制使用四叉树划分。

（2）如果块的一部分同时超出了图像底部和右侧边界，此时：

① 如果该块是一个四叉树节点，且块尺寸大于最小四叉树节点的允许尺寸，则该块需要被强制使用四叉树划分。

② 否则，该块需要被强制使用水平二叉树划分。

（3）如果块的一部分超出了图像底部边界，此时：

① 如果该块是一个四叉树节点，且块尺寸大于最小四叉树节点的允许尺寸，同时大于最大二叉树节点的允许尺寸，则该块需要被强制使用四叉树划分。

② 否则，如果该块是一个四叉树节点，且块尺寸大于最小四叉树节点的允许尺寸，同时小于等于最大二叉树节点的允许尺寸，则该块需要被强制使用四叉树划分或水平二叉树划分。

③ 在其他情况下该块需要被强制使用水平二叉树划分。

（4）如果块的一部分超出了图像右侧边界，此时：

① 如果该块是一个四叉树节点，且块尺寸大于最小四叉树节点的允许尺寸，同时大于最大二叉树节点的允许尺寸，则该块需要被强制使用四叉树划分。

② 否则，如果该块是一个四叉树节点，且块尺寸大于最小四叉树节点的允许尺寸，同时小于等于最大二叉树节点的允许尺寸，则该块需要被强制使用四叉树划分或垂直二叉树划分。

③ 在其他情况下该块需要被强制使用垂直二叉树划分。

3.8.3 CU 的相关语法元素

CU 的语法结构详见标准中的 7.3.11 节[1]，相关语法元素如下。

cu_skip_flag[x_0][y_0]：等于 1 表示对当前 CU 来说，在解码一个 P Slice 或 B Slice 时，

除以下列出的一个或多个语法元素外，不再解析任何一个 cu_skip_flag[x_0][y_0]后的语法元素，即 pred_mode_ibc_flag[x_0][y_0]和 merge_data( )，而在解码一个 I Slice 时，除 merge_idx[x_0][y_0]外不再解析任何一个 cu_skip_flag[x_0][y_0]后的语法元素；等于 0 表示当前 CU 不被跳过。

pred_mode_flag：等于 0 表示当前 CU 使用帧间预测模式编码，等于 1 表示当前 CU 使用帧内预测模式编码。

pred_mode_ibc_flag：等于 1 表示当前 CU 使用 IBC 预测模式编码，等于 0 表示当前 CU 未使用 IBC 预测模式编码。

pred_mode_plt_flag：标识 Palette 模式在当前 CU 的可用性。

cu_act_enabled_flag：等于 1 表示当前 CU 的残差在 YC_gC_o 颜色空间中编码，等于 0 表示在原始颜色空间中编码。

intra_bdpcm_luma_flag：等于 1 表示位于(x_0, y_0)处的当前亮度编码块可以使用 BDPCM（Block-based Delta Pulse Code Modulation），等于 0 表示不可以使用。

intra_bdpcm_luma_dir_flag：等于 0 表示亮度 BDPCM 的预测方向是水平的，等于 1 表示预测方向是垂直的。

intra_mip_flag[x_0][y_0]：等于 1 表示亮度样本的帧内预测模式为 MIP（Matrix-based Intra Prediction），等于 0 表示非 MIP。

intra_mip_transposed_flag[x_0][y_0]：标识亮度样本的 MIP 模式输入向量是否转置。

intra_mip_mode[x_0][y_0]：指示亮度样本的 MIP 模式。

intra_luma_ref_idx[x_0][y_0]：表示帧内预测的参考索引。

intra_subpartitions_mode_flag[x_0][y_0]：等于 1 表示当前帧内 CU 被划分为 NumIntraSubPartitions[x_0][y_0]个变换块子分区，等于 0 表示不被划分为变换块子分区。

intra_subpartitions_split_flag[x_0][y_0]：标识帧内子分区的划分类型是水平的还是垂直的。

intra_luma_mpm_flag[x_0][y_0]、intra_luma_not_planar_flag[x_0][y_0]、intra_luma_mpm_idx[x_0][y_0]和 intra_luma_mpm_remainder[x_0][y_0]：表示亮度样本的帧内预测模式。

intra_bdpcm_chroma_flag：等于 1 表示位于(x_0, y_0)处的当前色度编码块可以使用 BDPCM，等于 0 表示不可以使用。

intra_bdpcm_chroma_dir_flag：等于 0 表示色度 BDPCM 的预测方向是水平的，等于 1 表示预测方向是垂直的。

cclm_mode_flag：等于 1 表示 INTRA_LT_CCLM、INTRA_L_CCLM 和 INTRA_T_CCLM 3 种帧内色度预测模式中的一种被使用，等于 0 表示 3 种都未使用。

cclm_mode_idx：标识 INTRA_LT_CCLM、INTRA_L_CCLM 和 INTRA_T_CCLM 中哪一种被使用。

intra_chroma_pred_mode：指示色度样本的帧内预测模式。

general_merge_flag[x_0][y_0]：标识当前 CU 的帧间预测参数是否从附近帧间预测块推断得到。

mvp_l0_flag[x_0][y_0]：指示 list 0 的运动矢量预测索引。

mvp_l1_flag[x_0][y_0]：指示 list 1 的运动矢量预测索引。

inter_pred_idc[x_0][y_0]：表示当前 CU 使用 list 0、list 1 或双向预测。

sym_mvd_flag[x_0][y_0]：等于 1 表示以下语法元素或结构不存在，包括语法元素 ref_idx_l0[x_0][y_0] 和 ref_idx_l1[x_0][y_0]，以及当 refList 等于 1 时的语法结构 mvd_coding(x_0, y_0, refList, cpIdx)。

ref_idx_l0[x_0][y_0]：表示当前 CU 在 list 0 中的参考帧索引。

ref_idx_l1[x_0][y_0]：表示当前 CU 在 list 1 中的参考帧索引。

inter_affine_flag[x_0][y_0]：等于 1 表示对当前 CU 来说，在解码一个 P Slice 或 B Slice 时，仿射模式被用于生成当前 CU 的预测样本；等于 0 表示当前 CU 不使用仿射模式进行预测。

cu_affine_type_flag[x_0][y_0]：等于 1 表示对当前 CU 来说，在解码一个 P Slice 或 B Slice 时，6 参数仿射模式被用于生成当前 CU 的预测样本；等于 0 表示 4 参数仿射模式被用于生成当前 CU 的预测样本。

amvr_flag[x_0][y_0]：指示运动矢量差值的精度。等于 0 表示使用 1/4 精度，等于 1 表示精度由 amvr_precision_idx[x_0][y_0]进一步指定。

amvr_precision_idx[x_0][y_0]：通过 AmvrShift 指示运动矢量差的精度。

bcw_idx[x_0][y_0]：指示 CU 加权双向预测的权重索引。

cu_coded_flag：等于 1 表示当前 CU 存在 transform_tree( )语法结构，等于 0 表示该语法结构不存在。

cu_sbt_flag：等于 1 表示当前 CU 使用子块变换，等于 0 则表示未使用子块变换。

cu_sbt_quad_flag：等于 1 表示当前 CU 的子块变换包含了其 1/4 尺寸大小的变换单元，等于 0 表示当前 CU 的子块变换包含了其 1/2 尺寸大小的变换单元。

cu_sbt_horizontal_flag：等于 1 表示当前 CU 被水平划分为 2 个变换单元，等于 0 则表示垂直划分。

cu_sbt_pos_flag：等于 1 表示当前 CU 的第一个变换单元不存在 tu_y_coded_flag、tu_cb_coded_flag 和 tu_cr_coded_flag；等于 0 表示当前 CU 的第二个变换单元不存在 tu_y_coded_flag、tu_cb_coded_flag 和 tu_cr_coded_flag。

lfnst_idx：表示是否使用低频不可分变换核。等于 0 表示不使用低频不可分变换核。

mts_idx：表示使用变换核的 ID 号。

3.9　档次、层和级别

H.266/VVC 同样使用了档次（Profile）、层（Tier）和级别（Level）的概念，档次主要规定编码器可采用哪些编码工具或算法，级别则是指根据解码端的负载和存储空间情况对关键参数加以限制（如最大采样频率、最大图像尺寸、分辨率、最小压缩率、最大比特率和解码缓冲区大小等）。档次、层和级别指定了对比特流的限制，从而限制了解码比特流需要的能力，它们也可用于指示不同解码器之间实现互通的点。每个档次标明了所有符合该档次的解码器都应支持的算法特性和限制。层的每个级别都标明了一组可能被当前标准使用的语法元素的限制值。通常，所有的档次都使用同一组层和级别，但对于特殊的实现可能每个支持的档次都支持不同的层，并且一层中有不同的级别。对于任意一个给定的档次，一层中的一个级别通常对应一种特殊的解码处理负载和内存能力。

3.9.1　档次

H.266/VVC 标准中提出了 6 种档次，分别是 Main 10、Main 10 Still Picture、Main 4：4：4 10、Main 4：4：4 10 Still Picture、Multilayer Main 10 和 Multilayer Main 10 4：4：4。

1. Main 10

支持每像素最高 10bit 位深、4：2：0 或单色采样格式。

2. Main 4：4：4 10

支持每像素最高 10bit 位深、4：4：4、4：2：2、4：2：0 或单色采样格式。

3. Main 10 Still Picture 和 Main 4：4：4 10 Still Picture

与它们对应的 Main 10 档次（Main 10 Still Picture 与 Main 10，Main 4：4：4 10 Still Picture 和 Main 4：4：4 10）共享同一个档次 ID，但比特流限制为只能包含一幅编码图像。

4. Multilayer Main 10 和 Multilayer Main 10 4：4：4

支持多层编码，如在一个编码视频序列（CVS）中包含的层多于一层，并且有层间预测，从而提高了拓展使用情况下的编码性能。作为单层编码档次时，在一个 CVS 内的所有编码图像应该拥有同一个层 ID，这个层 ID 与在 Main 10 和 Main 4：4：4 10 档次下一个 CVS 内的相同。

3.9.2　层和级别

H.266/VVC 定义了 2 个层（Tier）和 13 个级别（Level）。两个层分别是 Main Tier（general_tier_flag=0）和 High Tier（general_tier_flag=1），Main Tier 层比 High Tier 层低。Main Tier 适用于大多数应用，High Tier 适用于高需求应用。符合某一个 Tier/Level 的解码器能够解码当前及比当前 Tier/Level 低的所有码流。在同一层内，general_level_idc 或 sublayer_level_idc[i]较小的级别是较低的级别。

同一个级别（Level）实际上就是一套对编码比特流的一系列编码参数的限制。

H.266/VVC 的 13 个级别支持从 SQCIF 到 8K 多种分辨率的图像。图像宽和高受到该级别定义参数 MaxLumaPs 的限制——图像的宽和高均须小于或等于 $\sqrt{8 \times \text{MaxLumaPs}}$。此外，Level 还约束了每幅图像中垂直方向和水平方向 Tile 的最大数量，以及每秒 Tile 的最大数量。

相关的语法元素如下。

general_profile_idc：标明当前使用哪一个 Profile。

general_tier_flag：标明用于 general_level_idc 值解析的 Tier 上下文。

general_level_idc：标明当前使用哪一个 Level。

ptl_frame_only_constraint_flag：等于 1 表示在 OlsInScope 中的所有图像的 sps_field_seq_flag 值为 0，等于 0 表示不会有上述限制。

ptl_multilayer_enabled_flag：等于 1 表示 OlsInScope 的 CVS 中可能包含不只一层，等于 0 表示 OlsInScope 的 CVS 中只有一层。

ptl_sublayer_level_present_flag[i]：等于 1 表示 profile_tier_level( )语法结构中存在 Level 信息，这个信息用于 TemporalId=i 的子层描述；等于 0 则没有这个 Level 信息。

ptl_reserved_zero_bit：取值应为 0。

sublayer_level_idc[i]：语义与 general_level_idc 相同，不过适用于 TemporalId=i 的子层描述。

ptl_num_sub_profiles：表示 general_sub_profile_idc[i]语法元素的数目。

general_sub_profile_idc[i]：表示在 Rec. ITU-T T.35 中规定的第 i 个互通点标识。

参考文献

[1]　ITU-T Recommendation H.266 and ISO/IEC 23090-3. Versatile Video Coding[S]. 2020.

[2]　Wang Y K, Skupin R, Hannuksela M M. The High-Level Syntax of the Versatile Video Coding (VVC) Standard[J]. IEEE Transactions on Circuits and Systems for Video Technology, 2021, 31(10): 3779-3800.

4

第 4 章

帧内预测编码

　　帧内预测编码是视频编码中的核心技术之一。一幅图像内邻近像素之间有着较强的空间相关性,帧内预测编码使用图像内已编码像素值预测待编码像素值,从而有效去除视频空域相关性。视频编码器对预测后的残差而不是原始像素值进行变换、量化、熵编码,大幅提高编码效率。

　　自差分编码被应用于视频压缩以来[1],预测编码一直是视频编码标准的重要内容。新一代 H.266/VVC 标准采用了大量新编码方法,其中有很多属于预测编码范畴。本章从预测编码的原理出发,介绍帧内预测编码的基本方法,并详细介绍 H.266/VVC 中的帧内预测编码技术。

4.1　视频预测编码技术

4.1.1　预测编码技术

　　预测编码(Prediction Coding)是指利用已编码的一个或多个样本值,根据某种模型或方法,对当前的样本值进行预测,并对样本真实值和预测值之间的差值进行编码。例如,图像中相邻像素之间有较强的相关性,当前像素的灰度值与其相邻像素的灰度值在很大概率上是接近的。因此,可以利用已编码的邻近像素值预测当前像素值,并将真实值与预测值的差值进行编码,这样可以大大提高视频信号的压缩效率。

　　视频信号是一个在空间及时间上排列的三维信号,同一时刻采集的在空域分布的像素样本构成了一幅图像,不同时刻采集的图像按照时间顺序排列构成了视频序列。如果将视频中的每个像素看成一个信源符号,它通常与空域上或时域上邻近的像素具有较强的相关性,因此视频是一种有记忆信源。

联合编码和条件编码是两种有记忆信源的有效编码方式。联合编码通常将图像分割成固定大小的块，将一个块作为一个信源符号来考察，对每个块内的像素进行联合编码，如图 4.1 所示。

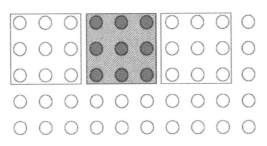

图 4.1　联合编码

联合编码充分利用一个块内像素间的相关性，但未能利用相邻块之间的相关性。条件编码如图 4.2 所示，当前像素的编码依赖邻近已编码像素（图中灰色区域），各像素将以滑动窗口的形式进行条件编码，这种方式改善了联合编码的缺陷，图像内邻近像素之间的相关性得到了充分利用。

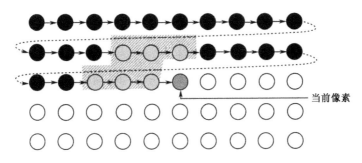

当前像素

图 4.2　条件编码

预测编码技术通过预测模型消除像素间的相关性，得到的差值信号可以认为没有相关性，或者相关性很小，因此可以作为无记忆信源进行编码。预测编码技术可以理解为一种特定的条件编码，其利用特定的预测模型反映像素间的依赖关系。例如，在图 4.2 中，当前像素依赖其左方及上方的已编码像素，可以利用这一简单的依赖关系直接根据参考像素得到预测值，然后将当前像素真实值与预测值相减，再对差值进行编码。

预测编码基本过程如图 4.3（a）所示，对于当前输入像素值 $x(n)$，首先利用已编码像素的重建值得到当前像素的预测值 $p(n)$，然后对二者的差值 $e(n)$ 进行量化、熵编码，同时利用量化后的残差 $e'(n)$ 与预测值 $p(n)$ 得到当前像素的重建值 $x'(n)$，用于预测之后待编码的像素。对应的解码基本过程如图 4.3（b）所示，经过熵解码可得到当前像素预测残差的重建值 $e'(n)$，将其与预测值 $p(n)$ 相加即可得到当前像素的重建 $x'(n)$。

视频预测编码的主要思想是通过预测来消除像素间的相关性。根据参考像素位置的不同，视频预测编码技术主要分为两大类。

（1）帧内预测，即利用当前图像内已编码像素生成预测值。

（2）帧间预测，即利用当前图像之前已编码图像的重建像素生成预测值。

本章将详细介绍帧内预测编码技术，帧间预测编码技术的内容将在第 5 章介绍。

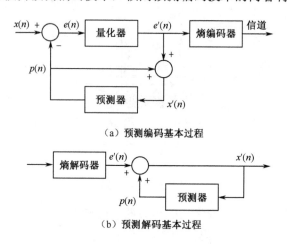

（a）预测编码基本过程

（b）预测解码基本过程

图 4.3　预测编解码基本过程

4.1.2　帧内预测编码技术

帧内预测编码是指利用视频空域的相关性，使用当前图像已编码的像素预测当前像素，以达到去除视频空域冗余的目的，然后将预测残差作为后续编码模块的输入，进行下一步编码处理。设当前像素值为 $f(x,y)$，(x,y) 为其水平和垂直位置的坐标，其由已编码的重建值 $\tilde{f}(k,l)$ 进行预测：

$$\hat{f}(x,y) = \sum_{(k,l)\in Z} a_{k,l}\tilde{f}(k,l)$$

其中，$a_{k,l}$ 为二维预测系数；Z 为参考像素所在的区域；(k,l) 为参考像素的坐标。当前像素真实值与预测值的差值称为预测残差 $e(x,y)$，有

$$e(x,y) = f(x,y) - \hat{f}(x,y)$$

帧内预测技术是消除视频空域冗余的主要技术之一，尤其是当帧间预测被限制使用时，帧内预测是保证视频压缩效率的主要手段。Harrison 首先在图像编码中研究了帧内预测方法，即将先前已编码像素的加权平均作为当前像素的预测值，这一基本思想最终被应用于 JPEG-LS 标准的 LOCO-I 算法[2]中。该方法简单易行，但缺点是难以获得较高的压缩率。随着离散余弦变换（DCT）[3]在图像、视频编码中的广泛应用，帧内预测转为在频域进行，如相邻块 DC 系数的差分编码等，许多早期的图像、视频编码标准都使用了这种方法，如 JPEG[4]、H.261[5]、MPEG-1[6]、MPEG-2[7]和 H.263[8]等。

由 DCT 的性质可知，DC 系数仅能反映当前块像素值的平均大小，因此上述频域中基于 DC 系数的帧内预测无法反映视频的纹理信息，这在很大程度上限制了频域帧内预测的发展。取而代之的是 H.264/AVC[9,10]标准中使用的基于块的空域帧内预测方法。H.264/AVC 标准规定了若干种预测模式，每种预测模式都对应一种纹理方向（DC 模式除外），当前块

预测像素由其预测方向上相邻块的边界重建像素生成。该方法使编码器能够根据视频内容特征自适应地选择预测模式。例如，对于图 4.4 左侧的预测块，其内容较为"平坦"，因此可以选用 DC 模式（参考像素取平均值）进行预测；而对于右图中的预测块，其纹理呈水平状排列，因此可以采用水平预测模式。H.264/AVC 基于块的空域帧内预测方法大幅提高了帧内预测的精度，从而提高了编码效率。

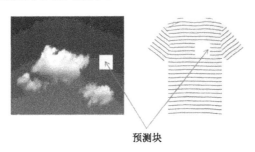

预测块

图 4.4 适合不同帧内预测模式的预测块

为了选择最适合的帧内预测模式，H.264/AVC 及后续标准均使用拉格朗日率失真优化（RDO）[11,12]进行模式选择。它为每种模式计算其拉格朗日代价：

$$J = D + \lambda R$$

其中，D 表示当前预测模式下的失真；R 表示编码当前预测模式下所有信息（如变换系数、模式信息、宏块划分方式等）所需的比特数；λ 为拉格朗日因子，可由文献 [13] 中的方法确定。需要说明的是，最优预测模式的残差不一定最小，而应使残差信号经过其他编码模块（如变换、量化、熵编码等）后最终的编码性能最优。

综上所述，预测模式可以认为是帧内预测编码的核心，预测模式的好坏从根本上决定帧内预测的质量。下面针对宽、高均为 W 的方形编码块，简要介绍垂直模式、水平模式、DC 模式这 3 种简单的典型预测模式。

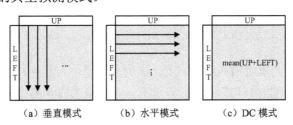

（a）垂直模式　　　　（b）水平模式　　　　（c）DC 模式

图 4.5 部分帧内模式

（1）垂直模式（Vertical Mode），当前块预测像素由上方相邻块重建像素产生，计算如下：

$$\hat{f}(x,y) = f'(x,-1), \quad x,y = 0,1,\cdots,W-1$$

其中，$\hat{f}(\cdot)$ 表示当前块预测值；$f'(\cdot)$ 表示参考像素重建值；下同。

（2）水平模式（Horizontal Mode），当前块预测像素由左侧相邻块重建像素产生，计算如下：

$$\hat{f}(x,y) = f'(-1,y), \quad x,y = 0,1,\cdots,W-1$$

（3）DC 模式（DC Mode），当前块预测像素为其所有参考像素的平均值，计算如下：

$$\hat{f}(x,y) = \frac{1}{2W}\sum_{x=0}^{W-1}f'(x,-1) + \frac{1}{2W}\sum_{y=0}^{W-1}f'(-1,y), \quad x,y = 0,1,\cdots,W-1$$

具体地，如图 4.6 所示，下面以像素 f 为例给出其在前述 3 种预测模式下预测值的计算方法。

M	A	B	C	D
I	a	b	c	d
J	e	f	g	h
K	i	j	k	l
L	m	n	o	p

图 4.6　帧内 4×4 预测模板

（1）垂直模式：

$$\hat{f} = B$$

（2）水平模式：

$$\hat{f} = J$$

（3）DC 模式：

$$\hat{f} = (A + B + C + D + I + J + K + L + 4) >> 3$$

后续视频编码标准，如 H.265/HEVC[14] 和最新的 H.266/VVC[15]，都沿用了类似的思想，同时得到了进一步的发展。一方面，使用了更多尺寸的预测块，以适应不同分辨率视频的内容特征；另一方面，规定了更多种预测模式，对应更多不同的预测方向，以适应更加丰富的纹理。

4.1.3　H.266/VVC 帧内预测编码概述

在 H.266/VVC 中，帧内预测编码以 CU 作为基本单位，利用相邻块重建像素信息，经过参考像素值获取、预测值计算和预测值修正三大步骤生成预测像素。本节以此为线索，简要介绍 H.266/VVC 帧内预测流程、重要编码工具及使用条件。

帧内预测模式大多使用如图 4.7 所示的模板，待编码 CU 的尺寸为 $W×H$。白色区域为该 CU 的待编码像素，$P_{x,y}$ 表示坐标位置为 (x,y) 的像素预测值。灰色区域为相邻的已编码重建像素，即参考像素，$R_{x,y}$ 表示坐标位置为 (x,y) 的像素重建值。帧内预测根据特定模式，利用灰色区域像素值预测白色区域像素值。在本章中，$R_{x,y}$ 表示未经滤波的参考像素值，$R_{x,y}^{\text{filtered}}$ 表示经过滤波的参考像素值，$P_{x,y}^{\text{temp}}$ 表示未经修正的预测值，$P_{x,y}$ 表示修正后的最终预测值。

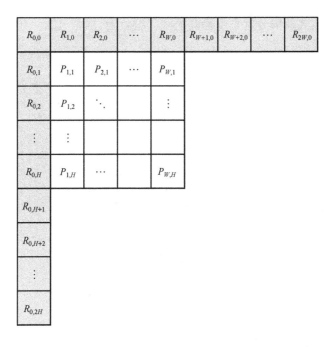

图 4.7　H.266/VVC 帧内预测模板

1. 参考像素值获取

参考像素值获取模块对当前 CU 相邻参考像素是否可用进行判断，并做相应的处理。如图 4.7 所示，H.266/VVC 沿用了大范围边界像素作为当前 CU 的参考。为了统一后续预测过程，当参考像素不存在或不可用时，使用默认值填充的方式得到参考像素值。H.266/VVC 引入了多参考行帧内预测（Multiple Reference Line Intra Prediction，MRLP）技术[16]，邻域像素可选范围扩展到当前 CU 上侧三行和左侧三列。

得到邻域像素值后，根据需要对其进行平滑滤波或插值滤波，从而获取用于预测的参考像素值。H.266/VVC 引入了模式依赖的帧内平滑（Mode Dependent Intra Smoothing，MDIS）技术，根据预测模式和 CU 尺寸进行不同方式的滤波处理。

2. 预测值计算

预测值计算模块根据参考像素值，采用特定的预测模式计算待编码 CU 每个像素的预测值。为了适应丰富的视频纹理，H.266/VVC 将角度预测模式扩展到了 65 种，如图 4.8 中实线所示。针对宽、高不等的方形 CU，宽角度帧内预测（Wide Angle Intra Prediction，WAIP）技术[17]表达更多预测方向，模式编号扩展到[-14, 80]，如图 4.8 中虚线所示。另外，H.266/VVC 引入了基于矩阵的帧内预测（Matrix-based Intra Prediction，MIP）技术[18]，借助神经网络离线训练得到的多个权重矩阵生成预测值，是对传统预测模式的有效补充。

本书为了便于叙述，将 65 种角度预测模式、DC 模式、Planar 模式称为传统预测模式，将编号为 18 的预测模式称为水平模式，将编号为 50 的预测模式称为垂直模式，将编号为

2、34、66 的预测模式及部分宽角度预测模式（编号为-14、-12、-10、-6、72、76、78、80）统称为对角模式。

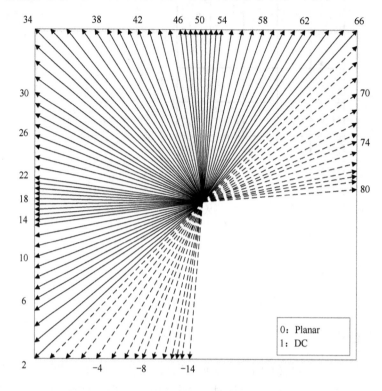

图 4.8　帧内预测模式的预测方向

3. 帧内预测值修正

帧内预测值修正模块基于像素距离对部分帧内预测模式的预测值进行修正。H.266/VVC 使用了位置相关的帧内预测组合（Position Dependent Intra Prediction Combination，PDPC）技术[19]，借助不同位置的参考像素值修正预测值。

4. 编码工具及使用条件

除了前面介绍的帧内预测编码技术，H.266/VVC 还使用了帧内子区域划分（Intra Sub-Partitions，ISP）技术[20]、分量间线性模型预测（Cross-Component Linear Model Prediction，CCLM）技术[21]、针对亮度分量的最可能模式（Most Probable Mode，MPM）技术、针对色度分量的亮度派生模式（Derived Mode，DM）[22]技术。

针对大量的帧内预测编码工具，H.266/VVC 规定了各帧内预测编码工具的使用限制条件，表 4.1 给出了详细说明。

表 4.1　帧内预测编码工具使用限制条件

帧内预测编码工具	使用限制说明
MRLP	（1）仅在 MPM 模式中应用； （2）禁用 PDPC 技术； （3）ISP 技术不应用
MDIS	（1）仅应用于亮度分量； （2）仅部分模式应用； （3）MIP 技术不应用； （4）CCLM 技术不应用
WAIP	CU 宽高比不为 1 时可应用
MIP	（1）色度分量受限使用； （2）禁用 MDIS 技术； （3）禁用 MRLP 技术； （4）禁用 PDPC 技术； （5）ISP 技术不应用
PDPC	（1）仅部分模式应用； （2）ISP 技术受限应用； （3）MRLP 技术不应用； （4）MIP 模式不应用
ISP	（1）仅应用于亮度分量； （2）禁用 MRLP 技术； （3）禁用 MIP 技术； （4）PDPC 技术受限应用
CCLM	（1）仅应用于色度分量； （2）禁用 MDIS 技术； （3）禁用 MRLP 技术； （4）禁用 PDPC 技术
MPM	仅应用于亮度编码过程
DM	仅应用于色度编码过程

4.2　参考像素值获取

4.2.1　参考像素范围

1. 单参考行像素

大多数预测模式利用单参考行像素进行帧内预测，如图 4.9 所示。当前 CU 参考像素按区域可分为 5 部分：左下（A）、左侧（B）、左上（C）、上方（D）和右上（E）。若当前 CU 位于图像边界，或 Slice、Tile 的边界，则相邻参考像素可能不存在。另外，在某些情形下 A 或 E 所在的块可能尚未进行编码，此时这些参考像素也是不可用的。

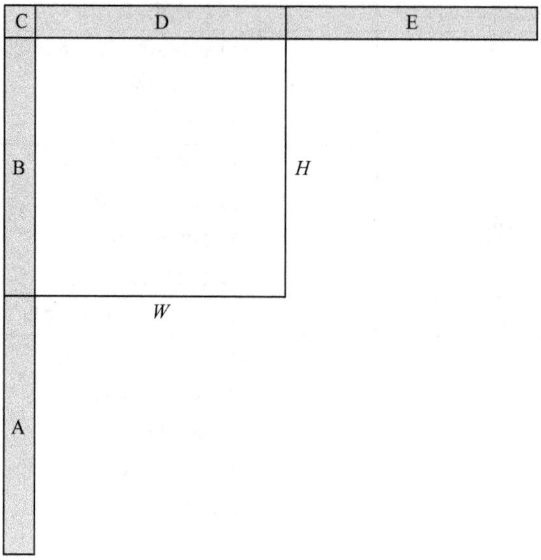

图 4.9　相邻参考像素位置

当参考像素不存在或不可用时，H.266/VVC 使用最邻近的像素进行填充。例如，若区域 A 的参考像素不存在，则区域 A 所有参考像素都用区域 B 最下方的像素进行填充；若区域 E 的参考像素不存在，则区域 E 所有参考像素都用区域 D 最右侧的像素进行填充。需要说明的是，若所有区域参考像素都不可用，则所有参考像素均使用固定值填充，该固定值的大小为

$$\text{Mid} = 1 << (\text{bitdepth} - 1)$$

例如，若像素比特深度为 8，则该预测值为 128；若像素比特深度为 10，则预测值为 512。

2. 多参考行像素

为了获得更优的预测性能，MRLP 技术允许使用邻近的 3 行（列）参考像素，如图 4.10 所示，选择其中的 1 行（列）生成预测值。对于不存在或不可用的像素，采用与单参考行相同的填充方式。为了平衡编码性能及复杂度，H.266/VVC 仅对少量可能性高的模式使用多参考行像素，规定只允许 MPM 列表中的模式使用 MRLP 技术。

3. 相关语法元素

（1）SPS 层。

sps_mrl_enabled_flag：值为 1 表示启用 MRLP 技术，值为 0 表示不启用 MRLP 技术。

（2）CU 层。

intra_luma_ref_idx：表示亮度参考行索引。

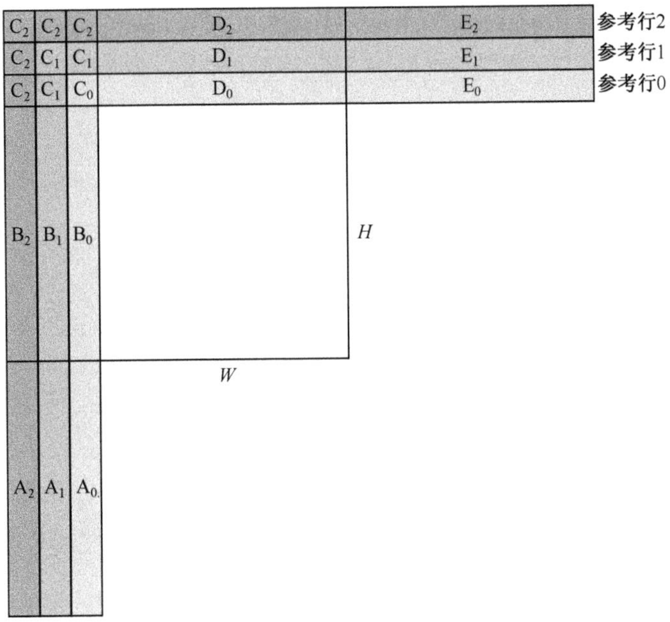

图 4.10　MRLP 多参考行像素位置

4.2.2　参考像素滤波

MDIS 包含 3 种滤波器，第一种滤波器对满足一定条件下的参考像素进行平滑滤波，另两种滤波器在非整像素插值时使用（见 4.3 节）。

1．平滑滤波条件

是否对参考像素进行平滑滤波由当前 CU 大小、预测模式等条件决定，需要同时满足以下 5 个条件才能使用平滑滤波。

（1）参考行限制：预测过程使用单参考行像素。

（2）大小限制：当前 CU 包含像素的个数大于 32。

（3）仅对亮度分量使用。

（4）不使用 ISP 模式。

（5）模式限制：当前 CU 选择的模式属于 Planar 模式或对角模式。

2．滤波方法

参考像素平滑滤波器为 3 抽头滤波器，抽头系数为[0.25, 0.5, 0.25]。参照图 4.7 中的模板，$R_{0,0}, R_{1,0}, \cdots, R_{2N,0}$；$R_{0,1}, \cdots, R_{0,2N}$ 为滤波前的像素，则滤波后的值为

$$R_{x,0}^{\text{filtered}} = \left(R_{x-1,0} + 2R_{x,0} + R_{x+1,0} + 2 \right) >> 2$$

$$R_{0,y}^{\text{filtered}} = \left(R_{0,y-1} + 2R_{0,y} + R_{0,y+1} + 2 \right) >> 2$$

其中，$x = 1, 2, \cdots, 2W - 1$；$y = 1, 2, \cdots, 2H - 1$。对于 $R_{0,0}$、$R_{2W,0}$ 和 $R_{0,2H}$，滤波后的值为

$$R_{0,0}^{\text{filtered}} = \left(R_{0,1} + 2R_{0,0} + R_{1,0} + 2\right) >> 2$$

$$R_{2W,0}^{\text{filtered}} = \left(R_{2W-1,0} + 3R_{2W,0} + 2\right) >> 2$$

$$R_{0,2H}^{\text{filtered}} = \left(R_{0,2H-1} + 3R_{0,2H} + 2\right) >> 2$$

4.3 预测值计算

4.3.1 传统预测模式

1．传统非角度预测模式

传统非角度预测模式有 Planar 模式和 DC 模式，帧内预测模式编号分别为 0 和 1。

（1）Planar 模式。

Planar 模式适用于像素值缓慢变化的区域。如图 4.11 所示，Planar 模式的预测像素 $P_{x,y}$ 可以看成是水平、垂直两个方向预测值的平均值。

$$P_{x,y}^{\text{hor}} = \left((W - x) \cdot R_{0,y}^{\text{filtered}} + x \cdot R_{W+1,0}^{\text{filtered}}\right) << \log_2 H$$

$$P_{x,y}^{\text{ver}} = \left((H - y) \cdot R_{x,0}^{\text{filtered}} + y \cdot R_{0,H+1}^{\text{filtered}}\right) << \log_2 W$$

$$P_{x,y}^{\text{temp}} = \left(P_{x,y}^{\text{hor}} + P_{x,y}^{\text{ver}} + W \cdot H\right) >> \left(\log_2 W + \log_2 H + 1\right)$$

其中，$x = 1, 2, \cdots, W$；$y = 1, 2, \cdots, H$。

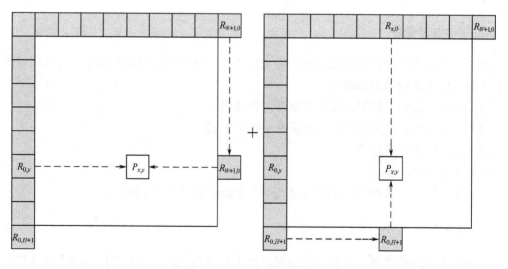

图 4.11　帧内 Planar 模式预测

（2）DC 模式。

DC 模式适用于大面积平坦区域。DC 模式需要先计算出当前 CU 左侧及（或）上方参

考像素的平均值，记为 dcValue。针对方形块和非方形块，dcValue 计算方式不同。对于方形块，使用图 4.9 中 B 区域及 D 区域参考像素的平均值得到 dcValue；对于非方形块，使用 CU 长边一侧参考像素的平均值作为 dcValue。

① 当 $W=H$ 时，有

$$\text{dcValue} = \left(\sum_{x=1}^{W} R_{x,0} + \sum_{y=1}^{H} R_{0,y} + H \right) >> \left(\log_2 H + 1 \right)$$

② 当 $W>H$ 时，有

$$\text{dcValue} = \left(\sum_{x=1}^{W} R_{x,0} + \left(W >> 1 \right) \right) >> \log_2 W$$

③ 当 $W<H$ 时，有

$$\text{dcValue} = \left(\sum_{y=1}^{H} R_{0,y} + \left(H >> 1 \right) \right) >> \log_2 H$$

当预测模式是 DC 模式时，预测值为

$$P_{x,y}^{\text{temp}} = \text{dcValue}$$

其中，$x = 1, 2, \cdots, W$；$y = 1, 2, \cdots, H$。

2．传统角度预测模式

65 种传统角度预测模式位于-135°～45°内，可分为水平类模式（模式编号为 2～33）和垂直类模式（模式编号为 34～66）。每种角度预测模式都相当于在水平方向或垂直方向上做了一个角度偏移，不同角度预测模式对应的偏移值（Offset）如表 4.2 所示。

表 4.2　65 种传统角度预测模式的偏移值

模式编号	2	3	4	5	6	7	8	9	10	11	12	13	14	15	16	17	18
偏移值	32	29	26	23	20	18	16	14	12	10	8	6	4	3	2	1	0
模式编号	19	20	21	22	23	24	25	26	27	28	29	30	31	32	33	34	35
偏移值	-1	-2	-3	-4	-6	-8	-10	-12	-14	-16	-18	-20	-23	-26	-29	-32	-29
模式编号	36	37	38	39	40	41	42	43	44	45	46	47	48	49	50	51	52
偏移值	-26	-23	-20	-18	-16	-14	-12	-10	-8	-6	-4	-3	-2	-1	0	1	2
模式编号	53	54	55	56	57	58	59	60	61	62	63	64	65	66			
偏移值	3	4	6	8	10	12	14	16	18	20	23	26	29	32			

下面以垂直类模式为例介绍预测像素值的计算步骤（水平类模式计算过程与之类似）。

（1）对于垂直类角度预测模式 M，使用"投影像素法"将其需要的参考像素映射为一维形式，记为 Ref。

若模式 M 对应的角度偏移值 offset[M] < 0，则将当前 CU 左侧像素值按照模式 M 对应的方向投影到上方参考像素的左侧。

$$\text{Ref}[x] = \begin{cases} \text{RF}_{x,0}, & x \geqslant 0 \\ \text{RF}_{0,y(x)}, & x < 0 \end{cases}$$

$$y(x) = \text{round}\left(\frac{32x}{\text{offset}[M]}\right)$$

其中，round(·) 表示对结果四舍五入。图 4.12 给出了一个 8×8 的 CU 在模式编号为 30（offset = −20）时对应的投影方式。

若模式 M 对应的角度偏移值 offset$[M] \geqslant 0$，则只需要用到当前 CU 上方的参考像素。

$$\text{Ref}[x] = R_{x,0}, \quad x = 0,1,\cdots,2N$$

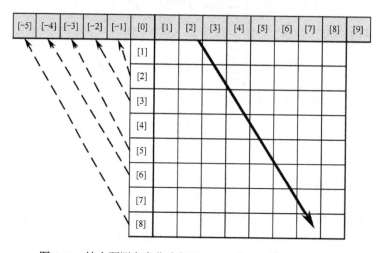

图 4.12　帧内预测参考像素投影（8×8 的 CU 模式编号 30）

（2）计算当前像素对应参考像素的相对偏移量，记为 iIdx 。

$$\text{iIdx} = (y \cdot \text{offset}[M]) \gg 5$$

（3）计算当前像素对应参考像素的分像素位置 w ：

$$w = (y \cdot \text{offset}[M]) \,\&\, 31$$

其中，& 表示按位与运算。

（4）对于亮度分量，当 w 非 0 时，使用 MDIS 插值得到该非整像素位置的值，则当前像素预测值为

$$P_{x,y}^{\text{temp}} = \left(\sum_{i=0}^{3} f_i^{\text{MDIS}} \cdot R_{x+\text{iIdx}+i-1,0}^{\text{filtered}} + 32\right) \gg 6$$

对于色度分量无须使用 MDIS，预测值为

$$P_{x,y}^{\text{temp}} = \left((32-w) \cdot R_{x+\text{iIdx},0}^{\text{filtered}} + w \cdot R_{x+\text{iIdx}+1,0}^{\text{filtered}} + 16\right) \gg 5$$

H.266/VVC 的 MDIS 技术在非整像素位置规定了两种 4 抽头插值滤波器：三次插值滤波器和高斯插值滤波器。三次插值滤波器能保留更多细节纹理，满足以下一个条件即可使用。

（1）使用了 MRLP 技术或 ISP 技术。

（2）使用 Planar 模式或对角模式。

（3）满足条件：

$$\mathrm{Dist}_{\min} \leqslant \mathrm{Thr}[n]$$

其中

$$\mathrm{Dist}_{\min} = \min\{|M-50|,|M-18|\}$$
$$n = (\log_2 W + \log_2 H) >> 1$$

并且 M 为模式编号，$\mathrm{Thr}[n]$ 的具体取值如表 4.3 所示。

表 4.3　插值滤波器使用条件 Thr[n]的取值

n	2	3	4	5	6
Thr[n]	24	14	2	0	0

高斯插值滤波器的滤波效果更为平滑，应用也更广泛，在不满足使用三次插值滤波器时使用。高斯插值滤波器和三次插值滤波器的滤波系数如表 4.4 所示。

表 4.4　高斯插值滤波器和三次插值滤波器的滤波系数

分像素位置	三次插值滤波器系数				高斯插值滤波器系数			
w	f_0^{MDIS}	f_1^{MDIS}	f_2^{MDIS}	f_3^{MDIS}	f_0^{MDIS}	f_1^{MDIS}	f_2^{MDIS}	f_3^{MDIS}
0	0	64	0	0	16	32	16	0
1	−1	63	2	0	16	32	16	0
2	−2	62	4	0	15	31	17	1
3	−2	60	7	−1	15	31	17	1
4	−2	58	10	−2	14	30	18	2
5	−3	57	12	−2	14	30	18	2
6	−4	56	14	−2	13	29	19	3
7	−4	55	15	−2	13	29	19	3
8	−4	54	16	−2	12	28	20	4
9	−5	53	18	−2	12	28	20	4
10	−6	52	20	−2	11	27	21	5
11	−6	49	24	−3	11	27	21	5
12	−6	46	28	−4	10	26	22	6
13	−5	44	29	−4	10	26	22	6
14	−4	42	30	−4	9	25	23	7
15	−4	39	33	−4	9	25	23	7
16	−4	36	36	−4	8	24	24	8
17	−4	33	39	−4	8	24	24	8
18	−4	30	42	−4	7	23	25	9
19	−4	29	44	−5	7	23	25	9
20	−4	28	46	−6	6	22	26	10
21	−3	24	49	−6	6	22	26	10

分像素位置	三次插值滤波器系数				高斯插值滤波器系数			
w	f_0^{MDIS}	f_1^{MDIS}	f_2^{MDIS}	f_3^{MDIS}	f_0^{MDIS}	f_1^{MDIS}	f_2^{MDIS}	f_3^{MDIS}
22	−2	20	52	−6	5	21	27	11
23	−2	18	53	−5	5	21	27	11
24	−2	16	54	−4	4	20	28	12
25	−2	15	55	−4	4	20	28	12
26	−2	14	56	−4	3	19	29	13
27	−2	12	57	−3	3	19	29	13
28	−2	10	58	−2	2	18	30	14
29	−1	7	60	−2	2	18	30	14
30	0	4	62	−2	1	17	31	15
31	0	2	63	−1	1	17	31	15

4.3.2　宽角度预测模式

在 H.266/VVC 中，二叉树划分和三叉树划分都会导致非方形 CU 的出现，而传统预测模式的角度范围可能会限制非方形 CU 对参考像素的选择。如图 4.13 所示，对于待预测像素 A，上侧参考邻域中存在可用的参考像素 Top，由于传统角度范围的限制，只能选择距离更远的左侧邻域参考像素 Left 进行预测。

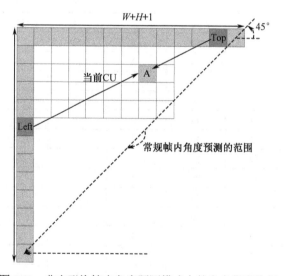

图 4.13　非方形块帧内角度预测模式中的参考像素选择

针对此问题，H.266/VVC 使用了 WAIP 技术，将帧内预测的角度范围扩展为从当前 CU 左下到右上对角线的角度方向，如图 4.8 中的虚线角度方向所示。具体采用模式编号为-14～-1、67～80 表达宽角度预测模式。对于宽角度预测模式中扩展的新模式，相应的角度偏移值

（offset）如表 4.5 所示。宽角度预测模式的预测步骤与 4.3.1 节所述的传统预测模式相同。

表 4.5　宽角度预测模式的偏移值

模式编号	−14	−13	−12	−11	−10	−9	−8	−7	−6	−5	−4	−3	−2	−1
偏移值	512	341	256	171	128	102	86	73	64	57	51	45	39	35
模式编号	**67**	**68**	**69**	**70**	**71**	**72**	**73**	**74**	**75**	**76**	**77**	**78**	**79**	**80**
偏移值	35	39	45	51	57	64	73	86	102	128	171	256	341	512

针对非方形 CU，增加宽角度预测模式后，仍使用 65 种候选角度预测模式，即增加的宽角度预测模式替换了部分传统角度预测模式。对预测模式编码时，根据待编码 CU 的宽高比，增加的宽角度预测模式按照被替换的模式编号进行传输。根据 CU 宽高比，WAIP 增加宽角度预测模式及替换传统角度预测模式（见表 4.6）。

表 4.6　WAIP 替换传统角度预测模式

宽高比	替换前的模式编号	替换后的模式编号
$W/H=16$	2，3，…，15	67，68，…，80
$W/H=8$	2，3，…，13	67，68，…，78
$W/H=4$	2，3，…，11	67，68，…，76
$W/H=2$	2，3，…，7	67，68，…，72
$W/H=1$	无	无
$W/H=1/2$	61，62，…，66	−6，−5，…，−1
$W/H=1/4$	57，58，…，66	−10，−9，…，−1
$W/H=1/8$	55，56，…，66	−12，−11，…，−1
$W/H=1/16$	53，54，…，66	−14，−13，…，−1

4.3.3　基于矩阵的预测模式

传统预测模式及宽角度预测模式以像素映射或线性渐变方式计算预测值，无法对不规则纹理做出有效的预测。为了适应不同的像素分布和图像纹理，H.266/VVC 使用了 MIP 技术。对于 4∶2∶0 采样格式，MIP 主要在亮度分量上使用，对于 4∶4∶4 采样格式，色度分量也可使用 MIP。

MIP 采用离线训练神经网络的方法，得到多个固定的权重矩阵，进而利用权重矩阵计算预测值。MIP 的预测流程如图 4.14 所示，参考像素经过处理后得到输入向量，输入向量与权重矩阵相乘得到输出向量，经过进一步排列和上采样得到待编码 CU 的预测值。本书作者在 H.266/VVC 的 MIP 算法设计中贡献了多项技术。

MIP 与 CU 尺寸紧密相关，根据尺寸将 CU 分成 3 类，由类别索引 classIdx 标识。表 4.7 给出了 classIdx 对应的 CU 尺寸、权重矩阵数量和权重矩阵尺寸。可以看出，classIdx 越大，CU 尺寸越大。

输入向量 **Input** 通过对参考像素 $R_{x,y}$ 处理后得到，当 classIdx 等于 0、1 和 2 时，**Input** 的元素数 inSize 分别为 4、8 和 7；输出向量 **Output** 的元素数分别为 16、16 和 64，输出向量 **Output** 经过上采样得到每个像素的预测值 $P_{x,y}$。

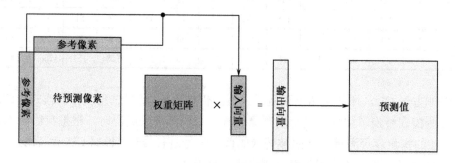

图 4.14 MIP 的预测流程

表 4.7 CU 分类及矩阵情况

classIdx	CU 尺寸	权重矩阵数量	权重矩阵尺寸
0	$W=H=4$	16	16×4
1	$W=H=8$ 或 $W=4$ 或 $H=4$	8	16×8
2	其他	6	64×7

1. 输入向量的获取

（1）下采样处理。

MIP 的 classIdx 根据 CU 尺寸确定，此时权重矩阵尺寸是确定的，输入向量元素数也是确定的。因此，首先需要将参考像素下采样到输入向量的元素数，当 classIdx=0 时，上参考行及左参考行各下采样成 2 点；当 classIdx=1 和 classIdx=2 时，上参考行及左参考列各下采样成 4 点。该设计可降低 MIP 的计算复杂度。

MIP 下采样采用计算均值的方式，下采样的范围根据 CU 的大小确定。例如，一个 $W×H$ 的 CU，其上参考行需要下采样成 4 点，则在上参考行上每 $W/4$ 个点进行平均，依次得到 4 个采样值，记作向量 $\mathbf{Input}_{above}^{temp}$；同理，在左参考列上每 $H/4$ 个点进行一次平均，依次得到 4 个采样值，记作向量 $\mathbf{Input}_{left}^{temp}$。

（2）采样值的拼接。

获取 $\mathbf{Input}_{above}^{temp}$ 和 $\mathbf{Input}_{left}^{temp}$ 后，需要将其拼接成一维临时向量 $\mathbf{Input}^{temp}$。拼接过程根据放置顺序不同分为以下两种情况。

$$\mathbf{Input}^{temp} = \begin{cases} \left[\mathbf{Input}_{above}^{temp}, \ \mathbf{Input}_{left}^{temp}\right], & \text{不进行转置} \\ \left[\mathbf{Input}_{left}^{temp}, \ \mathbf{Input}_{above}^{temp}\right], & \text{进行转置} \end{cases}$$

（3）输入向量的构造。

临时向量 $\mathbf{Input}^{temp}$ 需要经过处理得到用于矩阵运算的输入向量 **Input**。设 size 为临时向

量 $\textbf{Input}^{\text{temp}}$ 的元素数，$\text{Input}_i^{\text{temp}}$ 为第 i 项，输入向量 $\textbf{Input}$ 的第 i 项 Input_i 计算方法如下。

① 当 classIdx=2 时，有

$$\text{Input}_i = \text{Input}_{i+1}^{\text{temp}} - \text{Input}_0^{\text{temp}}, \quad i = 0, \cdots, \text{size} - 2$$

② 当 classIdx=0 或 1 时，有

$$\text{Input}_i = \begin{cases} (1 << \text{Bitdepth}) - \text{Input}_0^{\text{temp}}, & i = 0 \\ \text{Input}_i^{\text{temp}} - \text{Input}_0^{\text{temp}}, & i = 1, \cdots, \text{size} - 1 \end{cases}$$

2．矩阵向量乘法

将权重矩阵 $\textbf{Matrix}$ 的第 (j, i) 项记为 $\text{Matrix}_{j,i}$，通过矩阵乘法得到输出向量 $\textbf{Output}$：

$$\text{Output}_j = \left(\left(\sum_{i=0}^{\text{inSize}-1} (\text{Matrix}_{j,i} - 32) \cdot \text{Input}_i \right) + 32 \right) >> 6 + \text{Input}_0^{\text{temp}}$$

其中，Output_j 为输出向量 $\textbf{Output}$ 的第 j 项；$\text{Matrix}_{j,i}$ 为采用正整数表示的权重。

3．预测值的生成

受限于计算复杂度，输出向量 $\textbf{Output}$ 仅得到部分位置像素的预测值，需要根据输出向量进一步处理得到 CU 全部像素的预测值，具体包括对应和上采样两个过程。

（1）输出向量与像素位置的对应。

输出向量 $\textbf{Output}$ 的元素与 CU 的部分像素一一对应，并且对应位置固定。当 classIdx=0 或 1 时，输出向量 $\textbf{Output}$ 包含 16 个元素，以 4×4 的形式在块中排列，具体排列在水平方向横坐标为 $W/4$ 的倍数和垂直方向纵坐标为 $H/4$ 的倍数的位置。图 4.15 给出了 CU 为 8×8 时，输出向量 $\textbf{Output}$ 的元素与 CU 像素的对应关系。当 classIdx=2 时，输出向量 $\textbf{Output}$ 包含 64 个元素，以 8×8 的形式在块中排列，对应横坐标为 $W/8$ 的倍数，对应纵坐标为 $H/8$ 的倍数。

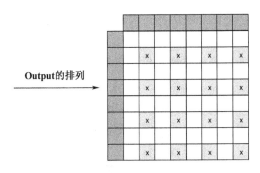

图 4.15　输出向量 $\textbf{Output}$ 在 8×8 块中的排列

如果输入向量不进行转置，则输出向量 $\textbf{Output}$ 的元素以行为单位从左向右排列在 CU 对应的像素位置上；如果输入向量进行转置，则输出向量 $\textbf{Output}$ 以列为单位从上向下排列

在 CU 对应的像素位置上。

（2）上采样计算预测值。

输出向量的元素散列排布于 CU 中，其余像素则通过上采样方式计算。首先，进行水平方向上采样，每个未知像素值利用左右相邻像素值，采用线性插值的方式计算，得到如图 4.16（b）所示的结果。随后，进行垂直方向上采样，上采样方式与水平方向相同，得到如图 4.16（c）所示的结果。至此，即可得到待编码 CU 的预测值 $P_{x,y}^{\text{temp}}$。

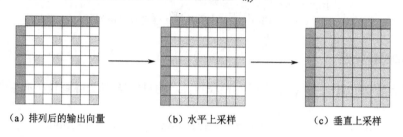

（a）排列后的输出向量   （b）水平上采样   （c）垂直上采样

图 4.16   8×8 块的上采样

4．相关语法元素

（1）SPS 层。

sps_mip_enabled_flag：值为 1 表示启用 MIP 技术，值为 0 表示不启用 MIP 技术。

（2）CU 层。

intra_mip_flag：值为 1 表示当前 CU 使用了 MIP 技术，值为 0 表示未使用 MIP 技术。

intra_mip_transposed：表示 MIP 矩阵的输入向量是否转置。

intra_mip_mode：表示 MIP 模式索引，具体指明采用哪个权重矩阵进行预测值的构造。

4.4   预测值修正

通过 4.3 节所述的各种帧内预测模式，可得到 CU 的预测值 $P_{x,y}^{\text{temp}}$。通常像素之间的距离越近，像素的相关性越强。基于这一特性，H.266/VVC 采用了 PDPC 技术，将参考像素与预测像素之间的距离作为权重计算修正值，再与预测值 $P_{x,y}^{\text{temp}}$ 加权计算得到最终的预测值，该过程称为预测值修正。

H.266/VVC 中的 PDPC 技术仅对部分预测模式进行修正，具体包括 Planar 模式、DC 模式及模式编号为[2, 18]和[50, 66]内的角度预测模式。对于模式编号为[19, 49]的角度预测模式，不进行预测值修正，此时最终预测值为

$$P_{x,y}=P_{x,y}^{\text{temp}}$$

PDPC 技术有两个核心内容，一是修正参考像素的选取，二是修正权重的确定。

1. 修正参考像素的选取

PDPC 针对不同预测模式选取不同位置的参考像素进行修正。图 4.17 展示了采用不同预测模式修正时的参考像素位置，其中深色像素为选取的修正参考像素。当帧内预测模式为 Planar 模式和 DC 模式时，选取正上方和正左侧的 2 个参考像素，即 $R_{x,0}$ 和 $R_{0,y}$，如图 4.17（a）所示；当帧内预测模式为水平模式和垂直模式时，选取左上角参考像素 $R_{0,0}$ 和非预测方向正对的参考像素 $R_{x,0}$ 或 $R_{0,y}$，如图 4.17（b）、图 4.17（c）所示；其他需要修正的传统角度预测模式选择反预测方向上的参考像素，并选取与分像素位置最近的参考像素。

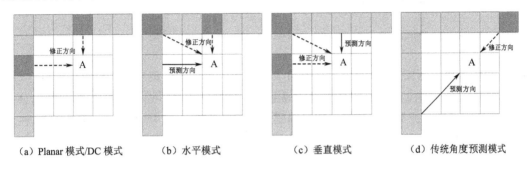

（a）Planar 模式/DC 模式　（b）水平模式　（c）垂直模式　（d）传统角度预测模式

图 4.17　修正所用参考像素位置

2. 修正权重的确定

确定修正参考像素后，最终预测值由修正参考像素值和预测值 $P_{x,y}^{\text{temp}}$ 加权得到：

$$P_{x,y} = \left(w_L \cdot R_L + w_T \cdot R_T + w_{LT} \cdot R_{LT} + \left(64 - w_L - w_T - w_{LT} \right) \cdot P_{x,y}^{\text{temp}} + 32 \right) >> 6$$

其中，R_{LT} 为左上角修正参考像素值，R_T 为上侧（非左上角）修正参考像素值，R_L 为左侧（非左上角）修正参考像素值；w_{LT}、w_T、w_L 分别为修正参考像素值的权重，各权重值按照表 4.8 获得。在表 4.8 中，scale 与 CU 尺寸和帧内预测模式相关。

表 4.8　PDPC 权重

预测条件	w_T	w_L	w_{LT}
Planar 模式/ DC 模式	32>>(((y−1)<<1)>>scale)	32>>(((x−1)<<1)>> scale)	—
垂直模式	0	32>>(((x−1)<<1)>> scale)	−[32>>(((x−1)<<1)>> scale)]
水平模式	32>>(((y−1)<<1)>> scale)	0	−[32>>(((y−1)<<1)>> scale)]
2～17 （scale≥0）	32>>(((y−1)<<1)>> scale)	—	—
51～66 （scale≥0）	—	32>>(((x−1)<<1)>> scale)	—
其他	—	—	—

$$scale = \begin{cases} \min\left(2, \log_2 H - \lfloor \log_2(3invOffset - 2) + 8 \rfloor\right), & mode = 50{\sim}66 \\ \min\left(2, \log_2 W - \lfloor \log_2(3invOffset - 2) + 8 \rfloor\right), & mode = 2{\sim}18 \\ (\log_2 W + \log_2 H - 2) >> 2, & \text{其他} \end{cases}$$

其中，invOffset 可由表 4.2 中不同帧内模式编号对应的偏移值 offset 得到，即

$$invOffset = round\left(\frac{521 \times 32}{offset}\right)$$

4.5 帧内子区域划分

1. 技术实现

H.266/VVC 采用的 ISP 技术旨在充分利用与待预测像素距离相近的参考像素进行预测。ISP 技术根据编码块的大小，将亮度帧内预测块垂直划分或水平划分为若干个子区域，并按照从左到右或从上到下的顺序依次进行编码及重建，如图 4.18 所示。ISP 技术使得帧内预测编码可以基于 CU 子区域进行，前一个子区域编码之后的重建像素为下一个子区域提供参考。ISP 技术的各子区域共用同一种帧内预测模式。

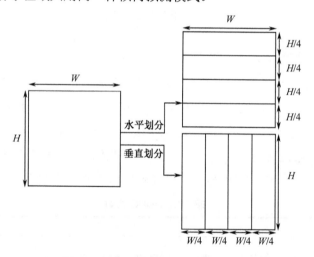

图 4.18 ISP 子区域划分

H.266/VVC 限定了 ISP 的使用条件：CU 宽高均须小于或等于最大变换块尺寸（根据 SPS 层语法元素确定，等于 64 或 32），并且 CU 的像素数大于 16。为了保证每个子区域的像素数大于或等于 16，针对 4×8 或 8×4 的 CU 采用 ISP 技术时仅将其分成 2 个子区域，更大尺寸的 CU 则分成 4 个子区域。

2. 相关语法元素

（1）SPS 层。

sps_isp_enabled_flag：值为 1 表示启用 ISP 技术，值为 0 表示不启用 ISP 技术。

（2）CU 层。

intra_subpartitions_mode_flag：值为 1 表示该 CU 使用了 ISP 技术，值为 0 表示未使用 ISP 技术。

intra_subpartitions_split_flag：表示当前 CU 子区域划分是水平方向还是垂直方向。

4.6　分量间线性模型预测

在 H.266/VVC 中，CU 色度分量进行预测编码前，亮度分量已经完成编码获得亮度重建值。因此，亮度分量可以作为色度分量预测的参考信息。H.266/VVC 采用了 CCLM 技术，通过参考像素的亮度重建值和色度重建值建立分量间线性关系，根据待预测像素的亮度重建值计算色度预测值。

CCLM 预测过程如图 4.19 所示。针对 4：2：0 的采样格式，亮度通过下采样与色度分量的空间分辨率保持一致，进一步地，根据参考像素的亮度和色度计算线性模型参数，在此基础上利用亮度重建值计算色度预测值。

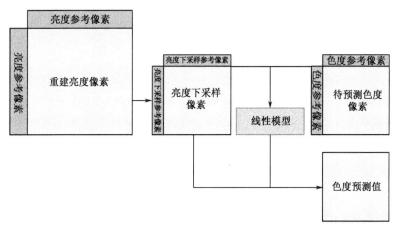

图 4.19　CCLM 预测过程

4.6.1　亮度分量下采样

针对 YCbCr 的 4：2：0 采样格式，亮度分量和色度分量的空间采样位置有 4 种常见类型，色度采样类型示意如图 4.20 所示。为了使亮度分量分辨率及位置匹配色度分量，需要对亮度分量进行下采样，包括当前 CU 亮度分量和邻域参考像素亮度分量。

针对不同的色度采样位置及滤波位置，H.266/VVC 采用了 3 种下采样滤波器，如图 4.21 所示。对于色度采样类型 2 和类型 3，可使用如图 4.21（a）所示的 5 抽头下采样滤波器；对于色度采样类型 0 和类型 1，可使用如图 4.21（b）所示的 6 抽头下采样滤波器；当亮度上参考行处于 CTU 的边界时，使用如图 4.21（c）所示的 3 抽头下采样滤波器。

图 4.20　4∶2∶0 格式色度采样类型示意

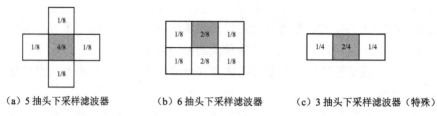

（a）5 抽头下采样滤波器　　　（b）6 抽头下采样滤波器　　　（c）3 抽头下采样滤波器（特殊）

图 4.21　亮度下采样滤波器

如图 4.21 所示，灰色像素为色度分量位置(x, y)对应的亮度分量位置，使用滤波模板进行下采样滤波，得到对应位置(x, y)的滤波后亮度分量。

4.6.2　线性模型参数

在保证预测精度的前提下，为了降低计算复杂度，H.266/VVC 采纳了本书作者提出的技术方案，即仅从参考像素中选取 4 个点用于线性模型参数的计算，其中关键技术在于如何对 4 个点进行选取。H.266/VVC 中 CCLM 技术的参数计算方法如下。

1．3 种 CCLM 模式

如图 4.19 所示，模型参数根据相邻的参考像素计算得到。根据参考像素范围的不同，CCLM 包括 3 种模式：CCLM_LT 模式，CCLM_T 模式和 CCLM_L 模式。CCLM_LT 模式的参考像素范围为图 4.9 中的 B 区域和 D 区域，即左相邻列和上相邻行；CCLM_T 模式的参考像素范围为图 4.9 中的 D 区域和 E 区域，即上相邻行和右上相邻行；CCLM_L 模式的参考像素范围为图 4.9 中的 A 区域和 B 区域，即左下相邻和左相邻列。当所有参考像素均不可用时，预测像素值用 1<<(bitdepth−1)填充；当有可用像素时，则进行取点操作。

2．选点规则

表 4.9 中给出了 A～E 区域均可用时 3 种 CCLM 模式上侧和左侧取点的数量。其中，CCLM_LT 模式从左相邻列和上相邻行各取 2 个点，CCLM_T 从上相邻行和右上相邻行中取 4 个点，CCLM_L 从左下相邻列和左相邻列中取 4 个点。

表 4.9　参考点选取的 3 种模式

	参考像素	上侧取点数	左侧取点数
CCLM_LT	B, D	2	2
CCLM_T	D, E	4	0
CCLM_L	A, B	0	4

假设待取参考点所在行（或列）的参考像素个数为 length，像素坐标索引为 0,1,…，length-1 每侧选取参考点个数记为 n（n 为 2 或 4，根据表 4.9 确定），IsLorT 为 1 表示的是 CCLM_T 模式或 CCLM_L 模式，为 0 表示的是 CCLM_LT 模式。选取参考点的方案如下。

（1）确定选取参考点的起点为：length >> (2+ IsLorT)，得到第一个参考点。

（2）确定选取参考点的间隔为：length >> (1+IsLorT)，根据该间隔依次选取 n 个参考点。

以 CCLM_T 模式为例，假定待选取参考点所在上相邻行和右上相邻行的像素个数为 16，根据表 4.9，$n=4$，此时第一个参考点为 16>>(2+1)=2，参考点间隔为 16>>(1+1)=4。因此，4 个参考点的位置分别为 2、6、10、14，每个参考点对应一组亮度重建值和色度重建值。

3．线性模型参数计算

选取得到的 4 个参考点的亮度值和色度值可表示为 $\left(Y_{x1,y1}^{\text{down}}, C_{x1,y1}\right)$、$\left(Y_{x2,y2}^{\text{down}}, C_{x2,y2}\right)$、$\left(Y_{x3,y3}^{\text{down}}, C_{x3,y3}\right)$、$\left(Y_{x4,y4}^{\text{down}}, C_{x4,y4}\right)$，如图 4.22 所示。H.266/VVC 根据亮度值的大小将较大两对参考点分成一组，较小两对参考点分成一组。对每组参考点的亮度值和色度值求平均值，各得到一对亮度均值和色度均值。进一步利用两对亮度均值和色度均值确定一条直线，得到线性模型的斜率 a 和截距 b。

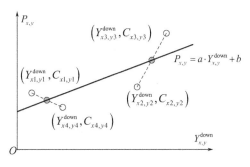

图 4.22　线性模型的构建

4.6.3　色度预测值

经过亮度分量的下采样（见 4.6.1 节），可以获得每个待预测像素的亮度下采样值，再根据线性模型（见 4.6.2 节），可将每个像素色度分量的预测值计算如下：

$$P_{x,y} = a \cdot Y_{x,y}^{\text{down}} + b$$

其中，$P_{x,y}$ 为当前编码块(x,y)位置像素的色度预测值；$Y_{x,y}^{\text{down}}$ 为当前编码块(x,y)位置像素下采样后的重建亮度值。

4.6.4　相关语法元素介绍

1. SPS 层

sps_cclm_enabled_flag：值为 1 表示启用 CCLM 技术，值为 0 表示不启用 CCLM 技术。

2. CU 层

cclm_mode_flag：值为 1 表示使用了 CCLM 的 3 种模式之一，值为 0 表示未使用。
cclm_mode_idx：表示使用 CCLM 模式的索引。

4.7　帧内预测模式编码

前面已经介绍了多种帧内预测方法，如角度预测、基于矩阵的预测、子区域划分、分量间线性模型预测等。这些不同的帧内预测方法统称为预测模式。不同预测模式适合不同的视频内容，编码器可以根据率失真优化方法选择最优的预测模式，以得到最优的编码性能。有效地表示预测模式也是视频编码的核心技术，称为模式编码。本节将详细介绍 H.266/VVC 中的帧内模式编码方法，如何利用率失真优化选择最优预测模式将在第 12 章中进行介绍。

4.7.1　亮度预测模式编码

每个 CU 进行帧内编码时，有多种预测模式可以选择，最终选择的预测模式需要编码表示。图像和视频具有较强的空间相关性，相邻块内容相近，因此相邻块的帧内预测模式相同或相似的概率较大。H.266/VVC 采用最可能模式（MPM）列表技术，充分利用相邻块预测模式之间的相关性，具体介绍如下。

1. 最可能模式列表

每个待编码CU进行帧内编码时，都会维护一个 MPM 列表保存最可能候选预测模式，用以实现高效的模式编码。在 H.266/VVC 中，MPM 列表包含 Planar 模式和 5 个候选预测模式（记为 candMode），这 5 个 candMode 预测模式由上相邻和左相邻 CU 的预测模式确定。

相邻 CU 的位置如图 4.23 所示,将上相邻 CU 的帧
内预测模式记为 Above,左相邻 CU 的帧内预测模式记为
Left。candMode 列表中候选模式 candMode[i](i=0, 1, 2,
3, 4)的构造规则如下。

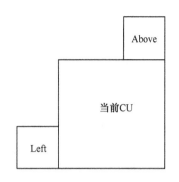

图 4.23 候选列表参考块位置关系

(1)若 Left 和 Above 是相同的角度预测模式,则

candMode[0]=Left

candMode[1]=2+((Left+61)%64)

candMode[2]=2+((Left-1)%64)

candMode[3]=2+((Left+60)%64)

candMode[4]=2+(Left%64)

(2)若 Left 和 Above 之一为角度预测模式,另一个为 Planar 模式或 DC 模式,将较大
的模式号表示为 Max,较小的模式号表示为 Min,则

candMode[0]=Max

candMode[1]=2+((Max+61)%64)

candMode[2]=2+((Max-1)%64)

candMode[3]=2+((Max+60)%64)

candMode[4]=2+(Max%64)

(3)若 Left 和 Above 是不同的角度预测模式,将较大的模式号表示为 Max,较小的模
式号表示为 Min,Left 和 Above 模式号差值绝对值为 Diff,则

candMode[0]=Left

candMode[1]=Above

若 Diff=1,则 candMode 列表后 3 个候选模式为

candMode[2]=2+((Min+61)%64)

candMode[3]=2+((Max-1)%64)

candMode[4]=2+((Min+60)%64)

若 Diff=2,则 candMode 列表后 3 个候选模式为

candMode[2]=2+((Min-1)%64)

candMode[3]=2+((Min+61)%64)

candMode[4]=2+((Max-1)%64)

若 Diff≥62,则 candMode 列表后 3 个候选模式为

candMode[2]=2+((Min-1)%64)

candMode[3]=2+((Max+61)%64)

candMode[4]=2+(Min%64)

否则,candMode 列表后 3 个候选模式为

candMode[2]=2+((Min+61)%64)

candMode[3]=2+((Min-1)%64)

candMode[4]=2+((Max+61)%64)

（4）若 Left 和 Above 都为 Planar 模式或 DC 模式，则

candMode[0]=DC

candMode[1]=角度预测模式 50

candMode[2]=角度预测模式 18

candMode[3]=角度预测模式 46

candMode[4]=角度预测模式 54

需要注意的是，当 Above 和 Left 分别满足以下一个或多个条件时，相应模式应设置为 Planar 模式：

（1）模式信息不可用；

（2）非帧内预测模式；

（3）是 MIP 模式；

（4）上相邻 CU 属于其他 CTU。

2. 亮度预测模式编码过程

当前 CU 预测模式（记为 mode）的编码过程如下。

（1）编码 1 个标识位表示 mode 是否为 MIP 模式。若是，则编码 1 个标识位表示输入向量是否进行转置，并编码 MIP 模式索引。

（2）对于非 MIP 模式的情形，编码 1 个标识位表示使用第几个参考行进行预测。若使用了第 1 个参考行或第 2 个参考行，则直接进入步骤（5）。

（3）对于使用第 0 个参考行的情形，编码 1 个标识位表示是否使用 ISP 技术。若是，则编码 1 个标识位表示划分方向。

（4）对于使用第 0 个参考行的情形，编码 1 个标识位表示 mode 是否属于 MPM 列表。若使用 MPM 列表，则进入步骤（5）；否则，进入步骤（6）。

（5）此时，使用了 MPM 列表中的模式。对于使用第 0 个参考行的情形，编码 1 个标识位表示是否使用 MPM 中的 Planar 模式；对于 mode 为非 Planar 模式，进一步编码 mode 在 MPM 列表中的序号，编码结束；对于使用多参考行的情形，此时 mode 为非 Planar 模式，编码其在 MPM 列表中的序号，编码结束。

（6）将 MPM 列表之外的其他帧内预测模式按从小到大的顺序重新标号，对 mode 重新标号的值采用截断二元码的方式进行编码，编码结束。

3. 相关语法元素

intra_luma_mpm_flag：值为 1 表示选中 MPM 列表中的模式，值为 0 表示未选中 MPM 列表中的模式。

intra_luma_not_planar_flag：值为 1 表示该模式不是 Planar 模式，值为 0 表示该模式是 Planar 模式。

intra_luma_mpm_idx：表示该模式所在 MPM 列表中的序号。

4.7.2　色度预测模式编码

1. 亮度派生模式

针对色度分量，H.266/VVC 使用亮度派生（Derived Mode，DM）模式，即直接使用对应位置的亮度预测模式信息。当 I 帧使用双树划分时，允许亮度分量和色度分量使用独立的块划分结构。此时，色度 CU 对应位置的亮度分量可能包含多个亮度 CU，如图 4.24 所示。在 H.266/VVC 中，色度 CU，如图 4.24 中灰色 CU，继承相应亮度区域中心 CR 位置所对应 CU 的帧内预测模式。

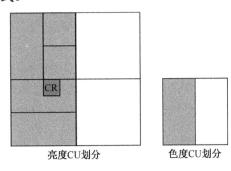

图 4.24　亮色度双树划分下的 DM 模式示例

2. 色度预测模式编码过程

H.266/VVC 的色度帧内预测模式可分为 3 类：第 1 类为 4 种传统预测模式，包括 Planar 模式、DC 模式、水平模式和垂直模式；第 2 类为 DM 模式；第 3 类为 CCLM 模式，包括 CCLM_LT、CCLM_T、CCLM_L 共 3 种子模式，模式编号分别记为 81、82、83。

H.266/VVC 对色度预测模式的序号进行编码，编码方法如表 4.10 所示，具体介绍如下。

表 4.10　色度预测模式推导

cclm_mode_ flag	cclm_mode_ idx	intra_chroma_ pred_mode	lumaIntraPredMode				
			0	50	18	1	X（$0 \leqslant X \leqslant 66$）
0	—	0	66	0	0	0	0
0	—	1	50	66	50	50	50
0	—	2	18	18	66	18	18
0	—	3	1	1	1	66	1
0	—	4	0	50	18	1	X
1	0	—	81	81	81	81	81
1	1	—	82	82	82	82	82
1	2	—	83	83	83	83	83

（1）通过 cclm_mode_flag 指明当前色度预测模式是否是 CCLM 模式。如果是，则进一步传输 cclm_mode_idx，指明是 CCLM_LT 模式、CCLM_T 模式或 CCLM_L 模式。

（2）对于不是 CCLM 模式的情形，传输 intra_chroma_pred_mode，直接对模式序号进行编码。模式序号如下。

① 序号 0：Planar 模式（模式编号为 0）。

② 序号 1：垂直模式（模式编号为 50）。

③ 序号 2：水平模式（模式编号为 18）。

④ 序号 3：DC 模式（模式编号为 1）。

⑤ 序号 4：对应亮度分量模式。

（3）当模式序号为 4 时，色度预测模式直接使用亮度预测模式，即 lumaIntraPredMode。

（4）当模式序号为 0~3 时，色度预测模式使用 4 种传统模式中的一种。此时，若对应亮度预测模式与其序号对应的传统预测模式相同，则将其替换为角度预测模式中编号为 66 的模式。

为了便于理解，以列为单位进一步描述。对于表 4.10 的最后一列，此时亮度预测模式为除 0、1、18 和 50 之外的模式 X，序号 0~4 分别对应 0、50、18、1 和 X 这 5 种帧内预测模式；对于第 4 列，此时亮度预测模式为 0，序号 0~4 分别对应 66、50、18、1 和 0 这 5 种帧内预测模式。

3. 相关语法元素

intra_chroma_pred_mode：色度预测模式的序号，等于 0、1、2、3 或 4。根据此序号和亮度预测模式 lumaIntraPredMode 可确定色度的帧内预测模式。需要说明的是，对于序号 4，即 DM 模式，采用 1 位（bit）表示；对于序号 0~3，即默认传统模式，采用 3 位（bit）表示。

参考文献

[1] Rutledge C W. Vector DPCM: Vector Predictive Coding of Color Images[C]. Proceedings of the IEEE Global Telecommunications Conference, Houston, Texas, 1986.

[2] Weinberger M J, Seroussi G and Sapiro G. LOCO-I: A Low Complexity, Contest-Based, Cossless Image Compression Algorithm[C]. Proceedings of the IEEE Data Compression Conference, Snowbird, Utah, USA, 1996.

[3] Ahmed N, Natarajan T , Rao K R. Discrete Cosine Transform[J]. IEEE Transactions on Computers, 1974, C-23(1): 90-93.

[4] Wallace G K. The JPEG Still Picture Compression Standard[J]. Communications of the Association for Computing Machinery, 1991, 34(4): 30-44.

[5] ITU-T Recommendation H.261, version 1. Video Codec for Audiovisual Services at $p{\times}64$ kbit/s[S]. 1990.

[6] ISO/IEC 11172-2 (MPEG-1). Information Technology-coding of Moving Pictures and Associated Audio for Digital Storage Media at up to about 1.5 Mbit/s, in Part 2: Video[S]. 1991.

[7]　ISO/IEC 13818-2 (MPEG-2), ITU-T Recommendation H.262. Information Technology-Generic Coding of Moving Pictures and Associated Audio, in Part 2: Video[S]. 1994.

[8]　ITU-T Recommendation H.263. Video Coding for Low Bitrates Communication[S]. 1996.

[9]　ITU-T Recommendation H.264 and ISO/IEC 14496-10. Advanced Video Coding[S]. 2003.

[10]　Wiegand T, Sullivan G J, Bjøntegaard G, et al. Overview of The H.264/AVC Video Coding Standard[J]. IEEE Transactions on Circuits and Systems for Video Technology, 2003, 13(7): 560-576.

[11]　Sullivan G J, Wiegand T. Rate-Distortion Optimization for Video Compression[J]. IEEE Signal Processing Magazine, 1998, 15(6): 74-90.

[12]　Ortega A, Ramchandran K. Rate-Distortion Methods for Image and Video Compression[J]. IEEE Signal Processing Magazine, 1998, 15(6): 23-50.

[13]　Li X,　Oertel N, Hutter A, et al. Laplace Distribution Based Lagrangian Rate Distortion Optimization for Hybrid Video Coding[J]. IEEE Transactions on Circuits and Systems for Video Technology, 2008, 19(2): 193-205.

[14]　ITU-T Recommendation H.265 and ISO/IEC 23008-2 (HEVC). High efficiency video coding[S]. 2013.

[15]　ITU-T Recommendation H.266 and ISO/IEC 23090-3. Versatile Video Coding[S]. 2020.

[16]　Bross B, Keydel P, et al. CE3: Multiple Reference Line Intra Prediction[C]. JVET-L0283, 12th JVET Meeting, Macao, China, 2018.

[17]　Racape F, Rath G, et al. CE3-related: Wide Angle Intra Prediction For Non-Square Blocks[C]. JVET-K0500,11th JVET Meeting, Ljubljana, Slovenia, 2018.

[18]　Pfaff J, Stallenberger B, et al. CE3: Affine Linear Weighted Intra Prediction[C]. JVET-N0217, 14th JVET Meeting, Geneva, Switzerland, 2019.

[19]　Van der Auwera G, Seregin V, et al. CE3: Simplified PDPC [C] . JVET-K0063,11th JVET Meeting, Ljubljana, Slovenia, 2018.

[20]　De-Luxán-Hernández S, George V, et al. CE3: Intra Sub-Partitions Coding Mode [C]. JVET-M0102, 13th JVET Meeting, Marrakech, Morocco, 2019.

[21]　Ma X, Yang H, Chen J. CE3: Multi-directional LM (MDLM) [C]. JVET-L0338, 12th JVET Meeting, Macao, China, 2018.

[22]　Choi N, Park M W, et al. CE3-related: Chroma DM modification[C]. JVET-L0053, 12th JVET Meeting, Macao, China, 2018.

5

第 5 章

帧间预测编码

在视频序列中，相邻图像内容通常非常相似，尤其是背景画面变化极小。因此，可以利用视频的时域相关性进行帧间预测编码，只需要编码图像间的运动信息及预测残差，就可以有效地提高压缩效率。

H.266/VVC 标准[1]的帧间预测编码仍然采用基于块的帧间运动补偿技术，在运动矢量预测、运动矢量编码、运动补偿等方面采用大量新方法[2]。本章从帧间预测编码原理出发，介绍帧间预测编码的关键技术，并详细介绍 H.266/VVC 标准中的帧间预测编码技术。

5.1 帧间预测编码概述

5.1.1 帧间预测编码原理

帧间预测利用视频时间域的相关性，使用邻近已编码图像像素值预测当前图像的像素值，能有效去除视频时域冗余。由于视频序列通常包括较强的时域相关性，因此预测残差通常是"平坦的"，即很多预测残差值接近"0"。将残差信号进行后续的变换、量化、扫描及熵编码，可实现对视频信号的高效压缩。

由于运动信息的引入，帧间预测编码不仅有希望获得较小的预测残差，而且可以获得高效的运动信息表达。基于物体对象的运动补偿，单个运动矢量就可以有效表示具有相同运动形式的大量像素的运动信息。然而，由于物体对象难以自动识别分割，并且其形状往往不规则，因此表达对象形状也会引入大量的信息。

目前，在主要的视频编码标准中，帧间预测都采用了基于块的运动补偿技术，如图 5.1 所示。主要原理是为当前图像的每个像素块在之前已编码图像中寻找一个最佳匹配块，该过程称为运动估计（Motion Estimation，ME），一般在编码端实施。其中，用于预测的图像被称为参考图像或参考帧（Reference Picture），最佳匹配块到当前块的位移被称为运动矢量（Motion Vector，MV），当前块与参考块的像素差值被称为预测残差（Prediction Residual）。MV 和预测残差信息会编码入码流并传递到解码端。在解码端，从码流中解析出运动信息后，将根据 MV 得到的参考块作为当前块预测值的过程称为运动补偿（Motion Compensation，MC）。MC 得到的预测值加上传输到解码端的预测残差，就得到了最终的重建值。为保证解码端的正确重建，编解码端须确保参考信息的一致，即都用重建后的已编码图像作为参考图像，因此 MC 和重建图像过程是编解码端都会实施的步骤。

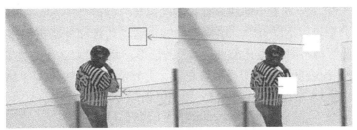

（a）重建已编码图像　　　　　　　（b）当前待编码图像

图 5.1　帧间预测

早期的视频编码标准 H.261[3]定义了两种类型的图像——I 图像和 P 图像。其中，I 图像仅能使用帧内预测编码技术，而 P 图像可以利用帧间预测编码技术。H.261 规定运动补偿块的大小为 16×16（宏块）。此外，为去除相邻块运动矢量之间的相关性，H.261 对 MV 进行了差分编码。

$$MV_d = MV_c - MV_p$$

其中，MV_c 表示当前块的 MV；MV_p 表示当前块 MV 的预测值，其值来源于已编码块的 MV；MV_d 为二者的差值。MV 差分编码的思想一直为后续的视频编码标准所继承和发展。

在 H.261 标准中，在预测 P 图像时必须由时间在前的参考图像预测当前图像，这种方式称为"前向预测"（Forward Prediction）。但在实际场景中往往会产生不可预测的运动和遮挡，因此当前图像的某些像素块可能无法从之前的图像中找到匹配块，而在之后的图像中可以很容易地找到匹配块。为此，MPEG-1[4]标准定义了第三类图像——B 图像，并规定 B 图像中的宏块可以选择性使用 3 种预测方式：前向预测、后向预测（Backward Prediction）及双向预测（Bi-Directional Prediction）。这样，B 图像中的一个宏块可拥有两个 MV：一个用于前向预测，另一个用于后向预测。在双向预测时，同时利用两个参考图像，将预测所得两个参考宏块的加权平均值作为当前宏块的预测值。

此外，由于实际场景中物体运动的距离反映在图像中不一定是像素的整数倍，因此为了提高帧间预测准确度，MPEG-1 首次使用了半像素精度的 MV 表示。其半像素位置的参考像素值由双线性插值（Bilinear Interpolation）方法产生。如图 5.2 所示，A、B、C、D 为整像素位置，半像素位置 a、b、c 像素值可计算如下：

$$a = (A + B + 1) >> 1$$
$$b = (A + C + 1) >> 1$$
$$c = (A + B + C + D + 2) >> 2$$

面向数字广播电视的标准 MPEG-2[5]首次支持了隔行扫描视频。在隔行扫描视频中，一帧图像包含了两个"场"——顶场（Top Field）和底场（Bottom Field）。为了适应这种情况，每个帧图像的宏块需要被拆分成两个 16×8 的块分别进行预测。随着数字视频技术的发展，以隔行扫描方式采集和处理视频的技术日渐式微，但是将大块拆分成小尺寸块进行预测的思想保留了下来。

H.263[6]标准沿用了 MPEG-1 的双向预测与半像素精度运动矢量，并进一步发展了 MPEG-2 中将一个宏块分成更小的块进行预测的思想。标准规定将一个 16×16 的宏块分成 4 个 8×8 的小块分别进行运动补偿。这样做能够使运动估计和补偿更加精细，更好地适应"一个宏块内包含两种不同运动形式的物体"的情形。此外，H.263 改进了 MV 预测（MV Prediction，MVP）构造机制——用当前块左方、上方及右上方块的 3 个 MV 的中值作为当前块的 MVP。如图 5.3 所示，当前块 MV 预测值为

$$MV_p = median(MV1, MV2, MV3)$$

图 5.2　像素位置的像素值计算　　　　图 5.3　H.263 中 MV 的预测

H.263+中[7]引入了多参考图像预测技术，利用当前图像附近的多帧已编码图像对编码块进行预测，码流中相应增加了选用的参考图像索引，可以得到更好的预测效果。

在 H.264/AVC[8-9]标准中，为了尽量提高运动补偿的精度，规定了 7 种尺寸的运动补偿块，分别为 16×16、16×8、8×16、8×8、8×4、4×8、4×4，如图 5.4 所示。编码器可以根据视频内容自适应地选择块大小，如对于多细节运动区域及不同运动模式的边界处可以使用小块，而静止区域或大面积共同运动区域可以使用较大的块。此外，H.264/AVC 还使用了 1/4 像素精度 MV（色度为 1/8 像素精度）、多参考图像预测、加权预测及空域/时域 MVP 技术。由此，码流中相应增加了选用的参考图像索引、块尺寸索引等块层头信息，提高了帧间预测的准确度。

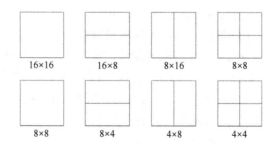

16×16　　16×8　　8×16　　8×8

8×8　　8×4　　4×8　　4×4

图 5.4　H.264/AVC 帧间预测块划分

H.265/HEVC[10-11]中引入的四叉树划分技术，以及在获取预测单元（Prediction Unit，PU）

中引入的非对称划分，使得帧间预测单元的大小更为灵活，如图 5.5 所示。同时，在 H.264/AVC 的基础上，为进一步提高 MV 信息的表示效率，提出了更为先进的 MVP 技术：Merge 和高级运动矢量预测（Advanced Motion Vector Prediction，AMVP）。它们都使用了空域和时域 MV 预测的思想，通过建立不同长度的 MVP 候选列表，选取性能最优的一个作为当前块的 MVP，并在码流中传输对应的 MVP 列表中的索引，这些新的 MVP 技术可以更为高效地表示运动矢量信息。此外，H.265/HEVC 还沿用和发展了多参考图像及加权预测技术。

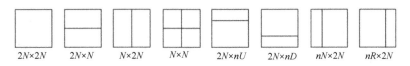

$2N×2N$ $2N×N$ $N×2N$ $N×N$ $2N×nU$ $2N×nD$ $nN×2N$ $nR×2N$

图 5.5 H.265/HEVC 帧间预测单元划分

H.266/VVC 在继承已有帧间预测编码技术的基础上，进一步引入了更为灵活的二叉树、三叉树、四叉树混合编码单元（CU）划分方式及非矩形几何划分方式，进一步提高了运动补偿块的尺寸灵活性，同时在运动矢量的预测和获取、运动补偿等模块中引入了多项新技术。

5.1.2 帧间预测编码关键技术

基于块的帧间预测编码包含几项关键技术：运动估计、运动矢量表示、运动补偿。

1. 运动估计

基于块的运动估计是指，为当前编码像素块在已编码图像（可选的参考图像）中寻找一个最佳参考块，使用参考块进行运动补偿可以得到最优编码性能。

（1）运动估计准则。

进行运动估计的目的是为当前块在参考图像中寻找一个最佳匹配块，因此需要一个准则来判定两个块的匹配程度。

常用的像素级匹配准则主要有最小均方误差（Mean Square Error，MSE）、最小平均绝对误差（Mean Absolute Difference，MAD）、最大匹配像素数（Matching-Pixel Count，MPC）、绝对误差和（Sum of Absolute Difference，SAD）等。

由于 SAD 准则不含乘除法，且便于硬件实现，因而使用最为广泛。此外，最小变换域绝对误差和（Sum of Absolute Transformed Difference，SATD）也是一种性能优异的匹配准则。下面分别介绍 MSE、SAD、MPC 准则，设块大小为 $M×N$，f_i 和 f_{i-1} 分别表示当前图像和参考图像的像素值，x 和 y 分别表示 MV 的水平分量和垂直分量。

① MSE 准则。

$$\text{MSE}(x,y) = \frac{1}{MN}\sum_{m=1}^{M}\sum_{n=1}^{N}[f_i(m,n) - f_{i-1}(m+x,n+y)]^2$$

② SAD 准则。

$$\text{SAD}(x,y) = \sum_{m=1}^{M} \sum_{n=1}^{N} | f_i(m,n) - f_{i-1}(m+x, n+y) |$$

③ MPC 准则。

$$\text{MPC}(x,y) = \sum_{m=1}^{M} \sum_{n=1}^{N} T(f_i(m,n), f_{i-1}(m+x, n+y))$$

$$T(a,b) = \begin{cases} 1, & |a-b| \leqslant t \\ 0, & \text{其他} \end{cases}$$

其中，t 为一定阈值；MPC 表示两个块中对应位置像素值差异小于一定阈值的个数。

由于运动信息的引入，除了运动补偿后的残差信息，也需要对运动信息编码。因此，运动估计过程中常常使用率失真优化方法选择最优匹配块[12-13]。例如，在官方测试模型 HM[14]和 VTM[15-16]编码器的实现中，为每个运动矢量计算拉格朗日代价：

$$J = \text{SAD}(x,y) + \lambda_{\text{motion}} R_{\text{motion}}$$

其中，R_{motion} 表示编码运动信息（码流中会传输的参考图像标号及 MV 的水平、垂直分量等）所需的比特数；λ_{motion} 为拉格朗日因子。编码器会选择率失真代价 J 最小的参考块作为当前块的最佳匹配块。

（2）运动估计搜索算法。

运动估计搜索是根据匹配准则寻找最优匹配块，并获得最优 MV 的过程。

全搜索算法是指遍历搜索窗内所有可能位置，所得的最优匹配块对应的 MV 一定为最优 MV。然而，全搜索算法复杂度很高，因此在实际应用中通常使用快速搜索算法，如二维对数搜索算法、三步搜索算法等。这些算法通常假定匹配残差具有平滑特性，通过一定的搜索路径，只比较部分位置的参考块来搜索运动匹配块。但由于平滑假设不一定成立，搜索过程中容易落入局部最优点，从而无法找到全局最优点，因此人们设计出有一定跳出局部最优点能力的快速搜索算法，如 UMHexagonS 算法[17]、TZSearch 算法[18]。TZSearch 算法具有较优的性能，被官方测试模型 HM、VTM 使用，该算法包含下列步骤。

① 根据 MV_p 确定起始搜索点，HM 或 VTM 编码器将候选 MVP 作为起始搜索点。

② 以步长 1 开始，按照如图 5.6 所示的菱形搜索模板（或如图 5.7 所示的正方形搜索模板）在搜索范围内进行搜索，其中步长按 2 的整数次幂递增，选出率失真代价最小的点作为该步骤的搜索结果。

③ 若步骤②中得到的最优点对应的步长为 1，则需要在该点周围进行两点搜索，其主要目的是补充搜索最优点周围尚未搜索的点。如图 5.8 所示，若步骤②使用的是菱形模板，则最优点可能为 2、4、5、7；若步骤②使用的是正方形模板，则最优点可能为 1~8。两点搜索将会搜索图中与当前最优点距离最近的两个点。例如，若最优点为 2，则会搜索 a、b 两个点；若最优点为 6，则会搜索 e、g 两个点。

④ 若步骤②中得到的最优点对应的步长大于某个阈值，则以该最优点为中心，在一定范围内进行全搜索（搜索该范围内的所有点），选择率失真代价最小的点作为该步骤的最优点。

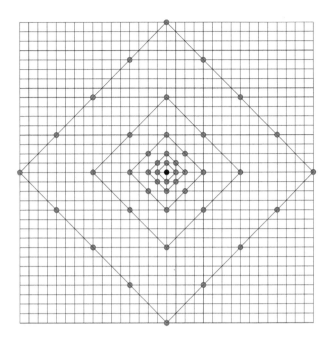

图 5.6　TZSearch 算法中的菱形搜索模板

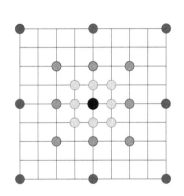

图 5.7　TZSearch 算法中的正方形搜索模板　　　图 5.8　TZSearch 算法中的两点搜索

⑤ 以步骤④得到的最优点为新的起始搜索点，重复步骤②～步骤④，细化搜索。当相邻两次细化搜索得到的最优点一致时停止细化搜索，此时得到的 MV 即最终 MV。

（3）亚像素精度运动估计。

由于相邻图像间物体的运动不一定是以整像素为基本单位的，因此将运动估计的精度提升到亚像素级别，可以提高运动补偿的精确度，进而提高编码效率。

亚像素精度运动估计[19]意味着需要对参考图像进行插值，好的插值方法能够大幅改善运动补偿的性能。H.264/AVC 及 H.265/HEVC 都使用了 1/4 像素精度运动估计。H.264/AVC 规定了 6 抽头滤波器用于半像素位置插值，两点内插用于 1/4 像素位置插值。H.265/HEVC 使用了 8 抽头滤波器来得到亚像素精度的位置像素值。H.266/VVC 提供了更高精度、更灵活的运动矢量表示（自适应运动矢量精度，最高精度为 1/16 像素，最低精度为 4 亮度像素），并采用最高 8 抽头的插值滤波器。

2. 运动矢量表示

预测块对应的运动矢量信息通常包括参考图像索引、MV 水平分量和 MV 垂直分量，MV 信息在视频压缩码流中占相当大的比例，差分编码可以大幅提高 MV 表示的效率。考虑到运动矢量时空域的相关性，自 H.264/AVC 标准开始，同时使用空域和时域的 MV 预测方式。

（1）MV 空域预测。

MV 空域预测是指利用空域相邻块的运动信息对待编码块的运动矢量进行预测。

在 H.264/AVC 中，对 P 图像中的普通块、Skip 模式的块，以及 B 图像中的普通块、Skip 模式的块及直接模式的块[20]，都可以使用空域方法来预测其 MV。

如图 5.9（a）所示，设 E 为当前运动补偿块，A 在 E 的左侧，B 在 E 的上方，且 A、B 与 E 紧邻，C 在 E 的右上方。若 E 的左侧对应多个块，则选择最上方的块作为 A；若 E 的上方对应多个块，则选择最左边的块作为 B；若 C 不可用，则以左上方的 D 替代 C。运动补偿块 E 的 MV_p 可分以下几种情况来确定。

① 若 E 的大小不是 16×8 或 8×16，则 MV_p 为 A、B、C 的 MV 的中值。

② 假设 E 是 16×8 的块，若其处于 16×16 的宏块内部上方，则 MV_p 为 B 的 MV，若其处于下方，则 MV_p 为 A 的 MV。

③ 假设 E 是 8×16 的块，若其处于 16×16 的宏块内部左侧，则 MV_p 为 A 的 MV，若其处于右侧，则 MV_p 为 C 的 MV。

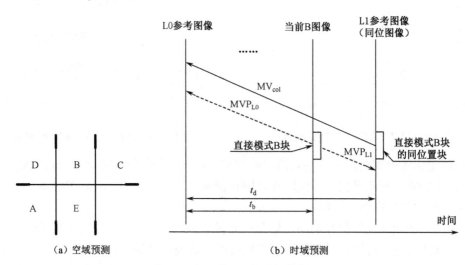

图 5.9 H.264/AVC 中的 MV 预测

（2）MV 时域预测。

MV 时域预测基于时域运动一致性思想，利用已知时域临近帧的运动矢量预测当前帧的运动矢量。

在 H.264/AVC 中，MV 时域预测主要针对 B 图像中采用直接模式的块。如图 5.9（b）所示，一般情况下的具体步骤如下。

① 将当前图像在 L1 中的最近参考图像视为同位图像，并作为当前直接模式 B 块（简称当前块）的后向参考图像。

② 在同位图像中找到当前块的同位置块，找到该同位置块在 L0 中的参考图像，作为当前块的前向参考图像。

③ 利用当前图像与前向参考图像之间的距离 t_b、后向参考图像与前向参考图像之间的距离 t_d，以及同位置块在 L0 参考图像中对应的 MV（记为 MV_{col}），计算当前直接模式 B 块两个方向上的 MV 预测值。

$$MVP_{L0} = \frac{t_b}{t_d} MV_{col}$$

$$MVP_{L1} = MV_{L0} - MV_{col}$$

为了提高在各种运动场景下 MV 的表示效率，H.265/HEVC 进一步提出了提供多种 MVP 候选的两种技术——Merge 技术[21]和 AMVP 技术[22]。它们都使用了空域和时域 MV 预测的思想，记录时空域相关块的预测信息，建立候选 MV 列表，选取性能最优的一个运动信息作为 MVP。Merge 模式与 H.264/AVC 的直接模式类似，将当前块的 MV_p 直接作为 MV，MV_d 视为零，同时，参考帧也由预测运动信息和参考帧列表推导而来。而在 AMVP 模式下，需要对实际 MV 与 MVP 的非零差值，以及选用的参考帧索引进行编码。

3. 运动补偿

在视频编码中，运动补偿利用参考图像的重建块来预测、补偿当前块，用编码预测残差来代替直接编码像素值。运动补偿的目标是利用参考重建块构建当前块的预测值，使其率失真代价最小，通常让预测残差尽量小。

（1）普通运动补偿。

运动补偿可以单向或双向实施。单向运动补偿用于 P 片（Slice），只使用单个方向的参考图像，可以直接将参考图像中的参考块（当前块的最佳匹配块）作为预测值。而双向运动补偿用于 B 片，可以同时使用时域上两个方向的参考图像，可以分别在两幅参考图像中找到对应的重建块，再加权平均得到预测值，如图 5.10 所示。

（2）多参考图像运动补偿。

早期的视频编码标准在每个预测方向上只支持单幅参考图像，但是对于某些场景，如物体周期性变化等，多参考图像运动补偿可以大幅提高预测精度。如图 5.11 所示，若使用第 1 幅图像预测第 3 幅图像，使用第 2 幅图像预测第 4 幅图像，则预测效果会比用相邻图像好得多。

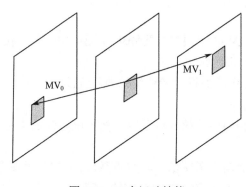

图 5.10　双向运动补偿

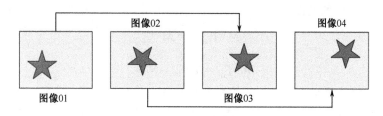

图 5.11　多参考图像预测

H.263+开始支持多参考图像预测技术，方法是将可用于参考的图像存储在参考图像缓存（Decoded Picture Buffering，DPB）中，利用最多两幅图像作为后向参考图像集合，其余图像作为前向参考图像集合。在编码器确定每个宏块/块实际使用的参考图像后，将对应的索引通过码流传输到解码端。针对 DPB 中各幅参考图像，可采用以下两种可选方式管理。

①"滑动窗"方式：按照解码顺序，可供参考的图像按照先进先出的原则进行管理。

②"自适应内存管理"方式：利用内存管理控制操作对缓存的参考图像进行状态标记和调整，即"不作为参考图像""用于短期参考""用于长期参考"。

H.264/AVC 在 DPB 的基础上建立前后两幅参考图像列表用于帧间预测，前向预测参考图像列表为 list 0（L0），后向预测参考图像列表为 list 1（L1），这时单幅图像可以同时出现在两个列表中的不同位置上，支持的参考图像幅数最多可达到 15 幅，为多参考图像的选择提供了高度灵活性。P 片中各块只使用 L0 中的参考图像，B 片中各块可以同时使用 L0 和 L1 中的参考图像（双向预测时，在 L0 和 L1 中各选择一幅图像作为参考）。其 DPB 的管理方式为：利用"重排序"指令，在每个片解码开始的时候，控制 DPB 中参考图像的状态更改。

H.265/HEVC、H.266/VVC 中的多参考图像预测技术沿用了双参考图像列表，但 DPB 管理利用片头中的参考图像参数标识，不需要依赖前面图像解码过程中的 DPB 状态，从而增强了抗差错性能。在 H.265/HEVC 中，可根据片头中"用于短期参考"和"用于长期参考"图像索引的描述，对 DPB 中参考图像进行标记和处理。而在 H.266/VVC 中，在片头中直接对参考图像列表集进行统一描述，对 DPB 中的参考图像进行管理[23]。

（3）加权运动补偿。

针对视频序列中经常出现的亮度变化场景，如淡入淡出、镜头光圈调整、整体或局部光源改变等，H.264/AVC 和 H.265/HEVC 都使用了加权运动（Weighted Prediction，WP）补偿技术。加权运动补偿表示预测像素可以用一个（适用于 P 块情形）或两个（适用于 B 块情形）参考图像中的像素加权得到。双向加权运动补偿计算公式为

$$p_{pred} = \omega_1 \cdot \hat{p}_{ref1} + \omega_2 \cdot \hat{p}_{ref2} + (O_1 + O_2 + 1)/2$$

其中，$\hat{p}_{ref1}$ 和 $\hat{p}_{ref2}$ 分别表示参考图像 1 和参考图像 2 的重建值；ω_1 和 ω_2 分别表示二者的权值；O_1 和 O_2 分别表示相应的偏移量。这些参量在片层语法中进行标识。

5.1.3　H.266/VVC 帧间预测编码概述

H.266/VVC 在继承已有帧间预测编码技术的基础上，在运动矢量的预测和获取、运动补偿等模块中，都增加了许多新技术。

1. MV 的预测及获取

为充分利用 MV 的时空域相关性，MV 预测技术继承和发展了 H.265/HEVC 的 Merge 和 AMVP 技术，致力于扩展 MV 的预测选择范围，并提高 MV 的表示精度。

（1）Merge 模式。

常规 Merge 模式和 H.265/HEVC 的 Merge 模式基本相同。在 MVP 候选列表的构造上，其保留了空域候选和时域候选，去除了组合 MVP 候选，新增了基于历史 MV 预测（History-based MV Prediction，HMVP）[24]的候选及成对平均 MVP 候选，并且改变了空域候选的检查顺序。

联合帧内帧间预测技术 CIIP（Combined Inter and Intra Prediction）与帧内编码技术配合实现，通过帧内 Planar 模式得到帧内预测值，通过常规 Merge 模式得到帧间预测值，然后对帧内和帧间预测值进行加权平均得到联合预测值。

带有运动矢量差的 Merge 技术 MMVD（Merge-Mode with MVD）在重用常规 MergeMVP 列表的基础上，当选取最前面两个候选 MVP 的其中之一时，分别以 4 种方向和 8 种偏移步长进行扩展。将扩展出的 64 种新的 MV 也作为当前 CU 的 MVP 候选项。

几何划分帧间预测技术 GPM（Geometric Partitioning Mode）[25]针对存在相对运动的内容，将编码块划分为两个子分区，分别进行单向预测后再进行加权融合。在 H.266/VVC 中，GPM 共支持 64 种划分模式，编码器只需要编码划分方式及两个子分区各自对应的两个 MergeMVP 选项。

（2）AMVP 模式。

H.266/VVC 中的 AMVP 包括常规 AMVP 模式和相关扩展模式。常规 AMVP 模式和 H.265/HEVC 中的 AMVP 模式基本相同，在保留了原 AMVP 列表构造方式的同时，也新引入了 HMVP 候选的构造。

在双向 AMVP 模式的基础上，增加对称运动矢量差分编码（Symmetric MVD Coding，SMVD）技术。在匀速运动的场景中，前向和后向运动具有对称性，仅将前向和后向 AMVP

候选索引及前向 MVD 进行编码，据此解码端可以推导出完整的运动信息。

H.266/VVC 中引入了一种 CU 级的自适应运动矢量精度（Adaptive Motion Vector Resolution，AMVR）技术，允许以多种不同的亚像素精度来编码 MVD。AMVR 技术仅用于常规 AMVP、SMVD 模式，以及针对非平移运动的仿射 AMVP 模式中。对于常规 AMVP 模式和 SMVD 模式，有 1/4、1/2、1 和 4 共 4 种精度；对于仿射 AMVP 模式，有 1/16、1/4 和 1 共 3 种精度。

（3）基于子块的 MV 表示。

H.266/VVC 中新增了基于子块的帧间预测技术，可以一次性表示一个编码块中多个子块不同 MV 的信息。

基于子块的时域 MV 预测（Subblock-based Temporal Motion Vector Prediction，SbTMVP）[26]技术将编码块划分成多个 8×8 的子块，每个子块使用同位图像中对应位置块（同位块）的运动信息来预测 MV，不同子块的 MV 可以不同。

仿射运动补偿预测（Affine Motion Compensated Prediction，AMCP）[27]技术针对缩放、旋转等运动场景，利用当前编码块 2 个或 3 个控制点处的 MV，通过计算推导出各 4×4 子块的 MV。

（4）解码端 MV 细化。

为了提升双向 MV 预测的准确性，H.266/VVC 采用了一种双向 MV 修正的技术——解码端运动矢量细化（Decoder Side Motion Vector Refinement，DMVR）[28]。该技术仅用于双向预测块，基于常规 Merge 模式选择的 MVP，在解码端通过基于双边匹配的局部小区域运动搜索，将 MV 微调后再用于运动补偿。

2. 运动补偿

H.266/VVC 采用了多种帧间预测技术，相应的运动补偿方法也有区别，如 GPM 模式需要对划分边缘进行加权渐变处理。与多种帧间预测模式同时应用的光流场修正、片级加权运动补偿（WP）、CU 级权重的加权预测（Bi-Prediction with CU-Level Weight，BCW）等预测块处理技术也被采用。

双向光流（Bi-Directional Optical Flow，BDOF）[29]技术以 4×4 子块为基本单元对其双向预测块进行像素级的光流补偿，利用前向和后向预测块计算得到亮度空间梯度、亮度时间梯度，采用光流方程计算得到每个像素点的亮度补偿值。光流预测细化（Prediction Refinement with Optical Flow，PROF）[30]技术针对仿射预测模式，利用仿射方程计算补偿值，细化基于子块的仿射运动补偿预测。针对双向预测，BCW 允许在最多 5 种权重中挑选最合适的权重进行加权平均。

3. 帧间编码信息的存储

由于 H.266/VVC 中引入了众多的复杂帧间预测模式，编解码过程需要存储已编码 CU 的帧间编码相关信息，待该图像后续 CU 编码使用。在每个编码单元编码完毕时，须在其对应的每个像素点处存储其运动和加权预测信息，除参考帧、MV 的水平分量和垂直分量外，还包括半像素插值滤波器索引、CU 级权重双向加权预测的权重索引，以及专用于仿射模式的局部多控制点 MV 信息。由于 AMVR 技术的引入，为了对齐所有模式下 MV 的表示精度，控制点 MV 和普通 MV 都以最高精度（1/16 亮度像素）存储。

由于时间域运动矢量预测（Temporal Motion Vector Prediction，TMVP）、SbTMVP 等技术需要参考图像的 MV 信息，因此参考图像的 MV 信息需要被存储，待后续图像编码使用。为了降低存储内存空间，参考图像 MV 存储以 8×8 的尺寸粒度实施，还通过类似科学计数法的方式对 MV 进行压缩存储（18 比特降低到 10 比特表示）。

5.2　亚像素插值

由于相邻图像间物体的运动不一定以整像素为基本单位，因此将运动估计的精度提升到亚像素级别，可以提高运动补偿的精确度，进而提高编码效率。亚像素精度运动估计意味着需要对参考图像进行插值，好的插值方法能够大幅改善运动补偿的性能。

H.266/VVC 采用双线性插值方法，插值滤波器为一维滤波器，按照先水平方向后垂直方向的顺序完成二维亚像素插值。

5.2.1　插值滤波器选择

H.266/VVC 使用了最高达 1/16 像素精度的运动估计，并且采用 AMVR 技术灵活调整运动矢量精度。普通 AMVP 模式的运动矢量精度为{4，1，1/2，1/4}像素，仿射 AMVP 模式的运动矢量精度为{1/16，1/4，1}像素。

另外，由于 H.266/VVC 支持自适应分辨率变化（允许的缩放比例为 1/2～8），导致参考图像与编码图像的分辨率可能不同。因此，插值算法还需要考虑当前帧和参考帧之间的缩放关系。为了应对不同的缩放比例，H.266/VVC 采用了多组滤波器系数，分别支持 1/2～1/1.75、1/1.75～1/1.25、1/1.25～8 的缩放比例，普通运动补偿使用 1/1.25～8 的滤波器。

1. 亮度分量

亮度分量最高支持 1/16 像素精度插值，统一为 8 抽头滤波器（仿射模式下实际为 6 抽头滤波器，2 抽头滤波器系数为 0），由基于离散余弦变换的滤波器生成。

（1）当子块尺寸为 4×4 时（仿射模式），水平、垂直滤波器系数分别由水平、垂直方向的缩放因子（缩放因子即前述缩放比例的倒数，是指插值图像像素间距与原图像像素间距的比值；缩放因子大于 1 时插值图像小于原图像，缩放因子小于 1 时插值图像大于原图像）决定。

如果缩放因子大于 1.75，则选择标准 H.266/VVC[1]中的表 31；如果缩放因子大于 1.25 且小于或等于 1.75，则选择标准 H.266/VVC 中的表 32；如果缩放因子小于或等于 1.25，则选择标准 H.266/VVC 中的表 30。

（2）否则（非仿射模式），水平、垂直滤波器系数也分别由水平、垂直方向的缩放因子决定。

如果缩放因子大于 1.75，则选择标准 H.266/VVC 中的表 29；如果缩放因子大于 1.25 且小于或等于 1.75，则选择标准 H.266/VVC 中的表 28；如果缩放因子小于或等于 1.25，则选择标准 H.266/VVC 中的表 27。在非仿射模式下，亮度分量插值滤波器抽头系数示例如表 5.1 所示（缩放因子≤1.25）。

其中，$f[p][i+n]$ 为滤波器系数，p 表示待插值的亚像素位置，亮度分量最高支持 1/16 亚像素精度，p 的值为 1～15，表示每个位置使用一组滤波器系数。亚像素由同行或同列整像素位置（$i+n$）的像素值加权得到，滤波器系数即权值。例如，$i+1/16$ 亚像素位置的值由整像素位置（$i+n$，$-3 \leq n \leq 4$）加权得到，权值选择表 5.1 中 $p=1$ 时的滤波器系数。

另外，在表 5.1 中 $p=8$（半像素位置）有两组滤波器系数，使用时由 hpelIfIdx 参数区分。hpelIfIdx 取值为 1 的情况如下：缩放因子等于 1，CU 不为 GPM、SbTMVP 或仿射相关模式，并且满足以下任意一点：

（1）CU 为 AMVP 相关模式，AMVR 是 1/2 像素精度。

（2）CU 为 Merge 相关模式，其参考选项的 hpelIfIdx 取值为 1（如果是空间或历史候选，则其对应参考 CU 插值滤波器的 hpelIfIdx 取值为 1；如果是成对平均候选，则其对应参考的两个候选插值滤波器的 hpelIfIdx 取值均为 1）。

在其余情况下，hpelIfIdx 取值为 0。

表 5.1　在非仿射模式下，亮度分量插值滤波器抽头系数示例（缩放因子≤1.25）

分像素位置 p		插值滤波器系数							
		$f[p][i-3]$	$f[p][i-2]$	$f[p][i-1]$	$f[p][i]$	$f[p][i+1]$	$f[p][i+2]$	$f[p][i+3]$	$f[p][i+4]$
1		0	1	−3	63	4	−2	1	0
2		−1	2	−5	62	8	−3	1	0
3		−1	3	−8	60	13	−4	1	0
4		−1	4	−10	58	17	−5	1	0
5		−1	4	−11	52	26	−8	3	−1
6		−1	3	−9	47	31	−10	4	−1
7		−1	4	−11	45	34	−10	4	−1
8	(hpelIfIdx == 0)	−1	4	−11	40	40	−11	4	−1
	(hpelIfIdx == 1)	0	3	9	20	20	9	3	0
9		−1	4	−10	34	45	−11	4	−1
10		−1	4	−10	31	47	−9	3	−1
11		−1	3	−8	26	52	−11	4	−1
12		0	1	−5	17	58	−10	4	−1
13		0	1	−4	13	60	−8	3	−1
14		0	1	−3	8	62	−5	2	−1
15		0	1	−2	4	63	−3	1	0

2. 色度分量

色度分量最高支持 1/32 像素精度插值，统一使用 4 抽头滤波器。水平、垂直滤波器系数分别由水平、垂直方向的缩放因子决定。

如果缩放因子大于 1.75，则选择标准 H.266/VVC 中的表 35；如果缩放因子大于 1.25 且小于或等于 1.75，则选择标准 H.266/VVC 中的表 34；如果缩放因子小于或等于 1.25，则选择标准 H.266/VVC 中的表 33。

其中，色度分量插值滤波器系数表的含义与亮度分量插值滤波器系数表的含义相同。

5.2.2 亚像素插值方法

亚像素插值采用双线性插值方法，按照先水平方向后垂直方向的顺序进行。

下面以采用符合表 5.1 的滤波器为例，介绍亮度分量半像素、1/4 像素精度插值过程。亚像素精度（半像素和 1/4 像素）亮度分量插值模板如图 5.12 所示，$A_{-1,-1}$、$A_{0,-1}$、…、$A_{2,2}$ 为整像素点，$b_{0,0}$、$h_{0,0}$ 等为半像素点，$a_{0,0}$、$d_{0,0}$ 等为 1/4 像素点，$c_{0,0}$、$n_{0,0}$ 等为 3/4 像素点。

$A_{-1,-1}$				$A_{0,-1}$	$a_{0,-1}$	$b_{0,-1}$	$c_{0,-1}$	$A_{1,-1}$				$A_{2,-1}$
$A_{-1,0}$				$A_{0,0}$	$a_{0,0}$	$b_{0,0}$	$c_{0,0}$	$A_{1,0}$				$A_{2,0}$
$d_{-1,0}$				$d_{0,0}$	$e_{0,0}$	$f_{0,0}$	$g_{0,0}$	$d_{1,0}$				$d_{2,0}$
$h_{-1,0}$				$h_{0,0}$	$i_{0,0}$	$j_{0,0}$	$k_{0,0}$	$h_{1,0}$				$h_{2,0}$
$n_{-1,0}$				$n_{0,0}$	$p_{0,0}$	$q_{0,0}$	$r_{0,0}$	$n_{1,0}$				$n_{2,0}$
$A_{-1,1}$				$A_{0,1}$	$a_{0,1}$	$b_{0,1}$	$c_{0,1}$	$A_{1,1}$				$A_{2,1}$
$A_{-1,2}$				$A_{0,2}$	$a_{0,1}$	$b_{0,1}$	$c_{0,1}$	$A_{1,2}$				$A_{2,2}$

图 5.12　亚像素精度亮度分量插值模板

（1）对整像素所在行的亚像素进行插值，如 $a_{0,0}$、$b_{0,0}$、$c_{0,0}$。其中，$a_{0,0}$ 为 4/16 像素位置，$b_{0,0}$ 为 8/16 像素位置，$c_{0,0}$ 为 12/16 像素位置，分别选取表 5.1 中 p 为 4、8、12 时的滤波器系数组。

$$a_{0,0} = \left(-A_{-3,0} + 4A_{-2,0} - 10A_{-1,0} + 58A_{0,0} + 17A_{1,0} - 5A_{2,0} + A_{3,0}\right) \gg \text{shift1}$$

$$b_{0,0} = \left(-A_{-3,0} + 4A_{-2,0} - 11A_{-1,0} + 40A_{0,0} + 40A_{1,0} - 11A_{2,0} + 4A_{3,0} - A_{4,0}\right) \gg \text{shift1}$$

$$c_{0,0} = \left(A_{-2,0} - 5A_{-1,0} + 17A_{0,0} + 58A_{1,0} - 10A_{2,0} + 4A_{3,0} - A_{4,0}\right) \gg \text{shift1}$$

$$\text{shift1} = \min(4, \text{BitDepth} - 8)$$

其中，BitDepth 为图像的比特深度。

（2）对列亚像素进行插值，如 $e_{0,0}$、$i_{0,0}$、$p_{0,0}$。其中，$e_{0,0}$ 为 4/16 像素位置，$i_{0,0}$ 为 8/16 像素位置，$p_{0,0}$ 为 12/16 像素位置，分别选取表 5.1 中 p 为 4、8、12 时的滤波器系数组。

$$e_{0,0} = \left(-a_{0,-3} + 4a_{0,-2} - 10a_{0,-1} + 58a_{0,0} + 17a_{0,1} - 5a_{0,2} + a_{0,3}\right) \gg 6$$

$$i_{0,0} = \left(-a_{0,-3} + 4a_{0,-2} - 11a_{0,-1} + 40a_{0,0} + 40a_{0,1} - 11a_{0,2} + 4a_{0,3} - a_{0,4}\right) \gg 6$$

$$p_{0,0} = \left(a_{0,-2} - 5a_{0,-1} + 17a_{0,0} + 58a_{0,1} - 10a_{0,2} + 4a_{0,3} - a_{0,4}\right) \gg 6$$

色度分量亚像素插值方法与亮度分量类似，也是按照先水平方向后垂直方向的顺序进行的。不过，色度分量最高支持 1/32 像素精度插值，统一使用 4 抽头滤波器。

5.3 Merge 模式

Merge 模式直接利用一个或一组 MVP（每个 MVP 包括单向或双向运动信息），推断得到当前编码块的 MV 信息，进行运动补偿获取帧间预测块，然后对预测残差进行编码。Merge 模式不需要传输 MVD 和参考帧索引，是一种高效的 MV 编码方法。除了常规 Merge 模式，H.266/VVC 还采用了多种 Merge 扩展模式，如 CIIP、MMVD、GPM、SbTMVP、仿射 Merge 等。其中，SbTMVP、仿射 Merge 及其他仿射模式均作为基于子块的帧间预测模式在 5.6 节一并介绍。

5.3.1 常规 Merge 模式

1. 基本原理

常规 Merge 模式是指直接将 MVP 运动矢量信息（参考图像索引、运动矢量）作为当前 CU 运动矢量信息的帧间编码模式。常规 Merge 模式需要建立一个 MVP 候选列表（Merge Candidate List，又称 MergeMVP 列表），选择 MergeMVP 列表中的一个候选 MVP 作为当前 CU 的 MV，只须编码选中 MVP 在 MergeMVP 列表中的索引值，就可以表示当前 CU 的 MV 和参考图像索引。

在常规 Merge 模式下，利用得到的 MV 信息可得到当前 CU 的像素预测值，然后进一步编码预测残差（变换、量化、熵编码等），完成当前 CU 的编码。

2. 标准实现

当 CU 采用常规 Merge 模式时：

（1）CU 语法元素 general_merge_flag 的值为 1，即采用 Merge 模式。

（2）CU 语法元素 merge_subblock_flag 的值为 0，即不采用子块 Merge 模式。

（3）CU 语法元素 regular_merge_flag 的值为 1，即采用常规 Merge 模式或 MMVD 模式。

（4）CU 语法元素 mmvd_merge_flag 的值为 0，即采用常规 Merge 模式。

在常规 Merge 模式下，当前 CU 的参考帧和 MV 值都直接由 MergeMVP 列表和选中的 MVP 索引值决定。若当前 CU 选择的 MVP 为空域候选或 HMVP，则参考帧与选择的 MVP 的参考帧相同；若当前 CU 选择的 MVP 为时域候选，则参考帧为参考列表中索引值为 0 的参考帧。当候选 MVP 为双向运动矢量时，当前 CU 采用双向预测。

MergeMVP 列表中最多存在 MaxNumMergeCand 个候选 MVP，由 SPS 层语法元素 sps_six_minus_max_num_merge_cand 确定，其最大值为 6。MergeMVP 列表的构造较为复杂，是 Merge 模式的关键环节，其依次包含空域候选 MVP、时域候选 MVP、基于历史的候选 MVP、成对平均候选 MVP、零值 MVP。具体构造方法如下。

1）空域候选 MVP

MergeMVP 列表优先选用空域候选 MVP，使用当前 CU 的左侧和上侧已编码 CU 的 MV 作为空域候选。如图 5.13 所示，B_1 表示当前 CU 正上方最右侧的 CU，A_1 表示当前 CU 正左侧最下方的 CU，B_0 和 A_0 分别表示当前 CU 右上方和左下方距离最近的 CU，B_2 表示当前 CU 左上方距离最近的 CU。按照 $B_1 \rightarrow A_1 \rightarrow B_0 \rightarrow A_0 \rightarrow B_2$ 的顺序，MergeMVP 列表最多选择 4 个空域 MVP。当 $CU(B_1, A_1, B_0, A_0, B_2)$ 不可用（可能为图像、Slice、Tile 边界），或者为帧内编码模式，或者冗余检查（MV 是否相同）为重复 MV 时，其不作为 MergeMVP 列表的候选。为了降低计算复杂度，冗余检查中并未考虑所有可能的候选对，仅考虑图 5.14 中用箭头连接的候选对。

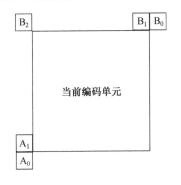

图 5.13　空域候选块位置

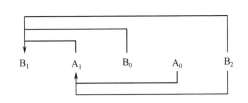

图 5.14　空间候选冗余检查

2）时域候选 MVP

空域候选 MVP 确定后，MergeMVP 列表选取时域候选 MVP（TMVP），在当前 CU 所处当前片是 P 片时构造一个单向预测 TMVP，在当前片是 B 片时构造一个双向预测 TMVP。

每个方向上的 MV 信息利用当前 CU 在时域邻近已编码图像中对应位置 CU（同位 CU）来确定。该时域邻近已编码图像由 Slice 头信息的语法元素 sh_collocated_ref_idx 指定，叫作同位图像（ColPic）。如图 5.15 所示，如果同位图像中 Br 位置 CU 不可用，或者该 CU 为帧内编码模式、IBC 模式、调色板（Palette）模式时，则使用 Ctr 位置 CU 作为同位 CU。

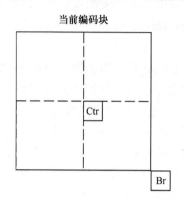

图 5.15　时域候选同位 CU 位置

同位 CU 的参考图像为其记录下来实际使用的参考图像，而当前 CU 的参考图像选用 L0（对前向参考）或 L1（对后向预测）中索引为 0 的帧，它们与各自参考图像之间的时间间隔往往不一致。因此，时域候选 MVP 一般不能直接使用同位 CU 的 MV 信息，而应根据与参考图像的位置关系进行相应的比例伸缩调整。如图 5.16 所示，t_b 和 t_d 分别表示当前图像、同位图像与对应参考图像之间的时域距离，也就是图片顺序计数（Picture Order Count，POC）之差，当前 CU 的时域候选 MVP 为

$$MVP_{cur} = \frac{t_b}{t_d} MV_{col}$$

其中，MV_{col} 为同位 CU 的 MV。在 MergeMVP 列表中，最多提供一个时域候选 MVP，并且放在空域候选 MVP 的后面。

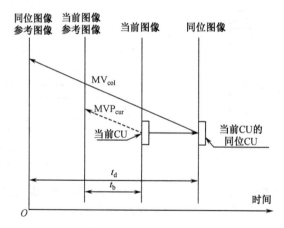

图 5.16　时域候选 MVP 比例伸缩

3）基于历史的候选 MVP

基于历史的候选 MVP（HMVP）是将先前已编码块的运动信息存储在一个最大长度为 5 的 HMVP 列表中，以备构造 MergeMVP 列表。HMVP 列表随着编码过程不断更新，在每个采用帧间编码的 CU 完成编码后，将其运动信息作为新候选项添加到 HMVP 列表的末端。然后，对列表中已经存在的候选项进行冗余检查，如果新插入的候选项与列表中已有候选项重复，则将列表中已有候选项删除。最后，按照先进先出（FIFO）的原则保持列表的最大长度为 5，即如果添加新候选项后列表内候选数量大于 5，则删除最前面的候选项。HMVP 列表的生命周期为每个 CTU 行，即在每行 CTU 的第一个 CTU 编码前清空 HMVP 候选列表。

时域候选 MVP 确定后，如果 MergeMVP 列表还有空余位置，则逐个检验 HMVP 列表中的候选项，将非重复候选项添加到 MergeMVP 列表的后续空余位置，直至 HMVP 列表中的候选项耗尽，或者 MergeMVP 列表填满。在冗余检查时，只检查最新的（HMVP 列表中排在最后的）两个候选项是否与空域候选 A_1、B_1 的 MV 值完全相同。

4）成对平均候选 MVP

如果 MergeMVP 列表中还有空余位置，则继续使用成对平均候选 AvgCand 来补充 MergeMVP 列表。在当前 CU 所处当前片是 P 片时构造单向预测 AvgCand，在当前片是 B 片时构造双向预测 AvgCand。AvgCand 由 MergeMVP 列表中最前面的两个候选项 Cand0 和 Cand1 得到，在每个预测方向上：

（1）如果 Cand0 和 Cand1 都存在，则 AvgCand 的运动矢量为

$$mvAvgLX = \left(mvCand0LX + mvCand1LX + (1,1)\right) >> 1$$

其中，mvCand0LX、mvCand1LX 分别为 Cand0、Cand1 的运动矢量；式中加法表示矢量相加；X 为 0 或 1 表示参考帧列表。参考帧索引为 Cand0 的参考帧索引。

（2）如果只有 Cand0 存在，则

$$mvAvgLX = mvCand0LX$$

参考帧索引为 Cand0 的参考帧索引。

（3）如果只有 Cand1 存在，则

$$mvAvgLX = mvCand1LX$$

参考帧索引为 Cand1 的参考帧索引。

5）零值 MVP

如果 MergeMVP 列表中还有空余位置，则将单向（当前片是 P 片）或双向（当前片是 B 片）的、值为(0, 0)的 MV 补充到 MergeMVP 列表的末端。第一个零值 MVP 对应的参考图像索引为 0，接下来按照参考图像索引升序方向对应 L0 或 L1 中各个参考图像构造零值 MVP，直到列表达到规定数目。如果参考图像索引升到最大索引值后，还未达到规定数目，则后续增加的零值 MVP 的参考图像索引为 0。

3. 相关语法元素

（1）SPS 层。

sps_six_minus_max_num_merge_cand：表示 Merge 模式的最大候选数量，范围为[0,5]。

Merge 模式的最大候选数量为

$$MaxNumMergeCand = 6 - sps\_six\_minus\_max\_num\_merge\_cand$$

sps_temporal_mvp_enabled_flag：标识（Merge 和 AMVP 模式）MVP 列表构造是否允许使用 TMVP，1 表示允许使用 TMVP，0 表示不允许使用 TMVP。

（2）PH 层。

ph_temporal_mvp_enabled_flag：标识是否允许使用 TMVP，1 表示允许使用 TMVP，0 表示不允许使用 TMVP。

ph_collocated_from_l0_flag：标识同位图像所在参考列表，1 表示 MVP 的同位图像来自前向参考图像列表 list0，0 表示来自后向参考图像列表 list1。

ph_collocated_ref_idx：表示同位图像位于参考图像列表中的索引。

（3）SH 层。

sh_collocated_from_l0_flag：标识同位图像所在参考列表，1 表示 MVP 的同位图像来自前向参考图像列表 list0，0 表示来自后向参考图像列表 list1。

sh_collocated_ref_idx：表示同位图像位于参考图像列表中的索引。

（4）CU 层。

general_merge_flag：标识是否为 Merge 模式，包括扩展 Merge 模式。

regular_merge_flag：标识是否为常规 Merge 模式编码，当其值为 1，且不是 MMVD 模式时，是常规 Merge 模式。

merge_idx：表示 Merge 候选在 MergeMVP 列表中的位置。

5.3.2 Skip 模式

1. 基本原理

Skip 模式是 Merge 模式的特例，其直接使用 MVP 信息作为当前 CU 的运动矢量，除了不编码 MVD 信息，也不编码预测残差信息。因此，Skip 模式只需要编码 MVP 信息索引，编码比特数非常少。在 H.266/VVC 标准中，为了高效表示 Skip 模式，将这种情况单独作为一种模式进行编码。

2. 标准实现

当 CU 语法元素 cu_skip_flag 的值为 1 时，表示采用 Skip 模式。

Skip 模式的 MV 编码复用 Merge 模式，即当采用 Skip 模式时，按 Merge 模式解析 MV 信息。具体实现方式是，当 CU 采用 Skip 模式时，将 general_merge_flag 的值取为 1，即可按 Merge 模式解析 MV 信息。利用获取到的 MV 信息，再使用零值的预测残差，完成 CU 解码。

除常规 Merge 模式外，Skip 模式也可以是 MMVD、GPM、SbTMVP 和仿射 Merge 等扩展模式，即按扩展模式获取 MVP 信息，并且不编码预测残差信息。Skip 模式不可以是 CIIP 模式。

3. 相关语法元素

cu_skip_flag：标识是否采用 Skip 模式，1 表示当前 CU 采用 Skip 模式，0 表示当前 CU 采用非 Skip 模式。

5.3.3　带有运动矢量差的 Merge 模式

1. 基本原理

Merge 模式直接利用 MVP 作为当前 CU 的运动矢量信息，是运动矢量的高效编码方式。然而，视频相邻（空域、时域）区域 CU 往往也有不同的运动特性，常规 Merge 模式降低了 MV 编码比特数，但可能会因为不准确的 MV 产生大的预测残差。AMVP 技术编码运动矢量的预测残差 MVD，与 MVP 一起可以更灵活、更准确地表示运动矢量，获得小的预测残差。AMVP 模式下的 MVD 通常需要较多的比特表达。

为了权衡运动矢量的准确性和编码比特数，H.266/VVC 中引入了一种带有运动矢量差的 Merge 技术 MMVD。MMVD 模式设定了包含多个固定值的 M_MV$_d$ 集合，选取 M_MV$_d$ 集合中的一个值作为当前 CU 的 MVD，这时只需要编码选取值在 M_MV$_d$ 集合中的索引。因此，采用 MMVD 模式的 CU，其 MVP 通过常规 Merge 模式的方式获得，MVD 通过 M_MV$_d$ 集合索引获得。

在 H.266/VVC 中，当采用 MMVD 模式时，MVP 必须为 MergeMVP 列表前 2 项候选项之一。每个采用 MMVD 模式的 CU 只拥有一个 M_MV$_d$，该 CU 的 MV$_d$ 由 M_MV$_d$ 推导得到（当 MVP 的双向 MV 都有效时，都由 M_MV$_d$ 得到）。

2. 标准实现

当 CU 采用 MMVD 模式时：

（1）CU 语法元素 general_merge_flag 的值为 1，即采用 Merge 模式。

（2）CU 语法元素 merge_subblock_flag 的值为 0，即不采用子块 Merge 模式。

（3）CU 语法元素 regular_merge_flag 的值为 1，即采用常规 Merge 模式或 MMVD 模式。

（4）CU 语法元素 mmvd_merge_flag 的值为 1，即采用 MMVD 模式。

当 CU 采用 MMVD 模式时，因为 MMVD 模式只允许使用 MergeMVP 列表前 2 项候选 MVP，MVP 在 MergeMVP 列表中的索引由仅具有两个可能取值的 mmvd_cand_flag 得到。M_MV$_d$ 对应 4 种方向上 8 种偏移步长，共 $2 \times 8 \times 4 = 64$ 个新的运动矢量候选项。CU 采用的真实 MVD 索引由语法元素 mmvd_distance_idx 和 mmvd_direction_idx 表示。

语法元素 mmvd_distance_idx 为预定义偏移 M_MV$_d$ 绝对值 MmvdDistance 距离的索引，其对应关系如表 5.2 所示，其中 ph_mmvd_fullpel_only_flag 标识 MVD 是否仅为整像素精

度。语法元素 mmvd_direction_idx 为 M_MVd 的 4 个方向之一的索引，表示 M_MVd_x 和 M_MVd_y 的符号 MmvdSign_x 和 MmvdSign_y 的不同状态，其对应关系如表 5.3 所示。

M_MVd 集合中偏移量 M_MVd(M_MVd_x, M_MVd_y) 实际为

M_MVd_x = MmvdDistance × MmvdSign_x

M_MVd_y = MmvdDistance × MmvdSign_y

表 5.2   MMVD 距离索引和预定义偏移值的关系

mmvd_distance_idx		0	1	2	3	4	5	6	7
MmvdDistance	ph_mmvd_fullpel_only_flag == 0	1/4	1/2	1	2	4	8	16	32
	ph_mmvd_fullpel_only_flag == 1	1	2	4	8	16	32	64	128

表 5.3   MMVD 符号与方向索引的关系

mmvd_direction_idx	00	01	10	11
MmvdSign_x	+1	−1	0	0
MmvdSign_y	0	0	+1	−1

若当前编码 CU 采用单向预测（参考帧列表 L0、L1 只有一个有效，由 MVP 得到），则有

$$MV_d = M\_MV_d$$

在当前编码 CU 采用双向预测时，推导两个方向 MV_d 的方法较为复杂。基本思想是距离较远的参考帧的 MV_d 为 M_MVd，距离较近的参考帧的 MV_d 由 M_MVd 根据时域距离缩放得到。

根据 MVP，在参考图像列表 L0、L1 中分别获得一个当前 CU 的参考图像。设与当前图像时域距离较远的参考图像为 RefPicFar，相应时域距离为 PocDiffFar；与当前图像时域距离较近的参考图像为 RefPicNear，相应时域距离为 PocDiffNear。用 MVF_d 表示 RefPicFar 对应的 MV_d，用 MVN_d 表示 RefPicNear 对应的 MV_d，总有

$$MVF_d = M\_MV_d$$

而 MVN_d 的取值则有多种可能。

当（|PocDiffFar| = |PocDiffNear|）或 RefPicFar、RefPicNear 中至少一个为长期参考图像时，有

$$|MVN_d| = |MVF_d|$$

否则，当|PocDiffFar|>|PocDiffNear|且 RefPicFar 和 RefPicNear 都不是长期参考图像时，有

$$|MVN_d| = |(PocDiffNear / PocDiffFar) \times MVF_d|$$

其中，符号按照以下规则规定：当 RefPicFar 和 RefPicNear 在当前帧的同侧时，MVN_d 与 M_MVd 符号相同；当 RefPicFar 和 RefPicNear 在当前帧的两侧时，MVN_d 与 M_MVd

符号相反。

根据获得的 MVD 和 MVP 信息，可得到当前 CU 的运动矢量信息。

3. 相关语法元素

（1）SPS 层。

sps_mmvd_enabled_flag：标识当前序列是否允许使用 MMVD 技术，1 表示允许，0 表示不允许。

sps_mmvd_fullpel_only_enabled_flag：标识当前序列 MMVD 模式中 mmvd_distance_idx 的精度与偏移，参见表 5.2。

（2）CU 层。

mmvd_merge_flag：标识当前 CU 是否采用 MMVD 模式，1 表示采用，0 表示未采用。

mmvd_cand_flag：标识 MVP 在 MergeMVP 列表中的索引。

mmvd_distance_idx：表示当前 CU 的 MMVD 偏移值索引。

mmvd_direction_idx：表示当前 CU 的 MMVD 偏移方向索引。

5.3.4　联合帧内帧间预测模式

1. 基本原理

联合帧内帧间预测（Combined Inter and Intra Prediction，CIIP）模式是联合帧内预测和帧间预测，利用帧内预测值和帧间预测值的加权平均值得到当前 CU 预测值的技术。

为了避免运算复杂度太高，H.266/VVC 对联合帧内帧间预测技术的应用设定了一些限制，如帧内预测值只采用 Planar 模式预测得到，帧间预测值只采用常规 Merge 模式预测得到；对可以使用该模式的 CU 的尺寸、形状也做了相应的限定。

2. 标准实现

H.266/VVC 对使用 CIIP 模式进行了限制，当符合以下所有条件时，存在 CU 层语法元素 ciip_flag。ciip_flag 为 1 时，显式采用 CIIP 模式；只满足条件（1）～（4）时，ciip_flag 被推断为 1，隐式采用 CIIP 模式。

（1）若 SPS 层语法元素 sps_ciip_enabled_flag 的值为 1，则允许使用 CIIP 模式。

（2）CU 不是 Skip 模式。

（3）CU 属于 Merge 模式，但不是常规 Merge 模式、SbTMVP 模式、仿射 Merge 模式。

（4）CU 的高、宽均小于 128，并且高宽乘积大于或等于 64。

（5）SPS 层语法元素 sps_gpm_enabled_flag 的值为 1。

（6）CU 属于 B 片。

（7）CU 的高和宽均大于或等于 8，而且高宽比大于 1/8 且小于 8。

当 CU 采用 CIIP 模式时：

（1）CU 语法元素 general_merge_flag 的值为 1，即采用 Merge 模式。

（2）CU 语法元素 merge_subblock_flag 的值为 0，即不采用子块 Merge 模式。

（3）CU 语法元素 regular_merge_flag 的值为 0，即不采用常规 Merge 模式或 MMVD 模式。

（4）CU 语法元素 ciip_flag 的值为 1（或推测为 1），即采用 CIIP 模式。

当采用 CIIP 模式时，根据常规 Merge 模式得到帧间预测值 P_{inter}，根据 Planar 模式得到帧内预测值 P_{intra}。然后，加权得到 CIIP 模式的预测值：

$$P_{CIIP} = \left[\left(4 - w_t \right) \times P_{inter} + w_t \times P_{intra} + 2 \right] >> 2$$

其中，w_t 为权重，由当前 CU 上侧和左侧相邻 CU 的编码模式（见图 5.17）推导：

（1）如果两个块都可用且为帧内编码，则权重 w_t 等于 3。

（2）如果仅有一个可用的帧内编码块，则权重 w_t 等于 2。

（3）如果不满足（1）和（2），则权重 w_t 等于 1。

3. 相关语法元素

（1）SPS 层。

sps_ciip_enabled_flag：标识当前序列是否允许使用联合帧内帧间预测模式，1 表示允许，0 表示不允许。

（2）CU 层。

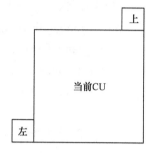

图 5.17　CIIP 权重推导

ciip_flag：标识当前 CU 是否采用 CIIP 模式进行编码，1 表示采用 CIIP 模式，0 表示不采用。

merge_idx：表示当前 CU MVP 的 MergeMVP 列表索引。

5.4　几何划分预测模式

在 H.266/VVC 中，CTU 经过四叉树、三叉树、二叉树划分可以得到不同大小的矩形 CU[31]，以匹配不同的视频内容。然而，实际视频内容多种多样，当运动物体具有非水平或垂直边缘时，常规矩形 CU 并不能有效匹配，预测表达不够高效。针对这个问题，H.266/VVC 引入几何划分帧间预测模式（Geometric Partitioning Mode，GPM），允许使用非水平或垂直直线对矩形 CU 进行划分，每个子区域可以使用不同的运动信息进行运动补偿，从而提高了预测准确度。在 H.266/VVC 中，GPM 的运动信息采用 Merge 方式编码，因此也归类为 Merge 扩展模式。

5.4.1　基本原理

在视频帧间预测编码中，对于运动补偿来说，获得小的预测残差和少的运动信息是目标。针对不同形状的运动物体，基于变尺寸矩形块的运动补偿可以权衡运动信息准确性和表达有效性。如图 5.18（a）所示，图像的矩形区域包含运动方向不同的草坪和马两部分内容，如果仅使用传统矩形划分，则为了区分不同物体，物体非水平和垂直边缘处会使用大量小块。由于每个小块都需要编码运动矢量信息，大量小块耗用较多头信息，同时划分的边缘与实际边缘不符，包含边缘的小块难以整块准确预测，导致编码效率较低。由此可见，传统矩形划分无法有效表达这类非垂直边缘。

图 5.18（b）给出了 GPM 划分思路，使用直线将矩形 CU 划分成 2 个不规则子区域，每个子区域拥有自己的运动矢量信息，并进行相应的单向运动补偿。

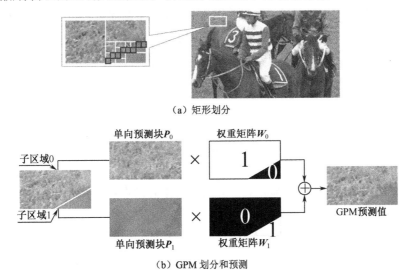

（a）矩形划分

单向预测块 P_0　　权重矩阵 W_0

子区域0

子区域1

单向预测块 P_1　　权重矩阵 W_1

GPM预测值

（b）GPM 划分和预测

图 5.18　非规则运动物体的划分

用直线将矩形 CU 划分成 2 个不规则子区域，可以更灵活地对 CU 进行划分，如何有效表达该直线是 GPM 的一个关键环节，会直接影响编码效率。划分线可以用角度 φ 和偏移量 ρ 来表示，角度 φ 为分割线法向与水平方向 x 轴的逆时针夹角，偏移量 ρ 表示 CU 中心到划分线的距离，如图 5.19 所示。需要注意的是，坐标原点为 CU 的中心位置，y 轴方向与常用方向相反（为了与图像中以左上角为起点一致）。

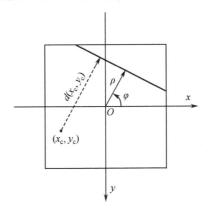

图 5.19　GPM 划分线的角度和偏移

则该划分线的直线方程为

$$x_c \cos(\varphi) - y_c \sin(\varphi) + \rho = 0$$

其中，(x_c, y_c) 为相对于原点的坐标。对于平面中任意点 (x_c, y_c)，其到划分线的距离为

$$d(x_c, y_c) = x_c \cos(\varphi) - y_c \sin(\varphi) + \rho \tag{5-1}$$

在 GPM 模式下，根据 $d(x_c, y_c)$，可以确定点 (x_c, y_c) 处于划分线的哪一侧，了解利用哪些信息进行运动补偿。

在 H.266/VVC 中，角度 φ 和偏移量 ρ 只允许选择部分预定义的离散数值。对于给定的划分线，CU 划分成两个子区域，每个子区域的运动矢量都通过 MergeMVP 列表中的 MVP 直接得到。各子区域分别利用不同运动信息获得补偿，并对划分线附近区域以软混合（Soft Blending）的方式进行加权融合，以模拟自然场景中柔和的边缘过渡。

5.4.2　标准实现

H.266/VVC 对使用 GPM 模式进行了限制，只有符合以下条件的 CU 才可以使用 GPM 模式。

（1）SPS 层参数 sps_gpm_enabled_flag 的值为 1 时允许使用 GPM 模式。

（2）CU 属于 B 片。

（3）CU 亮度分量宽和高均大于或等于 8 且均小于 128，并且宽高比大于 1/8 且小于 8。

当 CU 采用 GPM 模式时：

（1）CU 语法元素 general_merge_flag 的值为 1，即采用 Merge 模式。

（2）CU 语法元素 merge_subblock_flag 的值为 0，即不采用子块 Merge 模式。

（3）CU 语法元素 regular_merge_flag 的值为 0，即不采用常规 Merge 模式或 MMVD 模式。

（4）CU 语法元素 ciip_flag 的值为 0，即采用 GPM 模式。

GPM 模式主要包括确定几何划分、确定子区域运动矢量、运动补偿加权融合及运动信息存储等关键环节。

1. 几何划分

GPM 模式共支持 64 种划分方式，由 CU 级语法元素几何划分索引 merge_gpm_partition_idx 标识，如表 5.4 所示。每个几何划分索引对应一组划分线的角度索引 angleIdx 和距离索引 distanceIdx，GPM 模式 64 种划分形状与几何划分角度索引 angleIdx 及距离索引 distanceIdx 的对应关系如图 5.20 所示，其中实线为标准使用的划分方式。

角度索引 angleIdx 表示式（5-1）中的角度 φ，共表达 $\tan(\varphi) = \{0, \pm 1/4, \pm 1/2, \pm 1, \pm 2, \pm \infty\}$ 所对应的 20 种角度，倾斜角度对应宽高比或高宽比为 1:4、1:2、1:1、2:1 的直线。

表 5.4　几何划分索引的角度和偏移映射表

merge_gpm_partition_idx	0	1	2	3	4	5	6	7	8	9	10	11	12	13	14	15
angleIdx	0	0	2	2	2	2	3	3	3	3	4	4	4	4	5	5
distanceIdx	1	3	0	1	2	3	0	1	2	3	0	1	2	3	0	1
merge_gpm_partition_idx	16	17	18	19	20	21	22	23	24	25	26	27	28	29	30	31
angleIdx	5	5	8	8	11	11	11	11	12	12	12	12	13	13	13	13
distanceIdx	2	3	1	3	0	1	2	3	0	1	2	3	0	1	2	3
merge_gpm_partition_idx	32	33	34	35	36	37	38	39	40	41	42	43	44	45	46	47
angleIdx	14	14	14	14	16	16	18	18	18	19	19	19	20	20	20	21
distanceIdx	0	1	2	3	1	3	1	2	3	1	2	3	1	2	3	1
merge_gpm_partition_idx	48	49	50	51	52	53	54	55	56	57	58	59	60	61	62	63
angleIdx	21	21	24	24	27	27	27	28	28	28	29	29	29	30	30	30
distanceIdx	2	3	1	3	1	2	3	1	2	3	1	2	3	1	2	3

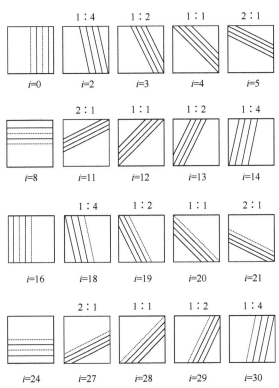

图 5.20　GPM 划分（i 为 angleIdx）

距离索引 distanceIdx 表示式（5-1）中的偏移量 ρ，对应划分线在水平方向和垂直方向与 CU 中心位置的距离 $\rho_{x,j}$、$\rho_{y,j}$，可以分解为

$$\rho_j = \rho_{x,j}\cos(\varphi_i) - \rho_{y,j}\sin(\varphi_i) \tag{5-2}$$

为了保证不同尺寸 CU 保持大致相同的划分特性，$\rho_{x,j}$、$\rho_{y,j}$ 的变化量为 CU 高或宽的 1/8。

$$\rho_{x,j} = \begin{cases} 0, & i\%16=8\,(\text{或}\,i\%16\neq0\,\text{且}\,h\geq w) \\ \pm j\dfrac{w}{8}, & \text{其他} \end{cases}$$

$$\rho_{y,j} = \begin{cases} \pm j\dfrac{h}{8}, & i\%16=8\,(\text{或}\,i\%16\neq0\,\text{且}\,h\geq w) \\ 0, & \text{其他} \end{cases}$$

其中，i、j 分别为 angleIdx 和 distanceIdx；w、h 分别为 CU 的宽和高。当 $i<16$ 时，式中符号取正号，否则取负号。

2. 子区域运动矢量

为简化运动信息编码，GPM 模式两个子区域都只使用单向预测，并以 Merge 模式编码。因此，两个子区域的运动矢量由 GPM 模式专用的单向 MVP 候选列表（记为 GPM_MVP 列表）、列表索引 merge_gpm_idx0（区域 0 运动矢量）和 merge_gpm_idx1（区域 1 运动矢量）获得。

由于每个子区域只使用单向预测模式，GPM_MVP 列表中的每个候选项也只包含单向运动信息。GPM_MVP 列表由 5.3.1 节中（常规 Merge 模式）MergeMVP 列表直接生成，具体方法如下。

当 GPM_MVP 列表中候选索引为偶数时，其候选 MV 选择 MergeMVP 列表中对应索引的前向 MV_0（参考列表 L0），如果 MV_0 不存在，则选择后向 MV_1（参考列表 L1）。当 GPM_MVP 列表中候选索引为奇数时，其候选 MV 选择 MergeMVP 列表中对应索引的后向 MV_1（参考列表 L1），如果 MV_1 不存在，则选择前向 MV_0（参考列表 L0）。图 5.21（a）给出了一个 MergeMVP 列表的示例，图 5.21（b）为基于图 5.21（a）得到的 GPM_MVP 列表。

列表索引idx	参考列表L0	参考列表L1
0	$MV_{0,0}$	$MV_{1,0}$
1	$MV_{0,1}$	$MV_{1,1}$
2	$MV_{0,2}$	
3	$MV_{0,3}$	
4	$MV_{0,4}$	$MV_{1,4}$
5	$MV_{0,5}$	$MV_{1,5}$

（a）MergeMVP 列表

	参考列表L0	参考列表L1
0	$MV_{0,0}$	
1		$MV_{1,1}$
2	$MV_{0,2}$	
3	$MV_{0,3}$	
4	$MV_{0,4}$	
5		$MV_{1,5}$

（b）GPM_MVP 列表

图 5.21　GPM_MVP 列表生成

GPM_MVP 列表的最大长度 MaxNumGpmMergeCand 由 SPS 层语法元素 sps_max_num_

merge_cand_minus_max_num_gpm_cand 来标识，由于 MergeMVP 列表长度最大为 6，MaxNumGpmMergeCand 的值也不会超过 6。

GPM 两个子区域的运动矢量信息都来自 GPM_MVP 列表，设第一个子区域的运动矢量信息索引为 m，第二子区域运动矢量信息索引为 n，m 和 n 一定不同。m 直接编码为语法元素 merge_gpm_idx0。当 n 小于 m 时，直接编码 n 为 merge_gpm_idx1；当 n 大于 m（merge_gpm_idx0）时，只需要编码 $n-1$ 为 merge_gpm_idx1。

3. 运动补偿加权融合

在 GPM 模式中，运动补偿的过程如图 5.18（b）所示，即分别利用各子区域的运动矢量得到与 CU 等尺寸的两个单向预测块 P_0、P_1，再根据划分线位置确定两个预测块对应的权重矩阵 W_0、W_1，最后加权融合得到最终的预测值。

$$P_{\mathrm{GPM}} = \left(W_0 \circ P_0 + W_1 \circ P_1 + 4\right) >> 3 \tag{5-3}$$

其中，$\circ$ 表示对应元素相乘的运算；P_{GPM} 为 CU 最终的预测值矩阵。为保证一定的计算精度，同时降低计算复杂度，W_0 与 W_1 中每个权重值均为 $0 \sim 8$ 的整数，每个像素对应的两个权重和为 8，所以有 $W_0 + W_1 = 8A$，A 为所有元素都为 1 的矩阵。

GPM 模式的权重矩阵如图 5.22 所示，远离划分线的像素权重取值 0 或 8，表示只使用单向预测值。为了避免划分线附近像素值的突变，距离划分线较近像素的权重渐变，融合了两个方向的预测值，模拟自然场景中柔和的边缘过渡。图 5.22 中 τ 为划分线附近需要融合的像素宽度，标准中 $\tau = 2$。可见，像素权重由该像素与分割线的距离 [见式（5-1）] 决定。

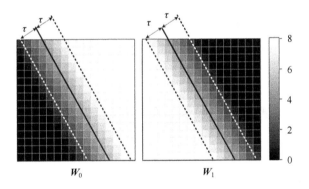

图 5.22　GPM 模式的权重矩阵

为了降低计算复杂度，$\cos\varphi$ 被量化为 3 比特精度，并近似为 2 的幂次方值，因此，角度索引 angleIdx 为 i 时，其对应的余弦值 cosLut[i] 由表 5.5 中的值除以 8 得到。

表 5.5　角度余弦映射表

i（angleIdx）	0	2	3	4	5	6	8	10	11	12	13	14
cosLut[i]	8	8	8	4	4	2	0	−2	−4	−4	−8	−8
i（angleIdx）	16	18	19	20	21	22	24	26	27	28	29	30
cosLut[i]	−8	−8	−8	−4	−4	−2	0	2	4	4	8	8

根据三角函数的关系，相应的正弦函数量化查表值应为

$$\text{sinLut}[i] = -\text{cosLut}\big[(i+8)\%32\big]$$

利用表 5.5，并将式（5-2）及上式代入式（5-1）中得到

$$d(x_c, y_c) = \big((x_c + \rho_{x,j}) \cdot \text{cosLut}[i]\big) >> 3 +$$

$$\big((y_c + \rho_{y,j}) \cdot \text{cosLut}\big[(i+8)\%32\big]\big) >> 3$$

对于宽和高分别为 w、h 的 CU，像素(m,n)（CU 左上角像素为$(0,0)$）到划分线的距离为

$$d(m,n) = \big((m + \rho_{x,j}) << 1 - w + 1\big)\text{cosLut}[i] >> 4 +$$

$$\big((n + \rho_{y,j}) << 1 - h + 1\big)\text{cosLut}\big[(i+8)\%32\big] >> 4$$

为了在整数运算情况下保证一定的运算精度，取

$$d'(m,n) = \big((m + \rho_{x,j}) << 1 - w + 1\big)\text{cosLut}[i] + \qquad (5\text{-}4)$$

$$\big((n + \rho_{y,j}) << 1 - h + 1\big)\text{cosLut}\big[(i+8)\%32\big]$$

又由划分线附近需要融合的像素宽度 $\tau = 2$，得到像素 (x_c, y_c) 的权重为

$$\gamma_{x_c, y_c} = \begin{cases} 0, & d(x_c, y_c) \leqslant -\tau \\ \dfrac{8}{2\tau}(d(x_c, y_c) + \tau), & -\tau < d(x_c, y_c) < \tau \\ 8, & d(x_c, y_c) \geqslant \tau \end{cases}$$

结合式（5-4），则有

$$\gamma_{m,n} = \text{Clip3}\big(0, 8, (d'(m,n) + 32 + 4) >> 3\big)$$

这就是式（5-3）中权值矩阵 $\boldsymbol{W}_0$ 中各(m, n)位置上的值。另外，$\boldsymbol{W}_1$ 可由

$$\boldsymbol{W}_1 = 8\boldsymbol{A} - \boldsymbol{W}_0$$

得到。

色度分量的加权矩阵直接由亮度分量的加权矩阵下采样得到。

4. 运动信息存储

在 H.266/VVC 中，CU 编码完成后都将当前块运动信息存储下来，以供后续编码块 MV 的预测使用。在 GPM 模式下，以 4×4 子块为单位计算和记录其运动矢量信息。GPM 模式的子分区非矩形，CU 中的 4×4 子块可能会覆盖一个或两个分区，从而携带一个或两个不同的运动矢量信息。每个 4×4 子块的运动矢量信息存储方式如下：

（1）当 4×4 子块中心位置到划分线的距离大于或等于 2 时，其存储运动矢量为中心所在子区域的运动矢量；

（2）当 4×4 子块中心位置到划分线的距离小于 2 时，如果两个子区域运动矢量所在参考列表不同，则将其作为双向预测存储两个运动矢量信息，如果两个子区域运动矢量所在参考列表相同，则取第二个预测分区的运动矢量信息作为单向预测存储。

5.4.3　相关语法元素

（1）SPS 层。

sps_gpm_enabled_flag：标识当前序列是否允许使用 GPM 模式，1 表示允许，0 表示不允许。

sps_max_num_merge_cand_minus_max_num_gpm_cand：表示 GPM_MVP 列表最大候选项数量。

（2）CU 层。

merge_gpm_partition_idx：表示当前 CU 在 GPM 模式下的划分索引。

merge_gpm_idx0 和 merge_gpm_idx1：分别表示当前 CU 在 GPM 模式下两个分区的候选索引。

5.5　高级运动矢量预测技术

在很多情况下，仅直接使用已编码块的运动矢量信息（Merge）无法有效表达当前块的运动信息，高级运动矢量预测（Advanced Motion Vector Prediction，AMVP）技术通过高效表达运动矢量差值（MVD）进行运动信息编码。除了常规 AMVP 模式，H.266/VVC 也扩展了 SMVD、仿射 AMVP 模式等，仿射 AMVP 模式与其他仿射模式将在 5.6 节介绍。

5.5.1　常规 AMVP 模式

1. 基本原理

常规 AMVP 模式是针对运动矢量信息的差分编码技术。该模式利用空域、时域上运动矢量的相关性，为当前 CU 建立 MVP 候选列表。与 Merge 不同，编码端为当前 CU 建立 MVP 候选列表，针对不同的参考图像构建得到的 MVP 列表可能不同，常规 AMVP 模式需要编码参考帧索引。除了参考帧索引，还需要编码选中 MVP 列表索引和 MVD（当前 CU 的 MV 与 MVP 的差值）。

当采用双向预测时，需要分别编码两个参考帧列表中的参考帧索引、选中 MVP 列表索引和 MVD。

2. 标准实现

当 CU 采用常规 AMVP 模式时：

（1）CU 语法元素 general_merge_flag 的值为 0，即不采用 Merge 模式。

（2）若为单向预测，CU 语法元素 inter_affine_flag 的值为 0，即采用常规 AMVP 模式。

（3）若为双向预测，CU 语法元素 inter_affine_flag 的值为 0，且 sym_mvd_flag 的值为 0，

即采用常规 AMVP 模式。

常规 AMVP 模式也需要编码传输 MVP 索引，因此构造 AMVP 候选列表也非常关键。类似于 Merge 模式，AMVP 候选列表依次包含空域候选 MVP、时域候选 MVP、基于历史的候选 MVP、零值 MVP，但 AMVP 列表针对每个参考图像建立，每个列表中各项仅包含单向运动信息，且列表长度仅为 2。

在确定（从码流中解析出）当前 CU 每个方向上的参考图像之后，对应 AMVP 候选列表的具体构造方法如下。

1）空域候选 MVP

常规 AMVP 模式 MVP 候选列表优先选用空域候选 MVP，空域最多选取 2 个候选 MVP。如图 5.13 所示，当前 CU 的左侧和上方各产生一个候选 MVP（先左后上），左侧选择顺序为 $A_0 \rightarrow A_1$，上方选择顺序为 $B_0 \rightarrow B_1 \rightarrow B_2$。注意，只有当邻域候选 MV 对应参考图像和当前 CU 参考图像相同时，才将该邻域候选 MV 标记为"可用"。

如果得到 2 个空域候选 MVP，则需要进一步进行冗余检查；如果两者相等，则只保留其中一个。

2）时域候选 MVP

空域候选 MVP 确定后，如果 AMVP 列表未满，则选取时域候选 MVP 进行列表填充。

除当前 CU 的参考图像由码流解析确定外，AMVP 时域候选 MVP 的推导方式与 Merge 模式基本一致，如图 5.16 所示，利用当前 CU 在时域邻近已编码图像中的对应位置 CU（同位 CU）的运动信息和相应参考图像位置关系进行缩放确定。其中，时域邻近已编码图像由 Slice 头信息的语法元素 sh_collocated_ref_idx 指定，叫作同位图像（ColPic）。同位 CU 处于同位图像中，如图 5.15 所示，如果 Br 位置 CU 不可用，或者该 CU 为帧内编码模式、IBC 模式或调色板模式，则使用 Ctr 位置 CU 作为同位 CU。

3）基于历史的候选 MVP

在空域候选 MVP 和时域候选 MVP 的推导结束后，若 AMVP 列表仍未填满，则逐个检验基于历史的候选 MVP（HMVP）中的最近 4 项候选项，将非重复候选项添加到列表中，直至 AMVP 列表填满或 HMVP 中满足条件的候选项耗尽。其中，HMVP 的建立和维护方式与 Merge 模式相同。

4）零值 MVP

若最终 AMVP 列表的长度不足 2，则需要用(0,0)对 AMVP 列表中的空余位置进行填充。

3. 相关语法元素

CU 层的相关语法元素如下。

mvp_l0_flag 和 mvp_l1_flag：分别表示 CU 的 MVP 在前向、后向 AMVP 列表中的索引。

ref_idx_l0 和 ref_idx_l1：分别表示当前 CU 的前向、后向参考图像索引。

abs_mvd_greater0_flag：标识当前 CU 的 MVD 绝对值是否大于 0。

abs_mvd_greater1_flag：标识当前 CU 的 MVD 绝对值是否大于 1。

abs_mvd_minus2：该语法元素加 2 表示当前 CU 的 MVD 绝对值。

mvd_sign_flag：当前 CU 的 MVD 符号。

5.5.2　对称运动矢量差分编码技术

1. 基本原理

在实际场景中，通常物体的运动在短时间内是匀速的。对于双向预测，并且参考帧位于当前帧两侧的情形，前后向运动矢量可能具有对称一致性。

针对这种情形，H.266/VVC 采用对称运动矢量差分编码（Symmetric MVD Coding，SMVD）模式，只编码前向 MVD，后向 MVD 则根据对称一致性推导得到。

当 CU 采用对称运动矢量差分编码模式时，前后向参考图像直接选取两个参考图像列表中距离当前图像最近的，并且在时间上处于当前图像两侧的短期参考图像。因此，除了编码 SMVD 标识，只需要编码双向 AMVP 候选列表索引、前向运动矢量差 MVD_0。因此，该技术可以有效节省前向 MV 的参考图像索引（RefIdxSymL0）、后向 MV 的参考图像索引（RefIdxSymL1）、后向 MVD 编码耗用的比特数。

2. 标准实现

H.266/VVC 对使用 SMVD 模式进行了限制，只有符合以下条件的 CU 才可以使用 SMVD 模式。

（1）当前 CU 采用 AMVP 模式编码。

（2）当前 CU 采用双向预测。

（3）当前 CU 的两个参考图像列表中，距离当前图像最近的短期参考图像各自位于当前图像的两侧（在时间轴上看）。

（4）当前 CU 不是仿射模式。

（5）当前 CU 所在图像层头信息不强制后向 MVD 为 0。

当 CU 采用 SMVD 模式时：

（1）CU 语法元素 general_merge_flag 的值为 0，即不采用 Merge 模式。

（2）为双向预测且 CU 语法元素 inter_affine_flag 的值为 0，即不采用仿射 AMVP 模式。

（3）CU 语法元素 sym_mvd_flag 的值为 1，即采用 SMVD 模式。

SMVD 模式的 MV 表示如图 5.23 所示，具体如下。

（1）分别获取两个参考图像列表中距离当前帧最近的短期参考图像，对应前向参考图像索引 RefIdxSymL0 和后向参考图像索引 RefIdxSymL1，如果它们正好处于当前图像的两侧，则将其作为当前 CU 的前向参考图像、后向参考图像。

（2）根据 RefIdxSymL0 和 RefIdxSymL1 分别建立前向 AMVP 候选列表和后向 AMVP 候选列表，建立方法与 5.5.1 节中的常规 AMVP 列表相同。

（3）根据 MVP 列表索引，得到双向 MVP：(MVP_{x_0}, MVP_{y_0})、(MVP_{x_1}, MVP_{y_1})。

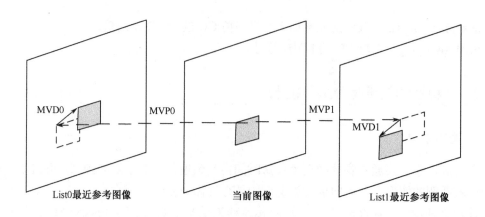

图 5.23　SMVD 模式的 MV 表示

（4）根据码流得到前向 MVD 为 (MVD_{x_0}, MVD_{y_0})，推断得到后向 MVD 为 $(-MVD_{x_0}, -MVD_{y_0})$。

（5）计算得到 MV：

$$\begin{cases} \left(MVx_0, MVy_0\right) = \left(MVPx_0 + MVDx_0, MVPy_0 + MVDy_0\right) \\ \left(MVx_1, MVy_1\right) = \left(MVPx_1 - MVDx_0, MVPy_1 - MVDy_0\right) \end{cases}$$

3. 相关语法元素

（1）SPS 层。

sps_smvd_enabled_flag：标识当前序列是否允许使用 SMVD 模式，1 表示允许，0 表示不允许。

（2）CU 层。

sym_mvd_flag：标识当前 CU 是否采用 SMVD 模式，1 表示采用，0 表示未采用。

5.5.3　自适应运动矢量精度

1. 基本原理

提高运动矢量精度有利于提高运动补偿效果，而运动剧烈场景则需要更大的运动矢量范围。同时，在提高运动矢量范围和精度时，编码运动矢量需要更多的比特数。

H.266/VVC 标准为兼顾运动矢量范围和精度，引入了一种 CU 级的自适应运动矢量精度（Adaptive Motion Vector Resolution，AMVR）技术。AMVR 技术允许每个 CU 自适应选择一种精度表示 MVD，最高精度为 1/16 亮度像素，最低精度为 4 亮度像素。

在 H.266/VVC 标准中，AMVR 技术适用于 AMVP 相关模式编码传输非零 MVD 的情况，如常规 AMVP 模式、SMVD 模式和仿射 AMVP 模式。

2. 标准实现

在 H.266/VVC 标准中，SPS 层语法元素可以标识是否采用 AMVR 技术，并标识在仿射模式下是否采用 AMVR 技术。当允许采用 AMVR 技术时，每个 CU（MVD 不为 0）可以进一步标识是否使用 AMVR 技术。当不采用 AMVR 时，MVD 的默认精度为 1/4 亮度像素。

当至少一个 MVD 不为 0 时（常规 AMVP 模式、SMVD 模式、仿射 AMVP 模式、IBC 模式），CU 层语法元素 amvr_flag 标识是否使用了 AMVR 技术。CU 如果使用了 AMVR 技术，则进一步根据 amvr_precision_idx 确定运动矢量的标识精度。

CU 层语法元素 amvr_precision_idx 为运动矢量精度索引，不同的编码模式对应的精度如表 5.6 所示，其中 AmvrShift 为 MVD 的左移位数（得到 1/16 像素精度）。

表 5.6　AMVR 各个精度的表示方法

amvr_flag	amvr_precision_idx	MVD 精度（AmvrShift）		
		仿射 AMVP 模式	常规 AMVP 模式、SMVD 模式	IBC 模式
0	—	1/4 像素（2）	1/4 像素（2）	—
1	0	1/16 像素（0）	1/2 像素（3）	1 像素（4）
1	1	1 像素（4）	1 像素（4）	4 像素（6）
1	2	—	4 像素（6）	—

编码端可以使用率失真优化的方法确定是否使用 AMVR 技术及采用何种精度，即选择各精度中率失真代价最小的精度。为了降低计算复杂度，VTM 编码器使用快速算法跳过部分 MVD 精度。

（1）对于常规 AMVP 模式，首先计算 1/4 像素精度和整像素精度的率失真代价，如果 1/4 像素精度率失真代价远小于整像素精度率失真代价，则跳过 4 倍整像素精度。如果 1/4 像素精度率失真代价远大于整像素精度率失真代价，则跳过 1/2 整像素精度。

（2）对于仿射 AMVP 模式，与其他帧间模式（常规 AMVP 模式）相比，如果 1/4 像素精度的仿射 AMVP 模式未被选中，则跳过仿射 AMVP 模式下的整像素精度和 1/16 像素精度。

3. 相关语法元素

（1）SPS 层。

sps_amvr_enabled_flag：标识当前序列是否允许使用 AMVR 技术，1 表示允许，0 表示不允许。

sps_affine_amvr_enabled_flag：标识当前序列采用仿射 AMVP 模式时是否允许使用 AMVR 技术，1 表示允许，0 表示不允许。

（2）CU 层。

amvr_flag：标识当前 CU 是否使用 AMVR 技术，1 表示使用，0 表示未使用。

amvr_precision_idx：标识当前 CU 的 AMVR 的精度索引。

5.6 基于子块的帧间预测模式

除了平移运动，视频内容还常常包含旋转、缩放、拉伸等运动。为了有效表示此类运动，传统编码须采用较小的 CU，以便使用不同的运动信息对不同小 CU 进行运动补偿。虽然不同小区域（甚至像素）具有不同的运动，但它们却具有相同的运动模式。因此，利用基于子块的帧间预测模式将 CU 划分成多个子块，利用 CU 的运动信息按一定规则得到每个子块不同的运动信息，可节省表示此类运动信息所需的比特数。

在 H.266/VVC 中，基于子块的帧间预测模式包括基于子块的时域运动矢量预测技术（SbTMVP）和仿射运动补偿技术[32]。其中，仿射运动补偿技术又包括仿射 Merge 模式和仿射 AMVP 模式。在 H.266/VVC 的语法结构中，SbTMVP 模式和仿射 Merge 模式共用子块 Merge 候选列表（SubBlkMergeMVP 列表），与其他 Merge 模式一起组织；而仿射 AMVP 模式的语法结构与其他 AMVP 模式一起组织。

5.6.1 基于子块的时域 MV 预测技术

1. 基本原理

类似于 Merge 模式中的时域运动矢量预测（TMVP），SbTMVP 模式使用同位图像 ColPic 中参考块的运动信息直接得到当前 CU 子块的 MV 信息。在当前片是 P 片时为每个子块构造一个单向预测 TMVP，在当前片是 B 片时为每个子块构造一个双向预测 TMVP。同位图像为时域邻近的已编码图像，其由 Slice 头信息的语法元素 sh_collocated_ref_idx 指定。

设已编码块 A_1 为当前 CU 的左侧空域相邻 CU，根据 A_1 的运动信息，在同位图像中得到相应的同位块 A'_1，如图 5.24 所示。当前 CU 被分成 8×8 的子块，基于与 A_1 运动的一致性（使用相同 MV），每个子块在同位图像得到相应的同位块。将同位块的运动矢量进行时域距离缩放得到子块的运动矢量。注意与 TMVP 的推导过程类似，当前 CU 子块的参考图像选用 L0（对前向参考）或 L1（对后向预测）中索引为 0 的一帧，同位子块对应的参考图像为各个同位子块位置记录下来的相应预测方向上的参考图像。

设 t_b、t_d 分别表示当前图像 CurPic、同位图像 ColPic 与各自参考图像之间的时域距离（POC 之差），如图 5.16 所示，则当前子块的运动矢量为

$$\text{MVP} = \frac{t_b}{t_d} \text{colMV} \tag{5-5}$$

其中，colMV 为同位子块的 MV。

可见，当前 CU 中各子块的运动信息由相应同位子块推导得到，当同位子块的运动信

息不同时，子块的运动信息也不同，即 CU 中各子块的运动信息不同。

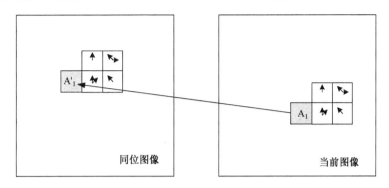

图 5.24　SbTMVP 模式中的子块运动矢量

2. 标准实现

H.266/VVC 对使用 SbTMVP 模式进行了限制，只有符合以下条件的 CU 才可以使用 SbTMVP 模式。

（1）SPS 层参数的值 sps_sbtmvp_enabled_flag 为 1 时允许使用 SbTMVP 模式。

（2）CU 亮度分量宽和高均大于或等于 8。

当 CU 采用 SbTMVP 模式时：

（1）CU 语法元素 general_merge_flag 的值为 1，即采用 Merge 模式。

（2）CU 语法元素 merge_subblock_flag 的值为 1，即使用子块 Merge 模式（SbTMVP 模式或仿射 Merge 模式）。

（3）CU 语法元素 merge_subblock_idx 的值为 0，且 SbTMVP 模式有效（中心同位块是帧间模式，稍后介绍），即使用 SbTMVP 模式。

SbTMVP 模式是 Merge 模式的扩展，CU 被分成 8×8（亮度分量）的子块，各子块的运动信息直接由同位块的运动信息得到。

（1）获取同位运动偏移（Displacement Vector）。

如果空域左相邻块 A$_1$（见图 5.24）为帧间预测模式且参考帧为同位图像，则该块对应的运动矢量为同位运动偏移 Mshift，否则 MShift 值为(0,0)。

（2）获取中心运动信息。

根据同位运动矢量的 MShift，得到当前 CU 中心像素在同位图像中的对应像素，将其所在编码块作为中心同位块。如果中心同位块不是帧间模式，则当前 CU 不能采用 SbTMVP 模式。否则，利用中心同位块的运动矢量，根据式（5-5）得到中心运动矢量（当前 CU 参考图像为 L0/L1 中索引为 0 的图像，同位参考图像为中心同位块在对应预测方向上的参考图像）。

（3）获得子块运动信息。

如果上一步中确定当前 CU 可以采用 SbTMVP 模式，则针对其内部每个 8×8 子块推导相应的 TMVP。

在每个方向时域预测运动信息推导过程中，以当前 L0/L1 中索引为 0 的图像为当前子块参考图像，当前子块中心偏移 MShift 后在同位图像中的对应像素所在的编码块为其同位子块，在同位子块对应预测方向上的参考图像为同位参考图像，根据式（5-5），利用同位子块的运动矢量得到子块的运动矢量。当同位子块不是帧间模式时，子块的运动矢量设定为中心运动矢量。

如果当前 CU 可以采用 SbTMVP 模式，则将以上子块运动信息综合起来作为 SbTMVP 候选项放入 SubBlkMergeMVP 列表的第一个位置。

3. 相关语法元素

（1）SPS 层。

sps_temporal_mvp_enabled_flag：标识当前序列是否允许使用时域 MV 预测技术，1 表示允许使用，0 表示不允许使用。只有值为 1 时，sps_sbtmvp_enabled_flag 才存在。

sps_sbtmvp_enabled_flag：标识当前序列是否允许使用 SbTMVP 模式，1 表示允许使用，0 表示不允许使用。

sps_five_minus_max_num_subblock_merge_cand：表示基于子块 Merge 模式的最大候选列表数，其取值范围为[0, 5 - sps_sbtmvp_enabled_flag]。

（2）CU 层。

merge_subblock_flag：标识当前 CU 是否采用 SbTMVP 模式，1 表示采用，0 表示未采用。

merge_subblock_idx：表示当前 CU 采用的子块编码候选索引，0 表示采用 SbTMVP 模式。

5.6.2　基于子块的仿射运动补偿

对于旋转、缩放、拉伸等非平移运动，编码块中每个像素的运动矢量都不同，但运动矢量具有一定的规律性，可以统一通过仿射变换的思想描述，即块内任意像素的运动矢量可以由已知固定像素的运动矢量确定。

例如，已知左上角像素的运动矢量为$(MV_{0,x}, MV_{0,y})$，右上角像素的运动矢量为$(MV_{1,x}, MV_{1,y})$，左下角像素的运动矢量为$(MV_{2,x}, MV_{2,y})$，块的宽和高分别为 W 和 H，对于如图 5.25（a）所示的旋转、伸缩等运动，(i, j) 位置像素的运动矢量为

$$\begin{cases} MV_x = \dfrac{MV_{1,x} - MV_{0,x}}{W} i + \dfrac{MV_{0,y} - MV_{1,y}}{W} j + MV_{0,x} \\ MV_y = \dfrac{MV_{1,y} - MV_{0,y}}{W} i + \dfrac{MV_{1,x} - MV_{0,x}}{W} j + MV_{0,y} \end{cases} \tag{5-6}$$

该运动模型称为 4 参数仿射模型，左上角像素、右上角像素称为控制点。

对于更复杂的规则形变运动，如图 5.25（b）所示，块内任意像素的运动矢量可以由已知 3 像素的运动矢量确定，(i, j) 位置像素的运动矢量为

$$\begin{cases} MV_x = \dfrac{MV_{1,x} - MV_{0,x}}{W}i + \dfrac{MV_{2,x} - MV_{0,x}}{H}j + MV_{0,x} \\[3mm] MV_y = \dfrac{MV_{1,y} - MV_{0,y}}{W}i + \dfrac{MV_{2,y} - MV_{0,y}}{H}j + MV_{0,y} \end{cases} \tag{5-7}$$

该运动模型称为 6 参数仿射模型，左上角像素、右上角像素、左下角像素称为控制点。

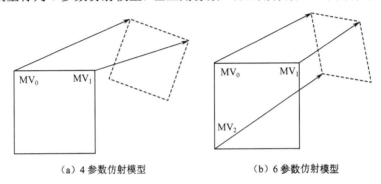

（a）4 参数仿射模型　　　　　　　　　　（b）6 参数仿射模型

图 5.25　仿射模型

因此，只需要编码 CU 控制点的运动矢量，就可以推导出 CU 内所有像素的运动矢量。为了简化仿射运动补偿预测过程，H.266/VVC 不会为每个像素推导运动矢量，而是为每个 4×4 的亮度子块推导一个共用的运动矢量。4×4 的亮度子块的运动矢量是以块为中心位置推导得到的运动矢量，色度分量的子块大小也为 4×4，其运动矢量为左上、右下 4×4 亮度子块运动矢量的平均值。

在子块间运动过于分散的情况下，运动补偿时访问的参考像素覆盖范围会很大，为了避免在这种情况下引发内存带宽消耗峰值过高的问题，H.266/VVC 给出了内存访问带宽限制机制。当控制点间的 MV 差距太大时，启动回退模式（fallbackModeTriggered=1），这时仅使用 CU 中心对应的 MV 对整个 CU 的所有子块进行运动补偿。

5.6.3　仿射 Merge 模式

1. 基本原理

在基于子块的仿射运动补偿技术中，CU 子块的运动矢量根据控制点的运动矢量推断，然后基于子块的运动矢量进行运动补偿。各控制点的运动矢量（Control Point Motion Vector，CPMV）由 SubBlkMergeMVP 列表直接得到，即仿射 Merge 模式为 Merge 扩展模式。

SubBlkMergeMVP 列表中每项候选项（仿射 Merge 模式）包含多个运动矢量，如 4 参数仿射模型包含 2 个 CPMV，6 参数仿射模型包含 3 个 CPMV。SubBlkMergeMVP 列表中的候选 CPMVP（CPMV 的预测值）由空域相邻和时域相邻 CU 的运动信息生成，其中每个 CPMV 可以为双向运动矢量。

2. 标准实现

H.266/VVC 对使用仿射 Merge 模式进行了限制，只有符合以下条件的 CU 才可以使用仿射 Merge 模式。

（1）SPS 层参数 sps_affine_enabled_flag 的值为 1 时，允许使用仿射 Merge 模式。

（2）CU 亮度分量宽和高均大于或等于 8。

当 CU 采用仿射 Merge 模式时：

（1）CU 语法元素 general_merge_flag 的值为 1，即采用 Merge 模式。

（2）CU 语法元素 merge_subblock_flag 的值为 1，即使用子块 Merge 模式（SbTMVP 模式或仿射 Merge 模式）。

（3）CU 语法元素 merge_subblock_idx 的值为 0 且 SbTMVP 模式无效（中心同位块不是帧间模式），或者 merge_subblock_idx 的值大于 0，即使用仿射 Merge 模式。

仿射 Merge 模式是 Merge 模式的扩展，通过 merge_subblock_idx 在 SubBlkMergeMVP 列表中得到控制点运动矢量。CU 被分成 4×4 的子块，各子块的运动信息由式（5-6）或式（5-7）推导得到。

SubBlkMergeMVP 列表的最大长度 MaxNumSubblockMergeCand 由 SPS 层参数 sps_five_minus_max_num_subblock_merge_cand 确定。SubBlkMergeMVP 列表中除 SbTMVP 候选（当 SbTMVP 模式有效时的第一个候选）外，其余候选都为仿射 Merge 模式的候选 CPMVP。与常规 Merge 模式的候选运动矢量不同，仿射 Merge 候选运动矢量包含 2 个或 3 个 CPMV，其由 SubBlkMergeMVP 列表的构建过程决定。

SubBlkMergeMVP 列表中仿射 Merge 候选依次包含空域相邻仿射模式 CU 继承候选、空域和时域相邻 CU 的平移 MV 构造、零值 MV 填充，具体构造方法如下。

（1）空域相邻仿射模式 CU 继承候选。

根据采用仿射模式（仿射 Merge 模式或者仿射 AMVP 模式）空域相邻 CU 的 CPMV，推导得到的 CPMVP 候选称为空域相邻仿射模式 CU 继承候选。在 H.266/VVC 中，SubBlkMergeMVP 列表中最多包含 2 个空域相邻仿射模式 CU 继承候选，第 1 个由左侧相邻块推导，第 2 个由上侧相邻块推导。如图 5.26 所示，左侧相邻块的扫描顺序是 $A_0 \rightarrow A_1$，上侧相邻块的扫描顺序是 $B_0 \rightarrow B_2$，每侧采用第一个使用仿射模式编码的 CU 来推导 CPMVP 候选。

CPMVP 候选的控制点数量（4 参数或 6 参数）与空域相邻仿射模式 CU 相同，运动矢量都由空域相邻仿射模式 CU 的 CPMV 推断。如图 5.27 所示，假设左下角相邻 CU（记为 A 块，对应图 5.26 中的 A_1 位置）为左侧第 1 个采用仿射模式的 CU，其 3 个控制点处的运动矢量分别为该块的左上角、右上角和左下角（4 参数时不存

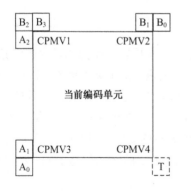

图 5.26　仿射候选列表中候选相邻块的位置

在）的运动矢量 MV_2、MV_3 和 MV_4。

如果 A 块是 4 参数仿射模型，则利用 MV_2、MV_3 及像素点(x_0, y_0)与(x_2, y_2)的相对位置、(x_1, y_1)与(x_3, y_3)的相对位置，按照式（5-6）计算得到 MV_0 和 MV_1，作为 SubBlkMergeMVP 列表的候选 CPMVP，参考图像为 A 块的参考图像。

如果 A 块是 6 参数仿射模型，则利用 MV_2、MV_3 和 MV_4 及像素点(x_0, y_0)与(x_2, y_2)的相对位置、(x_1, y_1)与(x_3, y_3)的相对位置、(x_5, y_5)与(x_4, y_4)的相对位置，按照式（5-7）计算得到 MV_0、MV_1 和 MV_5，作为 SubBlkMergeMVP 列表的候选 CPMVP，参考图像为 A 块的参考图像。

（2）空域和时域相邻 CU 的平移 MV 构造。

SubBlkMergeMVP 列表的候选 CPMVP 也可以根据空域和时域相邻 CU 的平移 MV 构造得到。如图 5.26 所示，为当前 CU 设置 4 个控制点备选 MV：CPMV1、CPMV2、CPMV3、CPMV4，它们根据空域和时域相邻非仿射模式 CU 的 MV 得到，分别为：

按块 $B_2 \rightarrow B_3 \rightarrow A_2$ 顺序，使用第一个有效块（帧间非仿射模式）的 MV 作为 CPMV1。

按块 $B_1 \rightarrow B_0$ 顺序，使用第一个有效块（帧间非仿射模式）的 MV 作为 CPMV2。

按块 $A_1 \rightarrow A_0$ 顺序，使用第一个有效块（帧间非仿射模式）的 MV 作为 CPMV3。

右下角相邻编码块 T 的同位块（处于同位图像中）MV，按时域距离缩放（以 L0/L1 中索引为 0 的一帧作为当前 CPMV4 的参考图像，同位块的同预测方向参考图像为同位参考图像），作为 CPMV4。如果当前 CU 属于 P 片，则 CPMV4 是单向的 MV；如果当前 CU 属于 B 片，则 CPMV4 可以是双向的 MV。

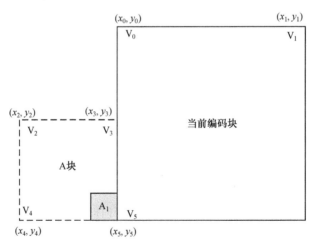

图 5.27　空域相邻仿射模式 CU 继承候选

利用获得的 CPMV1、CPMV2、CPMV3、CPMV4，按表 5.7 组合得到多个 SubBlkMergeMVP 列表的候选 CPMVP。其中，当控制点 MV 所需要的 CPMVk（$k = 1 \sim 4$）存在且参考帧相同（双向预测中至少一个方向的参考帧相同）时，该组合才能作为 SubBlkMergeMVP 列表的候选 CPMVP。

其中，前 4 个候选 CPMVP 中包含 3 个控制点，为 6 参数的仿射 Merge 候选；而后 2

个候选 CPMVP 中包含 2 个控制点，为 4 参数的仿射 Merge 候选。将有效的候选 CPMVP 按顺序依次填充 SubBlkMergeMVP 列表，直至满足列表构造的终止条件。

表 5.7　候选 CPMVP

索　引	左上控制点 MV	右上控制点 MV	左下控制点 MV
1	CPMV1	CPMV2	CPMV3
2	CPMV1	CPMV2	CPMV4+CPMV1−CPMV2
3	CPMV1	CPMV4+CPMV1−CPMV3	CPMV3
4	CPMV2+CPMV3−CPMV4	CPMV2	CPMV3
5	CPMV1	CPMV2	—
6	CPMV1	f(CPMV1, CPMV3)	—

表中，f(CPMV1, CPMV3) 表示根据 CPMV1、CPMV3 推导 CPMV2，具体为当 CPMV1、CPMV3 的参考图像一致时，有

$$CPMV2_x = (CPMV1_x << 7) + ((CPMV3_y - CPMV1_y) <<$$
$$(7 + \log2(cbWidth) - \log2(cbHeight)))$$
$$CPMV2_y = (CPMV1_y << 7) - ((CPMV3_x - CPMV1_x) <<$$
$$(7 + \log2(cbWidth) - \log2(cbHeight)))$$

$CPMV2_x$、$CPMV2_y$ 进一步四舍五入为原有精度。对应参考图像为 CPMV1、CPMV3 对应的相同的参考图像。

（3）零值 MV 填充。

如果 SubBlkMergeMVP 列表的有效项仍未填满，则将零值 MV（3 个控制点的 CPMV 均为零值，对应 L0/L1 中的参考图像索引为 0，当前 CU 在 P 片内部则为单向 MV，当前 CU 在 B 片内部则为双向 MV），插入候选列表的末尾。

3. 相关语法语元素

（1）SPS 层。

sps_affine_enabled_flag：标识当前序列是否允许使用仿射运动补偿技术，1 表示允许使用仿射 Merge 模式和仿射 AMVP 模式，0 表示不允许使用。

sps_6param_affine_enabled_flag：标识当前序列是否允许使用 6 参数仿射模型运动补偿，1 表示允许，0 表示不允许。

sps_five_minus_max_num_subblock_merge_cand：表示 SubBlkMergeMVP 列表的最大候选数，取值范围为[0, 5 − sps_sbtmvp_enabled_flag]。

（2）CU 层。

merge_subblock_flag：标识当前 CU 是否采用子块编码模式，1 表示采用，0 表示未采用。

merge_subblock_idx：表示当前 CU 采用的子块编码候选索引。

5.6.4　仿射 AMVP 模式

1. 基本原理

对于旋转、缩放、拉伸等非平移运动的 CU，当仿射 Merge 模式无法得到有效的控制点运动矢量 CPMV 时，使用仿射 AMVP 模式可以达到高效预测编码的目的。

该模式针对指定的参考图像，利用仿射 AMVP 列表得到 CPMV 的预测值 CPMVP，结合对应的控制点 MVD（MvdCp）表示 CPMV。这时，各 MvdCp 包含各控制点 CPMV 的运动矢量差，最多为 3 个控制点的前后向 MVD，共 6 个 MVD。

与仿射 Merge 模式相同，仿射 AMVP 模式利用 CPMV 计算 CU 子块的 MV 进行运动补偿。而与常规 AMVP 模式类似，仿射 AMVP 模式要将单向或双向运动信息，包括参考帧索引、CPMVP 的列表索引和相应 MvdCp，同预测残差一起编码送入码流。

2. 标准实现

H.266/VVC 对使用仿射 AMVP 模式进行了限制，只有符合以下条件的 CU 才可以使用仿射 AMVP 模式。

（1）SPS 层参数 sps_affine_enabled_flag 的值为 1 时，允许使用仿射 AMVP 模式。

（2）CU 亮度分量宽和高均大于或等于 16。

仿射 AMVP 模式与常规 AMVP 模式相近，当 CU 采用仿射 AMVP 模式时：

（1）CU 语法元素 general_merge_flag 的值为 0，即采用非 Merge 模式（AMVP 模式）。

（2）CU 语法元素 inter_affine_flag 的值为 1，即使用仿射 AMVP 模式。

（3）CU 语法元素 cu_affine_type_flag 显式标识使用 4 参数或 6 参数。

采用仿射 AMVP 模式时，多个控制点的 CPMV 与其预测值 CPMVP 的差值 MvdCp 被编码。参考图像、预测列表索引、MvdCp 的语法结构与常规 AMVP 模式一致，但 MvdCp 包含 2 组或 3 组（由 cu_affine_type_flag 决定）。仿射 AMVP 模式也支持双向，语法结构也与常规 AMVP 模式一致。MvdCp 采用差分编码方式，有

$$CPMV1 = CPMVP1 + MvdCp1$$

$$CPMV2 = CPMVP2 + MvdCp2 + MvdCp1$$

$$CPMV3 = CPMVP3 + MvdCp3 + MvdCp1$$

得到 CPMV 后，计算各子块 MV 及运动补偿的方法与仿射 Merge 相同。

在 H.266/VVC 中，仿射 AMVP 模式列表针对每个预测图像建立，每个列表中各项仅包含单向运动信息，长度为 2，列表中 CPMVP 候选依次包含空域相邻仿射模式 CU 继承、空域相邻 CU 的平移 MVP 构造、空域相邻 CU 的平移 MV 填充、时域平移 MV 填充、零值 MV 填充，具体构造方法如下。

（1）空域相邻仿射模式 CU 继承。

根据采用仿射模式（仿射 Merge 模式或仿射 AMVP 模式）的空域相邻 CU 的 CPMV，推导得到的 CPMVP 候选，称为空域相邻仿射模式 CU 继承。该方式与仿射 Merge 模式下

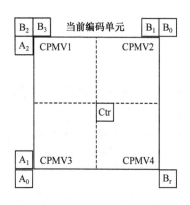

图 5.28　空域和时域相邻 CU 位置

的基本一致，但要求相邻仿射模式 CU 的参考图像必须与当前 CU 的参考图像相同（这一点与常规 AMVP 模式一致），否则为无效 CPMVP 候选。

（2）空域相邻 CU 的平移 MVP 构造。

候选 CPMV 也可以根据空域相邻 CU 的平移 MV 构造得到，其方式与仿射 Merge 相似。如图 5.28 所示，为当前 CU 设置 3 个控制点 CPMV1、CPMV2、CPMV3，其 CPMV 根据空域相邻非仿射模式 CU 的 MV 得到。

按块 $B_2 \rightarrow B_3 \rightarrow A_2$ 顺序，使用第一个有效块（帧间非仿射模式，且参考图像与当前 CU 相同）的 MV，作为 CPMV1。

按块 $B_1 \rightarrow B_0$ 顺序，使用第一个有效块（帧间非仿射模式，且参考图像与当前 CU 相同）的 MV 作为 CPMV2。

按块 $A_1 \rightarrow A_0$ 顺序，使用第一个有效块（帧间非仿射模式，且参考图像与当前 CU 相同）的 MV 作为 CPMV3。

当 CPMV1、CPMV2、CPMV3 都有效时，可以构造成 6 参数仿射模型{CPMV1，CPMV2，CPMV3}和 4 参数仿射模型{CPMV1，CPMV2}，但它们由 cu_affine_type_flag 区分共同占用一个候选索引。

当 CPMV1、CPMV2 有效但 CPMV3 无效时，构造成 4 参数仿射模型{CPMV1，CPMV2}。

（3）空域相邻 CU 的平移 MV 填充。

利用一个固定的 MV 生成 6 参数仿射模型{CPMV1，CPMV2，CPMV3}和 4 参数仿射模型{CPMV1，CPMV2}，但它们由 cu_affine_type_flag 区分共同占用一个候选索引。

固定 MV 依次选用（2）中得到的 CPMV3、CPMV2、CPMV1（应有效）。

（4）时域平移 MV 填充。

在同位图像（由 Slice 头信息的语法元素 sh_collocated_ref_idx 指定）中得到如图 5.28 中 Br 块所示位置的同位块，如果该同位块无效或不是帧间预测模式，则使用中心 Ctr 块所示位置的同位块。若同位块 MV 有效，则经过时域缩放后的 MV 作为填充所需的固定 MV。

利用该固定 MV 生成 6 参数仿射模型{CPMV1，CPMV2，CPMV3}和 4 参数仿射模型{CPMV1，CPMV2}，但它们由 cu_affine_type_flag 区分共同占用一个候选索引。

（5）零值 MV 填充。

利用零值 MV 生成 6 参数仿射模型{CPMV1，CPMV2，CPMV3}和 4 参数仿射模型{CPMV1，CPMV2}，但它们由 cu_affine_type_flag 区分共同占用一个候选索引。

3. 相关语法元素

（1）SPS 层。

sps_affine_enabled_flag：标识当前序列是否允许使用仿射运动补偿技术，1 表示允许仿射 Merge 模式和仿射 AMVP 模式，0 表示不允许。

sps_6param_affine_enabled_flag：标识当前序列是否允许使用 6 参数仿射模型进行运动补偿，1 表示允许，0 表示不允许。

（2）CU 层。

inter_affine_flag：标识当前 CU 是否采用仿射 AMVP 模式进行编码，1 表示采用，0 表示未采用。

cu_affine_type_flag：标识当前 CU 采用的仿射模型是 4 参数还是 6 参数，0 表示采用 4 参数，1 表示采用 6 参数。

ref_idx_l0：表示参考帧列表 List0 中参考帧索引。

mvp_l0_flag：标识参考帧列表 List0 对应的 MVP 索引。

ref_idx_l1：表示参考帧列表 List1 中参考帧索引。

mvp_l1_flag：标识参考帧列表 List1 对应的 MVP 索引。

5.7　解码端运动矢量细化

Merge 模式可以高效表示运动矢量信息，但可能会导致其运动矢量并非使参考块与编码块最匹配。为了改进 Merge 模式下 MV 的精确性，进一步减少预测残差，H.266/VVC 采用了一种基于双边匹配的解码端运动矢量细化技术（Decoder-Side Motion Vector Refinement，DMVR）。

1. 基本原理

针对采用双向预测 Merge 模式的 CU，可以直接得到前后向运动矢量 MVL0 和 MVL1。DMVR 技术以对称的方式，为前向 MVL0 和后向 MVL1 分别得到一个小的偏移量 MV_{diff} 和 $-MV_{diff}$，最终以 $MVL0+MV_{diff}$ 和 $MVL1-MV_{diff}$ 对前后向运动矢量进行运动补偿，如图 5.29 所示。

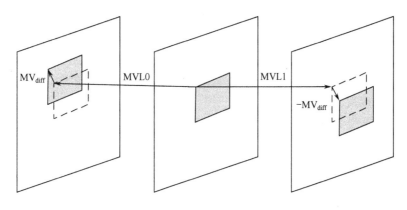

图 5.29　DMVR 中的运动矢量细化

基于双向预测中前后向参考块内容相似性的假设，DMVR 技术以前后向参考块的匹配程度判断最优偏移量 MV_{diff}，即在 $(-2, -2)$ 到 $(2, 2)$ 范围内尝试 MV_{diff}，根据 $MVL0+MV_{diff}$ 和

MVL1-MV$_{\text{diff}}$ 分别得到前后向预测块，计算前后向预测块的差异 SAD，取差异最小时的 MV$_{\text{diff}}$ 为最优值。

MVL0+MV$_{\text{diff}}$ 和 MVL1-MV$_{\text{diff}}$ 不仅用于运动补偿，也会被用作时域运动矢量预测值（该帧为参考图像时）。去块效应滤波和作为空域运动矢量预测值时，仍使用 MVL0 和后向 MVL1 作为该 CU 的运动矢量，以避免 DMVR 影响已有的预取机制和并行机制。

2. 标准实现

在 H.266/VVC 中，对使用 DMVR 技术进行了限制，符合以下条件的 CU 使用 DMVR。

（1）图像头中的语法元素 ph_dmvr_disabled_flag 的值为 0，允许使用 DMVR。

（2）CU 的高和宽都不小于 8，且高和宽的乘积不小于 128。

（3）CU 使用 Merge 模式，且不使用 MMVD、CIIP、BCW、Slice 级加权预测。

（4）CU 的双向预测有效，且前后向参考图像都是短期参考帧，对称位于当前图像两侧。

（5）CU 的参考图像不需要进行空域缩放。

DMVR 以子块为单位进行运动矢量细化，当 CU 的宽和高都大于或等于 16 时，亮度子块尺寸为 16×16；当 CU 的宽或高为 8 时，亮度子块尺寸为 8×16 或 16×8。

偏移量 MV$_{\text{diff}}$ 的范围为 (-2, -2) 到 (2, 2)，由亮度分量计算得到。色度分量的细化 MV 直接由亮度分量的细化 MV 按比例缩放得到，如 YUV420 格式的色度分量细化 MV 在水平方向和垂直方向上都是亮度分量细化 MV 的 1/2。

最优偏移量 MV$_{\text{diff}}$ 的搜索过程与 5.1.2 节介绍的运动估计相似，但为了保证编解码端搜索过程的一致性，该搜索过程必须固定，为标准化内容。搜索过程包括参考块获取、整像素搜索和亚像素计算。

（1）参考块获取。

根据前向运动矢量 MVL0 和后向运动矢量 MVL1，对每个子块实施运动补偿得到前后向参考块。由于 H.266/VVC 中的 MV 存储都是 1/16 像素精度的，在进行运动补偿时往往需要进行亚像素插值。为了降低带宽需求和计算复杂度，在本环节使用 2 抽头双线性插值方法对前后参考块进行插值。

为了覆盖 (-2, -2) 到 (2, 2) 的 MV$_{\text{diff}}$ 搜索范围，前后向参考子块应进行扩充，如 16×16 尺寸的子块在运动补偿后得到一个与子块中心对齐的 20×20 尺寸的扩充子块。

（2）整像素搜索。

整像素搜索通过计算前后向参考子块的 SAD 衡量其匹配程度，细化运动矢量 (i, j) 时 SAD 的计算方法为

$$\text{SAD}(i, j) = K \sum_{n=0}^{H/2} \sum_{m=0}^{W} \text{diff}_{m,n}(i, j)$$

$$\text{diff}_{m,n}(i, j) = \left| P_0(m+i, 2n+j) - P_1(m+i, 2n+j) \right|$$

$$K = \begin{cases} \dfrac{3}{4}, & i = 0, j = 0 \\ 1, & i \neq 0 \text{ 或 } j \neq 0 \end{cases}$$

可以看到，计算 SAD 只使用子块的偶数行像素，这样可以有效降低计算量，同行像素被连续存储仍能有效使用 SIMD 快速指令。在细化运动矢量(0, 0)时，K=3/4 是为了保证 DMVR 技术的稳定性。

整像素搜索过程首先计算前后向子块的 SAD(0, 0)，如果得到的 SAD(0, 0)小于子块包含的像素个数，则以 MV_{diff}=(0, 0)结束 DMVR 搜索；否则在范围(−2, −2)到(2, 2)内，以先 x 分量再 y 分量、从小到大的顺序，计算每个整像素精度 MV_{diff}^{int} 的 SAD，记录最小 SAD 对应的 MV_{diff}^{int} 作为整像素搜索的最优 MV 整像素精度偏移量。

在整像素搜索过程中，MV_{diff}^{int} 为亮度分量整像素精度的整数倍，并非传统意义上的整像素搜索（取图像整像素位置）。在 H.266/VVC 标准中 MV 采用 1/16 整像素精度，因此该过程需要在 1/16 像素精度插值后的子块参考块上进行。

（3）亚像素计算。

亚像素精度 MV_{diff} 并不搜索 MV_{diff}^{int} 周围的亚像素位置，而是基于二次误差曲面函数计算得到。假设 MV_{diff}^{int} 附近 SAD 与位置的关系模型为

$$SAD(x, y) = A(x - x_{min})^2 + B(y - y_{min})^2 + C$$

其中，(x_{min}, y_{min})为 SAD 最小时的亚像素位置；A、B、C 为模型参数。

模型参数 A、B、C、x_{min}、y_{min} 利用 MV_{diff}^{int} 对应位置，以及其上、下、左、右相邻 4 个位置的 SAD 求解。设 MV_{diff}^{int} 对应位置 SAD 为 SAD(0,0)，其上、下、左、右位置的 SAD 分别为 SAD (0, −1)、SAD (0, 1)、SAD (−1, 0)、SAD (1, 0)。

x_{min}、y_{min} 的计算方法为

$$x_{min} = \frac{(SAD(-1,0) - SAD(1,0)) \times 8}{SAD(-1,0) + SAD(1,0) - 2 \times SAD(0,0)}$$

$$y_{min} = \frac{(SAD(0,-1) - SAD(0,1)) \times 8}{SAD(0,-1) + SAD(0,1) - 2 \times SAD(0,0)}$$

根据 MV_{diff}^{int}、x_{min}、y_{min} 得到最终的运动矢量细化偏移量为

$$MVX_{diff} = 16 \times MVX_{diff}^{int} + x_{min}$$
$$MVY_{diff} = 16 \times MVY_{diff}^{int} + y_{min}$$

其中，(MVX_{diff}, MVY_{diff})为 1/16 亮度整像素单位。

另外，当 MVX_{diff}^{int} 有一个分量的绝对值为 2，即位于整像素精度搜索边界时，不进行亚像素精度计算，因为无法得到用于计算亚像素精度的所有相邻位置（上、下、左、右）的 SAD。

3. 相关语法元素

（1）SPS 层。

sps_dmvr_enabled_flag：标识当前序列是否使用 DMVR 技术，1 表示使用，0 表示不使用。

sps_dmvr_control_present_in_ph_flag：标识图像头中是否存在语法元素 ph_dmvr_disabled_flag，

1 表示存在，0 表示不存在。

（2）PH 层。

ph_dmvr_disabled_flag：标识该图像中是否使用 DMVR 技术，1 表示不使用，0 表示使用。如果 ph_dmvr_disabled_flag 不存在，则当 sps_dmvr_control_present_in_ph_flag 为 0 时，ph_dmvr_disabled_flag 被推断为 1− sps_dmvr_enabled_flag；当 sps_dmvr_control_present_in_ph_flag 为 1 时，ph_dmvr_disabled_flag 被推断为 1。

5.8 基于光流场的预测值修正

5.8.1 基于光流的预测值修正

光流是指视频帧内容在时域上的瞬时运动速度，即像素在时间域上的运动速度。视频中时间间隔较短的两帧，光流也表现为同一目标点在两帧之间的位移，即像素的运动矢量。

对于时域邻近的视频帧，同一目标在不同帧上的亮度通常不会发生变化，而且运动距离很小。因此，可以利用图像帧中像素亮度在时间域上的变化及像素空域相关性，计算视频帧之间的像素运动信息，即光流。

如图 5.30 所示，假设同一目标点在 t 时刻到 $t+\mathrm{d}t$ 时刻，从 (x, y) 位置运动到 $(x + \mathrm{d}x, y + \mathrm{d}y)$ 位置，当其亮度恒定时，有

$$I\left(x,y,t\right) = I\left(x + \mathrm{d}x, y + \mathrm{d}y, t + \mathrm{d}t\right) \tag{5-8}$$

其中，$I(x, y, t)$ 表示 t 时刻图像 (x, y) 位置的亮度值。

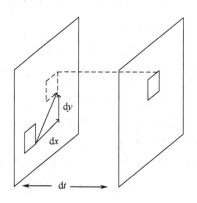

图 5.30　两帧之间的目标位移

对式（5-8）右端进行泰勒展开，得到

$$I\left(x + \mathrm{d}x, y + \mathrm{d}y, t + \mathrm{d}t\right) = I\left(x,y,t\right) + \frac{\partial I}{\partial x}\mathrm{d}x + \frac{\partial I}{\partial y}\mathrm{d}y + \frac{\partial I}{\partial t}\mathrm{d}t + \varepsilon \tag{5-9}$$

当 $\mathrm{d}x$、$\mathrm{d}y$、$\mathrm{d}t$ 都较小时，高阶项 ε 可忽略不计，将式（5-9）代入式（5-8），等式两边同除以 $\mathrm{d}t$，可得

$$\frac{\partial I}{\partial x}\frac{\mathrm{d}x}{\mathrm{d}t} + \frac{\partial I}{\partial y}\frac{\mathrm{d}y}{\mathrm{d}t} + \frac{\partial I}{\partial t} = 0 \tag{5-10}$$

设 v_x, v_y 分别代表光流沿 x 轴与 y 轴的速度，即

$$v_x = \frac{\mathrm{d}x}{\mathrm{d}t}, \quad v_y = \frac{\mathrm{d}y}{\mathrm{d}t} \tag{5-11}$$

设 ϑ_x 和 ϑ_y 分别为 $I(x, y, t)$ 空域梯度的 x 轴分量和 y 轴分量，ϑ_t 为 $I(x, y, t)$ 的时域梯度，有

$$\vartheta_x = \frac{\partial I}{\partial x}, \quad \vartheta_y = \frac{\partial I}{\partial y}, \quad \vartheta_t = \frac{\partial I}{\partial t} \tag{5-12}$$

将式（5-11）、式（5-12）代入式（5-10），可得

$$\vartheta_x v_x + \vartheta_y v_y + \vartheta_t = 0 \tag{5-13}$$

式（5-13）称为光流方程，反映了光流与像素亮度时域变化及空域梯度的关系。

由式（5-13）可以得到

$$I(x, y, t) = I(x, y, t - \mathrm{d}t) + \frac{\partial I}{\partial x}v_x + \frac{\partial I}{\partial y}v_y \tag{5-14}$$

因此，当前像素值可以根据参考像素值（对应位置）、光流值、空域梯度得到。当运动补偿中运动矢量存在较小误差时，可以计算运动矢量误差（光流值），利用式（5-14）对预测值进行修正，称为基于光流的预测值修正。

5.8.2　双向光流预测值修正

对于采用双向运动补偿的帧间编码块，可以利用前向预测参考块和后向预测参考块的一致性，根据式（5-10）估计前向预测参考块和后向预测参考块间的光流，作为运动矢量的修正值。进一步利用该运动修正光流，根据式（5-14）计算运动补偿的修正值。该技术称为双向光流（Bi-Directional Optical Flow，BDOF）预测值修正，应用情形和目的与 DMVR 相似，但其基于光流思路。

1. 基本原理

对于短时平稳运动的视频内容，采用参考帧对称的帧间双向预测的编码块，其前向预测参考块、后向预测参考块与当前编码块间的光流对称，分别为(v_x, v_y)、$(-v_x, -v_y)$，如图 5.31 所示。针对前后向预测，分别由式（5-14）得到

$$I_0 - \mathrm{cur} + \frac{\partial I_0}{\partial x}v_x + \frac{\partial I_0}{\partial y}v_y = 0 \tag{5-15}$$

$$I_1 - \mathrm{cur} - \frac{\partial I_1}{\partial x}v_x - \frac{\partial I_1}{\partial y}v_y = 0 \tag{5-16}$$

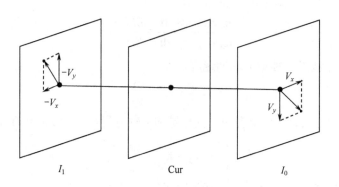

图 5.31　对称双向光流

其中，cur 为当前编码块像素值；I_0、I_1 分别为前、后向预测参考块像素值。式（5-15）与式（5-16）相减可得

$$I_0 - I_1 + v_x\left(\frac{\partial I_0}{\partial x} + \frac{\partial I_1}{\partial x}\right) + v_y\left(\frac{\partial I_0}{\partial y} + \frac{\partial I_1}{\partial y}\right) = 0 \tag{5-17}$$

设 δI 为前、后向预测参考块像素值的差值（时域梯度），ψ_x、ψ_y 分别为前、后向预测参考块在 x 轴、y 轴方向的空域梯度和，即

$$\delta I = I_0 - I_1$$

$$\psi_x = \frac{\partial I_0}{\partial x} + \frac{\partial I_1}{\partial x}$$

$$\psi_y = \frac{\partial I_0}{\partial y} + \frac{\partial I_1}{\partial y}$$

则式（5-17）为

$$\Delta = \delta I + v_x \psi_x + v_y \psi_y = 0 \tag{5-18}$$

假设编码块每个像素的补偿光流值相等，则有

$$\sum_{(x,y)\in\Omega} \Delta^2 = \sum_{(x,y)\in\Omega} (\delta I + v_x \psi_x + v_y \psi_y)^2 \tag{5-19}$$

其中，Ω 为编码块的像素集合。对于短时平稳运动，对齐（光流补偿）后前后向预测参考块应一致，即 $\sum\limits_{(x,y)\in\Omega} \Delta^2$ 为 0。因此，最优光流 (v_x, v_y) 应使 $\sum\limits_{(x,y)\in\Omega} \Delta^2$ 最小，即

$$(v_x, v_y) = \arg\min \sum_{(x,y)\in\Omega} \Delta^2$$

$\sum\limits_{(x,y)\in\Omega} \Delta^2$ 分别对 v_x、v_y 求偏导并使其为 0，可得

$$\left(v_x, v_y\right) = \frac{\left(s_2 s_5 - s_3 s_4, \ \ s_2 s_3 - s_1 s_5\right)}{s_1 s_4 - s_2 s_2} \tag{5-20}$$

其中

$$s_1 = \sum_{(x,y)\in\Omega} \psi_x \psi_x$$

$$s_2 = \sum_{(x,y)\in\Omega} \psi_x \psi_y$$

$$s_3 = \sum_{(x,y)\in\Omega} \psi_x \delta I$$

$$s_4 = \sum_{(x,y)\in\Omega} \psi_y \psi_y$$

$$s_5 = \sum_{(x,y)\in\Omega} \psi_y \delta I$$

因此，利用式（5-20）可以得到当前块的补偿光流(v_x, v_y)。

将式（5-15）与式（5-16）相加，可得

$$cur = \left[I_0 + I_1 + v_x\left(\frac{\partial I_0}{\partial x} - \frac{\partial I_1}{\partial x}\right) + v_y\left(\frac{\partial I_0}{\partial y} - \frac{\partial I_1}{\partial y}\right) + 1 \right]/2$$

其中，$(I_0+I_1+1)/2$ 为双向预测得到的预测值；余项为双向光流补偿值。

2. 标准实现

H.266/VVC 中对使用 BDOF 技术进行了限制，符合以下条件的 CU 使用 BDOF。

（1）参数 ph_bdof_disabled_flag 的值为 0 允许使用 BDOF。

（2）CU 的高、宽都不小于 8，且高和宽的乘积不低于 128。

（3）CU 不使用 Affine、SbTMVP、SMVD、CIIP、BCW、Slice 级加权预测等技术。

（4）CU 为双向预测模式，且前后向参考图像都是短期参考帧，对称位于当前图像两侧。

（5）CU 的参考帧不进行空域缩放。

BDOF 与 DMVR 的使用条件相似，并且都是隐性开启的。对于边长不大于 16 的子块，当 DMVR 整像素搜索过程中得到的最小 SAD 小于 $2\times W\times H$（W 和 H 分别为子块的宽和高）时，该子块不进行 BDOF。

BDOF 仅应用于亮度分量。为了限定 BDOF 的存储尺寸需求，当 CU 宽或高大于 16 时，将 CU 分成多个边长都不超过 16 的子块。BDOF 的补偿过程以 4×4 的子块进行，即为每个 4×4 子块估计一个补偿光流值，进而进行预测值补偿。每个 4×4 子块 BDOF 过程包括子块获取、子块亮度空域梯度和时域梯度计算、光流计算、补偿值计算等。

（1）子块获取。

为了计算子块的空域梯度，需要用到子块（16×16）外上、下、左、右各一行或列像素。为了降低计算复杂度，子块边界外的像素通过与其最近的整像素扩充，而 CU 内部的数据以常规 8 抽头滤波器插值产生（CU 内像素是运动估计后的像素，可以是亚像素）。

（2）子块亮度空域梯度和时域梯度计算。

空域梯度计算如下：

$$\frac{\partial I_0(i,j)}{\partial x} = (I_0(i+1,j) >> 6) - (I_0(i-1,j) >> 6)$$

$$\frac{\partial I_1(i,j)}{\partial x} = (I_1(i+1,j) >> 6) - (I_1(i-1,j) >> 6)$$

$$\frac{\partial I_0(i,j)}{\partial y} = \left(I_0(i,j+1) >> 6\right) - \left(I_0(i,j-1) >> 6\right)$$

$$\frac{\partial I_1(i,j)}{\partial y} = \left(I_1(i,j+1) >> 6\right) - \left(I_1(i,j-1) >> 6\right)$$

时域梯度计算如下：

$$\delta I = \left(I_0(i,j) >> 4\right) - \left(I_1(i,j) >> 4\right)$$

注意：为了限定 BDOF 过程中各变量的动态范围，它们的计算过程采用了不同的精度。

（3）光流计算。

视频中的运动多为水平运动，基于此 H.266/VVC 采用了简化的光流计算方法，首先设光流垂直分量 v_y 为 0，对式（5-19）求偏导计算 v_x，再将 v_x 代入式（5-19）求偏导得到 v_y，则有

$$v_x = -s_3 / s_1$$

$$v_y = -(s_5 + v_x s_2) / s_4$$

基于子块内梯度近似恒定的假设，简化自相关和互相关计算中的大量乘法操作，$s_1 \sim s_5$ 的取值计算进一步简化为

$$s_1 = \sum_{(i,j) \in \Omega} \text{abs}\left(\psi_x(i,j)\right)$$

$$s_2 = \sum_{(i,j) \in \Omega} \psi_x(i,j) \cdot \text{sign}\left(\psi_y(i,j)\right)$$

$$s_3 = \sum_{(i,j) \in \Omega} \theta(i,j) \cdot \text{sign}\left(\psi_x(i,j)\right)$$

$$s_4 = \sum_{(i,j) \in \Omega} \text{abs}\left(\psi_y(i,j)\right)$$

$$s_5 = \sum_{(i,j) \in \Omega} \theta(i,j) \cdot \text{sign}\left(\psi_y(i,j)\right)$$

其中，$\theta(i,j) = I_0 - I_1$；abs( )为求绝对值；sign( )为求正负号。

$$\psi_x(i,j) = \left(\frac{\partial I_0(i,j)}{\partial x} + \frac{\partial I_1(i,j)}{\partial x}\right) >> 1$$

$$\psi_y(i,j) = \left(\frac{\partial I_0(i,j)}{\partial y} + \frac{\partial I_1(i,j)}{\partial y}\right) >> 1$$

（4）补偿值计算。

根据得到的 (v_x, v_y)，进一步得到每个像素的光流修正值：

$$b(x,y) = v_x \left(\frac{\partial I_0(x,y)}{\partial x} - \frac{\partial I_1(x,y)}{\partial x}\right) + v_y \left(\frac{\partial I_0(x,y)}{\partial y} - \frac{\partial I_1(x,y)}{\partial y}\right)$$

最终 BDOF 修正的基于双向预测的当前 CU 的各像素值为

$$\text{pred}_{\text{BDOF}}(x,y) = \left(I_0(x,y) + I_1(x,y) + b(x,y) + 1\right) / 2$$

3. 相关语法元素

（1）SPS 层。

sps_bdof_enabled_flag：标识当前序列是否允许使用 BDOF 技术，1 表示允许使用，0 表示不允许使用。

sps_bdof_control_present_in_ph_flag：标识 PH 中是否包含 ph_bdof_disabled_flag 语法元素，1 表示包含，0 表示不包含。

（2）PH 层。

ph_bdof_disabled_flag：标识当前图像是否使用 BDOF 技术，1 表示不使用，0 表示使用。

5.8.3 基于光流的仿射预测修正

在 H.266/VVC 中，仿射运动补偿技术（仿射 Merge 模式、仿射 AMVP 模式）以 4×4 子块为处理单位，每个 4×4 子块拥有一个共用的运动矢量。而仿射运动区域，每个像素的运动矢量都不同，导致每个像素点的亮度补偿值可能还有少量偏差。

针对采用仿射运动补偿的编码块，光流预测细化（Prediction Refinement with Optical Flow，PROF）技术为 4×4 子块的每个像素计算光流补偿值，即像素运动矢量与子块运动矢量的差值，然后基于式（5-14）计算每个像素的亮度补偿值。

与针对平移运动的 BDOF 技术不同，PROF 技术针对仿射运动。BDOF 的光流补偿值由双向参考块根据光流方程计算，而 PROF 的光流补偿值是根据仿射方程直接计算得到的。

1. 基本原理

仿射运动补偿中，每个 4×4 子块的运动矢量 MV_{sb} 为子块中心点的运动矢量，由 CPMV 根据式（5-6）或式（5-7）计算得到。PROF 技术利用 CPMV 根据式（5-6）或式（5-7）计算子块内每个像素的运动矢量 $MV(i,j)$，再得到每个像素的光流补偿值 $\Delta MV(i,j) = MV(i,j) - MV_{sb}$，如图 5.32 所示。针对子块内每个像素，利用光流补偿值和空域梯度根据式（5-14）得到亮度补偿值。

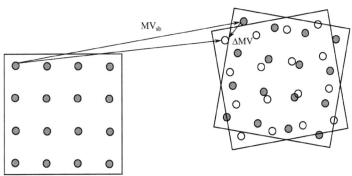

图 5.32 仿射模式中的光流补偿

2. 标准实现

H.266/VVC 对使用 PROF 技术进行了限制，符合以下条件的 CU 使用 PROF。

（1）参数 ph_prof_disabled_flag 的值为 0 时允许使用 PROF。

（2）CU 是仿射模式（仿射 Merge 模式或仿射 AMVP 模式），且各个 CPMV 不相同。

（3）fallbackModeTriggered 的值为 0，即子块运动矢量差距不过大。fallbackModeTriggered 的值为 1 时各子块分布分散，不使用 PROF 可以避免过大的内存访问带宽需求。

（4）CU 的参考帧不进行空域缩放。

PROF 技术的实现过程主要包括子块光流计算、子块亮度空域梯度计算、亮度补偿值计算等。

（1）子块光流计算。

根据式（5-6）或式（5-7），计算子块中心点位置运动矢量 MV_{sb} 和各像素位置的运动矢量 $MV(i,j)$，则子块各像素位置的光流补偿值（$\Delta v_x(i,j)$，$\Delta v_y(i,j)$）为

$$\Delta v_x(i,j) = C \cdot dx(i,j) + D \cdot dy(i,j)$$
$$\Delta v_y(i,j) = E \cdot dx(i,j) + F \cdot dy(i,j)$$
$$dx(i,j) = i - x_{sb}$$
$$dy(i,j) = j - y_{sb}$$

其中，(x_{sb}, y_{sb}) 为子块中心位置坐标；C、D、E、F 为仿射模型参数。

4 参数仿射模型时，有

$$\begin{cases} C = F = \dfrac{MV_{1,x} - MV_{0,x}}{W} \\ E = -D = \dfrac{MV_{1,y} - MV_{0,y}}{W} \end{cases} \tag{5-21}$$

6 参数仿射模型时，有

$$\begin{cases} C = \dfrac{MV_{1,x} - MV_{0,x}}{W} \\ D = \dfrac{MV_{2,x} - MV_{0,x}}{H} \\ E = \dfrac{MV_{1,y} - MV_{0,y}}{W} \\ F = \dfrac{MV_{2,y} - MV_{0,y}}{H} \end{cases} \tag{5-22}$$

其中，$(MV_{0,x}, MV_{0,y})$、$(MV_{1,x}, MV_{1,y})$、$(MV_{2,x}, MV_{2,y})$ 分别是左上、右上和左下位置的 CPMV；W 和 H 是 CU 的宽和高。

不同 4×4 子块内各个像素点相对子块中心点的位置偏移量相同。因此，不同子块相同位置像素的光流补偿值（$\Delta v_x(i,j), \Delta v_y(i,j)$）相同，一个 CU 只需要计算一个子块的光流补偿值。光流补偿值（$\Delta v_x(i,j), \Delta v_y(i,j)$）为 1/32 亮度像素精度，并且被钳位到[−31/32, 31/32]。

（2）子块亮度空域梯度计算。

子块仿射运动补偿的预测值为 $I(i,j)$，其亮度空域梯度（水平和垂直）计算方法与 BDOF 相同，包括边界扩充方式。

$$g_x(i,j) = \left(I(i+1,j) >> 6\right) - \left(I(i-1,j) >> 6\right)$$

$$g_y(i,j) = \left(I(i,j+1) >> 6\right) - \left(I(i,j-1) >> 6\right)$$

（3）亮度补偿值计算。

利用空间梯度和光流补偿值，计算每个像素的亮度补偿值。

$$\Delta I(i,j) = g_x(i,j) \cdot \Delta v_x(i,j) + g_y(i,j) \cdot \Delta v_y(i,j)$$

最终的亮度预测值为

$$I'(i,j) = I(i,j) + \Delta I(i,j)$$

3. 相关语法元素

（1）SPS 层。

sps_affine_prof_enabled_flag：标识当前序列是否允许使用 PROF 技术，1 表示允许使用，0 表示不允许使用。

sps_prof_control_present_in_ph_flag：标识 PH 层中是否包含 ph_bdof_disabled_flag 语法元素，1 表示包含，0 表示不包含。

（2）PH 层。

ph_prof_disabled_flag：标识当前图像是否使用 PROF 技术，1 表示不使用，0 表示使用。

5.9　帧间加权预测

H.266/VVC 标准采用了 Slice 级加权预测和 CU 级加权预测（Bi-Prediction with CU-Level Weight，BCW）技术。采用 Slice 级加权预测时，Slice 中所有 CU 共用同一组参数，被归为显性（Explicit）预测。当采用 BCW 时，每个 CU 利用索引确定加权值，被归为默认加权。

另外，不采用 Slice 级加权预测和 BCW 时，计算像素预测值也被归为默认加权预测（不启用 Slice 级加权预测时）。这时，采用单参考帧的帧间预测，像素预测值为

$$\text{PredSamples} = \text{Clip}\left(\text{PredSamplesL0} + \text{offset1}\right) >> \text{shift1}$$

或

$$\text{PredSamples} = \text{Clip}\left(\text{PredSamplesL1} + \text{offset1}\right) >> \text{shift1}$$

采用双向预测时，像素预测值为

$$\text{PredSamples} = \text{Clip}(\text{PredSamplesL0} + \text{PredSamplesL1} + \text{offset2}) >> \text{shift2}$$

其中，PredSamplesL0、PredSamplesL1 分别为参考列表 list0、list1 中的参考像素值。

$$shift1 = \max\left(2, 14 - bitDepth\right)$$
$$shift2 = \max\left(3, 15 - bitDepth\right)$$
$$offset1 = 1 << \left(shift1 - 1\right)$$
$$offset2 = 1 << \left(shift2 - 1\right)$$

值得注意的是，参考像素值 PredSamplesL0、PredSamplesL1 已经在分像素插值时被放大（整像素值也进行了放大），以上操作为四舍五入。

5.9.1　Slice 级加权预测

1. 基本原理

当光照强弱出现变化时，视频中相同场景会出现全局或局部的亮度变化，如拍摄过程中的光圈变化，或者人为剪辑的淡入淡出特效。在这类视频中，相邻图像内容仍然相似，但对应像素值差异较大，传统的运动补偿预测技术得到的残差较大。因此，针对这类亮度整体渐变的场景，Slice 级加权预测可以有效应对，即通过对参考图像的重建像素值做一个线性变换（以一个权重和一个偏移值定义的线性函数）得到预测值。

Slice 级加权预测既可用于单向预测，也可用于双向预测。在进行 Slice 级加权预测时，Slice 头信息中包含多组加权参数，该 Slice 内所有 CU 都采用其中一组或两组加权参数。

单向预测时，有

$$PredSamples = Clip\left(\left(\left(PredSamplesL0 \cdot w_{L0} + 2^{\log_2 W_d - 1}\right) >> \log_2 W_d\right) + o\_L0\right)$$

或

$$PredSamples = Clip\left(\left(\left(PredSamplesL1 \cdot w_{L1} + 2^{\log_2 W_d - 1}\right) >> \log_2 W_d\right) + o\_L1\right)$$

双向预测时，有

$$PredSamples = Clip\left(\left(\begin{array}{l}PredSamplesL0 \cdot w_{L0} + PredSamplesL1 \cdot w_{L1} + \\ \left(o\_L0 + o\_L1 + 1\right) << \log_2 W_d\end{array}\right) >> \left(\log_2 W_d + 1\right)\right)。$$

对亮度块，有

$$\log_2 W_d = luma\_log2\_weight\_denom + shift1$$

对色度块，有

$$\log_2 W_d = chroma\_log2\_weight\_denom + shift1$$

其中，w_{L0} 和 w_{L1} 为权值；o_L0 和 o_L1 表示相应的偏移量。为了提高预测精度，中间运算结果具有比参考像素值更高的精度，luma_log2_weight_denom、chroma_log2_weight_denom 标识加权参数提高的精度。shift1 为参考像素值在分像素插值计算过程中被提高的精度（整像素值也进行了放大）。Clip() 操作是钳位像素值在有效范围内，如 8bit 的有效值为[0, 255]，10bit 的有效值为[0, 1023]。

2. 标准实现

H.266/VVC 对使用 Slice 级加权预测技术进行了限制，符合以下条件的 CU 可以使用 Slice 级加权预测。

（1）SPS 参数 sps_weighted_pred_flag 的值为 1 时，允许 P Slice 使用 Slice 级加权预测。

（2）PPS 参数 Pps_weighted_pred_flag 的值为 1 时，相应 P Slice 使用 Slice 级加权预测。

（3）SPS 参数 sps_weighted_bipred_flag 的值为 1 时，允许 B Slice 使用 Slice 级加权预测。

（4）PPS 参数 pps_weighted_bipred_flag 的值为 1 时，相应 B Slice 使用 Slice 级加权预测。

（5）CU 不采用 DMVR。

当 PPS 语法元素 pps_wp_info_in_ph_flag 的值为 1 时，加权参数包含在图像头中，否则包含在 Slice 头中。对于 P Slice，参考图像列表 L0 中的每一参考图像都可以拥有一组加权参数。对于 B Slice，除了参考图像列表 L0，参考图像列表 L1 中每一参考帧也都可以拥有一组加权参数。亮度分量和色度分量都拥有不同的加权参数。

3. 相关语法元素

（1）SPS 层。

sps_weighted_pred_flag：标识 Slice 级加权预测是否允许 P Slice 开启，1 表示是否开启由 PPS 参数确定，0 表示不开启。

sps_weighted_bipred_flag：标识 Slice 级加权预测是否允许 B Slice 开启，1 表示是否开启由 PPS 参数确定，0 表示不开启。

（2）PPS 层。

pps_weighted_pred_flag：标识 P Slice 是否开启 Slice 级加权预测，1 表示开启，0 表示不开启。

pps_weighted_bipred_flag：标识 B Slice 是否开启 Slice 级加权预测，1 表示开启，0 表示不开启。

pps_wp_info_in_ph_flag：标识加权参数是否在图像头中，1 表示可能在图像头中而不在 Slice 头中，0 表示不在图像头中而可能在 Slice 头中。

（3）PH 层或 SH 层。

luma_log2_weight_denom：标识亮度分量加权参数的精度，其值为加权参数分母以 2 为底的对数值，取值范围为 0~7。

delta_chroma_log2_weight_denom：标识色度分量加权参数的精度，其值为加权参数分母以 2 为底的对数值与 luma_log2_weight_denom 的差值，取值范围为 0~7。

num_l0_weights：标识参考帧列表 L0 中前 num_l0_weights 个参考帧可能拥有加权参数。

luma_weight_l0_flag[i]：标识参考帧列表 L0 中参考帧 RefPicList[0][i]的亮度分量拥有加权参数。

chroma_weight_l0_flag[i]: 标识参考帧列表 L0 中参考帧 RefPicList[0][i]的色度分量拥有加权参数。

delta_luma_weight_l0[i]: 标识参考帧列表 L0 中参考帧 RefPicList[0][i]的亮度分量的权值, 权值 LumaWeightL0[i]的大小为($1 <<$ luma_log2_weight_denom)+ delta_luma_weight_l0[i]。

luma_offset_l0[i]: 标识参考帧列表 L0 中参考帧 RefPicList[0][i]的亮度分量的偏移量 luma_offset_l0[i]。

delta_chroma_weight_l0[i][j]: 标识参考帧列表 L0 中参考帧 RefPicList[0][i]的色度分量的权值, j 为 0 标识 Cb, j 为 1 标识 Cr。

delta_chroma_offset_l0[i][j]: 标识参考帧列表 L0 中参考帧 RefPicList[0][i]的色度分量的偏移量, j 为 0 标识 Cb, j 为 1 标识 Cr。

num_l1_weights、luma_weight_l1_flag[i]、chroma_weight_l1_flag[i]、delta_luma_weight_l1[i]、luma_offset_l1[i]、delta_chroma_weight_l1[i][j]、delta_chroma_offset_l1[i][j]分别标识参考帧列表 L1 中参考帧的权值信息。

5.9.2　CU 级双向加权预测

1. 基本原理

针对采用双向预测的 CU, H.266/VVC 标准引入了 CU 级双向加权预测（Bi-Prediction with CU-Level Weight, BCW）技术。BCW 技术仅针对双向预测 CU 开启, 仅使用少量预定义的权值, 并编码其索引。

当采用 BCW 技术时, 加权预测值为

$$\text{PredSamples} = \text{Clip}\left(\left(\begin{array}{l} \text{PredSamplesL0} \cdot (8-w) + \\ \text{PredSamplesL1} \cdot w + \text{offset3} \end{array}\right) >> (\text{shift1}+3)\right)$$

$$\text{offset3} = 1 << (\text{shift1}+2)$$

$$\text{shift1} = \max(2, 14 - \text{bitDepth})$$

其中, w 为权重。

2. 标准实现

H.266/VVC 对使用 BCW 技术进行了限制, 只有符合以下条件的 CU 才可以使用 BCW 技术。

（1）SPS 语法元素 sps_bcw_enabled_flag 的值为 1, 即允许使用 BCW 技术。

（2）当前 CU 是双向预测。

（3）当前 CU 的亮度分量和色度分量均不使用 Slice 级加权预测。

（4）当前编码块的宽和高的乘积不小于 256。

BCW 仅使用少量预定义的权值, 且不同配置下权值集不同。低延迟（Low Delay B）配置时, 权值集为{4, 5, 3, 10, −2}。随机接入（Random Access）配置时, 权值集为{4, 5, 3}

（是 LDB 还是 RA 配置[33]，可以通过解码器 NoBackwardPredFlag 确定）。

BCW 的权值集确定，只需要编码权值索引 bcw_idx。对于 Merge 模式的 CU，其 BCW 权值直接由 Merge 候选获取；对于仿射 Merge 模式的 CU，则使用第一个 CPMV 对应 BCW 权值。在使用 DMVR、BDOF、CIIP 模式编码的 CU 中，BCW 的权值索引为默认值 0，对应前后双向预测信号以等权值加权平均。

3. 相关语法元素

（1）SPS 层。

sps_bcw_enabled_flag：标识该视频序列是否使用 BCW，1 表示使用，0 表示不使用。

（2）CU 层。

bcw_idx：BCW 权值索引。如果不存在，则默认为 0，对应前后双向预测信号以等权值加权平均。

5.10　帧间预测模式组织结构

H.266/VVC 中使用了大量的帧间编码技术，不同帧间预测模式可以有效针对不同的内容特性，但编码选取的帧间预测模式也需要消耗更多的比特。

在 H.266/VVC 中，综合考虑帧间预测模式的联合使用规则，以及各模式利用频率的高低，帧间预测模式的组织形式如图 5.33 所示。当前 CU 采用某种预测模式时，需要依据图 5.33 中的树形结构来编码该模式的标识位。

例如，当采用常规 Merge 模式时，依次编码以下相关语法元素：

$$general\_merge\_flag = 1$$
$$merge\_subblock\_flag = 0$$
$$regular\_merge\_flag = 1$$
$$mmvd\_merge\_flag = 0$$

再如，当 B Slice 中 CU 采用 4 参数仿射 AMVP 模式时，依次编码以下相关语法元素：

$$sh\_slice\_type = B$$
$$general\_merge\_flag = 0$$
$$inter\_affine\_flag = 1$$
$$cu\_affine\_type\_flag = 0$$

另外，Skip 模式是 Merge 模式的特例，其 MV 编码复用 Merge 模式，并且可以是 MMVD、GPM、SbTMVP 和仿射 Merge 等扩展模式。由于 CU 采用 Skip 模式的概率高，因此语法元素 cu_skip_flag 在 CU 模式信息中最先出现。

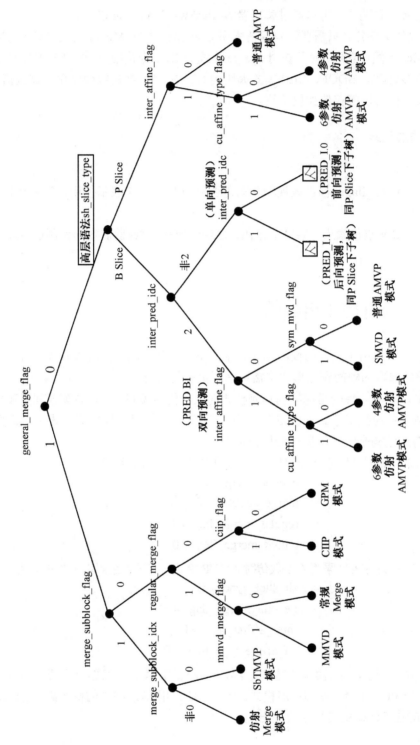

图 5.33 帧间预测模式的组织形式

参考文献

[1] ITU-T Recommendation H.266 and ISO/IEC 23090-3. Versatile Video Coding[S]. 2020.

[2] Bross B, Chen J, Ohm J R, et al. Developments in International Video Coding Standardization After AVC, With an Overview of Versatile Video Coding(VVC)[J]. Proceedings of the IEEE, 2021, 109(9): 1463-1493.

[3] ITU-T Recommendation H.261.Video Codec for Audiovisual Services at p×64 kbit/s[S]. 1990.

[4] ISO/IEC 11172-2 (MPEG-1). Information Technology-coding of Moving Pictures and Associated Audio for Digital Storage Media at up to about 1.5 Mbit/s, in Part 2: Video[S]. 1991.

[5] ISO/IEC 13818-2 (MPEG-2), ITU-T Recommendation H.262. Information Technology-Generic Coding of Moving Pictures and Associated Audio, in Part 2: Video[S]. 1994.

[6] ITU-T Recommendation H.263. Video Coding for Low Bitrates Communication[S]. 1996.

[7] ITU-T/SG16/Q15 and ITU-T. Draft for 'H.263++' annexes U, V, and W to recommendation H.263[S]. 2000.

[8] ITU-T Recommendation H.264 and ISO/IEC 14496-10. Advanced Video Coding[S]. 2003.

[9] Wiegand T, Sullivan G J, Bjøntegaard G, et al. Overview of the H.264/AVC Video Coding Standard[J]. IEEE Transactions on Circuits and Systems for Video Technology, 2003, 13(7): 560-576.

[10] ITU-T Recommendation H.265 and ISO/IEC 23008-2 (HEVC). High efficiency video coding[S]. 2013.

[11] Sullivan G J, Ohm J R, Han W J, et al. Overview of the High Efficiency Video Coding (HEVC) Standard[J]. IEEE Transactions on. Circuits and Systems for Video Technology, 2012, 22(12): 1649-1668.

[12] Sullivan G J, Wiegand T. Rate-Distortion Optimization for Video Compression[J]. IEEE Signal Processing Magazine, 1998, 15(6): 74-90.

[13] Ortega A, Ramchandran K. Rate-Distortion Methods for Image and Video Compression[J]. IEEE Signal Processing Magazine, 1998, 15(6): 23-50.

[14] HM. HEVC Test Model[OL].

[15] VTM. Versatile Video Coding[OL].

[16] Chen J, Ye Y, Kim S H. Algorithm Description for Versatile Video Coding and Test Model 12 (VTM 12)[C]. JVET-U2002, 21th JVET Meeting, Online, 2021.

[17] Chen Z, Xu J, He Y, and Zheng J. Fast Integer-pel and Fractional-pel Motion Estimation for H.264/AVC[J]. J. Vis. Commun. Image Represent., 2006(17), 264-290.

[18] Purnachand N, Alves L N, Navarro A. Improvements to TZSearch Motion Estimation Algorithm for Multiview Video Coding[C]. Proceedings of the IEEE International Conference on Systems, Signals and Image Processing (IWSSIP), Vienna, Austria, 2012.

[19] Bellifemine F, Celidonio M, Chimienti A, et al. Subpixel Accuracy in Motion Estimation for Video Coding[C]. Proceedings of the 1992 South African Symposium on Communications and Signal Processing, Cape Town, South Afria, 1992.

[20] Tourapis A M, Wu F, Li P. Direct Mode Coding for Bipredictive Slices in the H.264 Standard[J]. IEEE Transactions on Circuits and Systems for Video Technology, 2005, 15(1): 119-126.

[21] Helle P, Oudin S, Bross B, et al. Block Merging for Quadtree-based Partitioning in HEVC[J]. IEEE Transactions on Circuits and Systems for Video Technology, 2012, 22(12): 1720-1731.

[22] Lin J L, Chen Y W, Huang Y W, et al. Motion Vector Coding in the HEVC Standard[J]. IEEE Journal of Selected Topics in Signal Processing, 2013, 7(6): 1720-1731.

[23] Wang Y K, Skupin R, Hannuksela M M, et al. The High-Level Syntax of the Versatile Video Coding (VVC) Standard[J]. IEEE Transactions on Circuits and Systems for Video Technology, 2021, 31(10): 3779-3800.

[24] Zhang L, Zhang K, Liu H, et al. History-based Motion Vector Prediction in Versatile Video Coding[C]. 2019 Data Compression Conference (DCC), Snowbird, Utah, USA, 2019.

[25] Gao H, Esenlik S, Alshina E, et al. Geometric Partitioning Mode in Versatile Video Coding: Algorithm Review and Analysis[J]. IEEE Transactions on Circuits and Systems for Video Technology, 2020, 31(9): 3603-3617.

[26] Chien W J, Chen Y, Chen J, et al. Sub-block Motion Derivation for Merge Mode in HEVC[C]. Proc. SPIE Appl. Digital Image Processing, 2016.

[27] Zhang K, Chen Y W, Zhang L, et al. An Improved Framework of Affine Motion Compensation in Video Coding[J]. IEEE Transactions on. Image Processing, 2018, 28(3): 1456-1469.

[28] Kamp S, Wien M. Decoder-Side Motion Vector Derivation for Block-Based Video Coding[J]. IEEE Transactions on Circuits and Systems for Video Technology, 2012, 22(12): 1732-1745.

[29] Alshina A Alshina E. Bi-Directional Optical Flow[C]. JCTVC-C204, 3rd JCT-VC Meeting, Geneva, Switzerland, October, 2010.

[30] Luo J, He Y. Prediction Refinement with Optical Flow for Affine Mode[J]. JVET-O0070, 15th JVET Meeting, Gothenburg, Sweden, 2019.

[31] Huang Y, An J, Huang H., et al. Block Partitioning Structure in the VVC Standard[J]. IEEE Transactions on Circuits and Systems for Video Technology, 2021, 31(10): 3813-3833.

[32] Yang H, Chen H, Chen J, et al. Subblock-Based Motion Derivation and Inter Prediction Refinement in Versatile Video Coding Standard[J]. IEEE Transactions on Circuits and Systems for Video Technology, 2021, 31(10): 3862-3877.

[33] Bossen F, Boyce J, Li X, et al. Sahring, JVET Common Test Conditions and Software Reference Configurations for SDR Video[C]. JVET-N1010, 14th JVET Meeting, Geneva, switzerland, 2019.

6

第 6 章

变换编码

变换编码是指将以空间域像素形式描述的图像转换至变换域，以变换系数的形式加以表示。绝大多数图像都含有较多平坦区域和内容变化缓慢的区域，适当的变换可使图像能量在空间域的分散分布转换为在变换域的相对集中分布，从而达到去除空间冗余的目的，结合量化、熵编码等其他编码技术，可以实现对图像信息的有效压缩。

H.266/VVC 为了进一步提高变换性能，采用了多核变换选择技术（Multiple Transform Selection，MTS）、子块变换技术（Sub-Block Transform，SBT）、色度残差联合编码技术（Joint Coding of Chroma Residuals，JCCR）。针对变换后的系数，又采用了低频不可分的二次变换技术（Low Frequency Non-Separable Transform，LFNST）。本章对图像视频编码中的变换原理进行简要回顾，进而详细介绍 H.266/VVC 中使用的变换技术。

6.1 变换概述

Ahmed 和 Rao 在 1974 年提出了离散余弦变换（Discrete Cosine Transform，DCT）[1-2]。与去相关性能最优的 Karhunen-Loève（K-L）变换[3]相比，DCT 形式与输入信号无关且存在快速实现算法，并且其性能接近 K-L 变换。因此，已有图像及视频编码标准大多采用了 DCT 技术，如 JPEG、H.261、MPEG-1、H.262/MPEG-2、H.263、MPEG-4、H.264/AVC、H.265/HEVC 等。其中，H.264/AVC 首次使用了整数 DCT[4]，H.265/HEVC 沿用了 H.264/AVC 所采用的整数 DCT，并进行了不同尺寸变换形式的推广。此外，为适应不同预测方式下残差的分布情况，H.265/HEVC 还引入了离散正弦变换（Discrete Sine Transform，DST）[5]。目前，变换是构成主流混合视频编码框架的一项基本技术。

在图像和视频编码中，DCT 和 DST 被广泛使用。根据基函数的不同，DCT 和 DST 均可分为 8 种类型。离散余弦变换 Type Ⅱ（记为 DCT-Ⅱ）因其较低的计算复杂度和相对高的编码效率，一直是主流视频编码标准的核心变换技术。

H.266/VVC 同时采用了 DCT 和 DST，并且采用了多种基函数的变换形式。本节将分别介绍 DCT 和 DST 及其整数化技术，并简单介绍 H.266/VVC 变换模块工作的整体流程。

6.1.1 离散余弦变换

傅里叶变换表明，任何周期信号都能表示为多个不同振幅和频率的正弦信号或余弦信号的叠加。若分解时采用的基函数是余弦函数，则分解过程称为余弦变换（Cosine Transform）；若输入信号离散，则称为 DCT。数学上存在 8 类 DCT[6]，其一维形式如下所示。

Ⅰ类：

$$X(k) = \sqrt{\frac{2}{N}} \varepsilon_k \sum_{n=0}^{N} \varepsilon_n x(n) \cos\left[\frac{kn\pi}{N}\right], \quad k = 0,1,\cdots,N$$

Ⅱ类：

$$X(k) = \sqrt{\frac{2}{N}} \varepsilon_k \sum_{n=0}^{N-1} x(n) \cos\left[\frac{k(2n+1)\pi}{2N}\right], \quad k = 0,1,\cdots,N-1$$

Ⅲ类：

$$X(k) = \sqrt{\frac{2}{N}} \sum_{n=0}^{N-1} \varepsilon_n x(n) \cos\left[\frac{(2k+1)n\pi}{2N}\right], \quad k = 0,1,\cdots,N-1$$

Ⅳ类：

$$X(k) = \sqrt{\frac{2}{N}} \sum_{n=0}^{N-1} x(n) \cos\left[\frac{(2k+1)(2n+1)\pi}{4N}\right], \quad k = 0,1,\cdots,N-1$$

Ⅴ类：

$$X(k) = \frac{2}{\sqrt{2N-1}} \varepsilon_k \sum_{n=0}^{N-1} \varepsilon_n x(n) \cos\left[\frac{2kn\pi}{2N-1}\right], \quad k = 0,1,\cdots,N-1$$

Ⅵ类：

$$X(k) = \frac{2}{\sqrt{2N-1}} \varepsilon_k \sum_{n=0}^{N-1} \eta_n x(n) \cos\left[\frac{k(2n+1)\pi}{2N-1}\right], \quad k = 0,1,\cdots,N-1$$

Ⅶ类：

$$X(k) = \frac{2}{\sqrt{2N-1}} \eta_k \sum_{n=0}^{N-1} \varepsilon_n x(n) \cos\left[\frac{(2k+1)n\pi}{2N-1}\right], \quad k = 0,1,\cdots,N-1$$

Ⅷ类：

$$X(k) = \frac{2}{\sqrt{2N-1}} \sum_{n=0}^{N-2} x(n) \cos\left[\frac{(2k+1)(2n+1)\pi}{4N-2}\right], \quad k = 0,1,\cdots,N-2$$

在以上各式中

$$\varepsilon_p = \begin{cases} \dfrac{1}{\sqrt{2}}, & p = 0\text{或}N \\ 1, & \text{其他} \end{cases}, \quad \eta_p = \begin{cases} \dfrac{1}{\sqrt{2}}, & p = N-1 \\ 1, & \text{其他} \end{cases}$$

在上述 8 类 DCT 中，前 4 类对应于偶数阶的实偶 DFT，后 4 类对应于奇数阶的实偶 DFT。其中，DCT-Ⅱ应用非常广泛，如在图像、音视频编码等多媒体信号处理领域得到了很好的应用。H.266/VVC 除了采用 DCT-Ⅱ，还采用了 DCT-Ⅷ。

下面我们以 DCT-Ⅱ为例介绍 DCT 的基本原理。

一维 DCT-Ⅱ的公式为

$$X(k) = \sqrt{\frac{2}{N}} \varepsilon_k \sum_{n=0}^{N-1} x(n) \cos\left[\frac{k(2n+1)\pi}{2N}\right] = \sum_{n=0}^{N-1} x(n) c(k,n)$$

$$c(k,n) = \sqrt{\frac{2}{N}} \varepsilon_k \cos\left(\frac{k(2n+1)\pi}{2N}\right)$$

$$k = 0,1,\cdots,N-1$$

DCT 提供了一种在频域中处理和分析信号的方法。$x(n)$为时域上一个长度为 N 的实数序列。由上述公式不难看出，$X(k)$就是在频率 k 下序列各点对应余弦项的累加和。当 $k=0$ 时，无论 n 取何值，式中各点对应余弦项均为 1，此时所得结果 $X(0)$与 $x(n)$的和成正比，将其称为信号的"直流"（Direct Current，DC）分量。当 $k>0$ 时，$X(k)$反映了 $x(n)$在不同频率下的变化情况，将其称为信号的"交流"（Alternate Current，AC）分量。随着 k 的增大，余弦函数值的变化越来越快。此外，需要注意的是，DCT 系数有可能取负值。例如，当 $x(n)$平均值小于零时，DC 系数为负值；当 $x(n)$和某一基函数频率相同，但相位相差半个周期时，AC 系数为负值。

在图像、视频编码中，主要使用二维 DCT，二维 DCT-Ⅱ对应的公式为

$$X(k,l) = C(k)C(l) \sum_{m=0}^{N-1}\sum_{n=0}^{N-1} x(m,n) \cos\left[\frac{(2m+1)k\pi}{2N}\right] \cos\left[\frac{(2n+1)l\pi}{2N}\right]$$

$$C(k) = C(l) = \begin{cases} \sqrt{\dfrac{1}{N}}, & k,l = 0 \\ \sqrt{\dfrac{2}{N}}, & \text{其他} \end{cases}$$

$$k,l = 0,1,\cdots,N-1$$

图 6.1 给出了二维 4×4 的 DCT-Ⅱ基图像。当 $k = 0$，$l = 0$ 时，水平分量和垂直分量的频率都等于 0，即左上角的基图像，此时图像平坦，在任何方向上都没有灰度值的变化。其余小图像分别对应于不同水平和垂直空间频率的基图像，如基图像右下角小图像对应于最大的水平频率和垂直频率，这里像素灰度在水平方向和垂直方向上发生连续变化。简而言之，4×4 的 DCT-Ⅱ可以解释为：将一个 4×4 像素块表示为如图 6.1 所示的 16 个基图像的加权和，其权值即对应位置的 DCT 系数。对于不同类型的 DCT，其基图像不同，基图像的分布与原图像越相似，变换性能越好。

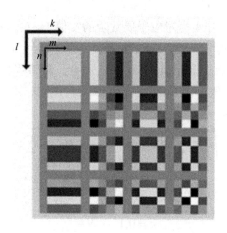

图 6.1　二维 4×4 的 DCT-Ⅱ基图像

对于像素值缓慢变化的像素块而言，经过 DCT 后绝大部分能量都集中在左上角的低频区域；相反，如果像素块包含较多细节纹理信息，则较多能量分散在高频区域。实际上，大多数图像包含更多的低频分量，并且可以利用人眼对图像高频细节相对不敏感的特性，对低频系数进行较为精细的量化和处理，而对高频系数进行粗略的量化或掩盖。这样可以较好地压缩图像，而主观上又不会造成视频质量的明显下降。

6.1.2　整数离散余弦变换

在使用 DCT 时，余弦函数的使用使 DCT 过程必须处理浮点数，这样不可避免地会带来舍入误差及编/解码端正反变换失配的问题。针对这些问题，从 H.264/AVC 标准开始，就使用了整数 DCT[7]技术，这一技术不但解决了舍入误差及编/解码端失配的问题，而且整型数的使用使 DCT 的处理速度大为提高。

H.266/VVC 沿用了 H.265/HEVC 所采用的整数 DCT 技术，并且将变换的尺寸扩展到了 64×64（DCT-Ⅱ）。下面以 H.266/VVC 的 4×4 整数 DCT-Ⅱ为例来介绍整数 DCT 技术。

二维 4×4 的 DCT-Ⅱ公式为

$$Y(k,l) = C(k)C(l)\sum_{m=0}^{3}\sum_{n=0}^{3}x(m,n)\cos\left[\frac{(2m+1)k\pi}{8}\right]\cos\left[\frac{(2n+1)l\pi}{8}\right] \tag{6-1}$$

$$C(k) = C(l) = \begin{cases} \dfrac{1}{2}, & k,l = 0 \\[2mm] \dfrac{1}{\sqrt{2}}, & k,l = 1,2,3 \end{cases}$$

$$k,l = 0,1,2,3$$

将式（6-1）变形可得

$$Y(k,l) = C(k)\sum_{m=0}^{3}\left(C(l)\sum_{n=0}^{3}x(m,n)\cos\left[\frac{(2n+1)l\pi}{8}\right]\right)\cos\left[\frac{(2m+1)k\pi}{8}\right]$$

记圆括号中的部分为 $Z(m,l)$，则上式可以分解为

$$Z(m,l) = C(l)\sum_{n=0}^{3}x(m,n)\cos\left[\frac{(2n+1)l\pi}{8}\right]$$

$$Y(k,l) = C(k)\sum_{m=0}^{3}Z(m,l)\cos\left[\frac{(2m+1)k\pi}{8}\right]$$

可以看出，二维 DCT 可以分解为两个一维 DCT，即先对像素块的列（或行）做一维 DCT，再对行（或列）做一维 DCT。现将一维 DCT 写成如下矩阵形式。

$$\boldsymbol{Y} = \boldsymbol{A}\boldsymbol{X}$$

其中，$\boldsymbol{X}$ 表示原始像素块；$\boldsymbol{Y}$ 表示变换后的 DCT 系数矩阵。定义 $A_{m,k}$ 为

$$A_{m,k} = C(k)\cos\left[\frac{(2m+1)k\pi}{8}\right], \quad m,k = 0,1,2,3$$

将 $\{A_{m,k}\}$ 写成矩阵形式，利用余弦函数的周期性，有

$$\boldsymbol{A} = \begin{bmatrix} \frac{1}{2}\cos 0 & \frac{1}{2}\cos 0 & \frac{1}{2}\cos 0 & \frac{1}{2}\cos 0 \\ \frac{1}{\sqrt{2}}\cos\frac{\pi}{8} & \frac{1}{\sqrt{2}}\cos\frac{3\pi}{8} & \frac{1}{\sqrt{2}}\cos\frac{5\pi}{8} & \frac{1}{\sqrt{2}}\cos\frac{7\pi}{8} \\ \frac{1}{\sqrt{2}}\cos\frac{2\pi}{8} & \frac{1}{\sqrt{2}}\cos\frac{6\pi}{8} & \frac{1}{\sqrt{2}}\cos\frac{10\pi}{8} & \frac{1}{\sqrt{2}}\cos\frac{14\pi}{8} \\ \frac{1}{\sqrt{2}}\cos\frac{3\pi}{8} & \frac{1}{\sqrt{2}}\cos\frac{9\pi}{8} & \frac{1}{\sqrt{2}}\cos\frac{15\pi}{8} & \frac{1}{\sqrt{2}}\cos\frac{21\pi}{8} \end{bmatrix}$$

$$= \begin{bmatrix} \frac{1}{2} & \frac{1}{2} & \frac{1}{2} & \frac{1}{2} \\ \frac{1}{\sqrt{2}}\cos\frac{\pi}{8} & \frac{1}{\sqrt{2}}\cos\frac{3\pi}{8} & -\frac{1}{\sqrt{2}}\cos\frac{3\pi}{8} & -\frac{1}{\sqrt{2}}\cos\frac{\pi}{8} \\ \frac{1}{2} & -\frac{1}{2} & -\frac{1}{2} & \frac{1}{2} \\ \frac{1}{\sqrt{2}}\cos\frac{3\pi}{8} & -\frac{1}{\sqrt{2}}\cos\frac{\pi}{8} & \frac{1}{\sqrt{2}}\cos\frac{\pi}{8} & -\frac{1}{\sqrt{2}}\cos\frac{3\pi}{8} \end{bmatrix}$$

令

$$a = \frac{1}{2}, \quad b = \frac{1}{\sqrt{2}}\cos\frac{\pi}{8}, \quad c = \frac{1}{\sqrt{2}}\cos\frac{3\pi}{8}$$

则有

$$\boldsymbol{A} = \begin{bmatrix} a & a & a & a \\ b & c & -c & -b \\ a & -a & -a & a \\ c & -b & b & -c \end{bmatrix}$$

对上式中的 a、b、c 同时乘以 128 并整数化（四舍五入），可得

$$a = 64, \quad b \approx 84, \quad c \approx 35$$

为保持正交性，矩阵 A 须满足 $AA^T=E$，即满足

$$2a^2 = b^2 + c^2$$

再对 b 和 c 做微量调整，可得

$$b = 83, \quad c = 36$$

则最终的变换矩阵为

$$A_4 = \begin{bmatrix} 64 & 64 & 64 & 64 \\ 83 & 36 & -36 & -83 \\ 64 & -64 & -64 & 64 \\ 36 & -83 & 83 & -36 \end{bmatrix}$$

H.266/VCC 中 4×4 整数 DCT 公式为

$$Y = \left(A_4 X A_4{}^T \right) \times \frac{1}{128} \times \frac{1}{128}$$

$$= \left(\begin{bmatrix} 64 & 64 & 64 & 64 \\ 83 & 36 & -36 & -83 \\ 64 & -64 & -64 & 64 \\ 36 & -83 & 83 & -36 \end{bmatrix} X \begin{bmatrix} 64 & 83 & 64 & 36 \\ 64 & 36 & -64 & -83 \\ 64 & -36 & -64 & 83 \\ 64 & -83 & 64 & -36 \end{bmatrix} \right) \times \frac{1}{128} \times \frac{1}{128} \quad (6\text{-}2)$$

式（6-2）中的 $\frac{1}{128}$ 被称为修正系数，乘以 $\frac{1}{128}$ 的原因是在整数化过程中两个一维变换矩阵的值均扩大了 128 倍。该乘法操作会在后续的量化过程中进行。

H.266/VVC 还使用了 8 点、16 点、32 点和 64 点 4 种尺寸的整数 DCT-Ⅱ，这 4 种整数 DCT-Ⅱ 的推导方法与 4 点的相同，唯一的区别在于矩阵元素整数化时放大的倍数不同。下面给出 H.266/VVC 中 8×8 整数 DCT-Ⅱ 的变换矩阵，16×16、32×32、64×64 变换矩阵参见 H.266/VVC 标准[8]。

$$A_8 = \begin{bmatrix} 64 & 64 & 64 & 64 & 64 & 64 & 64 & 64 \\ 89 & 75 & 50 & 18 & -18 & -50 & -75 & -89 \\ 83 & 36 & -36 & -83 & -83 & -36 & 36 & 83 \\ 75 & -18 & -89 & -50 & 50 & 89 & 18 & -75 \\ 64 & -64 & -64 & 64 & 64 & -64 & -64 & 64 \\ 50 & -89 & 18 & 75 & -75 & -18 & 89 & -50 \\ 36 & -83 & 83 & -36 & -36 & 83 & -83 & 36 \\ 18 & -50 & 75 & -89 & 89 & -75 & 50 & -18 \end{bmatrix}$$

可以看出，8×8 整数 DCT-Ⅱ 变换矩阵第 0、2、4、6 行前 4 个元素恰好组成了 4×4 整数 DCT 矩阵。事实上，类似的规律也存在于其他大小的变换矩阵中。例如，32×32 矩阵偶数行（首行为第 0 行）前一半元素可组成 16×16 变换矩阵，32×32 矩阵第 0、4、8、12、16、20、24、28 行前 8 个元素可组成 8×8 变换矩阵，等等。这些规律得益于不同大小的变换矩阵在整数化时放大的倍数满足一定条件，使得放大后各个矩阵元素值的大小相同。该条件可具体描述为：$N \times N$ 的变换矩阵整数化时放大倍数为 $64\sqrt{N}$，利用该规律可以开发出

具有统一形式的整数 DCT 蝶形算法。

　　DCT-Ⅷ的整数化技术和 DCT-Ⅱ类似，对 $N×N$ 的变换矩阵在整数化时通过乘以 $64\sqrt{N}$ 进行放大。需要注意的是，DCT-Ⅷ整数化后的变换矩阵并没有 DCT-Ⅱ整数化后变换矩阵的规律，即无法从更大的变换矩阵中获得小的变换矩阵。H.266/VVC 支持 4 点、8 点、16 点和 32 点 4 种尺寸的整数 DCT-Ⅷ变换。

6.1.3　离散正弦变换

　　与 DCT 原理相似，在信号分解过程中，若采用正弦信号作为基函数，则分解称为正弦变换（Sine Transform）；若输入信号离散，则称为 DST。与 DCT 类似，DST 也存在 8 种类型。

　　Ⅰ类：

$$X(k)=\sqrt{\frac{2}{N}}\sum_{n=1}^{N-1}x(n)\sin\left[\frac{kn\pi}{N}\right],\quad k=1,2,\cdots,N-1$$

　　Ⅱ类：

$$X(k)=\sqrt{\frac{2}{N}}\varepsilon_k\sum_{n=1}^{N}x(n)\sin\left[\frac{k(2n-1)\pi}{2N}\right],\quad k=1,2,\cdots,N$$

　　Ⅲ类：

$$X(k)=\sqrt{\frac{2}{N}}\sum_{n=1}^{N}\varepsilon_n x(n)\sin\left[\frac{(2k-1)n\pi}{2N}\right],\quad k=1,2,\cdots,N$$

　　Ⅳ类：

$$X(k)=\sqrt{\frac{2}{N}}\sum_{n=1}^{N-1}x(n)\sin\left[\frac{(2k+1)(2n+1)\pi}{4N}\right],\quad k=1,2,\cdots,N$$

　　Ⅴ类：

$$X(k)=\frac{2}{\sqrt{2N-1}}\sum_{n=1}^{N-1}x(n)\sin\left[\frac{2kn\pi}{2N-1}\right],\quad k=1,2,\cdots,N-1$$

　　Ⅵ类：

$$X(k)=\frac{2}{\sqrt{2N-1}}\sum_{n=1}^{N-1}x(n)\sin\left[\frac{k(2n-1)\pi}{2N-1}\right],\quad k=1,2,\cdots,N-1$$

　　Ⅶ类：

$$X(k)=\frac{2}{\sqrt{2N-1}}\sum_{n=1}^{N-1}x(n)\sin\left[\frac{(2k-1)n\pi}{2N-1}\right],\quad k=1,2,\cdots,N-1$$

　　Ⅷ类：

$$X(k)=\frac{2}{\sqrt{2N-1}}\eta_k\sum_{n=1}^{N-1}\eta_n x(n)\sin\left[\frac{(2k+1)(2n+1)\pi}{4N-2}\right],\quad k=1,2,\cdots,N$$

在以上各式中

$$\varepsilon_p = \begin{cases} \dfrac{1}{\sqrt{2}}, & p = 0\text{或}N \\ 1, & \text{其他} \end{cases}, \quad \eta_p = \begin{cases} \dfrac{1}{\sqrt{2}}, & p = N-1 \\ 1, & \text{其他} \end{cases}$$

在上述 8 类 DST 中，前 4 类对应于偶数阶的实奇 DFT，后 4 类对应于奇数阶的实奇 DFT。H.266/VVC 使用的是Ⅶ类 DST，记为 DST-Ⅶ。其二维形式为

$$X(k,l) = C(k)C(l) \sum_{m=1}^{N-1} \sum_{n=1}^{N-1} x(m,n) \sin\left[\frac{(2k-1)m\pi}{2N-1}\right] \sin\left[\frac{(2l-1)n\pi}{2N-1}\right]$$

$$C(k) = C(l) = \frac{2}{\sqrt{2N-1}}$$

$$k,l = 1,2,\cdots,N-1$$

其逆变换对应于Ⅵ类 DST，二维形式为

$$x(m,n) = \sum_{k=1}^{N-1} \sum_{l=1}^{N-1} C(k)C(l)X(k,l) \sin\left[\frac{(2k-1)m\pi}{2N-1}\right] \sin\left[\frac{(2l-1)n\pi}{2N-1}\right]$$

$$m,n = 1,2,\cdots,N-1$$

6.1.4　整数离散正弦变换

整数 DST 仍然可以解决浮点运算的舍入误差，并大大降低计算复杂度。H.266/VVC 标准采用了 4 点、8 点、16 点、32 点的整数 DST-Ⅶ。下面以 4 点整数 DST-Ⅶ为例推导 H.266/VVC 所采用的整数 DST 技术。二维 4×4DST-Ⅶ公式为

$$Y(k,l) = C(k)C(l) \sum_{m=1}^{4} \sum_{n=1}^{4} x(m,n) \sin\left[\frac{(2k-1)m\pi}{9}\right] \sin\left[\frac{(2l-1)n\pi}{9}\right]$$

$$k,l = 1,2,3,4$$

其中，

$$C(k) = C(l) = \frac{2}{3}$$

与 DCT 相似，DST 也是可分变换，其一维变换可以表示为

$$Y = BX$$

其中，X 为原始像素块；Y 为变换后的 DST 系数矩阵。定义 $B_{m,k}$ 为

$$B_{m,k} = C(k) \sin\left[\frac{(2k-1)m\pi}{9}\right], \quad m,k = 1,2,3,4$$

将 $\{B_{m,k}\}$ 写成矩阵形式，利用正弦函数的周期性，有

$$\boldsymbol{B} = \frac{2}{3} \times \begin{bmatrix} \sin\dfrac{\pi}{9} & \sin\dfrac{2\pi}{9} & \sin\dfrac{3\pi}{9} & \sin\dfrac{4\pi}{9} \\ \sin\dfrac{3\pi}{9} & \sin\dfrac{6\pi}{9} & \sin\dfrac{9\pi}{9} & \sin\dfrac{12\pi}{9} \\ \sin\dfrac{5\pi}{9} & \sin\dfrac{10\pi}{9} & \sin\dfrac{15\pi}{9} & \sin\dfrac{20\pi}{9} \\ \sin\dfrac{7\pi}{9} & \sin\dfrac{14\pi}{9} & \sin\dfrac{21\pi}{9} & \sin\dfrac{28\pi}{9} \end{bmatrix}$$

$$= \frac{2}{3} \times \begin{bmatrix} \sin\dfrac{\pi}{9} & \sin\dfrac{2\pi}{9} & \sin\dfrac{3\pi}{9} & \sin\dfrac{4\pi}{9} \\ \sin\dfrac{3\pi}{9} & \sin\dfrac{3\pi}{9} & 0 & -\sin\dfrac{3\pi}{9} \\ \sin\dfrac{4\pi}{9} & -\sin\dfrac{\pi}{9} & -\sin\dfrac{3\pi}{9} & \sin\dfrac{2\pi}{9} \\ \sin\dfrac{2\pi}{9} & -\sin\dfrac{4\pi}{9} & \sin\dfrac{3\pi}{9} & -\sin\dfrac{\pi}{9} \end{bmatrix}$$

令 $a = \dfrac{2}{3}\sin\dfrac{\pi}{9}$，$b = \dfrac{2}{3}\sin\dfrac{2\pi}{9}$，$c = \dfrac{2}{3}\sin\dfrac{3\pi}{9}$，$d = \dfrac{2}{3}\sin\dfrac{4\pi}{9}$，则

$$\boldsymbol{B} = \begin{bmatrix} a & b & c & d \\ c & c & 0 & -c \\ d & -a & -c & b \\ b & -d & c & -a \end{bmatrix}$$

对上式的 a、b、c、d 同时乘以 128 并整数化（四舍五入），可得

$$a \approx 29, \quad b \approx 55, \quad c \approx 74, \quad d \approx 84$$

最终的变换矩阵为

$$\boldsymbol{B} = \begin{bmatrix} 29 & 55 & 74 & 84 \\ 74 & 74 & 0 & -74 \\ 84 & -29 & -74 & 55 \\ 55 & -84 & 74 & -29 \end{bmatrix}$$

综上，H.266/VVC 中的 4×4 整数 DST 公式为

$$\begin{aligned} \boldsymbol{Y} &= \left(\boldsymbol{B}_4 \boldsymbol{X} \boldsymbol{B}_4^{\mathrm{T}}\right) \times \frac{1}{128} \times \frac{1}{128} \\ &= \left(\begin{bmatrix} 29 & 55 & 74 & 84 \\ 74 & 74 & 0 & -74 \\ 84 & -29 & -74 & 55 \\ 55 & -84 & 74 & -29 \end{bmatrix} \boldsymbol{X} \begin{bmatrix} 29 & 74 & 84 & 55 \\ 55 & 74 & -29 & -84 \\ 74 & 0 & -74 & 74 \\ 84 & -74 & 55 & -29 \end{bmatrix} \right) \times \frac{1}{128} \times \frac{1}{128} \end{aligned} \tag{6-3}$$

与整数 DCT 相同，整数 DST 也将式（6-3）中的比例缩放 "$\times\dfrac{1}{128}\times\dfrac{1}{128}$" 部分与量化一同进行。

6.1.5　H.266/VVC 变换编码概述

相较于 H.265/HEVC 而言，H.266/VVC 摒弃了独立于编码单元（CU）的变换单元（TU），即 TU 与 CU 一致，不再进行区分，除非 CU 的尺寸大于最大变换块尺寸（详见 3.8 节）。为了应对更高分辨率视频的需求，H.266/VVC 支持的亮度变换块尺寸最大可达 64×64（仅DCT-Ⅱ），并且 H.266/VVC 支持的变换尺寸更加灵活，支持 $M \times N$ 变换（M、N 分别可取4、8、16、32、64），亮度变换块最大尺寸可在 SPS 层根据需求进行设置。

H.266/VVC 的变换编码模块采用的新技术有多核变换选择（MTS）、子块变换（SBT）、色度残差联合编码（JCCR）和低频不可分变换（LFNST）等[9]。多核变换选择技术提供了4 种变换核组合，以适应图像的不同残差特性，适用于帧内和帧间的亮度块，支持 4 点、8点、16 点和 32 点的变换尺寸。子块变换技术只针对 CU 的子块（局部 1/2 或 1/4 区域）进行变换及后续处理，其他部分残差信号直接置 0，这样可以高效应对帧间预测残差分布的局部性。色度残差联合编码能针对 YCbCr 格式的两个色度分量进行旋转变换处理，可以去除分量间的相关性。低频不可分变换技术可采用特定的变换矩阵对变换系数进行二次变换，达到进一步去除变换域冗余的目的。

H.266/VVC 编码端变换模块如图 6.2 所示。对于选择进行变换的情况（也可以选择跳过变换模块），首先输入残差信号进行主变换，然后可能进行二次变换。主变换可选择常规的 DCT-Ⅱ变换核或 MTS 中的一种变换核组合。在帧间情况下，先判断 CU 是否进行SBT，即判断 cu_sbt_flag 是否为 1。若 cu_sbt_flag 为 1，则进入隐式 MTS，变换核选择规则按照 SBT 的默认方式进行。当主变换采用 DCT-Ⅱ变换核时，其变换系数可进一步选择使用低频不可分变换技术进行二次变换。

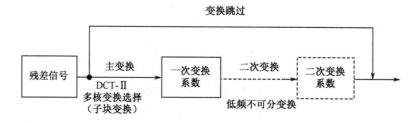

图 6.2　H.266/VVC 编码端变换模块

6.2　主变换

主变换是变换的核心部分，H.266/VVC 除了沿用传统的 DCT-Ⅱ变换，还采用了多核变换选择、高频调零、子块变换等技术。针对两个色度分量，常规的主变换之前还可以使用色度残差联合编码技术。

6.2.1 主变换的基本原理

1. 多核变换选择

在视频编码中，受预测模式的影响，预测残差会具有不同特性[10]。例如，在通常情况下，帧内预测残差沿帧内预测方向随着与参考点距离的增大而增大；帧间预测残差越接近 CU 边缘越大。表 6.1 总结了 DCT-II、DST-VII、DCT-VIII 这 3 种变换核的变换特性。因此，DST-VII 可以用来处理帧内预测残差沿预测方向增大这个问题，DST-VII 和 DCT-VIII 的联合使用可以用来处理帧间预测 CU 边缘残差系数大的问题。

表 6.1 3 种变换核的变换特性

变换类型	特　点
DCT-II	适合平坦的残差分布
DST-VII	适合递增的残差分布
DCT-VIII	适合递减的残差分布

为了引入更多的方向性，H.266/VVC 在水平方向和垂直方向分别应用 DST-VII 和 DCT-VIII，从而有了 4 种不同的变换核组合，这 4 种变换核组合的基图像的低频分量如图 6.3 所示，从左到右依次是：水平 DST-VII 和垂直 DST-VII，水平 DST-VII 和垂直 DCT-VIII，水平 DCT-VIII 和垂直 DST-VII，水平 DCT-VIII 和垂直 DCT-VIII。

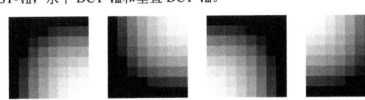

图 6.3　在水平方向和垂直方向分别应用 DST-VII 和 DCT-VIII 的 4 种变换核组合的基图像的低频分量

多核变换选择就是引入了这 4 种变换核组合，并且其与传统的 DCT-II 变换核一起作为主变换的候选，以适应不同的内容特性。

2. 高频调零

在 H.266/VVC 中，DCT-II 允许变换块的最大尺寸是 64×64，DST-VII 和 DCT-VIII 允许变换块的最大尺寸是 32×32。对于尺寸为 $M×N$（M 为行，N 为列，分别表示高和宽）的变换块，如果 M 或 N 等于最大允许尺寸，则将变换后的部分高频系数置为 0，仅保留低频系数。该技术称为高频调零技术，具体处理方法如下。

对于 DCT-II 变换：当 $M = 64$ 时，只保留最上方的 32 行变换系数，其余系数置为 0；当 $N = 64$ 时，只保留最左侧的 32 列变换系数，其余系数置为 0。如图 6.4 所示，采用 DCT-II 的 64×64 的变换块，变换后最终只保留其左上角 32×32 部分的系数。

对于 DST-Ⅶ和 DCT-Ⅷ：当 $M = 32$ 时，只保留最上方的 16 行变换系数，其余系数置为 0；当 $N = 32$ 时，只保留最左侧的 16 列变换系数，其余系数置为 0。

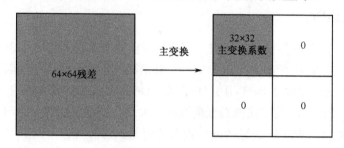

图 6.4　64×64 尺寸 DCT-Ⅱ的高频调零

3. 子块变换

当同一 CU 包含不同内容时，由于运动补偿能力不同，不同区域的预测残差可能不同。针对采用帧间预测的 CU，H.266/VVC 允许采用 SBT 技术，仅对 CU 部分区域的预测残差进行变换。SBT 基本原理如图 6.5 所示，将 CU 划分为两个 TU，只对其中一个 TU 的预测残差进行变换、量化等，另一个 TU 的预测残差强制置 0 并不再处理。对于选中的 TU，根据其划分方式与所选位置的信息可以唯一确定一个变换核。

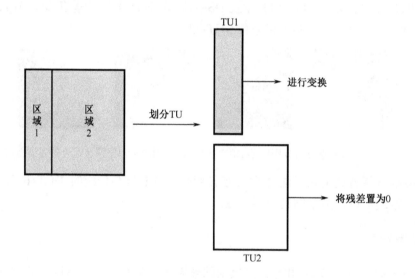

图 6.5　SBT 基本原理

4. 色度残差联合编码

前述的变换技术都可以归为空域变换，用于对单一分量进行处理。H.266/VVC 使用了色度残差联合编码（Joint Coding of Chroma Residuals，JCCR）[11]技术来降低色度分量之间的相关性，采用 JCCR 的编解码框架如图 6.6 所示，在传统的空间变换前，先对 Cb、Cr 分量使用分量间变换（Inter-Component Transform，ICT）技术。

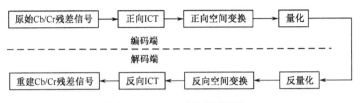

图 6.6　JCCR 的编解码框架

分量间变换是对相同位置的两个色度分量进行变换，目的是去除色度分量间的相关性，所用变换是旋转变换。YCbCr 格式视频中 Cb、Cr 分量间旋转变换如图 6.7 所示，R_{cb} 表示 Cb 分量残差信号，R_{cr} 表示 Cr 分量残差信号，经过正向旋转变换后，分别得到 R_1 和 R_2 分量信号，α 为旋转角度。

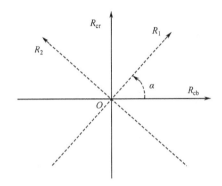

图 6.7　Cb、Cr 分量间旋转变换

编码端的正向旋转变换表达式为

$$\begin{pmatrix} R_1 \\ R_2 \end{pmatrix} = T_\alpha \begin{pmatrix} R_{cb} \\ R_{cr} \end{pmatrix}$$

其中，$T_\alpha = \beta_\alpha \begin{pmatrix} \cos(\alpha) & \sin(\alpha) \\ -\sin(\alpha) & \cos(\alpha) \end{pmatrix}$，$\beta_\alpha = \max\left(\left|\cos(\alpha)\right|, \left|\sin(\alpha)\right|\right)$

解码端的逆向旋转变换表达式为

$$\begin{pmatrix} R_{cb}{}' \\ R_{cr}{}' \end{pmatrix} = T_\alpha^{-1} \begin{pmatrix} R_1 \\ R_2 \end{pmatrix}$$

需要特别说明的是，在 H.266/VVC 中，R_2 分量被强制置 0，所以在解码端恢复的 $R_{cb}{}'$ 和 $R_{cr}{}'$ 其实都来自同一分量 R_1。

6.2.2　主变换的标准实现

1. 多核变换选择

在 H.266/VCC 中，多核变换选择 MTS 分为隐式 MTS（Implicit MTS）和显式 MTS

（Explicit MTS）。两者区别在于显式 MTS 需要使用显示变量来标识对变换核的选择，而隐式 MTS 则根据固定规则推断确定 MTS 变换核。SPS 层的 sps_mts_enabled_flag 标识是否允许使用 MTS，若为 1，则进一步传输以下两个标识，即 sps_explicit_mts_intra_enabled_flag 和 sps_explicit_mts_inter_enabled_flag 分别标识帧内和帧间显式 MTS 的启用与否。

当允许使用 MTS 且满足以下 3 个条件中的任意一个或多个时，都会启用隐式 MTS：

（1）当前 CU 的 ISP 为水平划分或垂直划分；

（2）当前 CU 使用了 SBT，并且 CU 宽和高的最大值不超过 32；

（3）帧内显式 MTS 被禁用，CU 预测模式为帧内预测模式，不启用低频不可分变换，且不启用帧内 MIP。

当启用隐式 MTS 时，使用的变换核按照一定规则选取，不显式表示。选择规则如下：

（1）若当前 CU 使用 SBT，则变换核的选择取决于子块的划分方式与选取的子块位置，详见 SBT 部分；

（2）若当前 CU 不启用 SBT，则水平方向和垂直方向变换核选择与变换块尺寸有关，若变换块宽/高大于或等于 4，并且小于或等于 16，则水平/垂直变换核选择 DST-Ⅶ，否则选择 DCT-Ⅱ。

当启用显式 MTS 时，CU 层的 mts_idx 标识 MTS 所选最优变换核，mts_idx 与变换核之间的对应关系如表 6.2 所示。当 mts_idx 等于 0 时，水平变换核和垂直变换核均使用 DCT-Ⅱ；当 mts_idx 等于 1 时，水平变换核和垂直变换核均使用 DST-Ⅶ；当 mts_idx 等于 2 时，水平变换核使用 DCT-Ⅷ，垂直变换核使用 DST-Ⅶ；当 mts_idx 等于 3 时，水平变换核使用 DST-Ⅶ，垂直变换核使用 DCT-Ⅷ；当 mts_idx 等于 4 时，水平变换核和垂直变换核均使用 DCT-Ⅷ。此时，编码器可利用率失真优化选择最优变换核。H.266/VVC 规定了一些情况不传输 mts_idx，此时 mts_idx 设为 0：ISP 为水平划分或垂直划分；启用了二次低频不可分变换等。

表 6.2　mtx_idx 与变换核之间的对应关系

mtx_idx	帧内/帧间	
	水平	垂直
0	DCT-Ⅱ	DCT-Ⅱ
1	DST-Ⅶ	DST-Ⅶ
2	DCT-Ⅷ	DST-Ⅶ
3	DST-Ⅶ	DCT-Ⅷ
4	DCT-Ⅷ	DCT-Ⅷ

相关语法元素如下。

（1）SPS 层。

sps_mts_enabled_flag：标识是否启用 MTS，1 代表启用，0 代表不启用。

sps_explicit_mts_intra_enabled_flag：标识是否启用帧内显式 MTS，1 代表启用，0 代表不启用。

sps_explicit_mts_inter_enabled_flag：标识是否启用帧间显式 MTS，1 代表启用，0 代表不启用。

sps_transform_skip_enabled_flag：标识是否启用变换跳过模式，1 代表启用，0 代表不启用。

sps_log2_transform_skip_max_size_minus2：标识变换跳过模式的变换块最大尺寸为以 2 为底的对数值减 2，取值范围为 0~3。

sps_max_luma_transform_size_64_flag：标识亮度块最大变换尺寸是 64 还是 32，1 代表最大尺寸为 64，0 代表最大尺寸为 32。

（2）CU 层。

mts_idx：标识当前变换核的选择，可取 0、1、2、3、4。

transform_skip_flag：标识当前变换块是否使用变换跳过模式，1 代表使用，0 代表不使用。

2. 子块变换

在 H.266/VCC 中，SPS 层定义了子块变换 SBT 启用标识（sps_sbt_enabled_flag）；当 SPS 层启用 SBT 时，CU 层的 cu_sbt_flag 标识当前 CU 是否进行 SBT。若进行 SBT，则 CU 层将会进一步标识 SBT 划分方式及所选位置。

SBT 具有垂直划分（SBT-V）和水平划分（SBT-H）两种方式，将 CU 分成两个 TU。当 SBT 对 CU 进行垂直划分（或水平划分）时，划分后 TU 的宽度（或高度）可能等于 CU 宽度（或高度）的 1/2（2∶2 划分），也可能等于 CU 宽度（或高度）的 1/4（1∶3 或 3∶1 划分）。其中，在 1∶3 或 3∶1 划分中，仅保留小区域残差，大区域残差归零。对于每种划分方式，划分后的 TU 都有两种位置，即 position0（左块或上块）和 position1（右块或下块）。一个 CU 最多可以有 8 种 SBT 模式，如图 6.8 所示。

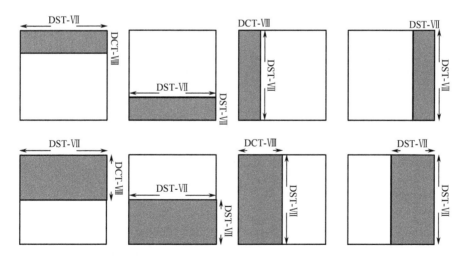

图 6.8 8 种 SBT 模式

因为 DCT-Ⅷ和 DST-Ⅶ最少支持 4 点变换，所以 SBT 划分有尺寸限制。对于 2∶2 垂直（水平）划分，CU 的宽度（高度）要大于或等于 8；对于 1∶3 或 3∶1 垂直（水平）划分，CU 的宽度（高度）要大于或等于 16。因此，可进行 SBT 的基本条件是 CU 的宽或高大于或等于 8。

为了便于描述 SBT 的具体规则，将 1∶3 或 3∶1 划分定义为高级划分，将 2∶2 划分定义为低级划分。对于一个满足 SBT 基本条件的 CU 而言，若其两个维度一个可以进行高级划分，一个可以进行低级划分，则划分规则是高级划分优先。例如，对一个 8×16 的 CU 而言，其划分方式是垂直 1∶3 或 3∶1 划分。若 CU 的两个维度均能进行高级划分（只能进行低级划分），此时则进行水平划分。例如，对于一个 16×32 的 CU，其划分方式是水平 1∶3 或 3∶1 划分；对于一个 8×8 的 CU，其划分方式为水平 2∶2 划分。

亮度块的 SBT 变换核由子块划分方式和所选位置决定，其具体对应关系如表 6.3 所示。此外，当 SBT 划分后 TU 的宽或高大于 32 时，则在两个方向上均使用 DCT-II 变换，这是因为 DST-VII 和 DCT-VIII 最大只支持 32 点变换。色度块进行 SBT 时只使用 DCT-II 变换核。SBT 只适用于帧间预测 CU，并不适用于帧内编码 CU。

表 6.3　亮度块 SBT 变换核的选择

划分方式	选取位置	水　平	垂　直
SBT-V	Position0	DCT-VIII	DST-VII
SBT-V	Position1	DST-VII	DST-VII
SBT-H	Position0	DST-VII	DCT-VIII
SBT-H	Position1	DST-VII	DST-VII

相关语法元素如下。

（1）SPS 层。

sps_sbt_enabled_flag：标识是否对帧间预测 CU 启用 SBT，1 代表启用，0 代表不启用。

（2）CU 层。

cu_sbt_flag：标识是否对当前 CU 使用 SBT，1 代表使用，0 代表不使用。

cu_sbt_quad_flag：标识当前子块的划分方式，1 代表 1∶3 或 3∶1 划分，0 代表 2∶2 划分。

cu_sbt_pos_flag：标识当前选择的子块位置，1 表示第 2 个子块变换，0 表示第 1 个子块变换。

cu_sbt_horizontal_flag：标识当前子块划分方式，1 代表水平划分，0 代表垂直划分。

3. 色度残差联合编码

在 H.266/VVC 中，SPS 层语法元素 sps_joint_cbcr_enabled_flag 标识视频序列是否启用色度残差联合编码 JCCR。若支持 JCCR，当帧内 CU 的 tu_cb_coded_flag 和 tu_cr_coded_flag 至少有一个为 1，或帧间 CU 的 tu_cb_coded_flag 和 tu_cr_coded_flag 都为 1 时，传输 tu_joint_cbcr_residual_flag 标识。若其值为 1，则意味着对当前 TU 使用色度残差联合编码。

若其值为 0，当前色度 TU 不进行色度残差联合编码，此时各色度分量残差按照传统的空间变换分别进行变换编码。

H.266/VVC 支持 6 种旋转变换角度 α，用对应变量 m 来定义 6 种角度模式，不同角度模式下 α 的取值及相应逆变换矩阵 T_α^{-1} 取值如表 6.4 所示。

表 6.4　旋转变换角度及相应逆变换矩阵

m	−3	−2	−1	1	2	3
α	−63.4°	−45°	−26.6°	26.6°	45°	63.4°
T_α^{-1}	$\begin{bmatrix} 1/2 & 1 \\ -1 & 1/2 \end{bmatrix}$	$\begin{bmatrix} 1 & 1 \\ -1 & 1 \end{bmatrix}$	$\begin{bmatrix} 1 & 1/2 \\ -1/2 & 1 \end{bmatrix}$	$\begin{bmatrix} 1 & -1/2 \\ 1/2 & 1 \end{bmatrix}$	$\begin{bmatrix} 1 & -1 \\ 1 & 1 \end{bmatrix}$	$\begin{bmatrix} 1/2 & -1 \\ 1 & 1/2 \end{bmatrix}$

解码端 JCCR 逆旋转变换的过程为

$$R_{cb}' = R_1, \quad R_{cr}' = \left(c_{sign} \cdot R_1\right) >> 1, \quad |m| = 1$$

$$R_{cb}' = R_1, \quad R_{cr}' = c_{sign} \cdot R_1, \quad |m| = 2$$

$$R_{cb}' = \left(c_{sign} \cdot R_1\right) >> 1, \quad R_{cr}' = R_1, \quad |m| = 3$$

其中，$c_{sign} \in \{-1, 1\}$，表示当前旋转角度 α 的正负，由语法元素 ph_joint_cbcr_sign_flag 标识，$c_{sign}=1-2\times$ph_joint_cbcr_sign_flag。

角度模式 m 的编码方式为

$$|m| = \begin{cases} 1, & CBF_{cb} = 1, \ CBF_{cr} = 0 \\ 2, & CBF_{cb} = 1, \ CBF_{cr} = 1 \\ 3, & CBF_{cb} = 0, \ CBF_{cr} = 1 \end{cases}$$

其中，CBF_{cb} 和 CBF_{cr} 分别为色度编码块标志 tu_cb_coded_flag 和 tu_cr_coded_flag。

相关语法元素如下。

（1）SPS 层。

sps_joint_cbcr_enabled_flag：标识是否启用色度残差联合编码技术，1 表示启用，0 表示不启用。

（2）PH 层。

ph_joint_cbcr_sign_flag：标识进行色度残差联合编码的两个色度残差样本值符号是否相同，1 表示 Cb（Cr）每个残差样本值都与 Cr（Cb）残差样本值的符号相反，0 表示 Cb（Cr）每个残差样本值都与 Cr（Cb）残差样本值的符号相同。

（3）TU 层。

tu_joint_cbcr_residual_flag：标识该 TU 是否采用色度分量残差联合编码，1 表示采用，0 表示不采用。

tu_cb_coded_flag：标识当前 Cb 色度 TU 是否为非零块，1 表示为非零块，0 表示为全零块。

tu_cr_coded_flag：标识当前 Cr 色度 TU 是否为非零块，1 表示为非零块，0 表示为全零块。

6.3 二次变换

为了进一步去除变换域的冗余，H.266/VVC 引入了二次变换技术，二次变换采用低频不可分变换。二次变换只针对帧内模式，并且主变换为 DCT-Ⅱ 的情形，只对主变换系数的低频部分进行处理。

6.3.1 二次变换的基本原理

在视频编码中，变换是去除预测残差空间冗余的重要工具。预测残差空间冗余特性与预测模式相关，特别是在帧内编码模式下，当使用方向预测模式时，预测残差具有方向性。在对预测残差进行主变换后，其中一些低频分量仍可能是可预测的模式。因此，H.266/VVC 在主变换之后又引入了一种称为低频不可分变换（LFNST）的二次变换技术，以进一步处理这些仍具有预测模式的低频系数。LFNST 采用的变换不可单独使用，并且只对主变换系数的低频部分进行变换。

LFNST 变换过程如图 6.9 所示。在编码端，预测残差经过正向主变换（DCT-Ⅱ）后得到一次变换系数，然后将其低频系数进行二次变换（LFNST），再进行量化、熵编码等。在解码端，将反量化后的系数进行反向二次变换，再进行反向主变换获得预测残差。针对 TU 尺寸的不同，LFNST 支持两种变换尺寸：4×4 LFNST 和 8×8 LFNST，选择哪种尺寸由 TU 的尺寸隐式决定。

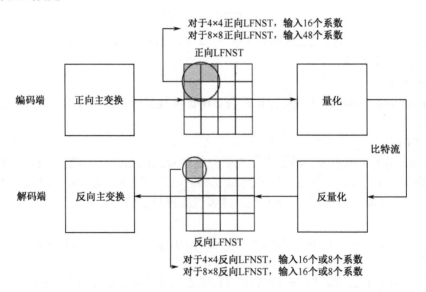

图 6.9　LFNST 变换过程

1. 不可分变换

需要进行不可分变换的系数矩阵 Y 为

$$Y = \begin{bmatrix} Y_{1,1} & Y_{1,2} & \cdots & Y_{1,N} \\ Y_{2,1} & Y_{2,2} & \cdots & Y_{2,N} \\ \vdots & \vdots & \ddots & \vdots \\ Y_{N,1} & Y_{N,2} & \cdots & Y_{N,N} \end{bmatrix}$$

将矩阵 Y 展开成一维列向量 $\vec{Y}$，

$$Y_j = \begin{bmatrix} Y_{1,1} \\ Y_{1,2} \\ \vdots \\ Y_{N,N-1} \\ Y_{N,N} \end{bmatrix} \tag{6-4}$$

不可分变换为

$$F = T \cdot Y_j \tag{6-5}$$

其中，F 表示变换后得到的变换系数向量；T 是大小为 $N^2 \times N^2$ 的变换矩阵。最后按熵编码扫描顺序将系数向量 F 重新组织为 $N \times N$ 的块。

2. 高频系数置零

LFNST 只处理主变换系数的低频部分，剩余的主变换系数将被置 0。对于 4×4 LFNST，只保留 TU（主变换系数矩阵）左上角 4×4 区域的数值，其余区域的数值被强制置 0，以 4×16 变换块为例，阴影部分为保留区域，这时 LFNST 的输入为 16 个系数，如图 6.10 所示。

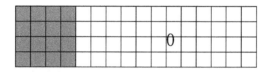

图 6.10　4×4 LFNST

对于 8×8 LFNST，只保留 TU 最靠近左上角的 3 个 4×4 区域的数值，其余区域的数值被强制置 0，以 16×16 变换块为例，阴影部分为保留区域，这时 LFNST 的输入为 48 个系数，如图 6.11 所示。

3. 简化不可分变换

为了降低计算复杂度、减少存储变换矩阵所需的空间，在 LFNST 中采用了简化不可分变换的方法（Reduced Non-Separable Transform，RT）[12]。RT 的核心思想就是将一个 N 维向量映射到不同空间的 R 维向量上（$R<N$），其中 R/N 称为约简因子。因此，RT 采用大

小为 $R×N$ 的变换矩阵，其形式为

$$\boldsymbol{T}_{R×N} = \begin{bmatrix} t_{11} & t_{12} & t_{13} & \cdots & t_{1N} \\ t_{21} & t_{22} & t_{23} & \cdots & t_{2N} \\ \vdots & \vdots & \vdots & \ddots & \vdots \\ t_{R1} & t_{R2} & t_{R3} & \cdots & t_{RN} \end{bmatrix}$$

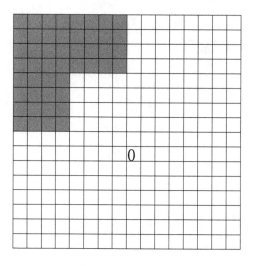

图 6.11　8×8 LFNST

RT 逆变换的变换矩阵是正向 RT 变换矩阵的转置，正逆 RT 变换流程如图 6.12 所示。

图 6.12　正逆 RT 变换流程

在 H.266/VVC 中，对于 8×8 LFNST，采取了约简因子为 1/3 的 RT 技术，将变换矩阵尺寸由 48×48 进一步缩减为 16×48；对于 4×4 LFNST，未使用 RT 技术，变换矩阵尺寸为 16×16。

4. LFNST 变换核

与 DCT、DST 直接根据表达式进行数学推导不同，LFNST 的变换核是由离线训练（Off-Line Training）得到的[13]。该训练过程可视为一个聚类问题（Clustering Problem），每个聚类代表一个巨大的群组，其中的元素是从实际编码过程中获取的许多变换系数块。每个聚类的质心就是最佳不可分变换的变换核。例如，对于同一聚类中相关的变换系数块，最佳变换就是 K-L 变换。

受经典的 K 均值聚类算法的启发，LFNST 基础变换核的训练是一个双状态的迭代过程，具体过程如下。

（1）初始化状态。

① 对于每个从编码过程中收集来的变换系数块，会随机分配一个 0～3 的标签，然后将变换块的低频 $M \times N$ 系数作为一个训练数据加入当前对应标签的 cluster 中。

② 对于标签是 1～3 的 cluster，通过使用同 cluster 中的训练数据来求解协方差矩阵的特征向量，从而获取最佳变换核，即当前 cluster 的质心。此外，cluster0 的质心为恒等变换的，这意味着不进行二次变换。

（2）迭代状态。

① 对于每个可用的训练数据，使用率失真优化选择当前状态下 cluster0～cluster3 中最优的一个质心作为该训练数据的变换核，然后将该训练数据的标签更新为所选质心对应 cluster 的标签。

② 随着每个训练数据标签的更新，每个 cluster 都会被更新，而 cluster1～cluster3 的质心（最佳变换核）也会相应更新。但是，对于 cluster0 而言，其质心始终是恒等变换的。

当达到最大迭代次数或总体的率失真优化代价没有进一步降低时，上述训练过程终止。训练过程结束后，选取 cluster1～cluster3 的 3 个质心作为一个变换集输出。由于不同的帧内预测模式会使用不同的变换集，因此要对 35 个帧内预测模式（33 个角度预测模式及 DC 模式、Planar 模式）进行训练。而对于每对对称的帧内预测模式，都可以通过转置变换系数块来合并训练过程，并共享相同的变换集，所以最终仅需要训练 19 个变换集，每个变换集包含 3 个变换核。

但是，上述方法需要使用大量的存储空间，并不适合硬件设计，所以最终采用了 4 个变换集、每个变换集包含 2 个变换核的方案。具体每个变换核的数据见 H.266/VVC 的标准文档[8]。

6.3.2 二次变换的标准实现

H.266/VVC 支持 8×8 和 4×4 两种尺寸的 LFNST，使用哪种尺寸的 LFNST 由 TU 尺寸隐式推断。每种尺寸的 LFNST 都有 4 个变换集，变换集的选择由 TU 的帧内预测模式隐式推断。每个变换集包含 2 个不同的变换核，变换核的选择由显式信号 lfnst_idx 决定（编码端采用率失真优化）。LFNST 变换核的选择流程如图 6.13 所示。

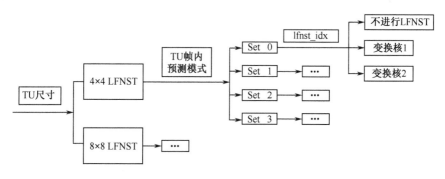

图 6.13 LFNST 变换核的选择流程

根据 TU 尺寸隐式推断 LFNST 尺寸（8×8 和 4×4）的方法如下。

（1）对于 4×4 TU，使用 4×4 LFNST，其变换核来自 16×16 变换核的前 8 行，是 8×16 的变换核。如图 6.9 所示，进行正向 LFNST 变换时，输入 16 个系数，输出 8 个系数；进行反向 LFNST 变换时，输入 8 个系数，输出 16 个系数。

（2）对于 4×N 或 N×4（N>4）TU，使用 4×4 LFNST，其变换核为 16×16。进行正向 LFNST 变换时，输入 16 个系数，输出 16 个系数；进行反向 LFNST 变换时，输入 16 个系数，输出 16 个系数。

（3）对于 8×8 TU，使用 8×8 LFNST，其变换核来自 16×48 变换核的前 8 行，是 8×48 的变换核。进行正向 LFNST 变换时，输入 48 个系数，输出 8 个系数；进行反向 LFNST 变换时，输入 8 个系数，输出 48 个系数。

（4）大于 8×8 的 TU，使用 8×8 LFNST，其变换核为 16×48。进行正向 LFNST 变换时，输入 48 个系数，输出 16 个系数；进行反向 LFNST 变换时，输入 16 个系数，输出 48 个系数。

帧内预测模式与变换集一一对应，表 6.5 给出了索引 PredModeIntra（标识帧内预测模式）取值为[-14, 80]时的对应变换集。对于包含宽角度在内的帧内预测模式，索引 PredModeIntra 的完整取值范围为[-14, 83]。

表 6.5 LFNST 变换集与帧内预测模式的映射关系

PredModeIntra	lfnstTrSetIdx
PredModeIntra＜0	1
0≤PredModeIntra≤1	0
2≤PredModeIntra≤12	1
13≤PredModeIntra≤23	2
24≤PredModeIntra≤44	3
45≤PredModeIntra≤55	2
56≤PredModeIntra≤80	1

当帧内预测模式取值为[81, 83]（色度帧内预测模式 CCLM 的 3 种模式之一）时，其对应的变换集选择规则为如下。

（1）按照一定的映射规则，若将当前位置映射到变换块中心位置后 MIP 启用标识 IntraMipFlag 的值为 1，则将帧内预测模式设为 Planar 模式（PredModeIntra = 0），对应变换集 0。

（2）否则，若将当前位置映射到变换块中心位置后 CU 的预测模式为 MODE_IBC 或 MODE_PLT，则将帧内预测模式设为 DC 模式（PredModeIntra = 1），对应变换集 0。

（3）在其他情况下，按照一定的映射规则将当前位置的色度帧内预测模式映射到变换块中心位置上的亮度预测模式，然后根据表 6.5 进行选择。

此外，若当前位置亮度块的 MIP 启用标识 IntraMipFlag 的值为 1，则将帧内预测模式设为 Planar 模式（PredModeIntra = 0），对应变换集 0。

每个变换集中的变换核最终由 lfnst_idx 显式决定。lfnst_idx 的取值标识当前 TU 是否使用了 LFNST 及使用的变换核类型，对应含义如表 6.6 所示。编码器端可以根据率失真优化选择最优变换核。

表 6.6 变换核含义

lfnst_idx	二进制编码	含 义
0	0	不使用 LFNST
1	10	选择变换核 1
2	11	选择变换核 2

LFNST 适用于采用帧内预测模式的 CU（帧内 Slice 或帧间 Slice），并且可用于亮度和色度两种分量。如果是双树模式，则 LFNST 可用于色度和亮度两种分量；如果是单树模式，则色度分量不允许使用 LFNST。

相关语法元素如下。

（1）SPS 层。

sps_lfnst_enabled_flag：标识是否启用 LFNST，1 代表启用，0 代表不启用。

（2）CU 层。

lfnst_idx：标识是否使用 LFNST 及使用 LFNST 时的变换核索引。

6.4 哈达玛变换

H.264/AVC 中规定了哈达玛（Hadamard）变换的使用方法及相应的语法元素。由于熵编码是以 TU 为单位的（一个 TU 仅包含一个 DC 系数），且较大 TU 的使用同样具有去除相关性的作用，因此自 H.265/HEVC 起，标准中就不再使用 Hadamard 变换了，但其仍在图像视频编码中有其他应用。

6.4.1 哈达玛变换的原理及特点

沃尔什-哈达玛变换（Walsh-Hadamard Transform，WHT）是广义傅里叶变换的一种，其变换矩阵 H_m 是一个 $2^m \times 2^m$ 的矩阵，称为哈达玛矩阵。其递推定义为

$$H_0 = [1]$$

$$H_1 = \frac{1}{\sqrt{2}}\begin{bmatrix} 1 & 1 \\ 1 & -1 \end{bmatrix}$$

$$H_2 = \frac{1}{2}\begin{bmatrix} 1 & 1 & 1 & 1 \\ 1 & -1 & 1 & -1 \\ 1 & 1 & -1 & -1 \\ 1 & -1 & -1 & 1 \end{bmatrix}$$

$$\cdots$$

$$H_m = \frac{1}{\sqrt{2}}\begin{bmatrix} H_{m-1} & H_{m-1} \\ H_{m-1} & -H_{m-1} \end{bmatrix}$$

也可以使用如下形式的通项表达式：

$$\{H_m\}_{i,j} = \frac{1}{2^{n/2}}(-1)^{i,j} \quad , \quad i,j = 0,1,\cdots,m-1$$

Hadamard 变换及其矩阵有以下性质：

（1）Hadamard 矩阵的元素都为±1，且其特征值也只包含±1；

（2）Hadamard 矩阵为正交、对称矩阵，相应的 Hadamard 变换为正交变换；

（3）Hadamard 矩阵奇数行（列）偶对称，偶数行（列）奇对称；

（4）Hadamard 变换满足帕斯瓦尔（Parseval）定理（变换前后能量守恒）。

与离散余弦变换相比，哈达玛变换仅含有加（减）法运算，而且可用递归形式快速实现。另外，其正向变换与反向变换具有相同的形式，因此其算法复杂度较低，且容易实现。

6.4.2 哈达玛变换的应用

在图像、视频处理领域，Hadamard 变换常用于计算残差信号的 SATD。SATD（Sum of Absolute Transformed Difference）是指将残差信号进行 Hadamard 变换后，再求各元素绝对值的和。设某残差信号方阵为 X，则 SATD 为

$$\text{SATD} = \sum_M \sum_M |HXH|$$

其中，M 为方阵的大小；H 为归一化的 $M \times M$ Hadamard 矩阵。

给定以下 4×4 残差矩阵 X，分别对其进行 Hadamard 变换及 DCT，求该残差的 SAD（Sum of Absolute Difference）和 SATD，并与 DCT 变换后的系数绝对值之和进行比较。

$$X = \begin{bmatrix} 15 & 13 & 9 & 7 \\ -6 & 7 & 3 & 12 \\ 8 & 4 & -5 & -3 \\ 11 & 2 & 9 & 0 \end{bmatrix}$$

Hadamard 变换的结果为

$$Y = HXH$$

$$= \frac{1}{4} \left\{ \begin{bmatrix} 1 & 1 & 1 & 1 \\ 1 & -1 & 1 & -1 \\ 1 & 1 & -1 & -1 \\ 1 & -1 & -1 & 1 \end{bmatrix} \begin{bmatrix} 15 & 13 & 9 & 7 \\ -6 & 7 & 3 & 12 \\ 8 & 4 & -5 & -3 \\ 11 & 2 & 9 & 0 \end{bmatrix} \begin{bmatrix} 1 & 1 & 1 & 1 \\ 1 & -1 & 1 & -1 \\ 1 & 1 & -1 & -1 \\ 1 & -1 & -1 & 1 \end{bmatrix} \right\}$$

$$= \begin{bmatrix} 21.5 & 0.5 & 5.5 & 0.5 \\ 2.5 & 2.5 & 10.5 & 2.5 \\ 8.5 & -9.5 & -6.5 & -2.5 \\ 11.5 & 10.5 & 2.5 & -0.5 \end{bmatrix}$$

DCT 结果为

$$Z = \begin{bmatrix} 21.5 & 5.3 & 0.5 & -1.6 \\ 8.8 & -4.9 & -1.4 & -6.5 \\ 11.5 & 6.2 & -0.5 & 8.8 \\ -0.8 & 13.4 & 3.2 & 0.9 \end{bmatrix}$$

由计算可得，原始残差矩阵 X 的 SAD 为 114，其由 Hadamard 变换所求得的 SATD 为 98，而所有 DCT 的变换系数的绝对值之和为 95.8。观察可知，残差的 SATD 与其经过 DCT 后系数的绝对值之和十分接近，这说明 SATD 能在一定程度上反应残差在频域中的大小，且其性能接近视频编码中实际使用的 DCT，相比之下残差的 SAD 仅能反映其在空域上的大小。考虑到 Hadamard 变换的复杂度远小于 DCT，同样小于整数 DCT，因此 SATD 广泛应用于视频编码中的快速模式选择。

H.266/VVC 官方测试软件 VTM[14]使用了一种简单计算率失真优化代价的方法，可以预选出少数几种可能最优的模式，即

$$J = \text{SATD}(s, p) + \lambda_{\text{mode}} \cdot R_{\text{mode}} \tag{6-6}$$

其中，$\text{SATD}(s, p)$ 为残差的 SATD，R_{mode} 仅为编码当前模式所需的比特数。

VTM 在帧间编码亚像素精度运动估计过程中也使用了 SATD，即

$$J = \text{SATD}(s, p) + \lambda_{\text{motion}} \cdot R_{\text{motion}} \tag{6-7}$$

其中，$\text{SATD}(s, p)$ 是预测残差的 SATD；R_{motion} 表示编码运动信息（如运动向量 MV、参考图像等）所需比特数。与整像素运动估计相比，亚像素运动估计各个搜索点匹配误差相差不会太大，此时需要考虑各点对应残差在变换域的特征，而 SATD 恰好能够满足需求。因此，在亚像素精度运动估计时，采用 SATD 作为预测误差衡量准则能够使编码性能获得一定的提高。

参考文献

[1]　Ahmed N, Natarajan T, Rao K R. Discrete Cosine Transform[J]. IEEE Transactions on Computers, 1974, 23(1): 90-93.

[2]　Rao K R, Yip P. Discrete Cosine Transform - Algorithm, Advantages, Applications[M]. San Diego, CA: Academic Press, 1990.

[3]　Hua Y, Liu W. Generalized Karhunen-Loeve Transform[J]. IEEE Signal Processing Letters, 1998, 5(6): 141-142.

[4]　Chen Y J, Oraintara S, Nguyen T. Video Compression using Integer DCT[C]. Proceedings of the IEEE International Conference on Image Processing (ICIP), Vancouver, BC, Canada, 2000.

[5]　Britanak V, Yip P, Rao K R. Discrete Cosine and Sine Transforms: General Properties, Fast Algorithms and Integer Approximations[M]. Orlando, FL: Academic Press, 2006.

[6]　Rao K R, Kim D N, Wang J J. Fast Fourier Transform: Algorithms and Applications[M]. Berlin: Springer Science, 2010.

[7]   Zeng Y, Cheng L, Bi G, et al. Integer DCTs and Fast Algorithms[J]. IEEE Transactions on Signal Processing, 2001, 49(11): 2774-2782.

[8]   ITU-T Recommendation H.266 and ISO/IEC 23090-3. Versatile Video Coding[S]. 2020.

[9]   Zhao X, Kim S H, Zhao Y, et al. Transform Coding in the VVC Standard[J]. IEEE Transactions on Circuits and Systems for Video Technology, 2021, 31(10): 3878-3890.

[10]   Zhao X, Chen J, Karczewicz M, et al. Enhanced Multiple Transform for Video Coding[C]. 2016 Data Compression Conference (DCC), Snowbird, UT, USA, 2016.

[11]   Rudat C, Helmrich C R, Lainema J. Inter-Component Transform for Color Video Coding[C]. 2019 Picture Coding Symposium (PCS), Ningbo, China, 2019.

[12]   Koo M, Salehifar M, et al. Low Frequency Non-Separable Transform (LFNST)[C]. 2019 Picture Coding Symposium (PCS), Ningbo, China, 2019.

[13]   Zhao X, Chen J, et al. Joint Separable and Non-Separable Transforms for Next-Generation Video Coding[J]. IEEE Transactions on Image Processing, 2018, 27(5): 2514-2525.

[14]   JVET VVC. Versatile Video Coding (VVC) Reference Software: VVC Test Model (VTM)[OL].

7

第7章

量　化

量化（Quantization）是将信号的连续取值（或大量可能的离散取值）映射为有限多个离散幅值的过程，实现信号取值多对一的映射。在视频编码中，残差信号经过变换后，变换系数往往具有较大的动态范围。因此，对变换系数进行量化可以有效地减小信号取值空间，进而获得更好的压缩效果。同时，由于多对一的映射机制，量化过程不可避免地会引入失真，这也是视频编码中产生失真的根本原因。由于量化同时影响视频的质量与比特率，因此量化是视频编码中非常重要的一个环节。

一个量化器可由其输入端的范围划分方式及对应的输出值唯一确定。根据输入和输出数据的类型，量化器可分为标量量化器（Scalar Quantizer，SQ）和矢量量化器（Vector Quantizer，VQ）两种类型。其中，标量量化器因复杂度低、容易实现的特点得到了广泛应用。目前主流的图像、视频编码标准都使用了标量量化器，H.266/VVC 中除了使用标量量化，还采纳了低复杂度的矢量量化——依赖量化（Dependent Quantization，DQ）。本章主要介绍标量量化、矢量量化原理[1]及 H.266/VVC 中的量化方法等。

7.1 标量量化

7.1.1 基本原理

在有损编码中，标量量化是一种非常基本的量化方法，它是指将一个幅度连续的信号映射成若干个离散的符号。图 7.1 给出了一个标量量化的例子，将横轴（输入信号）划分为 M 个互不相交的区间（图 7.1 中 $M = 9$）：

$$I_q = \left[t_q, t_{q+1} \right), \quad q = 0,1,\cdots, M-1$$

其中，t_q 为区间的端点，称为量化的判定边界（Decision Boundaries），满足

$$-\infty \leqslant t_0 < t_1 < \cdots < t_M \leqslant +\infty$$

对于每个区间，分别选取点 $\hat{x}_q$ 作为输出值，称其为重建值。例如，当某输入样点位于 $[t_5, t_6)$ 内时，其量化结果为 $\hat{x}_5$。

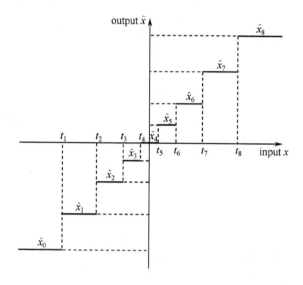

图 7.1　标量量化示意图

以上描述的标量量化表示形式如图 7.2（a）所示，该标量量化直接将输入信号映射为重建值。标量量化还有另一种表现形式，如图 7.2（b）所示。输入信号经量化后被映射为某些用于表示重建值的索引号 l，l 经反量化过程后可得到重建值 $\hat{x}$。由于重建值与其索引号有一一对应的关系，因此这两种量化表现形式在本质上是统一的。二者的主要区别在于，利用索引号表示重建值往往具有更加统一和简单的形式。因此，在图像和视频编码中，更多采用后者。

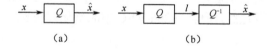

图 7.2　标量量化表示形式

7.1.2　均匀标量量化

均匀标量量化（Uniform Scalar Quantization）是一种非常简单的标量量化方法，它将输入值域划分成等距的区间，每个区间对应的输出值（重建值）为该区间的中点。区间的长度称为量化步长（Quantization Step），用 Δ 表示。量化步长取决于输入信号的变化范围及重建值的个数。输入信号的最小值和最大值分别用 a 和 b 表示，重建值个数为 M，则量化步长 Δ 可计算为

$$\Delta = \frac{b-a}{M}$$

量化器输出为

$$\hat{x}_i = \frac{t_i + t_{i+1}}{2}, \quad i = 0, 1, \cdots, M-1$$

其中，t_i 表示量化区间的端点，可写成

$$t_i = a + i \cdot \Delta, \quad i = 0, 1, \cdots, M-1$$

图 7.3（a）给出了一个均匀标量量化的示例，图 7.3（b）给出了其对应的量化误差曲线。由于重建值为每个区间的中点，因此量化误差必位于区间 $\left[-\dfrac{\Delta}{2}, \dfrac{\Delta}{2}\right)$ 内。通常量化误差（失真）主要有 3 种衡量准则：均方误差（Mean Square Error，MSE）、信噪比（Signal-to-Noise Ratio，SNR）和峰值信噪比（Peak-Signal-to-Noise Ratio，PSNR）。下面分别对它们进行介绍。

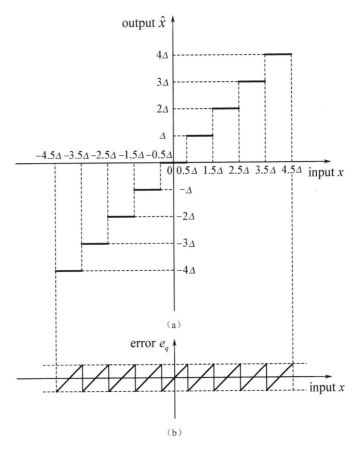

图 7.3 均匀标量量化及其量化误差曲线

（1）MSE：MSE 是较为常用的一种失真衡量准则，直接反映失真的大小。

$$\text{MSE} = \frac{1}{M}\sum_{k=1}^{M}\left(x_k - \hat{x}_k\right)^2 \tag{7-1}$$

其中，x_k、$\hat{x}_k$ 和 M 分别表示输入序列、重建序列和序列长度。

（2）SNR：信号噪声功率比（信噪比），反映失真与信号的相对大小。

$$\text{SNR} = 10\log_{10}\frac{\sigma_x^2}{\text{MSE}} \tag{7-2}$$

其中，$\sigma_x^2 = \dfrac{1}{M}\displaystyle\sum_{k=1}^{M}x_k^2$ 表示信号平均功率。

（3）PSNR：峰值信号噪声功率比（峰值信噪比），反映了失真与信号峰值的相对大小。

$$\text{PSNR} = 10\log_{10}\frac{x_{\text{peak}}^2}{\text{MSE}} \tag{7-3}$$

其中，x_{peak} 表示信号幅值的最大值。

对于服从均匀分布的输入，若采用 MSE 作为失真衡量准则，则其经均匀量化后的失真为

$$\begin{aligned}
\text{MSE} &= \frac{1}{M}\sum_{i=1}^{M}\frac{1}{\Delta}\int_{\hat{x}_i - \Delta/2}^{\hat{x}_i + \Delta/2}\left(x - \hat{x}_i\right)^2 \mathrm{d}x \\
&= \frac{1}{\Delta}\int_{-\Delta/2}^{\Delta/2}x^2\,\mathrm{d}x \\
&= \frac{\Delta^2}{12}
\end{aligned}$$

其中，$\hat{x}_i$ 为各区间的重建值；M 为重建值的个数。容易证明，对于均匀分布，使用上述均匀标量量化方法可以获得最小的失真，失真大小与量化步长 Δ 的平方成正比。然而，对于非均匀分布，使用均匀标量量化可能无法获得较好的性能，下面介绍最优标量量化器——Lloyd-Max 量化器。

7.1.3　Lloyd-Max 量化器

最优标量量化器——Lloyd-Max 量化器是由 S. P. Lloyd 和 J. Max 提出的[2-3]。考虑服从任意分布的输入信号，设其概率密度函数为 $f_X(x)$。下面确定最优标量量化器（重建值数量为 M）的判定边界 t_i 与重建值 $\hat{x}_i$。采用 MSE 作为失真衡量准则，其失真为

$$D = \sum_{i=0}^{M-1}\int_{t_i}^{t_{i+1}}\left(x - \hat{x}_i\right)^2 f_X(x)\mathrm{d}x \tag{7-4}$$

令 $\dfrac{\partial D}{\partial t_i} = 0$，即

$$\left(t_i - \hat{x}_{i-1}\right)^2 f_X\left(t_i\right) - \left(t_i - \hat{x}_i\right)^2 f_X\left(t_i\right) = 0$$

可得

$$t_i = \frac{\hat{x}_{i-1} + \hat{x}_i}{2},\ \ i = 1,2,\cdots,M-1 \tag{7-5}$$

令 $\dfrac{\partial D}{\partial \hat{x}_i} = 0$，即

$$-\int_{t_i}^{t_{i+1}} 2\left(x - \hat{x}_i\right) f_X(x)\mathrm{d}x = 0$$

可得

$$\hat{x}_i = \frac{\displaystyle\int_{t_i}^{t_{i+1}} x f_X(x)\mathrm{d}x}{\displaystyle\int_{t_i}^{t_{i+1}} f_X(x)\mathrm{d}x}, \quad i = 1, 2, \cdots, M - 1 \tag{7-6}$$

式（7-5）和式（7-6）构成了最优标量量化器的必要条件。

式（7-5）表明，最优标量量化器判定边界点应位于相邻的两个重建值的中点。对于一个输入数据 x，其量化结果应为与 x 距离最近的重建值 $\hat{x}$。式（7-6）表明，最优标量量化器某一区间的重建值应为该区间的"质心"（Center of Mass）。考虑均匀分布情形，利用式（7-6）可推出 $\hat{x}_i = \dfrac{t_i + t_{i+1}}{2}$，即均匀分布最优标量量化器各区间的重建值为当前区间的中点。

在通常情况下，直接求解式（7-5）和式（7-6）是较为困难的，更多的做法是以迭代的形式对其进行求解，这就是著名的 Lloyd-Max 算法。

步骤 1：初始化重建值集合 $L = \{\hat{x}_0, \hat{x}_1, \cdots, \hat{x}_{M-1}\}$，令 $j = 1$，$D_0 = \infty$。

步骤 2：利用式（7-5）计算 $\{t_i\}$。

步骤 3：利用式（7-6）计算 $\{\hat{x}_i\}$。

步骤 4：利用式（7-4）计算 D_j。

步骤 5：如果 $\dfrac{D_{j-1} - D_j}{D_j} < \varepsilon$，则停止；否则，令 $j = j+1$，跳转至步骤 2。

通过多次迭代，最终可求得 M 点最优标量量化器的重建值集合 L_{opt} 及区间划分界限。

7.1.4 熵编码量化器

Lloyd-Max 量化器是在给定重建值数目 M 的约束条件下，使量化失真最小。若采用定长编码，则每传送一个量化输出值需要的比特位数为

$$R = \lceil \log_2 M \rceil$$

其中，$\lceil \cdot \rceil$ 表示向上取整。考虑变长编码，如 Huffman 编码[4]或算术编码[5]，此时每个量化输出值所需的比特数可能不同，而其平均所需比特数接近所有量化输出值的熵（Entropy），即

$$R \approx H(\hat{X}) \leqslant \log_2 M$$

当且仅当所有输出值等概率分布时，等号成立。

对于 $H(\hat{X}) < \log_2 M$ 的情形，Lloyd-Max 量化器并不是最优的。此时，最优量化器应在对熵的约束下使失真最小。设目标比特率为 R，失真用 MSE 准则，熵编码量化器在数学上可表达为

$$\begin{cases} \min \quad \text{MSE} = \sum_{i=0}^{M-1} \int_{t_i}^{t_{i+1}} \left(x - \hat{x}_i\right)^2 f_X(x)\mathrm{d}x \\ \text{s.t.} \quad H(\hat{X}) = -\sum_{i=0}^{M-1} \int_{t_i}^{t_{i+1}} f_X(x)\mathrm{d}x \log_2 \int_{t_i}^{t_{i+1}} f_X(x)\mathrm{d}x \leqslant R \end{cases} \tag{7-7}$$

引入拉格朗日（Lagrange）乘子 λ [6]，可将上述约束问题转化为无约束问题，即

$$J(\lambda) = \text{MSE} + \lambda \cdot H(\hat{X})$$
$$= \sum_{i=0}^{M-1} \int_{t_i}^{t_{i+1}} \left(x - \hat{x}_i\right)^2 f_X(x)\mathrm{d}x - \lambda \cdot \sum_{i=0}^{M-1} \int_{t_i}^{t_{i+1}} f_X(x)\mathrm{d}x \log_2 \int_{t_i}^{t_{i+1}} f_X(x)\mathrm{d}x$$

若存在 $\lambda \geqslant 0$，使得 $J(\lambda)$ 的无约束最小化解满足 $H(\hat{X}) = R$，则同样的解也满足式（7-7）。

由推导过程可得熵编码量化器最优重建值及区间划分方式，即

$$\hat{x}_i = \frac{\int_{t_i}^{t_{i+1}} x f_X(x)\mathrm{d}x}{\int_{t_i}^{t_{i+1}} f_X(x)\mathrm{d}x} \tag{7-8}$$

$$t_i = \frac{\hat{x}_{i-1} + \hat{x}_i}{2} + \lambda \cdot \frac{\log_2 p_{i-1} - \log_2 p_i}{2(\hat{x}_i - \hat{x}_{i-1})} \tag{7-9}$$

其中

$$p_i = \int_{t_i}^{t_{i+1}} f_X(x)\mathrm{d}x$$

由式（7-8）和式（7-9）可以看出，熵编码量化器各区间重建值与 Lloyd-Max 量化器相同，都为区间的"质心"。但二者区间划分边界有区别，熵编码量化器在 Lloyd-Max 量化器最邻近量化的基础上引入了一个偏差。观察式（7-9）可发现，该偏差的方向与相邻两个重建值的取值概率有关，相邻两个区间的划分点会向着取值概率较小的重建值方向偏移。也就是说，取值概率较大的量化重建值对应的量化区间也较大。由于概率越大的重建值编码时所需的比特数越小，因此这样做能有效地减少编码比特数。

在图像和视频编码中，常认为 DCT 系数服从零均值的拉普拉斯（Laplace）分布[7]。其主要特点是 0 值附近系数概率较大。因此，在通常情况下图像和视频编码中的量化器都会加宽以 0 为中心的区间，称为"量化死区"（Dead-Zone），这样做能够带来一定率失真性能的提高。此外，视频编码中还有一种性能更优的量化方法——率失真优化量化（RDOQ），它也是一种熵编码量化器，这部分内容将在 7.3.2 节详细介绍。

7.2 矢量量化

7.2.1 基本原理

标量量化的输入为标量，可以将其看成一对一的量化，即一个幅度对应一个量化结果；而矢量量化的输入为矢量，是多对一的量化，即两个或两个以上的幅度对应一个量化结果。

矢量量化可以看作标量量化的延伸，我们假设有 N 个 K 维矢量 $\{X_1, X_2, \cdots, X_N\}$，其中第 i 个矢量可以记为 $X_i = \{x_{i1}, x_{i2}, \cdots, x_{iK}\}(i=1,2,\cdots,N)$。把 K 维空间 R_K 无遗漏地划分为 J 个互补的子空间 $R_1, R_2, \cdots, R_J$，满足：$R_1 \bigcup R_2 \bigcup \cdots \bigcup R_J = R_K$；$R_i \bigcap R_j = \varnothing$（$i \neq j$）。这些子空间 $R_1, R_2, \cdots, R_J$ 称为胞腔（Cell）。在每个子空间中找到一个代表矢量 $Y_i = \{y_{i1}, y_{i}, \cdots, y_{iK}\}(i=1,2,\cdots,J)$。令矢量集 $Y = \{Y_1, Y_2, \cdots, Y_J\}$，称 Y 为码书或码本，Y_i 为码字（Code Word）或码矢（Code Vector），码书 Y 中的矢量个数 J 为码字长度。矢量量化的过程就是对任意输入矢量 $X \in R_K$，在 Y 中找到一个与 X 最接近的 Y_i 代替 X，Y_i 即 X 的量化值。矢量量化的过程可以看为从 K 维欧氏空间 R_K 到其中一个有限矢量集 Y 的映射，即 $Q: R_K \rightarrow Y = \{Y_1, Y_2, \cdots, Y_J\}$。

图 7.4 给出了一个二维矢量量化的例子，将这个二维空间用实线划分成 16 个区域，任意一个矢量（由横坐标 x 和纵坐标 y 组成的一个坐标点）都会落在图中的某个区域，每个区域 "*" 处的值为输出值。

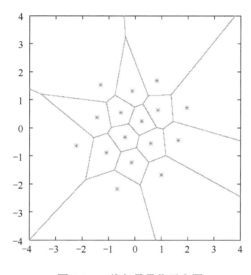

图 7.4　二维矢量量化示意图

矢量量化的基本思想是若干个标量数据组构成一个矢量，然后在矢量空间进行整体量化，用码书中与输入矢量最匹配的码字索引代替输入矢量进行传输与存储。矢量量化与标量量化相比，压缩效率更高，但实现起来也更加复杂。因此，一般不直接使用矢量量化，而是采用将矢量量化与标量量化相结合的方式，这样既能提升量化性能，又不会过于复杂，下面介绍的网格编码量化[8]就采用了这种思想。

7.2.2　网格编码量化

通过增加矢量量化的维数可以使其性能无限趋近率失真函数。但是，随着矢量量化维数的增加，复杂度也成指数级增高，矢量量化的复杂性限制了其应用。网格编码量化（Trellis Coded Quantization，TCQ）很好地结合了标量量化和矢量量化的优点，复杂度低并具有优良的性能。网格编码量化的思想来源于网格编码调制（Trellis Coded Modulation）[9-10]，网格编码调制的方法最初是由 Ungerboeck 提出的，这种方法通过将编码和调制结合起来获得编码增益。TCQ 借鉴了网格编码调制中信号集合扩展、信号集合划分和网格状态转移的思想，有研究表明，对无记忆信源及高斯马尔可夫信源而言，TCQ 是一种非常高效的量化方式。

网格编码量化对信号集合进行扩展，即将 R 位量化对应的 2^R 阶量化器扩展为 2^{R+1} 阶，TCQ 码书的大小也增加 2 倍。采用更精细的码书可以提高重建图像的信噪比，但直接采用具有 2^{R+1} 个码字的量化器会使码率大大增加。因此，进一步将扩展后的码书划分为 4 个子集 D_0、D_1、D_2、D_3，并且按照 $D_0D_1D_2D_3$、$D_0D_1D_2D_3$…的顺序分布，如图 7.5 所示。经过划分后，有 2^{R+1} 个元素的码书就被划分为 4 个子集，每个子集包含 2^{R-1} 个码字，每个子集都可以看作一个独立的量化器。

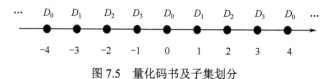

图 7.5　量化码书及子集划分

网格编码量化为每个输入选择一个量化器进行量化，量化器的选择即量化器状态转移，采用网格加以约束。当编码长度为 n 的序列时，量化器状态采用 n 级网格级联，每级编码都要在 4 个量化器中找到与输入数据最匹配的码字。按照从左到右的顺序遍历级联得到整个网格，并把最匹配码字引入的量化误差（编码代价）标记在相应的网格分支中。最后，通过维特比算法，在整个网格中搜索出一条误差最小的最佳路径作为最终量化结果。

图 7.6 给出了基于 Ungerboeck 网格结构的四状态 TCQ 量化状态转移图。设当前状态为 0，若当前输入为 0，则下个状态转移到 0，并且量化码字从 D_0 中选择；若当前输入为 1，则下个状态转移到 2，量化码字从 D_2 中选择。

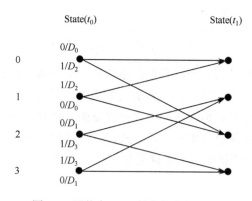

图 7.6　四状态 TCQ 量化状态转移图

7.3　H.266/VVC 量化

H.266/VVC 支持普通标量量化和依赖量化 DQ[11]。标准仅规定反量化过程的实现方法，而将量化器的选择留给编码器自行决定。这使得编码端可以选择性能更优的量化方法，如率失真优化量化（RDOQ）[12]。

7.3.1　H.266/VVC 标量量化

首先介绍 H.266/VVC 规定的反量化过程，反量化的基本公式为

$$\hat{c}_l = l_i \cdot Q_{\text{step}} \tag{7-10}$$

其中，l_i 表示量化后的值，Q_{step} 为量化步长，$\hat{c}_i$ 表示反量化后 c_i（被量化的原值）的重建值。由于量化是一个有损过程，因此在通常情况下 $\hat{c}_i \neq c_i$。

在实际应用中，不会直接编码量化步长，而是用一个整数值即量化参数（Quantization Parameter，QP）来表示所选的量化步长。在 H.265/HEVC 的 52 个量化参数的基础上，H.266/VVC 进一步扩增了量化参数的数量，并且可以根据比特深度进行自适应调整。H.266/VVC 中量化参数的取值范围为 $-6 \cdot (\text{BitDepth} - 8) \sim 63$。量化参数和量化步长的关系为

$$Q_{\text{step}} \approx 2^{(\text{QP}-4)/6} \cdot 2^{B-8}$$

其中，B 为比特深度，且满足 $B \geq 8$，量化步长和比特深度之间的指数关系保证了一个确定的 QP 在所有支持的比特深度下产生的主观质量大致相同。从上式中可以看出，当比特深度一定时，QP 每增加 1，Q_{step} 大约增大 12.25%；QP 每增加 6，Q_{step} 增大 1 倍。因此，量化步长可以在一个很大的范围内变化，在实际应用时可以根据不同的需求灵活地选择 QP。

H.266/VVC 中反量化过程全部使用整数运算，并且融合了反变换中的比例伸缩运算，对于大小为 $W \times H$ 的块，反变换中的额外缩放大小为 $\sqrt{WH} \cdot 2^{B-15}$，因此可以进一步将式（7-10）改写为

$$\hat{c}_l = \alpha_i \cdot 2^{(\text{QP}-4)/6+B-8} \cdot 2^{15-B} \cdot (WH)^{-1/2} \cdot l_i$$

其中，α_i 为量化矩阵，其可以调整当前块内不同位置的量化步长。上式可进一步简化为

$$\hat{c}_l = (16\alpha_i) \cdot \left(2^{(32+3\gamma+m)/6}\right) \cdot 2^p \cdot 2^{5-\beta-B} \cdot l_i \tag{7-11}$$

$$p = \lfloor \text{QP}/6 \rfloor + B - 8$$

$$m = \text{QP}\%6$$

$$\beta = \left\lceil \frac{1}{2}\log_2 WH \right\rceil$$

$$\gamma = 2\beta - \log_2 WH$$

其中，γ 取值为 0 或 1，$\lfloor \cdot \rfloor$ 为向下取整函数，$\lceil \cdot \rceil$ 为向上取整函数，% 为取模运算。为避免浮点运算，将式（7-11）中括号内的值近似为整数，用移位运算来表示，则式（7-11）可写为

$$\hat{c}_l = \left(\omega_i \cdot (a[\gamma][m] << p) \cdot l_i + ((1 << b) >> 1)\right) >> b$$

其中，$b = B + \beta - 5$，$\omega_i = \text{round}(16\alpha_i)$，$a[\gamma][m]$ 为 $2^{(32+3\gamma+m)/6}$ 的整数近似值，取值为

$$a[\gamma][m] = \{\{40,45,51,57,64,72\},\{57,64,72,80,90,102\}\}$$

需要注意的是，由于依赖量化器（Dependent Quantization）的特殊性，其每个量化器中重建值的距离为一般量化器的 2 倍，考虑到 QP 与 Q_{step} 之间的关系，Q_{step} 若是原来的 $2^{-5/6}$ 倍，则 QP 下降 5。因此，对于给定的 QP，为了获得和一般量化器相同的重建质量，当使用依赖量化时，取 $b = B + \beta - 4$，$p = \lfloor (QP+1)/6 \rfloor + B - 8$，$m = (QP+1)\%6$。

若采用变换跳过模式，则不需要反变换，也不需要额外的缩放，同时不再采用量化矩阵，取 $\omega_i = 16$，$\gamma = 0$，$b = 10$，则变换跳过模式的反量化公式为

$$\hat{c_l} = \left((a[0][m] << (p+4)) \cdot q_k + 512 \right) >> 10$$

对应于一般的反量化方案，H.266/VVC 编码器可采用传统的标量量化方法：

$$l_i = \text{floor}\left(\frac{c_i}{Q_{step}} + f \right) \tag{7-12}$$

其中，c_i 表示 DCT 系数，Q_{step} 表示量化步长，l_i 为量化后的值，f 控制舍入关系。

H.266/VVC 量化过程要同时完成整数 DCT 中的比例缩放运算，且为了避免浮点运算，H.266/VVC 量化器将式（7-12）中的分子（系数）与分母（量化步长）进行一定程度的放大，然后进行取整，以此保留运算精度。考虑到 QP 每增加 6，Q_{step} 增大 1 倍这个性质，可将 QP 表示为

$$QP = 6 \cdot \text{floor}(QP/6) + QP\%6$$

引入变量 qbits 和 MF 如下：

$$\text{qbits} = 14 + \text{floor}(QP/6)$$

$$MF = \frac{2^{\text{qbits}}}{Q_{step}} = \begin{cases} 26214, & QP\%6 = 0 \\ 23303, & QP\%6 = 1 \\ 20560, & QP\%6 = 2 \\ 18396, & QP\%6 = 3 \\ 16384, & QP\%6 = 4 \\ 14564, & QP\%6 = 5 \end{cases}$$

其中，%表示取余数。考虑到整数 DCT 中的缩放因子 η 可表示为 2 的整数次幂形式，即

$$\eta = 2^{\text{T\_shift}}$$

则式（7-12）可写为

$$l_{ij} = \text{floor}\left(\frac{d_{ij} \cdot MF}{2^{\text{qbits}+\text{T\_Shift}}} + f \right) = \left(d_{ij} \cdot MF + f' \right) >> \left(\text{qbits} + \text{T\_Shift} \right)$$

其中，>>表示右移运算，d_{ij} 表示进行缩放前的 DCT 系数，$f' = f << (\text{qbits} + \text{T\_shift})$ 表示舍入偏移量。

综上，H.266/VVC 的量化公式为

$$|l_{ij}| = \left(|d_{ij}| \cdot MF + f' \right) >> (\text{qbits} + \text{T\_Shift})$$

$$\text{sign}(l_{ij}) = \text{sign}(d_{ij})$$

在一般情况下，对于 I 图像，f 取 $1/3$；对于 P 图像或 B 图像，f 取 $1/6$。

在 VVC 中，跟反量化时相同，对于一些特殊块，即令当前变换块的宽为 W，高为 H，当该变换块的宽和高满足下式时，有

$$\big((\log_2 W + \log_2 H)\,\&\,1\big) = 1$$

在进行量化时会修改 MF 以补偿变换过程中的隐式缩放，修改后的 MF 参数为

$$MF = \begin{cases} 18396, & QP\%6 = 0 \\ 16384, & QP\%6 = 1 \\ 14564, & QP\%6 = 2 \\ 13107, & QP\%6 = 3 \\ 11651, & QP\%6 = 4 \\ 10280, & QP\%6 = 5 \end{cases}$$

7.3.2　率失真优化量化

在视频编码中，待量化变换系数的分布特性不同，使用确定的标量量化无法有效应对。另外，在实际编码时，量化器设计需要权衡失真与比特率。因此，其引入了率失真优化量化器。率失真优化量化（Rate-Distortion Optimized Quantization，RDOQ）[12]的思想是将量化过程同率失真优化（RDO）准则相结合。对于一个变换系数 c_i，给定多个可选的量化值 $I_{i,1}, I_{i,2}, \cdots, I_{i,k}$，并利用 RDO 准则从中选出一个最优的量化值，即

$$l_i^* = \underset{k=1,\cdots,m}{\arg\min}\Big\{D\big(c_i, l_{i,k}\big) + \lambda \cdot R\big(l_{i,k}\big)\Big\}$$

其中，$D(c_i, l_{i,k})$ 表示 c_i 量化为 $l_{i,k}$ 时的失真，$R(l_{i,k})$ 表示 c_i 量化为 $l_{i,k}$ 时所需的编码比特数，λ 为拉格朗日因子，l_i^* 为最优量化值。

H.266/VVC 的官方编码器 VTM 使用了 RDOQ，现将其主要实现方法和实现步骤介绍如下。

（1）确定当前 TU 每个系数的可选量化值，对当前 TU 所有系数进行预量化：

$$|l_i| = \text{round}\left(\frac{|c_i|}{Q_{\text{step}}}\right)$$

其中，round(·) 表示四舍五入。利用 $|l_i|$ 的大小确定可选量化值，如表 7.1 所示。

（2）利用 RDO 准则确定当前 TU 所有系数的最优量化值。按扫描顺序遍历当前 TU 所有系数，对于每个系数，遍历其可选量化值，利用 RDO 准则确定每个系数的最优量化值。例如，对于系数 c_i，其可选量化值为 $l_{i,1}$ 和 $l_{i,2}$，二者的率失真代价分别为

表 7.1　不同 $|l_i|$ 对应的可选量化值

$|l_i|$	可选量化值
0	0
1	0, 1
2	0, 1, 2
3	2, 3
...	...
N	$N-1, N$

$$J\big(l_{i,1}\big) = D\big(c_i, l_{i,1}\big) + \lambda \cdot R\big(l_{i,1}\big)$$
$$J\big(l_{i,2}\big) = D\big(c_i, l_{i,2}\big) + \lambda \cdot R\big(l_{i,2}\big)$$

其中， $D(c_i,l_{i,1})$ 表示 c_i 量化为 $l_{i,1}$ 时当前系数的失真， $R(l_{i,1})$ 表示 c_i 量化为 $l_{i,1}$ 时当前系数所需的总编码比特数。若 $J(l_{i,1}) < J(l_{i,2})$ ，则选取 $l_{i,1}$ 作为当前系数的最优量化值；反之，则选取 $l_{i,2}$ 作为最优量化值。

（3）利用 RDO 准则确定当前 TU 每个系数块组（CG）是否量化为全零组。按 CG 扫描顺序遍历当前 TU 的所有 CG，分别计算其量化为全零 CG 时的率失真代价，并与原率失真代价比较。若全零 CG 对应的率失真代价较小，则令当前 CG 为全零 CG。

（4）利用 RDO 准则确定当前 TU "最后一个非零系数"的位置。利用步骤（1）预量化的结果，"最后一个非零系数"可能的选择为扫描顺序对应的"最后一个预量化值大于 0 的系数"与"最后一个预量化值大于 1 的系数"之间的所有非零系数。遍历这些非零系数，分别计算其作为"最后一个非零系数"时当前 TU 的总率失真代价。选择对应于最小率失真代价的系数作为当前 TU 的"最后一个非零系数"。

与标量量化相比，RDOQ 提高了编码器的性能，但由于需要遍历多个可选量化值并计算率失真代价，其编码复杂度也有一定升高。

另外，熵编码中的符号隐藏（Sign Data Hiding，SDH）技术通常也需要量化参数的配合，即利用率失真优化准则，在考虑 SDH 技术情况下选择最优的量化参数。SDH 技术详见 8.4.3 节。

7.3.3 依赖量化

在依赖量化（Dependent Quantization，DQ）[13]过程中，当前变换系数的量化值依赖前一个变换系数的量化值。与传统的标量量化不同，DQ 利用了变换系数间的相关性，使得变换系数经量化后在 N 维向量空间更紧密（ N 代表变换块中的变换系数个数）。这意味着对于固定大小的变换块，该方法减小了输入向量（量化前的块）和重建向量（反量化得到的块）之间的误差，即减小了量化带来的失真。

从解码器的角度来看，H.266/VVC 中的依赖量化器的关键技术包括：定义两种不同的标量量化器 Q0 和 Q1，定义标量量化器之间的转换规则。

H.266/VVC 中 DQ 定义的两种标量量化器如图 7.7 所示。图 7.7 中圆圈下方的标识值为量化索引，即量化值。量化器 Q0 对应偶数倍量化步长，在使用 Q0 量化器时，量化索引 q_k 的重建值由量化步长 $\varDelta$ 的偶数倍给出。

$$t' = 2 \cdot q_k \cdot \varDelta$$

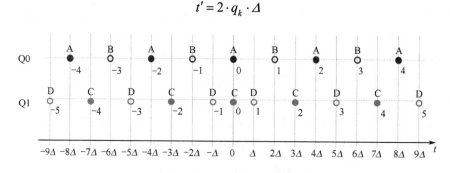

图 7.7 H.266/VVC 中 DQ 定义的两种标量量化器

量化器 Q1 对应奇数倍量化步长,在使用 Q1 量化器时,量化索引 q_k 的重建值由量化步长 Δ 的奇数倍给出,即

$$t' = (2 \cdot g_k - \operatorname{sgn}(g_k)) \cdot \Delta$$

其中,$\operatorname{sgn}(\cdot)$ 表示符号函数,即 $\operatorname{sgn}(q_k) = (q_k == 0?0:(q_k < 0?-1:1))$。

对一个变换块进行反量化时,初始状态设置为 0,变换系数按照编码顺序重建,重建完成后更新状态。确定重建顺序后,对于给定的待量化系数,采用哪一个量化器(Q0 或 Q1)由前一个系数采用的量化器和量化索引确定。在 H.266/VVC 中,两个标量量化器由一个 4 状态的状态机表示,如图 7.8 所示。当状态为 0 或 1 时,使用标量量化器 Q0;当状态为 2 或 3 时,使用标量量化器 Q1。q_k 表示量化索引的值,下一个状态由当前状态和当前量化索引 q_k 的奇偶性确定。

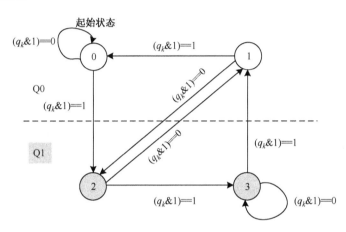

图 7.8 依赖量化的状态转换和量化器选择

在编码端,为了最大化编码效率,DQ 同样采取了率失真优化的思想,通过最小化率失真代价 $J = D + \lambda R$ 来选出最佳量化索引,其中失真 D 用均方误差来表示:

$$D_K(q_k, S_k) = \left(t_k - \Delta \cdot \left(2 \cdot q_k - (S_k \gg 1) \cdot \operatorname{sgn}(q_k)\right)\right)^2$$

其中,t_k 表示原始变换系数,q_k 表示量化索引,S_k 为对应的量化状态。

DQ 通过给定一个状态机 Ungerboeck 网格限制状态转移路径,使得一个系数的量化索引由前一个系数的量化索引限制在部分码书中。所选的量化索引和量化器之间的依赖关系可以用网格结构来描述。用率失真代价标记网格节点之间的所有连接,确定最小率失真代价的量化索引相当于寻找网格中代价最小的路径,可以使用维特比算法解决。

为了更好地考虑熵编码,编码端在实际量化时使用一个 5 状态网格结构,如图 7.9 所示。除状态 0~3 外,网格还包括状态 "uncoded",表示按照编码顺序在第一个非零量化索引前等于 0 的量化索引。"start" 状态的率失真代价为 $J_{-1} = 0$,扫描索引 k 递增的顺序即为编码顺序,N 即为当前块内变换系数的个数。当采用依赖量化时,主要方法和步骤如下。

（1）首先确定当前系数的可选量化索引，为每个量化系数确定 4 个候选值，针对每个量化器（Q0 或 Q1）都有 2 个最小化原始值与重建值差的绝对值的候选值。候选值的确定如图 7.10 所示。

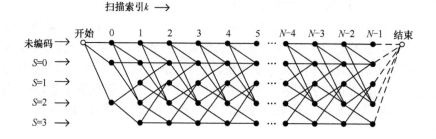

图 7.9 用于确定量化索引的基本网格结构图示

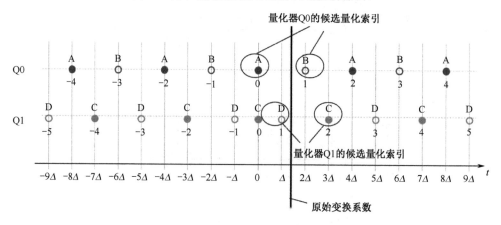

图 7.10 量化候选值的确定

（2）当扫描索引从 $k-1$ 转换到 k 时，为阶段 $k-1$ 的网格节点和阶段 k 的网格节点之间的所有连接计算一个率失真代价 J_k，在计算该率失真代价时需要区分 3 种不同的情况。

① 从 uncoded 状态到 uncoded 状态：$J_k = J_{k-1} + D_k(0,0)$。

② 从 uncoded 状态到 (0, 2) 状态：$J_k = J_{k-1} + D_k(q_k, S_k) + \lambda \cdot (R_{\text{first}}(x_k, y_k) + R_k(q_k))$。

③ 从 (0, 1, 2, 3) 状态到 (0, 1, 2, 3) 状态：$J_k = J_{k-1} + D_k(q_k, S_k) + \lambda \cdot R_k(q_k)$。

其中，$R_k(q_k)$ 表示传输量化索引所需的比特数，$R_{\text{first}}(x_k, y_k)$ 表示传输第一个非零量化索引的位置所需的比特数。

（3）从图 7.9 中可看出，对于状态 0～3，阶段 k 的每个网格节点都和两个阶段 $k-1$ 的网格节点相连。为优化编码过程，需要去除不会选中的分支。在计算完成阶段 k 所有网格节点所有连接的率失真代价后，对于阶段 k 的每个节点，只保留具有最小率失真代价 J_k 的连接。

（4）重复以上过程，直到 $k = N-1$ 为止，此时可获得 5 条幸存路径，选择使率失真代价 J_{N-1} 最小的路径，当确定 J_{N-1} 后，该路径上的量化索引序列 $q_0, q_1, \cdots, q_{N-1}$ 也是确定的，这就是最终的量化值。

DQ 的使用引入了矢量量化，进一步提高了编码器的性能，但其编码复杂度也有所提升。实验结果表明，DQ 能使编码性能提高 1%～2%，总编码时间大约增加 4%～6%。

7.3.4　量化参数

在视频编码中，QP 是非常重要的参数，它直接影响视频的编码比特率。对于某些应用场合，尤其是当传输速率受限时，灵活地控制量化参数使编码速率尽量接近给定速率尤为重要。

1. QG 概念

H.266/VVC 沿用了 H.265/HEVC 中的量化组（Quantization Group，QG）概念。QG 是 CTB 内的一块矩形区域，为一个划分子树包含的 CU，同一个 QG 内的所有 CU 共享一个 QP，不同的 QG 可以使用不同的 QP。

在 H.266/VVC 中，QG 区域的最小值由 CU 划分深度 cbSubdiv 的最大值 Max_cbSubdiv 决定，Max_cbSubdiv 由图像头参数（ph_cu_qp_delta_subdiv_intra_slice 或 ph_cu_qp_delta_subdiv_inter_slice）设定。当 cbSubdiv≤Max_cbSubdiv 时，QG 与 CU 相同；当 cbSubdiv> Max_cbSubdiv 时，QG 包含多个 CU。cbSubdiv 为等效四叉树深度，其值是四叉树深度 2 倍、三叉树深度 2 倍、二叉树深度之和，相当于指定 QG 为固定尺寸。

2. QP 的解析

与 H.265/HEVC 相同，H.266/VVC 中的 QP 仍采用预测编码技术，只对 QP 与预测 QP 的差值进行编码，以避免直接编码 QP 耗费比特数。在 H.266/VVC 中，QP 以 QG 为单元进行解析，同一个 QG 内的 CU 采用同一个 QP。QP 的解析过程包括预测值（predQP）的获取、预测误差（deltaQP）的解析、QP 的计算。

（1）预测值（predQP）的获取。

图 7.11　QP 预测模板

QG 的 predQP 由相邻已编码 QG 的 QP 信息得到。QP 预测模板如图 7.11 所示，若当前 QG 左上角像素点为(x_{Qg}, y_{Qg})，则 A 为包含像素点($x_{Qg}-1, y_{Qg}$)的已编码 QG，B 为包含像素点 ($x_{Qg}, y_{Qg}-1$)的已编码 QG。QP_A 为 A 的 QP，QP_B 为 B 的 QP。

① 当 QG 为 Slice 或 Tile 的第一个 QG 时，qP_{Y_PREV} 的值为该 Slice 的 QP；否则，qP_{Y_PREV} 的值为解码顺序中前一个 QG 亮度分量 CU 的 QP。

② 当 A 不存在或 A 与当前 QG 不为同一 CTB 时，$QP_A = qP_{Y\_PREV}$。

③ 当 B 不存在或 B 与当前 QG 不为同一 CTB 时，$QP_B = qP_{Y\_PREV}$。

④ 当 B 存在且当前 QG 为 Tile 内 CTB 行的第一个 QG 时（此时，QP_A 为上一行最后一个 CG 的值），predQP=QP_B；否则

$$predQP = (QP_A + QP_B + 1) >> 1$$

（2）预测误差（deltaQP）的解析。

deltaQP 表示 QG 的 QP 与其预测 QP 的差值，以 QG 为单元进行编码，即每个 QG 包含一组 deltaQP 语法元素（deltaQP 的绝对值 qp_delta_abs 及符号 qp_delta_sign_flag）。

$$\text{deltaQP} = \text{qp\_delta\_abs} \times (1 - 2 \times \text{qp\_delta\_sign\_flag})$$

（3）QP 的计算。

Slice QP 由 PPS 层初始 QP（QP_{PPS}）及 Slice 层或图像头中 QP 偏移值（d_{QP}）确定：

$$\text{SliceQP} = QP_{PPS} + d_{QP}$$

QG 的 QP 由预测 QP（predQP）及预测误差（deltaQP）确定。亮度分量的 QP 为

$$Qp_Y = (predQP + deltaQP + 64 + 2 \times QpBdOffset)\%(64 + QpBdOffset)$$

其中，$QpBdOffset = 6 \times (BitDepth - 8)$。

色度分量的 QP 为

$$QP_{Cb} = ChromaQpTable[0][qpY] + pps\_qp\_offset_{Cb} + sh\_qp\_offset_{Cb}$$
$$QP_{Cr} = ChromaQpTable[1][qpY] + pps\_qp\_offset_{Cr} + sh\_qp\_offset_{Cr}$$
$$QP_{CbCr} = ChromaQpTable[2][qpY] + pps\_qp\_offset_{CbCr} + sh\_qp\_offset_{CbCr}$$

其中，$qpY = Qp_Y + QpBdOffset$，ChromaQPTable 指定亮度和色度之间的映射关系（由 SPS 层参数确定），pps_qp_offset 和 sh_qp_offset 分别表示色度分量在 PPS 层和 Slice 层 QP 的偏移值。

3. 相关语法元素

（1）SPS 层。

sps_same_qp_table_for_chroma_flag：等于 1 表示只有一个色度 QP 映射表被标识，并且该表适用于 Cb 与 Cr 残差。此外，当 sps_joint_cbcr_enabled_flag 等于 1 时还适用于 Cb-Cr 联合残差。等于 0 表示为上述 3 者标识了 3 个色度 QP 映射表。

sps_qp_table_start_minus26[i]：表示第 i 个色度 QP 映射表的亮度和色度起始 QP 减 26。

sps_num_points_in_qp_table_minus1[i]：表示第 i 个色度 QP 映射表中点的个数。

sps_delta_qp_in_val_minus1[i][j]：表示第 i 个色度 QP 映射表中第 j 个中心点输入坐标的 delta 值。

sps_delta_qp_diff_val[i][j]：表示第 i 个色度 QP 映射表第 j 个中心点输出坐标的 delta 值。

（2）PPS 层。

pps_cu_qp_delta_enabled_flag：等于 1 表示 ph_cu_qp_delta_subdiv_intra_slice 和 ph_cu_qp_delta_subdiv_inter_slice 语法元素至少有一个存在于 PH 层中，且 cu_qp_delta_abs 和 cu_qp_delta_sign_flag 语法元素可能存在于变换单元和 palette 编码语法。0 表示都不存在。

pps_slice_chroma_qp_offsets_present_flag：等于 1 表示相关 Slice 头中存在 sh_cb_qp_offset 和 sh_cr_qp_offset 语法元素。等于 0 表示不存在。

pps_qp_delta_info_in_ph_flag：等于 1 表示 QP 增量信息存在于 PH 层中，并且不存在于没有包含 PH 层的 Slice 头中。等于 0 表示不存在于 PH 层中，可能存在于 Slice 头中。

pps_cb_qp_offset, pps_cr_qp_offset：分别表示色度量化参数 Qp′$_{Cb}$ 和 Qp′$_{Cr}$ 相对于亮度量化参数 Qp′$_Y$ 的偏移值。

（3）PH 层。

ph_cu_qp_delta_subdiv_intra_slice：表示 QG 的大小，为帧内编码 Slice 中 CU 的 cbSubdiv 的最大值。

ph_cu_chroma_qp_offset_subdiv_intra：表示色度分量 QG 的大小，为帧内编码 Slice 中 CU 的 cbSubdiv 的最大值。

ph_cu_qp_delta_subdiv_inter_slice：表示 QG 的大小，为帧间编码 Slice 中 CU 的 cbSubdiv 的最大值。

ph_cu_chroma_qp_offset_subdiv_inter_slice：表示色度分量 QG 的大小，为帧间编码 Slice 中 CU 的 cbSubdiv 的最大值。

ph_qp_delta：表示图像的亮度分量 QP 初始值的偏移量，该值直到被编码单元层的变量 CuQpDeltaVal 改变前都有效。

（4）SH 层。

sh_qp_delta：表示 Slice 中编码块的亮度分量 QP 初始值的偏移量，该值直到被编码单元层的变量 CuQpDeltaVal 改变前都有效。

sh_cb_qp_offset：表示相对亮度分量 QP 的差值，最终偏移量为 pps_cb_qp_offset + sh_cb_qp_offset。

sh_cr_qp_offset：表示相对亮度分量 QP 的差值，最终偏移量为 pps_cr_qp_offset + sh_cr_qp_offset。

（5）CU 层。

cu_qp_delta_abs：QP 的预测误差的绝对值。

cu_qp_delta_sign_flag：QP 的预测误差的符号。

7.3.5　量化矩阵

已有图像、视频编码标准使用了量化矩阵技术，其原理是对不同位置的系数使用不同的量化步长。例如，可以利用人眼对图像视频中的高频细节不敏感的特征，对高频系数使用较大的量化步长，而对低频系数使用较小的量化步长，这样做能够在保证一定压缩率的同时提高图像或视频的主观质量。

1. H.266/VVC 中的量化矩阵

H.266/VVC 的变换量化过程如图 7.12 所示。其中，量化矩阵作用于比例缩放过程，其大小与 TU 相同，可为 2×2、4×4、8×8、16×16、32×32 和 64×64。在比例缩放过程中，变换后的 DCT（或 DST）系数将与量化矩阵中对应位置的系数相除，所得的结果作为量化模块的输入。

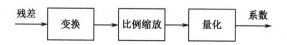

图 7.12　H.266/VVC 的变换量化过程

与 HEVC 相同，H.266/VVC 标准允许使用两种形式的量化矩阵：一种是标准推荐使用的量化矩阵（下文称之为"默认量化矩阵"），另一种是用户自行定义的量化矩阵（以下称为"自定义量化矩阵"）。在 H.266/VVC 中，默认量化矩阵对所有尺寸的 TB 都是平坦的，元素值都等于 16。H.266/VVC 标准定义了 2×2、4×4 和 8×8 共 3 种大小的默认量化矩阵，并规定 16×16、32×32、64×64 的量化矩阵可由 8×8 量化矩阵通过上采样得到。

$$\text{帧间 } 2\times2\, \text{QM}(i,j) = \begin{bmatrix} 16 & 16 \\ 16 & 16 \end{bmatrix}$$

$$4\times4\, \text{QM}(i,j) = \begin{bmatrix} 16 & 16 & 16 & 16 \\ 16 & 16 & 16 & 16 \\ 16 & 16 & 16 & 16 \\ 16 & 16 & 16 & 16 \end{bmatrix}$$

$$\text{帧内 } 8\times8\, \text{QM}(i,j) = \begin{bmatrix} 16 & 16 & 16 & 16 & 16 & 16 & 16 & 16 \\ 16 & 16 & 16 & 16 & 16 & 16 & 16 & 16 \\ 16 & 16 & 16 & 16 & 16 & 16 & 16 & 16 \\ 16 & 16 & 16 & 16 & 16 & 16 & 16 & 16 \\ 16 & 16 & 16 & 16 & 16 & 16 & 16 & 16 \\ 16 & 16 & 16 & 16 & 16 & 16 & 16 & 16 \\ 16 & 16 & 16 & 16 & 16 & 16 & 16 & 16 \\ 16 & 16 & 16 & 16 & 16 & 16 & 16 & 16 \end{bmatrix}$$

$$\text{帧间 } 8\times8\, \text{QM}(i,j) = \begin{bmatrix} 16 & 16 & 16 & 16 & 16 & 16 & 16 & 16 \\ 16 & 16 & 16 & 16 & 16 & 16 & 16 & 16 \\ 16 & 16 & 16 & 16 & 16 & 16 & 16 & 16 \\ 16 & 16 & 16 & 16 & 16 & 16 & 16 & 16 \\ 16 & 16 & 16 & 16 & 16 & 16 & 16 & 16 \\ 16 & 16 & 16 & 16 & 16 & 16 & 16 & 16 \\ 16 & 16 & 16 & 16 & 16 & 16 & 16 & 16 \\ 16 & 16 & 16 & 16 & 16 & 16 & 16 & 16 \end{bmatrix}$$

对于自定义量化矩阵，H.266/VVC 允许编码器根据不同的应用场合自行决定量化矩阵各元素的值，自定义量化矩阵由 APS 参数集承载。根据帧内或帧间（包括 IBC）模式、分量性质（Y/Cb/Cr）、变换块尺寸（宽高的最大值），共定义了 27 种量化矩阵。为节省传输比特，允许对量化矩阵中的元素使用差分编码。在 H.266/VVC 中，对于 16×16、32×32、64×64 的量化矩阵，DC 值被单独编码。对于大于 8×8 的矩阵，只编码 8×8=64 个元素，然后上采样得到相应大小的量化矩阵。对于高频调零的情况，量化矩阵的相应位置也被调零。

2. 相关语法元素

（1）SPS 层。

sps_explicit_scaling_list_enable_flag：标识是否允许使用自定义量化矩阵，1 表示允许使用 APS 中的显式量化缩放列表，0 表示不允许。

（2）PH 层。

ph_explicit_scaling_list_enabled_flag：标识是否允许使用自定义量化矩阵，1 表示允许使用 APS 中的显式量化缩放列表，0 表示不允许。

ph_scaling_list_aps_id：表示使用的 APS 缩放列表的 ID。

（3）SH 层。

sh_explicit_scaling_list_used_flag：标识是否使用自定义量化矩阵，1 表示使用 APS 中的显式量化缩放列表，0 表示未使用。

（4）APS 层。

scaling_list_copy_mode_flag：标识当前量化矩阵的获取方式，1 表示当前量化矩阵与参考量化矩阵相同，0 表示需要通过 scaling_list_pred_mode_flag 的值来判断量化矩阵的获取方式。

scaling_list_pred_mode_flag：标识当前量化矩阵的获取方式，1 表示量化矩阵可以通过参考量化矩阵预测得到，0 表示量化矩阵中的每个元素都需要显性传输。

scaling_list_pred_id_delta：表示参考量化矩阵位置，为当前量化矩阵 ID 与参考矩阵 ID 的差值。

scaling_list_dc_coef[i]：表示第 i 个量化矩阵（$i > 13$）DC 系数位置权值的预测残差。

scaling_list_delta_coef[id][i]：表示第 id 个量化矩阵的第 i 个量化系数位置权值与第 $i-1$ 个量化系数位置权值的差值（差分编码）。

参考文献

[1]　Fischer T R. Geometric Source Coding and Vector Quantization[J]. IEEE Transactions on Information Theory, 1989, 35(1): 137-145.

[2]　Lloyd S P. Least Squares Quantization in PCM[J]. IEEE Transactions on Information Theory, 1982, 28(2): 129-137.

[3]　Max J. Quantization for Minimum Distortion[J]. IRE Transactions on Information Theory, 1960, 6(1): 7-12.

[4]　Huffman D A. A Method for the Construction of Minimum-Redundancy Codes[J]. Proceedings of the IRE, 1952, 40(9): 1098-1101.

[5]　Howard P G, Vitter J S. Arithmetic Coding for Data Compression[J]. Proceedings of the IEEE, 1994, 82(6): 857-865.

[6]　Everett H. Generalized Lagrange Multiplier Method for Solving Problems of Optimum

Allocation of Resources[J]. Operation Research, 1963, 11(3): 399-417.

[7]　Lam E Y, Goodman J W. A Mathematical Analysis of the DCT Coefficient Distributions for Images[J]. Transactions on Image Processing, 2000, 9(10): 1661-1666.

[8]　Marcellin M W, Fischer T R. Trellis Coded Quantization of Memoryless and Gauss-markov Sources[J]. IEEE Transactions on Communications, 1990, 38(1): 82-93.

[9]　Ungerboeck G. Trellis-coded Modulation with Redundant Signal Sets-Part I: Introduction[J]. IEEE Communication Magazine, 1987, 25(2): 5-11.

[10]　Ungerboeck G. Trelliscoded Modulation with Redundant Signal Sets-Part II: State of the Art[J]. IEEE Communications Magazine, 1987, 25(2): 12-21.

[11]　Schwarz H, Coban M, Karczewicz M, et al. Quantization and Entropy Coding in the Versatile Video Coding (VVC) Standard[J]. IEEE Transactions On Circuits Systems for Video Technology, 2021, 31(10): 3891-3906.

[12]　Karczewicz M, Ye Y, Chong I. Rate Distortion Optimized Quantization[C]. VCEG-AH21. ITU-T SG16/Q6, Antakya, Turkey, 2008.

[13]　Schwarz H, Nguyen T, Marpe D, et al. Wiegand. Hybrid Video Coding with Trellis-coded quantization[C]. 2019 Data Compression Conference (DCC), Snowbird, Utah, USA, 2019.

8

熵编码

熵编码是指按信息熵原理进行的无损编码方式，无损熵编码也是有损视频编码中的一个关键模块，它处于视频压缩系统的末端。熵编码把一系列用来表示视频序列的元素符号转变为一个用来传输或存储的压缩码流，输入的符号可能包括量化的变换系数、运动矢量信息、预测模式信息等。熵编码可以有效去除这些视频序列的元素符号的统计冗余，是保证视频编码压缩效率的重要工具之一。

H.266/VVC 标准中的熵编码沿用了 H.265/HEVC 标准的特色，进行了更灵活、更高效的编码设计。本章从熵编码基本原理出发，将着重介绍 H.266/VVC 标准中使用的熵编码方法，并且会对变换系数的熵编码进行详细解读。

8.1 熵编码基本原理

8.1.1 熵

人们常说，当今时代是一个信息大爆炸的时代。然而，你真的了解什么是信息吗？很多人错误地认为信息等同于消息，认为得到了消息就是得到了信息。可事实上，信息与消息并不是一回事，不能等同。我们知道，电报、电话、广播、电视、互联网等通信系统中传输的是各种各样的消息，这些消息有着各种不同的形式，如文字、符号、数据、语言、图片和视频等。所有这些不同形式的消息都可以被人们的感觉器官所感知，经过大脑的分析，得到关于某些事物状态的描述信息。例如，朋友对你说"我想吃大餐"，你就得知了你朋友的想法。此时，语言消息就反映了人的思维状态。因此，用文字、符号、数据、语言、图片、视频等能够被人们感觉器官所感知的形式，把客观物质运动和主观思维的活动状态表达出来就产生了消息。消息包含信息，是信息的载体。因此，信息与消息是既有区别又有联系的。

得到消息后，从中提取出我们想要了解的事物状态，就是获得信息的过程。实际上，获得信息的过程就是一个消除或部分消除不确定性的过程。消息接收者在收信前并不知道消息的具体内容，存在着"不知""不确定""疑问"。通过消息的传递，消息接收者知道了消息的具体内容，原先的"不知""不确定"和"疑问"消除或部分消除了。因此，香农给出的信息定义是，"信息是事物运动状态或存在方式的不确定性的描述。"

然而如何度量信息呢？我们将信息的多少称为信息量。显然，信息量与不确定性消除的程度有关。消除的不确定性程度高，信息量就大；反之，信息量就小。那么，不确定性的高低又怎样度量呢？直观来讲，不确定性的高低可以直观地看成事先猜测某随机事件发生的难易程度，因此，它与事件发生的概率相关，是一个关于事件发生概率的函数。由此可见，不确定性能够度量，更进一步，信息量也是可以度量的。

假设某一信源的概率空间为 $\begin{bmatrix} X \\ P(x) \end{bmatrix} = \begin{bmatrix} x_1, & x_2, \cdots, & x_q \\ P(x_1), P(x_2), \cdots, P(x_q) \end{bmatrix}$，且 $\sum_{i=1}^{q} P(x_i) = 1$，其中 $P(x_i)$ 就是信源发出符号 x_i 的概率。那么，输出一个信源符号 x_i 时，其信息量定义为

$$I(x_i) = \log_2 \frac{1}{P(x_i)}$$

$I(x_i)$ 通常被称为信源符号 x_i 的自信息，表征该符号出现的不确定性。自信息是信源发出某一符号所含有的信息量，信源发出的符号不同，含有的信息量不同。所以自信息 $I(x_i)$ 不能度量整个信源的信息量。

我们定义自信息的数学期望为信源的信息熵，即

$$H(X) = E\left[\log_2 \frac{1}{P(x_i)}\right] = -\sum_{i=1}^{q} P(x_i) \log_2 P(x_i) \tag{8-1}$$

信息熵 $H(X)$ 从平均意义上度量信源的总体信息，可以理解为信源 X 每输出一个符号所提供的平均信息量。因为任何概率分布都满足 $0 \le P(x_i) \le 1$，所以根据式（8-1）可以得出结论：熵的取值总是非负数。

在实际通信中，信源通常输出的是符号序列，符号间具有一定的相关性，可以用联合熵来表征信源输出一个序列所提供的平均信息量。定义如下：

$$H_N(X) = H(X_1 X_2 \cdots X_N)$$
$$= -\sum_{i_1=1}^{q} \cdots \sum_{i_N=1}^{q} p(x_{i_1} x_{i_2} \cdots x_{i_N}) \log_2 p(x_{i_1} x_{i_2} \cdots x_{i_N})$$

联合熵 $H_N(X)$ 描述信源 X 输出长度为 N 的序列的平均不确定性或所含有的信息量。

对于存在相关性的连续信源符号，长度为 N 的符号序列，在已知前面 $N-1$ 个符号 $X_1, X_2, \cdots, X_{N-1}$ 时，可以求得信源输出下一个符号的平均不确定性程度，也就是在已知前面 $N-1$ 个符号时，后面出现一个符号所携带的平均信息量，即 N 阶条件熵：

$$H(X_N \mid X_1 X_2 \cdots X_{N-1}) = -\sum_{i_1=1}^{q} \cdots \sum_{i_N=1}^{q} p(x_{i_1} x_{i_2} \cdots x_{i_{N-1}} x_{i_N}) \log_2 p(x_{i_N} \mid x_{i_1} x_{i_2} \cdots x_{i_{N-1}})$$

其中，$X_1, X_2, \cdots, X_{N-1}$ 称为 X_N 的上下文。可以证明，对于离散平稳信源，当 $H_1(X) < \infty$ 时，具有以下两点性质。

（1）$H_N(X)/N$ 和条件熵 $H(X_N|X_1X_2\cdots X_{N-1})$ 都是变量 N 的非递增函数，且当 N 趋向于无穷大时，它们的极值都存在且相等。这个极值被定义为极限熵，记为 H_∞，即

$$H_\infty = \lim_{N\to\infty}\frac{H_N(X)}{N} = \lim_{N\to\infty}H(X_N|X_1X_2\cdots X_{N-1})$$

（2）当 N 给定时，有

$$H(X_N|X_1X_2\cdots X_{N-1}) \leqslant H_N(X)/N \leqslant H_1(X)$$

以上性质表明，在信源输出序列中符号之间的前后依赖关系越长，前面若干个符号发生后，其后会发生什么符号的不确定性就越弱。也就是说，条件较多的熵必然小于或等于条件较少的熵。另外，当依赖关系为无限长时，联合熵的均值和条件熵都会非递增地一致趋近于极限熵。

8.1.2 变长编码

对信源输出的消息（一个信源符号或固定数目的多个信源符号）采用不同长度的码字表示，这种编码方式称为变长编码。为了提高编码效率，需要根据符号出现的概率设计码长，即对大概率符号采用较短的码字表示，对小概率符号采用较长的码字表示，以达到平均码长最短的目的。

值得注意的是，变长码必须是唯一可译码，才能实现无失真编码。那么，如何判断一组码字是不是唯一可译呢？萨德纳斯（A. A. Sardinas）和彼得森（Patterson）于 1957 年设计了一种判断唯一可译码的测试方法。根据唯一可译码的定义可知，当且仅当有限长的码符号序列能译成两种不同的码字序列时，此码是非唯一可译变长码，那么一定存在一个码字的尾随后缀是另一个码字的前缀。根据这个原理得出唯一可译码的判断方法：对于码字集合 $C = \{W_1, W_2, \cdots, W_q\}$，将 C 中所有可能的尾随后缀组成一个集合 F，当且仅当集合 F 中没有包含任一码字时，可判断此码字集合 C 为唯一可译变长码。

同一信源的唯一可译码可能有多种，从传输信息的观点来考虑，应该选择由短码符号组成的码字，即用码长作为选择准则。对于某一信源和某一码符号集来说，若有一个唯一可译码，其平均长度小于所有其他唯一可译码的平均长度，则该码被称为最佳码。无失真信源编码的基本问题就是要找到最佳码。现在我们来讨论码长的极限值。

无失真变长信源编码定理（香农第一定理）：记离散无记忆信源 S 的 N 次扩展信源 $S^N = \left\{\alpha_1, \alpha_2, \cdots, \alpha_{q^N}\right\}$，其熵为 $H(S^N)$，并有码符号集 $X = \{x_1, x_2, \cdots, x_r\}$，对信源 S^N 进行编码，则总可以找到一种编码方法，构成唯一可译码，使信源 S 中每个信源符号所需的平均码长满足

$$\frac{H(S)}{\log_2 r} + \frac{1}{N} > \frac{\overline{L}_N}{N} \geqslant \frac{H(S)}{\log_2 r}$$

其中

$$\overline{L}_N = \sum_{i=1}^{q^N} P(\alpha_i)\lambda_i$$

并且，当 $N \to \infty$ 时，有

$$\lim_{N\to\infty} \frac{\overline{L}_N}{N} = \frac{H(S)}{\log_2 r} = H_r(S)$$

其中，λ_i 是 α_i 所对应的码字长度，因此 $\overline{L}_N$ 是无记忆扩展信源 S^N 中每个码符号 α_i 的平均码长，可见 $\dfrac{\overline{L}_N}{N}$ 是信源 S 中每个单元符号所需的平均码长。

香农第一定理说明如下。

（1）通过对扩展信源进行可变长编码，可以使平均码长无限趋近于极限熵值，但这是以提升编码复杂性为代价的。

（2）无失真信源编码的实质：对离散信源进行适当变换，使变换后新的符号序列信源尽可能为等概率分布，从而使新信源的每个码符号所含平均信息量达到最大。

（3）香农第一定理仅是一个存在性定理，至于如何构造最佳码的方法，定理并没有直接给出。

哈夫曼在 1952 年提出了一种针对已知信源构造最佳变长码的方法，即哈夫曼码，它也是最经典的变长码[1]。其基本思想是为信源输出的大概率符号分配较短的码字，为小概率符号分配较长的码字，使平均码长最短。

尽管哈夫曼码是一种最佳变长码，但是它也存在一定的不足。首先，解码器需要知道哈夫曼编码树的结构，因而编码器必须为解码器保存或传输编码树，增加了对存储空间的要求。其次，传统的哈夫曼解码方式是从码流中一次读入比特数据，直到在哈夫曼编码树中搜索找到相应码字，这种做法提升了解码器的计算复杂度。哈夫曼码的不规则结构导致了哈夫曼码快速解码的困难，因此研究者们提出了具有规则结构的变长码来规避哈夫曼码的不足，指数哥伦布码（Exponential Golomb Code）是其中应用比较广泛的[2]。

8.1.3　指数哥伦布编码

指数哥伦布码属于可变长码，其基本原理是用短码表示出现频率较高的信息，用长码表示出现频率较低的信息。它是一种特殊的可变长码，其码长有规律可循，码字有很好的结构性。指数哥伦布码由前缀和后缀两部分构成，前缀和后缀都依赖指数哥伦布码的阶数 k。用来表示非负整数 N 的 k 阶指数哥伦布码可以由如下步骤生成。

（1）将数字 N 以二进制形式写出，去掉最低的 k 个比特位，之后加 1。

（2）计算留下的比特数，将此数减 1，即需要增加的前缀 0 的个数。

（3）将步骤（1）中去掉的最低 k 个比特位补回比特串尾部。

以数值 4 的一阶指数哥伦布码的编码过程为例：

（1）4 的二进制表示为 100，去掉最低 1 个比特位 0 变成 10，加 1 后留下 11。

（2）11 的比特数为 2，因此前缀中 0 的个数为 1。

（3）在比特串最低比特位补上步骤（1）中去掉的 0，最终码字为 0110。

表 8.1 给出了零阶、一阶、二阶和三阶指数哥伦布码的结构，前缀由 m 个连续的 0 和 1 个 1 构成，后缀由 $m+k$ 比特构成，是 $N - 2^k (2^m - 1)$ 的二进制表示，即表中的 x_i 串，i 的范围为 $[0, m+k-1]$，每个 x_i 的值为 0 或 1。

解码原理：在解析 k 阶指数哥伦布码时，首先从比特流的当前位置开始寻找第一个非零比特，并将找到的零比特数记为 m，第一个非零比特之后 $m+k$ 位二进制比特串的十进制值为 Value，计算解码值 CodeNum，即

$$CodeNum = 2^{m+k} - 2^k + Value$$

可见，基于指数哥伦布码的这些规则结构，解码器可以很快地判断一个码字的长度，并通过简单计算来解码码字。其他规则结构的码字还包括 Golomb-Rice 码[3]、Hybrid-Golomb 码[4]等。这些变长码，对于某些信源而言，其编码效率也是最优的。

表 8.1　k 阶指数哥伦布码表

阶　　数	码字结构	CodeNum 取值范围
	1	0
	$0\ 1\ x_0$	1…2
$k=0$	$0\ 0\ 1\ x_1\ x_0$	3…6
	$0\ 0\ 0\ 1\ x_2\ x_1\ x_0$	7…14
	…	…
	$1\ x_0$	0…1
	$0\ 1\ x_1\ x_0$	2…5
$k=1$	$0\ 0\ 1\ x_2\ x_1\ x_0$	6…13
	$0\ 0\ 0\ 1\ x_3\ x_2\ x_1\ x_0$	14…29
	…	…
	$1\ x_1\ x_0$	0…3
	$0\ 1\ x_2\ x_1\ x_0$	4…11
$k=2$	$0\ 0\ 1\ x_3\ x_2\ x_1\ x_0$	12…27
	$0\ 0\ 0\ 1\ x_4\ x_3\ x_2\ x_1\ x_0$	28…59
	…	…
	$1\ x_2\ x_1\ x_0$	0…7
	$0\ 1\ x_3\ x_2\ x_1\ x_0$	8…23
$k=3$	$0\ 0\ 1\ x_4\ x_3\ x_2\ x_1\ x_0$	24…55
	$0\ 0\ 0\ 1\ x_5\ x_4\ x_3\ x_2\ x_1\ x_0$	56…119
	…	…

变长码与定长码相比，虽然编码效率有一定提升，但是变长码为每个符号指定码字，每个符号需要整数比特来表示。只有当信源符号的概率质量函数为 2 的负幂次方时，变长码的平均码长才能达到信源的熵。将多个符号进行联合编码，可以有效地提高编码效率，但也极大地提升了编码复杂度。

8.1.4 算术编码

与变长码不同，算术编码的本质是为整个输入序列分配一个码字，而不是给每个输入流中的每个字符分别指定码字，因此平均意义上可以为单个字符分配码长小于 1 的码字，所以算术编码可以给出接近最优的编码结果。

早在 1948 年，香农就提出将信源符号依其出现的概率降序排序，用符号序列累计概率的二进制值作为对信源的编码，并从理论上论证了它的优越性[5]。1960 年，Peter Elias 发现无须排序，只要编码端、解码端使用相同的符号顺序即可，提出了算术编码的概念，但 Peter Elias 没有公布他的发现，因为他知道算术编码在数学上虽然成立，但不可能在实际中实现。1976 年，R. Pasco 和 J. Rissanen 分别用定长的寄存器实现了有限精度的算术编码。1979 年，Rissanen 和 G. G. Langdon 一起将算术编码系统化，并于 1981 年实现了二进制编码。1987 年，Witten 等人发表了一个实用的算术编码程序，即 CACM87[6]（后用于 ITU-T 的 H.263 视频编码标准）。同期，IBM 公司发表了著名的 Q-编码器[7]（后用于 JPEG 和 JBIG 图像压缩标准）。从此，算术编码迅速引起了人们广泛的注意。

算术编码的基本原理是，根据信源可能发生的不同符号序列的概率，把［0,1）划分为互不重叠的子区间，子区间的宽度恰好是各符号序列的概率，这样信源发出的不同符号序列将与各子区间一一对应。因此，每个子区间内的任意一个实数都可以用来表示对应的符号序列，这个数就是该符号序列所对应的码字。显然，一串符号序列发生的概率越大，对应的子区间就越宽，要表达它所用的比特数就越少，因而相应的码字就越短。

算术编码用到两个基本的参数：符号的概率和它的编码间隔。信源符号的概率决定编码过程中信源符号的间隔，而这些间隔在 0 到 1 之间。编码过程中的间隔决定了符号压缩后的输出。

给定事件序列的算术编码步骤如下。

（1）编码器在开始时将"当前间隔"［L, H）设置为［0, 1）。

（2）对每个事件，编码器按步骤①和步骤②进行处理。

① 编码器将"当前间隔"分为子间隔，每个事件一个。

② 一个子间隔的大小与下一个将出现的事件的概率成比例，编码器选择子间隔与下一个确切发生的事件相对应，并使它成为新的"当前间隔"。

（3）最后输出的"当前间隔"的下边界就是该给定事件序列的算术编码。

算术编码的编码、解码过程可用例子演示和解释。

例如，假设信源符号为{A, B, C, D}，这些符号发生的概率分别为{ 0.1, 0.4, 0.2, 0.3 }，根据这些概率可把间隔［0,1）分成 4 个子间隔：［0, 0.1），［0.1, 0.5），［0.5, 0.7），［0.7, 1）。上面的信息可综合在表 8.2 中。

表 8.2　信源符号、发生概率和初始编码间隔

信源符号	A	B	C	D
发生概率	0.1	0.4	0.2	0.3
初始编码间隔	［0, 0.1）	［0.1, 0.5）	［0.5, 0.7）	［0.7, 1）

如果二进制消息序列的输入为 C A D A C D B。编码时首先输入的信源符号是 C，找到它的编码范围是 [0.5, 0.7)，由于消息中第 2 个信源符号 A 的编码范围是 [0, 0.1)，因此它的间隔就取 [0.5, 0.7) 的第 1 个 1/10 作为新间隔 [0.5, 0.52)，以此类推。消息的编码输出可以是最后一个间隔中的任意数，本例子最终输出为 0.51439。图 8.1 展示了这个编码例子的全过程。译码过程如表 8.3 所示。

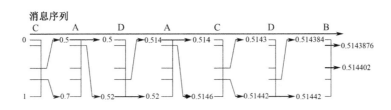

图 8.1　算术编码过程

表 8.3　算术编码译码过程

步　骤	间　隔	译码符号	译码判决
1	[0.5, 0.7)	C	0.51439 在间隔 [0.5, 0.7) 中
2	[0.5, 0.52)	A	0.51439 在间隔 [0.5, 0.7) 的第 1 个 1/10
3	[0.514, 0.52)	D	0.51439 在间隔 [0.5, 0.52) 的第 7 个 1/10
4	[0.514, 0.5146)	A	0.51439 在间隔 [0.514, 0.52) 的第 1 个 1/10
5	[0.5143, 0.51442)	C	0.51439 在间隔 [0.514, 0.5146) 的第 5 个 1/10
6	[0.514384, 0.51442)	D	0.51439 在间隔 [0.5143, 0.51442) 的第 7 个 1/10
7	[0.51439, 0.5143948]	B	0.51439 在间隔 [0.51439, 0.5143948) 的第 1 个 1/10

在上面的例子中，我们假定编码器和译码器都知道消息的长度，因此译码器的译码过程不会无限制地进行下去。实际上，在译码器中需要添加一个专门的终止符，当译码器看到终止符时就停止译码。

在算术编码中有以下几个问题需要注意。

（1）由于实际上计算机的精度位数不可能无限多，一个明显的问题是运算中出现溢出，但多数计算机都有 16 位、32 位或 64 位的精度，因此这个问题可使用比例缩放法解决。

（2）算术编码器对整个消息只产生一个码字，这个码字是间隔 [0, 1) 中的一个实数，因此译码器在收到表示这个实数的所有位之前不能进行译码。

（3）算术编码也是一种对错误很敏感的编码方法，如果有 1 位发生错误就会导致整个消息译错。

算术编码可以是静态的或自适应的。在静态算术编码中，信源符号的概率是固定的；在自适应算术编码中，信源符号的概率根据编码时符号出现的频繁程度动态地进行修改。需要开发动态算术编码是因为事先知道精确的信源概率是很难的，而且是不切实际的。在编码期间估算信源符号概率的过程叫作建模。当压缩消息时，我们不能期待一个算术编码器获得最大的效率，所能做的是尽量提高编码过程中符号概率的估算精度，因此动态建模就成为决定编码器压缩效率的关键因素。不可否认，算术编码的编码、解码计算复杂度要明显高于变长码。

8.2 零阶指数哥伦布编码

如果一个符号 x 要进行指数哥伦布编码，那么只要根据码字信息的值就可以计算出编码后的码长。在包括 H.266/VVC 在内的视频编码标准中，很多语法元素都采用指数哥伦布编码的形式映射为二进制比特流，其中零阶指数哥伦布编码应用非常广泛。

8.2.1 零阶指数哥伦布编码简介

零阶指数哥伦布编码是指数哥伦布编码家族中的一种，它可以直接根据公式解析码字，无须查表，解码复杂度较低。此外，零阶指数哥伦布编码对广义高斯信源的压缩效率也较高。零阶指数哥伦布码由前缀和后缀串接而成，前缀长度 L_{pfx} 和后缀长度 L_{sfx} 满足 $L_{\text{pfx}}-1=L_{\text{sfx}}$。前缀具有一元码的形式，即 $00\cdots001$，其中零的个数 M 为

$$M = \lfloor \log_2(\text{CodeNum}+1) \rfloor$$

后缀部分为 INFO 的十进制值的二进制，表示形式为

$$\text{INFO} = \text{CodeNum} + 1 - 2^M$$

其中，CodeNum 为编码数值索引，对于无符号数 V，其索引 CodeNum 等于 V；对于有符号数 V，索引 CodeNum 则为

$$\text{CodeNum} = \begin{cases} 2V-1, & V>0 \\ -2V, & V \leqslant 0 \end{cases}$$

根据待编码数值，选择无符号数的指数哥伦布编码 ue(v) 或有符号数的指数哥伦布编码 se(v)。

零阶指数哥伦布解码非常简单，先读取第一个 1 前面 0 的个数 M，接着读取第一个 1 后面 M 个信息位，根据

$$\text{CodeNum} = 2^M + \text{INFO} - 1$$

计算出编码数值索引 CodeNum，最后根据编码方式 ue(v)/se(v) 得到 V。表 8.4 给出了零阶指数哥伦布码字及对应的 CodeNum，表 8.5 给出了 CodeNum 及其对应的有符号数 V。

零阶指数哥伦布编解码可以通过简单的计算来实现，在节省存储空间的同时，也省去了码表的设计过程。可以根据信源的概率分布选择是否采用零阶指数哥伦布编码，以便更有效地表示信息[8]。

表 8.4　零阶指数哥伦布码字及
对应的 CodeNum

码　字	CodeNum
1	0
0 1 0	1
0 1 1	2
0 0 1 0 0	3
0 0 1 0 1	4
0 0 1 1 0	5
0 0 1 1 1	6
0 0 0 1 0 0 0	7
0 0 0 1 0 0 1	8
0 0 0 1 0 1 0	9
…	…

表 8.5　CodeNum 及其对应的有符号数 V

CodeNum	V
0	0
1	1
2	−1
3	2
4	−2
5	3
6	−3
k	$(-1)^{k+1}\cdot\lceil k/2 \rceil$

8.2.2　H.266/VVC 中的零阶指数哥伦布编码

在 H.266/VVC 中，零阶指数哥伦布编码方法被用于视频参数集（Video Parameter Set，VPS）、序列参数集（Sequence Parameter Set，SPS）、图像参数集（Picture Parameter Set，PPS）和片头信息等所设计的大部分语法元素中。具体的语法元素及其所采用的是无符号数的指数哥伦布编码 ue(v)，还是有符号数的指数哥伦布编码 se(v)，如表 8.6～表 8.15 所示。

表 8.6　VPS 中使用零阶指数哥伦布码编码的语法元素

语法元素	编码方式
vps_num_dpb_params_minus1	ue(v)
vps_ols_dpb_pic_width[i]	ue(v)
vps_ols_dpb_pic_height[i]	ue(v)
vps_ols_dpb_bitdepth_minus8[i]	ue(v)
vps_ols_dpb_params_idx[i]	ue(v)
vps_num_ols_timing_hrd_params_minus1	ue(v)
vps_ols_timing_hrd_idx[i]	ue(v)

表 8.7　SPS 中使用零阶指数哥伦布编码的语法元素

语法元素	编码方式
sps_pic_width_max_in_luma_samples	ue(v)
sps_pic_height_max_in_luma_samples	ue(v)

续表

语法元素	编码方式
sps_conf_win_left_offset	ue(v)
sps_conf_win_right_offset	ue(v)
sps_conf_win_top_offset	ue(v)
sps_conf_win_bottom_offset	ue(v)
sps_num_subpics_minus1	ue(v)
sps_subpic_id_len_minus1	ue(v)
sps_bitdepth_minus8	ue(v)
sps_poc_msb_cycle_len_minus1	ue(v)
sps_log2_min_luma_coding_block_size_minus2	ue(v)
sps_log2_diff_min_qt_min_cb_intra_slice_luma	ue(v)
sps_max_mtt_hierarchy_depth_intra_slice_luma	ue(v)
sps_log2_diff_max_bt_min_qt_intra_slice_luma	ue(v)
sps_log2_diff_max_tt_min_qt_intra_slice_luma	ue(v)
sps_log2_diff_min_qt_min_cb_inter_slice	ue(v)
sps_max_mtt_hierarchy_depth_inter_slice	ue(v)
sps_log2_diff_max_bt_min_qt_inter_slice	ue(v)
sps_log2_diff_max_tt_min_qt_inter_slice	ue(v)
sps_log2_diff_min_qt_min_cb_intra_slice_chroma	ue(v)
sps_max_mtt_hierarchy_depth_intra_slice_chroma	ue(v)
sps_log2_diff_max_bt_min_qt_intra_slice_chroma	ue(v)
sps_log2_diff_max_tt_min_qt_intra_slice_chroma	ue(v)
sps_qp_table_start_minus26[i]	se(v)
sps_num_points_in_qp_table_minus1[i]	ue(v)
sps_delta_qp_in_val_minus1[i][j]	ue(v)
sps_delta_qp_diff_val[i][j]	ue(v)
sps_log2_transform_skip_max_size_minus2	ue(v)
sps_num_ref_pic_lists[i]	ue(v)
sps_six_minus_max_num_merge_cand	ue(v)
sps_five_minus_max_num_subblock_merge_cand	ue(v)
sps_max_num_merge_cand_minus_max_num_gpm_cand	ue(v)
sps_log2_parallel_merge_level_minus2	ue(v)
sps_six_minus_max_num_ibc_merge_cand	ue(v)
sps_ladf_lowest_interval_qp_offset	se(v)
sps_ladf_qp_offset[i]	se(v)
sps_ladf_delta_threshold_minus1[i]	ue(v)
sps_vui_payload_size_minus1	ue(v)
sps_min_qp_prime_ts	ue(v)
sps_num_ver_virtual_boundaries	ue(v)

续表

语法元素	编码方式
sps_num_hor_virtual_boundaries	ue(v)
sps_virtual_boundary_pos_x_minus1[i]	ue(v)
sps_virtual_boundary_pos_y_minus1[i]	ue(v)

表 8.8 PPS 中使用零阶指数哥伦布编码的语法元素

语法元素	编码方式
pps_pic_width_in_luma_samples	ue(v)
pps_pic_height_in_luma_samples	ue(v)
pps_conf_win_left_offset	ue(v)
pps_conf_win_right_offset	ue(v)
pps_conf_win_top_offset	ue(v)
pps_conf_win_bottom_offset	ue(v)
pps_scaling_win_left_offset	se(v)
pps_scaling_win_right_offset	se(v)
pps_scaling_win_top_offset	se(v)
pps_scaling_win_bottom_offset	se(v)
pps_num_subpics_minus1	ue(v)
pps_subpic_id_len_minus1	ue(v)
pps_num_exp_tile_columns_minus1	ue(v)
pps_num_exp_tile_rows_minus1	ue(v)
pps_tile_column_width_minus1[i]	ue(v)
pps_tile_row_height_minus1[i]	ue(v)
pps_num_slices_in_pic_minus1	ue(v)
pps_slice_width_in_tiles_minus1[i]	ue(v)
pps_slice_height_in_tiles_minus1[i]	ue(v)
pps_num_exp_slices_in_tile[i]	ue(v)
pps_exp_slice_height_in_ctus_minus1[i][j]	ue(v)
pps_tile_idx_delta_val[i]	se(v)
pps_num_ref_idx_default_active_minus1[i]	ue(v)
pps_init_qp_minus26	se(v)
pps_cb_qp_offset	se(v)
pps_cr_qp_offset	se(v)
pps_joint_cbcr_qp_offset_value	se(v)
pps_chroma_qp_offset_list_len_minus1	ue(v)
pps_cb_qp_offset_list[i]	se(v)
pps_cr_qp_offset_list[i]	se(v)
pps_joint_cbcr_qp_offset_list[i]	se(v)
pps_luma_beta_offset_div2	se(v)

续表

语法元素	编码方式
pps_luma_tc_offset_div2	se(v)
pps_cb_beta_offset_div2	se(v)
pps_cb_tc_offset_div2	se(v)
pps_cr_beta_offset_div2	se(v)
pps_cr_tc_offset_div2	se(v)
pps_pic_width_minus_wraparound_offset	ue(v)

表 8.9　图像头结构中使用零阶指数哥伦布码的语法元素

语法元素	编码方式
ph_pic_parameter_set_id	ue(v)
ph_recovery_poc_cnt	ue(v)
ph_num_ver_virtual_boundaries	ue(v)
ph_num_hor_virtual_boundaries	ue(v)
ph_virtual_boundary_pos_x_minus1[i]	ue(v)
ph_virtual_boundary_pos_y_minus1[i]	ue(v)
ph_log2_diff_min_qt_min_cb_intra_slice_luma	ue(v)
ph_max_mtt_hierarchy_depth_intra_slice_luma	ue(v)
ph_log2_diff_max_bt_min_qt_intra_slice_luma	ue(v)
ph_log2_diff_max_tt_min_qt_intra_slice_luma	ue(v)
ph_log2_diff_min_qt_min_cb_intra_slice_chroma	ue(v)
ph_max_mtt_hierarchy_depth_intra_slice_chroma	ue(v)
ph_log2_diff_max_bt_min_qt_intra_slice_chroma	ue(v)
ph_log2_diff_max_tt_min_qt_intra_slice_chroma	ue(v)
ph_cu_qp_delta_subdiv_intra_slice	ue(v)
ph_cu_chroma_qp_offset_subdiv_intra_slice	ue(v)
ph_log2_diff_min_qt_min_cb_inter_slice	ue(v)
ph_max_mtt_hierarchy_depth_inter_slice	ue(v)
ph_log2_diff_max_bt_min_qt_inter_slice	ue(v)
ph_log2_diff_max_tt_min_qt_inter_slice	ue(v)
ph_cu_qp_delta_subdiv_inter_slice	ue(v)
ph_cu_chroma_qp_offset_subdiv_inter_slice	ue(v)
ph_collocated_ref_idx	ue(v)
ph_qp_delta	se(v)
ph_luma_beta_offset_div2	se(v)
ph_luma_tc_offset_div2	se(v)
ph_cb_beta_offset_div2	se(v)
ph_cb_tc_offset_div2	se(v)
ph_cr_beta_offset_div2	se(v)
ph_cr_tc_offset_div2	se(v)
ph_extension_length	ue(v)

表 8.10 自适应环路滤波 ALF 中使用零阶指数哥伦布编码的语法元素

语法元素	编码方式
alf_luma_num_filters_signalled_minus1	ue(v)
alf_luma_coeff_abs[sfIdx][j]	ue(v)
alf_chroma_num_alt_filters_minus1	ue(v)
alf_chroma_coeff_abs[altIdx][j]	ue(v)
alf_cc_cb_filters_signalled_minus1	ue(v)
alf_cc_cr_filters_signalled_minus1	ue(v)

表 8.11 亮度映射与色度缩放 LMCS 中使用零阶指数哥伦布编码的语法元素

语法元素	编码方式
lmcs_min_bin_idx	ue(v)
lmcs_delta_max_bin_idx	ue(v)
lmcs_delta_cw_prec_minus1	ue(v)

表 8.12 伸缩列表数据中使用零阶指数哥伦布编码的语法元素

语法元素	编码方式
scaling_list_pred_id_delta[id]	ue(v)
scaling_list_dc_coef[id − 14]	se(v)
scaling_list_delta_coef[id][i]	se(v)

表 8.13 片头数据中使用零阶指数哥伦布编码的语法元素

语法元素	编码方式
sh_num_tiles_in_slice_minus1	ue(v)
sh_slice_type	ue(v)
sh_num_ref_idx_active_minus1[i]	ue(v)
sh_collocated_ref_idx	ue(v)
sh_qp_delta	se(v)
sh_cb_qp_offset	se(v)
sh_cr_qp_offset	se(v)
sh_joint_cbcr_qp_offset	se(v)
sh_luma_beta_offset_div2	se(v)
sh_luma_tc_offset_div2	se(v)
sh_cb_beta_offset_div2	se(v)
sh_cb_tc_offset_div2	se(v)
sh_cr_beta_offset_div2	se(v)
sh_cr_tc_offset_div2	se(v)
sh_slice_header_extension_length	ue(v)
sh_entry_offset_len_minus1	ue(v)

表 8.14 加权预测参数中使用零阶指数哥伦布编码的语法元素

语法元素	编码方式
luma_log2_weight_denom	ue(v)
delta_chroma_log2_weight_denom	se(v)
num_l0_weights	ue(v)
delta_luma_weight_l0[i]	se(v)
luma_offset_l0[i]	se(v)
delta_chroma_weight_l0[i][j]	se(v)
delta_chroma_offset_l0[i][j]	se(v)
num_l1_weights	ue(v)
delta_luma_weight_l1[i]	se(v)
luma_offset_l1[i]	se(v)
delta_chroma_weight_l1[i][j]	se(v)
delta_chroma_offset_l1[i][j]	se(v)

表 8.15 参考图像列表中使用零阶指数哥伦布编码的语法元素

语法元素	编码方式
delta_poc_msb_cycle_lt[i][j]	ue(v)
num_ref_entries[listIdx][rplsIdx]	ue(v)
abs_delta_poc_st[listIdx][rplsIdx][i]	ue(v)
ilrp_idx[listIdx][rplsIdx][i]	ue(v)

8.3 CABAC

基于上下文的自适应算术编码（Context-based Adaptive Binary Arithmetic Coding，CABAC）的核心算法是自适应二进制算术编码。通过将设计精良的上下文模型与自适应二进制算术编码结合，CABAC 很好地利用了语法元素数值之间的高阶信息，使编码效率得到了有效提高。在编码过程中，每个符号的编码都与之前已编码的结果有关，根据符号的统计特性来自适应地为符号流进行编码。CABAC 允许非整数的码字位数分配给各个符号，尤其适合出现概率较大的符号。2001 年，Marpe 首次提出了 CABAC 的初步算法[9]，之后进行了一系列改进，并应用于 H.264/AVC[10]。在 H.265/HEVC 的 CABAC 基础上，H.266/VVC 针对常规编码模式引入了新的编码引擎，使其更灵活、更高效[11]。

8.3.1 CABAC 的原理

CABAC 采用了高效的算术编码思想，同时充分考虑了视频流相关统计特性，大大提高了编码效率。它的编码过程如图 8.2 所示，主要包括 3 个基本步骤：①二进制化；②上下文建模；③二进制算术编码。

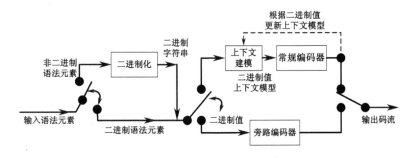

图 8.2　CABAC 的编码过程

二进制化是将一个给定的非二进制语法元素映射成一个二进制序列，即一个二元流（Bin String）。若输入的语法元素就是一个二进制的语法元素，则二进制化的处理被省略，数据通过一条旁路直接送往下一步，即对二元数据进行编码。二元算术编码有常规编码模式（Regular Coding Mode）和旁路编码模式（Bypass Coding Mode）以供选择。在常规编码模式中，语法元素的二元位（Bin）顺序地进入上下文模型。编码器根据先前编码过的语法元素或二元位的值，为每个输入的二元位分配合适的概率模型，该过程即上下文建模。将该 Bin 和分配给它的概率模型一起送进二元算术编码器进行编码。此外，编码器要根据 Bin 值更新上下文模型，这就是编码中的自适应。旁路编码器无须为每个二元位分配特定的概率模型，输入的 Bin 直接用一个简单的旁路编码器进行编码，以加快整个编码及解码过程的速度。

1. 二进制化

所有的二元算术编码技术都面临一个问题，那就是怎样在众多的可用二元方式中进行选择，如可以利用霍夫曼编码来实现二进制化方法在效率上的最优化。霍夫曼编码为每个字符分配唯一的二元字符串，这与二进制化的最终结果的表现形式是一样的，而且霍夫曼编码方法对多元字符生成的平均码长最短。

霍夫曼二进制化方法虽然能够达到高的效率，但在实际应用中还存在着问题。霍夫曼码的码字结构一般都不规则，这就需要对码表进行存储，并且在二元算术解码过程中不断进行查表运算，这都会在一定程度上提升实现上的复杂度。另外，码字结构的不规则一般会导致其所对应的二元概率模型的存储排布不规则，这就会使二元概率模型的选择变得复杂。因此，在实际的二进制化方法设计过程中，一般采用码字结构比较简单的二进制化方法，如一元码、定长码和指数哥伦布码等。

2. 上下文建模

在一般情况下，不同的语法元素之间并不是完全独立的，并且相同语法元素自身也具有一定的记忆性。因此，根据条件熵理论，利用其他已编码的语法元素进行条件编码，相对于独立编码或无记忆编码能够进一步提高编码性能。这些用来作为条件的已编码符号信息称为上下文。如图 8.3 所示，C 为当前待编码块，A、B、D 和 E 是已编码块，那么 A、

B、D 和 E 中的已编码符号信息，均可以作为编码块 C 中符号的上下文。具体来说，对于编码块 C 是否为跳过模式的符号 skip_flag$_C$，skip_flag$_A$、skip_flag$_B$、skip_flag$_D$ 和 skip_flag$_E$ 中任何组合取值都可以作为编码 skip_flag$_C$ 时的上下文。

理论上来讲，条件越多所得到的条件熵就越小，因此提高上下文模型阶数能够获得更好的编码性能。但随着上下文模型阶数的增加，对概率模型存储和更新的复杂度也会以惊人的速度提升。若减小概率模型的数目，则会导致编码器不能对概率做出准确的估计，引起编码性能下降。因此，在进行上下文模型设计时，既要考虑如何充分地利用上下文模型来提高编码效率，又要考虑引入上下文模型所增加的概率模型实现复杂度。

D	B	E
A	C	

图 8.3　上下文示意图

为了利用有限的概率模型资源实现尽可能高的编码性能，上下文模型的应用就要有针对性。具体表现就是，对于那些高概率发生的对编码性能的影响起主导作用的事件，建立精致的上下文模型，可以增加上下文模型的阶数以达到更为精细的条件估计；而对于低概率发生的对编码性能影响不大的事件，可以建立比较简单的上下文模型，甚至可以存在相同上下文模型，或者视其为等概率事件进行编码。

为了控制计算复杂度，CABAC 以二进制比特为单位进行上下文建模。上下文模型的关键是概率预测，即确定待编码二进制符号为最小概率符号 LPS（0 或 1，会根据符号出现概率变化）的概率，其基于已编码二进制符号的历史。对于一个二进制符号序列 $x(t)$，如第 t 个符号编码前的 LPS 概率为 $p(t)$，则第 $t+1$ 个符号的 LPS 预测概率为

$$p(t+1) = \alpha \cdot p(t) + x(t) \cdot (1-\alpha)$$

其中，α 为概率更新速率因子，其值越大，$p(t+1)$ 越依赖更多的历史编码信息，LPS 预测概率越稳定。

在 H.265/HEVC 标准中，LPS 具有 64 个可能的概率值 $p_\sigma \in [0.01875, 05]$，$\sigma \in [0, 63]$。

$$p_\sigma = \begin{cases} \alpha \cdot p_{\sigma-1} + (1-\alpha), & \text{当前符号是LPS} \\ \max(\alpha \cdot p_{\alpha-1}, p_{63}), & \text{当前符号是MPS} \end{cases}$$

$$\alpha = \left(\frac{0.01875}{0.5}\right)^{1/63} \approx 0.95$$

其中，MPS 表示待编码的符号中最可能出现的符号，待编码的最不可能出现的符号即最小概率符号 LPS。

为了降低计算复杂度，标准中 p_σ 的更新通过查表得到（根据 $p_{\sigma-1}$、当前二进制符号）。

3. 二进制算术编码

根据算术编码器的输入符号取值空间的大小，可以将算术编码分为二元算术编码和多元算术编码两类。二元算术编码相对于多元算术编码来说有很多优点。首先，二元算术编码是一种通用的编码方法，即任何大小的多元符号都能将其简单地转换为二元符号序列来进行二元算术编码。其次，二元算术编码更容易实现自适应编码，这是因为它的概率模型

非常简单，在自适应编码过程中对其更新时能够避免多元算术编码所存在的烦琐的概率更新操作。最后，算术编码过程本身的运算量非常大，与多元算术编码相比，二元算术编码实现简单，更容易实现无乘法运算的快速算法。因此，二元算术编码技术在视频编码中得到了广泛应用。

设编码器的状态由当前编码区间宽度 Range 和区间起始点 Low 表示，最小概率符号 LPS 的概率为 p_{LPS}。在编码下一个二进制符号时，将 Range 划分为 2 个子区间：

$$R_{LPS} = \text{Range} \cdot p_{LPS}$$
$$R_{MPS} = \text{Range} - R_{LPS}$$

当编码二进制符号为 LPS 时，编码区间宽度 Range 更新为 R_{LPS}，$\text{Low} = \text{Low} + R_{MPS}$；当编码二进制符号为 MPS 时，编码区间宽度 Range 更新为 R_{MPS}。

在 H.265/HEVC 标准中，为了降低计算复杂度，R_{LPS} 通过查表得到（根据量化后的 Range 和 p_{LPS}）。其中，Range 的范围为 $\left[2^8, 2^9\right)$，被等分为 4 个区间 Q_0、Q_1、Q_2、Q_3；p_{LPS} 有 64 个值。

经过区间更新后得到的新编码区间长度可能不在 $\left[2^8, 2^9\right]$，这就需要进行重归一化，流程如图 8.4 所示，该过程输出编码比特。

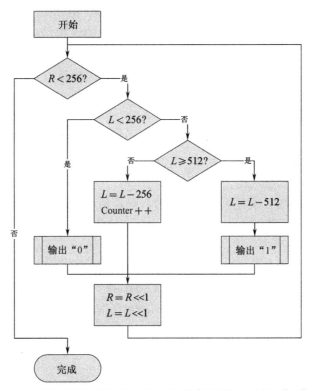

Counter—防止编码器下溢而设置的计数器，使得编码器在没有比特输出的情况下也能正常工作；L—Low；R—Range。

图 8.4 重归一化流程

8.3.2　H.266/VVC 中的 CABAC

H.266/VVC 也具有 H.265/HEVC 熵编码的特点，而且在上下文建模等方面进行了改进，从而获得更好的编码性能。

1. 二进制化

在 H.266/VVC 中，常用的二进制化方法有定长二进制化（FL）、截断莱斯码二进制化（TR）、截断二进制码二进制化（TB）、k 阶指数哥伦布码二进制化（EGK）。针对不同的语法元素，根据其不同的概率分布特性来选择不同的二进制化方法。k 阶指数哥伦布编码已在 8.1 节中介绍过，下面介绍另外 3 种二进制化方法的实现过程和适用条件。

（1）定长二进制化。

当语法元素的概率呈均匀分布时，可选用定长编码的二进制化方案。假设某一给定语法元素的值为 x，且 $0 \leqslant x \leqslant \text{cMax}$，则直接利用十进制数转换为二进制数法得到 x 的定长二进制符号串，其长度 $l_{\text{FL}} = \lceil \log_2 \text{cMax} \rceil$。

（2）截断莱斯码二进制化。

在已知最大门限值 cMax、莱斯参数 R 和语法元素值 x 的情况下，即可获得截断莱斯二元码串。截断莱斯码由前缀和后缀串接而成，前缀值 P 的计算方法为

$$P = x \gg R$$

对应的前缀码获取过程为：若 P 小于 $\text{cMax} \gg R$，则前缀码由 P 个 1 和 1 个 0 组成，长度为 $P+1$；若 P 大于或等于 $\text{cMax} \gg R$，则前缀码由 $\text{cMax} \gg R$ 个 1 组成，长度为 $\text{cMax} \gg R$。当语法元素 $x < \text{cMax}$ 时，其后缀值 S 为

$$S = x - (P \ll R)$$

后缀码为 S 的二元码串，长度为 R。当语法元素 $x \geqslant \text{cMax}$ 时，无后缀码。

（3）截断二进制码二进制化。

当语法元素取值范围有限且呈均匀分布时，可选用截断二进制码二进制化方案。已知语法元素值 x 和最大门限值 cMax，计算方法为

$$n = \text{cMax} + 1$$
$$k = \lfloor \log_2 n \rfloor$$
$$u = (1 \ll (k+1)) - n$$

若 $x < u$，则 x 的二进制化结果等同于输入参数为 x，$\text{cMax} = (1 \ll k) - 1$ 的定长二进制化结果。若 $x \geqslant u$，则 x 的二进制化结果等同于输入参数为 $x+u$，$\text{cMax} = (1 \ll (k+1)) - 1$ 的定长二进制化结果。当 $\text{cMax} = 2^n - 1$ 时，截断二进制码二进制化等同于定长二进制化。表 8.16 给出了 $\text{cMax} = 5$ 时的截断二进制码表。

表 8.16　cMax=5 时的截断二进制码表

cMax	x	二进制码
5	0	00
	1	01
	2	100
	3	101
	4	110
	5	111

2. 上下文模型

在 H.266/VVC 标准中，采用了双概率模型预测每个上下文的 LPS 符号概率。

$$p(t+1) = (p_0(t+1) + p_1(t+1))/2$$
$$p_0(t+1) = p_0(t) \cdot (1-\alpha_0) + x(t) \cdot \alpha_0$$
$$p_1(t+1) = p_0(t) \cdot (1-\alpha_1) + x(t) \cdot \alpha_1$$

其中，α_0、α_1 为两个模型的概率更新速率。

为了避免乘法运算，α 被限定为 $\alpha = 2^{-\beta}(\beta \in N^+)$，概率预测模型则为

$$q(t+1) = q(t) - (q(t) >> \beta) + (x(t) \cdot (2^b - 1) >> \beta)$$

其中，$q(t)$ 为 $p(t)$ 的 b 比特整数化表示，标准中 $b_0 = 10$、$b_1 = 14$。两者之间的关系为

$$q(t) = p(t) \cdot 2^{-b} + 2^{-b-1}$$

在 H.266/VVC 标准中，语法元素使用的每个上下文模型都由唯一的上下文索引 ctxId 指定。每个上下文模型涉及两个类型的变量：控制模型概率更新速率的 shiftIdx，预测概率状态的 pStateIdx0（概率预测模型中的 $q_0(t)$）和 pStateIdx1（概率预测模型中的 $q_1(t)$）。

根据已编码二进制符号的值和更新速率 shiftIdx，利用概率预测模型不断更新概率状态 pStateIdx0 和 pStateIdx1。进一步利用双概率模型得到的预测概率，求均值得到 LPS 的预测概率 pState。

$$pState = pStateIdx1 + 16 \cdot pStateIdx0$$

$$pStateIdx0 = pStateIdx0 - (pStateIdx0 >> shift0) + ((2^{10} - 1) \cdot Bin >> shift0)$$

$$pStateIdx1 = pStateIdx1 - (pStateIdx1 >> shift1) + ((2^{14} - 1) \cdot Bin >> shift1)$$

$$shift0 = (shitfIdx >> 2) + 2$$

$$shift1 = (shiftIdx \& 3) + 3 + shift0$$

其中，shift0（概率预测模型中的 α_0）和 shift1（概率预测模型中的 α_1）分别为预测概率 pStateIdx0 和 pStateIdx1 的更新速率；Bin 为已编码的二进制符号；预测概率 pStateIdx0 和 pStateIdx1 分别为 10bit 和 14bit 整数化表示。

在编码第一个二进制符号前，如何为该符号初始化其上下文模型是关键。在 H.266/VVC 中，为每个上下文索引分配了初始值 initValue 和 shiftIdx。initValue 用来计算模型概率状态，具体方法为

$$slopeIdx = initValue >> 3$$

$$offsetIdx = initValue \,\&\, 7$$

$$m = slopeIdx - 4$$

$$n = (offsetIdx \cdot 18) + 1$$

$$preCtxState = Clip3(1,127,((m \cdot (Clip3(0,63,SliceQPy) - 16)) >> 1) + n)$$

$$pStateIdx0 = preCtxState << 3$$

$$pStateIdx1 = preCtxState << 7$$

其中，SliceQPy 为亮度信号的量化参数。

3. 二进制算术编码

二进制算术编码对当前语法元素二进制化后的每个 Bin 根据其概率模型参数进行算术编码，得到最后的输出码流。二进制算术编码基于递归区间划分的方式，在递归过程中保存编码区间和区间下限。H.266/VVC 标准中包括两种编码方式：常规编码和旁路编码。前者利用自适应的概率模型进行编码；后者以等概率的方式进行编码，其概率状态无须更新。

常规编码器的输入是上下文模型（shiftIdx、pStateIdx0、pStateIdx1）和待编码的 Bin 值，编码器的状态是当前编码区间宽度 Range 和区间起始点 Low。Range 的初始值为 510，Low 的初始值为 0。具体编码流程如下。

（1）计算 LPS 对应的区间宽度 R_{LPS}、R_{MPS}：

$$qRangeIdx = Range >> 5$$

$$pState = pStateIdx1 + 16 \cdot pStateIdx0$$

$$pState_5 = (pState >> 9) \oplus (63 \cdot (pState >> 14))$$

$$R_{LPS} = (qRangeIdx \cdot pState_5) >> 1 + 4$$

$$R_{MPS} = Range - R_{LPS}$$

其中，$pState_5$ 表示 5bit 精度的预测概率；当 $pState >> 14 = 1$ 时，预测概率大于 0.5，pState 为 MPS 的预测概率，异或（$\oplus$）操作使其保持为 LPS 的预测概率。

（2）更新 Low 和 Range：

$$MPS = pState >> 14$$

若 Bin=LPS，则 $Low = Low + R_{MPS}$，$Range = R_{LPS}$；

若 Bin=MPS，则 Low 保持不变，$Range = R_{MPS}$。编码区间更新流程如图 8.5 所示。

（3）随着编码区间 Range 的更新，Range 值可能会小于 256，这时需要进行重归一化，该重归一化过程与 H.265/HEVC 相同，如图 8.4 所示。同时，对 Low 和 Range 进行左移操作，直到 Range 的值大于或等于 256，Low 左移出的比特即编码输出比特。

（4）使用 Bin 值更新上下文模型。

常规解码器的使用为常规编码器的逆操作，具体解码流程如下。

（1）计算 LPS 对应的区间宽度 R_{LPS}、R_{MPS}，方法与编码相同。

（2）更新 Low 和 Range：

$$MPS = pState >> 14$$

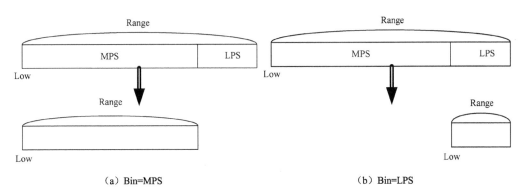

（a）Bin=MPS　　　　　　　　　　（b）Bin=LPS

图 8.5　编码区间更新流程

若 $\mathrm{Low} \geqslant R_{\mathrm{MPS}}$ ，则 $\mathrm{Low} = \mathrm{Low} - R_{\mathrm{MPS}}$ ，$\mathrm{Range} = R_{\mathrm{LPS}}$ ，得到语法元素二进制符号 $1 - \mathrm{MPS}$ ；

若 $\mathrm{Low} < R_{\mathrm{MPS}}$ ， 则 Low 保持不变， $\mathrm{Range} = R_{\mathrm{MPS}}$ ， 得到语法元素二进制符号 MPS 。

（3）随着编码区间 Range 的更新，Range 值可能会小于 256，则需要进行重归一化。同时，对 Low 和 Range 进行左移操作，直到 Range 的值大于等于 256，Low 左移进入的比特即解码输入比特。

（4）使用 Bin 值更新上下文模型。

旁路编码器假定二进制符号为 0 和 1 的概率都为固定的 0.5，编码、解码过程无须对概率进行自适应更新，Range 也不需要计算为固定值 510。解码过程如下。

（1）对 Low 进行左移 1 位操作，左移进入的比特即解码输入比特。

（2）若 $\mathrm{Low} \geqslant \mathrm{Range}$ ，则 $\mathrm{Low} = \mathrm{Low} - \mathrm{Range}$ ，得到语法元素二进制符号 1；若 $\mathrm{Low} < R_{\mathrm{MPS}}$ ，则 Low 保持不变，得到语法元素二进制符号 0。

8.4　变换系数熵编码

量化后变换系数的熵编码在整个熵编码中占有举足轻重的地位，由于量化后变换系数大多为零或幅度较小的值，如何有效利用这一特性是熵编码的关键环节。在 H.266/VVC 中，变换系数的熵编码与 H.265/HEVC 相似[12]，亮度数据和色度数据均以变换块（Transform Block，TB）为单位，通过编码非零系数的位置信息和非零系数的幅值信息来表示其变换系数。

一个 TB 变换系数的编码过程为：首先，将 TB 分成多个系数组（Coefficient Group，CG），利用扫描技术将二维变换系数排列成一维变换系数序列；然后，按扫描顺序确定 TB 中的最后一个非零系数，并编码该系数的位置；最后，按扫描顺序编码最后一个非零系数所在 CG 及其后的每个 CG。CG 内系数的编码过程为：首先，编码 sb_coded_flag，其表示当前 CG 中是否存在非零系数；其次，如果 CG 中存在非零系数，则编码每个系数的幅度（当幅度为零时，只编码 sig_coeff_flag）。

8.4.1　变换系数扫描

在对量化后的变换系数进行熵编码前，须先通过扫描技术将二维变换系数排列成一维变换系数序列。扫描顺序需要考虑变换系数幅值的分布，一般将幅值相近的系数尽量相近排列，以便在 CABAC 中建立更有效的上下文模型，提高编码效率。

在 H.266/VVC 中，较大的 TB 需要首先被分割为多个子块，一个子块包含的系数称为系数组 CG。由于 H.266/VVC 中引入了三叉树和二叉树划分，产生了很多矩形 TB，所以相较于 H.265/HEVC 中固定的 4×4 子块划分，H.266/VVC 中的 CG 划分需要适应多种复杂的 TB。具体划分规则如下：对于变换系数数量大于或等于 16 的 TB，划分后的每个 CG 都有 16 个变换系数；对于变换系数数量小于 16 的 TB，划分后的每个 CG 包含 2×2 的变换系数。例如，对于宽和高的最小值大于或等于 4 的 TB，将其划分为多个 4×4 的 CG；对于宽和高的最小值等于 2 的 TB（变换系数数量大于或等于 16），划分为 2×8 或 8×2 的 CG；对于宽和高的最小值等于 1 的 TB，划分为 1×16 或 16×1 的 CG。

一个 TB 内的多个 CG 采用逆对角扫描的方式组织，即从右下到左上进行。CG 内变换系数也采用逆对角扫描的方式组织。下面以 4×4 的 CG 为例介绍扫描顺序。图 8.6（a）给出了 8×8 的 TB 采用对角扫描时变换系数的扫描顺序，8×8 的 TB 被划分为 4 个 4×4 的 CG，扫描起始于最后一个变换系数，终止于 DC 系数，扫描过程包括了 CG 的扫描和 CG 内变换系数的扫描。TB 内 4×4 的 CG 从右下角到左上角逐一扫描，CG 内变换系数从右下角到左上角逐一扫描。

此外，H.266/VVC 还有两种扫描方式：水平翻转扫描和垂直翻转扫描，具体扫描顺序分别如图 8.6（b）、图 8.6（c）所示。水平翻转扫描起始于最后一个变换系数，终止于右上角的变换系数。垂直翻转扫描起始于最后一个变换系数，终止于左下角的变换系数。这两种扫描方式仅在调色板编码模式中使用。

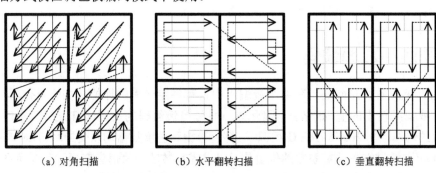

（a）对角扫描　　　　　　　（b）水平翻转扫描　　　　　　　（c）垂直翻转扫描

图 8.6　H.266/VVC 中变换系数的扫描顺序

为了限制大块 TB 的解码复杂度，H.266/VVC 采用了高频调零技术（详见 6.2.1 节），即对大块 TB 的部分变换系数置零。因此，只需要对非调零区内的变换系数进行扫描、编码。

8.4.2　最后一个非零系数位置信息编码

一个 TB 的变换系数经过扫描后就可以得到一组一维的变换系数，扫描后变换系数序列中的第一个非零值则为最后一个非零系数。设最后一个非零系数在 TB 中的位置坐标为

(x,y)，x 和 y 分别表示该系数所在的列号和行号。每个坐标分量由前缀码字和后缀码字（可能不存在）组成，如 x 由语法元素 last_sig_coeff_x_prefix（前缀）和 last_sig_coeff_x_suffix（后缀）表示，y 由语法元素 last_sig_coeff_y_prefix（前缀）和 last_sig_coeff_y_suffuix（后缀）表示。

表 8.17 给出了最后一个非零系数坐标分量（x 或 y）对应的前缀码字和后缀码字，前缀码字表示区间索引，后缀码字表示区间内的偏移量。前缀码字采用一元截断二进制化方法，即连续 n 个 1 后面 1 个 0 表示区间索引 n。需要注意的是，当区间索引具有最大值时（包括高频调零技术导致的情况），码字最后的 1 个 0 省略。只有当最后一个非零系数坐标分量值大于 3 时，才存在后缀码字，后缀码字采用定长二进制化方法。

最后一个非零系数行坐标的计算方法如下。

（1）若 last_sig_coeff_y_suffix 不存在（当行数少至未分区间时），则有

$$\text{LastSignificantCoeffY} = \text{last\_sig\_coeff\_y\_prefix}$$

（2）若 last_sig_coeff_y_suffix 存在，则有

$$\text{LastSignificantCoeffY} = (1 << \max(0,(\text{last\_sig\_coeff\_y\_prefix} >> 1)-1)) \cdot$$
$$(2+(\text{last\_sig\_coeff\_y\_prefix} \& 1)) + \text{last\_sig\_coeff\_y\_suffix}$$

其中，$\max(0,(\text{last\_sig\_coeff\_y\_prefix} >> 1)-1)$ 为后缀码字的比特数。

最后一个非零系数列坐标的计算方法如下。

（1）若 last_sig_coeff_x_suffix 不存在（当列数少至未分区间时），则有

$$\text{LastSignificantCoeffX} = \text{last\_sig\_coeff\_x\_prefix}$$

（2）若 last_sig_coeff_x_suffix 存在，则有

$$\text{LastSignificantCoeffX} = (1 << \max(0,(\text{last\_sig\_coeff\_x\_prefix} >> 1)-1)) \cdot$$
$$(2+(\text{last\_sig\_coeff\_x\_prefix} \& 1)) + \text{last\_sig\_coeff\_x\_suffix}$$

表 8.17 最后一个非零系数坐标分量对应的前缀码字和后缀码字

位置信息	前 缀	后 缀	偏移范围
0	(0)	—	—
1	1(0)	—	—
2	11(0)	—	—
3	111(0)	—	—
4~5	1111(0)	x_0	0~1
6~7	11111(0)	x_0	0~1
8~11	111111(0)	x_1x_0	0~3
12~15	1111111(0)	x_1x_0	0~3
16~23	11111111(0)	$x_2x_1x_0$	0~7
24~31	111111111	$x_2x_1x_0$	0~7

注：x 为 0 或 1，后缀的二元码为偏移量的二进制表示。

最后一个非零系数位置的熵编码即对这 4 个语法元素进行 CABAC 编码，具体顺序为：首

先,编码语法元素 last_sig_coeff_x_prefix 和 last_sig_coeff_y_prefix；然后,编码 last_sig_coeff_x_suffix 和 last_sig_coeff_y_suffix。last_sig_coeff_x_suffix 和 last_sig_coeff_y_suffix 使用旁路编码模式。last_sig_coeff_x_prefix 和 last_sig_coeff_y_prefix 使用常规编码模式, 使用的上下文模型的偏移量（对应概率模型）如表 8.18 所示,其由亮色度分量、变换块尺寸、前缀码字比特数决定。

表 8.18 前缀码字的上下文模型

Bin 索引	0	1	2	3	4	5	6	7	8
W 或 *H*	Luma								
2	0								
4	0	1	2						
8	3	3	4	4	5				
16	6	6	7	7	8	8	9		
32	10	10	11	11	12	12	13	13	14
64	15	15	16	16	17	17	18	18	19
W 或 *H*	Chroma								
2	20								
4	20	21	22						
8	20	20	21	21	22				
16	20	20	20	21	21	21			
32	20	20	20	20	21	21	21	21	22

8.4.3 非零系数幅值信息编码

按扫描顺序编码最后一个非零系数所在 CG 及其后的每个 CG。对于每个 CG,首先编码 sb_coded_flag,标识当前 CG 中是否含有非零系数（最后一个非零系数所在的 CG 已经确定含有非零系数,不编码 sb_coded_flag；最后一个 CG 也不需要编码 sb_coded_flag,因为其包含 DC 系数；这时 sb_coded_flag 被推断为 1）,值为 1 表示 CG 内至少含有一个非零系数,值为 0 表示 CG 内没有非零系数。

当一个 CG 内含有非零系数时,按照扫描顺序编码每个系数的幅值信息（最后一个非零系数所在 CG,只编码最后一个非零系数后的系数）,直到遍历整个 CG。每个非零系数的幅值由幅值的绝对值 absLevel 和符号 coeff_sign_flag 表示。

每个系数幅值的绝对值由 sig_coeff_flag、abs_level_gtx_flag[0]、par_level_flag、abs_level_gtx_flag[1]、abs_remainder 等语法元素表示。sig_coeff_flag 标识当前系数是否为非零值,1 表示系数为非零值,0 表示系数为零；abs_level_gtx_flag[0]标识当前系数的绝对值是否大于 1,1 表示系数大于 1,0 表示系数不大于 1；par_level_flag 标识当前系数绝对值的奇偶性,1 表示系数为奇数,0 表示系数为偶数；abs_level_gtx_flag[1]标识当前系数的绝对值是否大于 3,1 表示系数大于 3,0 表示系数不大于 3；abs_remainder 标识非零系数幅值绝对值的剩余部分。各语法元素是否存在，以及系数幅值与相关语法元素的对应关系如表 8.19 所示，当系数幅值绝对值较小时，部分语法元素不存在。

因此，每个系数幅值的绝对值为

absLevel $= 2 \cdot$ abs_remainder $+$ abslevel1

abslevel1 $=$ sig_coeff_flag $+$ abs_level_gtx_flag[0] $+$ par_level_flag $+ 2 \cdot$ abs_level_gtx_flag[1]

表 8.19　系数幅值与相关语法元素的对应关系

absLevel	0	1	2	3	4	5	6	7	8	9
sig_coeff_flag	0	1	1	1	1	1	1	1	1	1
abs_level_gtx_flag[0]	—	0	1	1	1	1	1	1	1	1
par_level_flag	—	—	0	1	0	1	0	1	0	1
abs_level_gtx_flag[1]	—	—	—	0	1	1	1	1	1	1
abs_remainder	—	—	—	—	0	0	1	1	0	2

一个 TB 内 CG 按扫描顺序编码，CG 内变换系数编码顺序如图 8.7 所示，所有非零系数的编码过程如下。

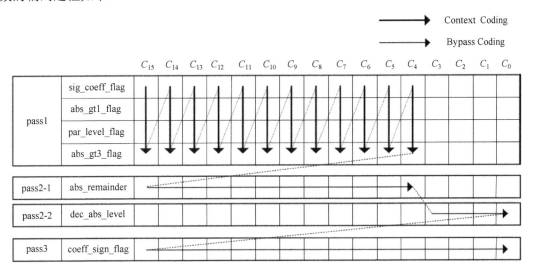

图 8.7　变换块残差编码流程

（1）根据 TB 的大小和类型（亮度或色度）计算得到一个 TB 中可以使用常规编码的语法元素的数量 Mccb（Maximum Number of Context-Coded Bins），有

$$\text{Mccb} = ((1 << (\log_2 \text{TbWidth} + \log_2 \text{TbHeight})) \cdot 7) >> 2$$

其中，TbWidth 为去除置零后的块宽度；TbHeight 为去除置零后的块高度。也就是说，Mccb$=1.75N$，N 为去除置零区域后 TB 内的系数数量。

（2）采用常规编码，从最后一个非零系数开始按扫描顺序编码系数幅值中的语法元素 sig_coeff_flag 和 abs_level_gtx_flag[0]、par_level_flag、abs_level_gtx_flag[1]。在编码每个系数前，检查该 TB 内已编码的语法元素数量是否大于 Mccb－4，当大于 Mccb－4 时，停止该步骤，剩余系数幅值由步骤（4）完成。

（3）按扫描顺序检查已进行常规编码的系数，如果 abs_remainder＞0，则采用截断莱斯码和指数哥伦布码联合二进制化方法进行二进制化，二进制比特使用旁路编码。

（4）对于步骤（2）中未编码的剩余所有系数，直接对系数幅值的绝对值进行编码，即对 dec_abs_level 采用截断莱斯和指数哥伦布码联合二进制化方法进行二进制化，二进比特使用旁路编码。

$$\text{dec\_abs\_level} = \begin{cases} \text{ZeroPos}, & \text{absLevel} = 0 \\ \text{absLevel} - 1, & 0 < \text{absLevel} \leqslant \text{ZeroPos} \\ \text{absLevel}, & \text{absLevel} > \text{ZeroPos} \end{cases}$$

$$\text{ZeroPos} = 2^m \cdot \begin{cases} 1, & \text{Qstate} < 2 \\ 2, & \text{Qstate} \geqslant 2 \end{cases}$$

其中，Qstate 为当前系数的 TCQ 状态；m 为莱斯参数（对其进行二进制化时使用）。

$$m = \begin{cases} 0, & s_T < 7 \\ 1, & 7 \leqslant s_T < 14 \\ 2, & 14 \leqslant s_T < 28 \\ 3, & s_T \geqslant 28 \end{cases} \tag{8-2}$$

$$s_T = \sum_T \text{absLevel} - 5z_0 \tag{8-3}$$

其中，$z_0 = 4$；T 为如图 8.8 所示的相邻位置关系模板，黑色部分为当前系数，灰色部分为所使用的相邻系数。

（5）按扫描顺序对所有非零系数的符号进行旁路编码，如果非零系数的符号为负，则 coeff_sign_flag=1；否则，coeff_sign_flag=0。

语法元素 sb_coded_flag 上下文模型的选择基于相邻 CG 的 sb_coded_flag 值，选取当前 CG 的右相邻和下相邻 CG 作为邻近参考 CG。其共有 4 个上下文模型，亮度分量的上下文模型有 2 个，色度分量的上下文模型有 2 个。

亮度分量的上下文模型索引计算方法为

$$\text{ctxInc} = \begin{cases} 0, & \text{邻近CG的sb\_coded\_flag均为0} \\ 1, & \text{其他} \end{cases}$$

色度分量的上下文模型索引计算方法为

$$\text{ctxInc} = \begin{cases} 2, & \text{邻近CG的sb\_coded\_flag均为0} \\ 3, & \text{其他} \end{cases}$$

语法元素 sig_coeff_flag 的上下文模型取决于相邻已编码位置（见图 8.8）的系数绝对值（abslevel1）和、对角线位置 d（系数所在列号和行号之和）、当前系数的 TCQ 状态 Qstate。其共有 60 个上下文模型，亮度分量的上下文模型有 36 个，色度分量的上下文模型有 24 个。

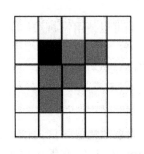

图 8.8　相邻块位置关系模板 T

亮度分量的上下文模型索引计算方法为

$$\text{ctxInc} = 12 \cdot \max(0, \text{Qstate} - 1) + f(T) + \begin{cases} 8, & d < 2 \\ 4, & 2 \leqslant d < 5 \\ 0, & d \geqslant 5 \end{cases}$$

$$f(T) = \min\left(\left(\sum_T \text{abslevel1} + 1\right) >> 1, 3\right)$$

色度分量的上下文模型索引计算方法为

$$\text{ctxInc} = 8 \cdot \max(0, \text{Qstate} - 1) + f(T) + \begin{cases} 4, & d < 2 \\ 0, & d \geqslant 2 \end{cases}$$

语法元素 abs_level_gtx_flag[0]、par_level_flag、abs_level_gtx_flag[1] 的上下文模型取决于相邻已编码位置（相邻位置关系模板 T 如图 8.8 所示）的系数绝对值（abslevel1）和、对角线位置 d。其共有 32 个上下文模型，亮度分量的上下文模型有 21 个，色度分量的上下文模型有 11 个。

亮度分量的上下文模型索引计算方法为

$$\text{ctxInc} = f(T) + \begin{cases} 1, & d \geqslant 10 \\ 6, & 3 \leqslant d \leqslant 10 \\ 11, & 0 < d < 3 \\ 16, & d = 0 \end{cases}$$

$$f(T) = \min\left(\sum_T \max(0, \text{abslevel1} - 1), 4\right)$$

色度分量的上下文模型索引计算方法为

$$\text{ctxInc} = f(T) + \begin{cases} 1, & d > 0 \\ 6, & d = 0 \end{cases}$$

语法元素 abs_remainder 和 dec_abs_level 都采用截断莱斯码和指数哥伦布码联合二进制化方法，莱斯参数 m 由式（8-2）得到。对于语法元素 abs_remainder，式（8-3）中 $z_0 = 4$；对于语法元素 dec_abs_level，式（8-3）中 $z_0 = 0$。采用截断莱斯码和指数哥伦布码联合二进制化方法时，对于小于 $v_{\max} = 2^m \cdot 6$ 的值，直接使用莱斯参数为 m 的截断莱斯编码；对于大于等于 $v_{\max}$ 的值，莱斯参数为 m 的截断莱斯编码级联 $m+1$ 阶指数哥伦布编码。二进制后的语法元素 abs_remainder 和 dec_abs_level，都采用旁路编码模式。

语法元素 coeff_sign_flag 采用旁路编码模式。当允许使用符号数据隐藏（Sign Data Hiding，SDH）技术[13]时，当 CG 内最后一个非零系数与第一个非零系数的距离大于 3 时，最后一个非零系数的语法元素 coeff_sign_flag 不显式编码。SDH 技术为：首先，计算 CG 内所有非零系数幅值绝对值之和；然后，对此和进行奇偶判断，若和为偶数，则最后一个非零系数的符号被判为"+"，若和为奇数，则最后一个非零系数的符号被判为"−"。因此，这就需要编码端采用一定的策略保证符合这一特性。一种方法是在编码过程中采用率失真优化量化（RDOQ）的方法，即编码器通过调整量化系数使 SDH 判决结果与 CG 中最后一个非零系数的真实符号保持一致，具体对哪个系数进行修改及怎样修改，则根据率失真代价来决定。另一种方法是计算一个 CG 中原始系数值和反量化系数值之间的差值，对差值最大的量化值进行修正：若差值为正，则量化值加 1；若差值为负，则量化值减 1。

8.4.4　变换跳过残差熵编码

屏幕内容与自然场景信号的特性不同，对其残差信号进行变换可能无法使能量集中在低频分量上。因此，预测残差可以不经过变换模块，直接进行熵编码，即变换跳过模式。对于采用变换跳过模式的块，可以采用变换跳过残差熵编码（Transform Skip Residual Coding，TSRC），TSRC 是否启用由 Slice 级语法元素 sh_ts_residual_coding_disabled_flag 控制。当启用 TSRC 时，采用变换跳过模式的块使用 TSRC。

与变换系数熵编码类似，一个 TB 被划分为互不重叠的 CG，按扫描顺序编码所有 CG。当一个 CG 内含有非零系数时，按照扫描顺序编码每个系数的幅值信息（可能是幅值的部分信息）。与变换系数熵编码不同，TSRC 模式下不编码最后一个非零系数位置，扫描顺序为正向对角扫描，即从左上到右下。

一个 TB 内 CG 按扫描顺序编码，CG 内系数编码流程如图 8.9 所示，具体过程如下。

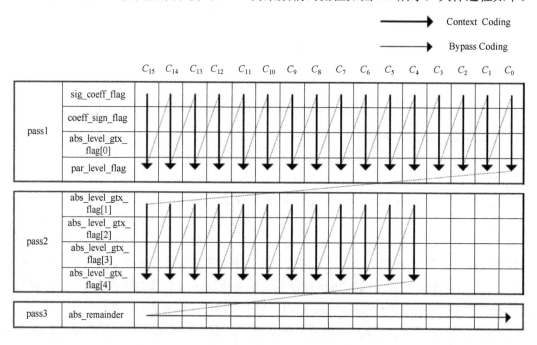

图 8.9　变换跳过模式的系数编码流程

（1）根据 TB 的大小和类型（亮度或色度）计算得到一个 TB 中可以使用常规编码的语法元素的数量 Mccb（Maximum Number of Context-Coded Bins），有

$$Mccb = ((1 << (\log_2 TbWidth + \log_2 TbHeight)) \cdot 7) >> 2$$

其中，TbWidth 为当前 TB 的宽度；TbHeight 为当前 TB 的高度。

（2）采用常规编码，按扫描顺序编码系数幅值中的语法元素 sig_coeff_flag 和 coeff_sign_flag、abs_level_gtx_flag[0]、par_level_flag。在编码每个系数前，检查该 TB 内已编码的语法元素数量是否大于 Mccb-4，当大于 Mccb-4 时，停止该步骤，剩余系数幅值由步骤（4）完成。

（3）当已编码的语法元素数量小于或等于 Mccb-4 时，采用常规编码模式按扫描顺序编码非零系数的 abs_level_gtx_flag[i]（i=1,2,3,4）。在编码每个系数前，检查该 TB 内已编码的语法元素数量是否大于 Mccb-4，当大于 Mccb-4 时，停止该步骤，剩余系数幅值由步骤（4）完成。

（4）按扫描顺序遍历非零系数，如果 abs_remainder 大于 0，则使用 Golomb-Rice 码对剩余的幅值信息 abs_remainder 进行二进制化，并进行旁路编码；如果该系数的幅度未被编码，则对其幅值绝对值 dec_abs_level 进行旁路编码。

8.4.5 相关语法元素

详细语法见标准中的 7.3.11.11 节。

last_sig_coeff_x_prefix：表示最后一个非零系数处在 TB 中的列坐标信息的前缀。该语法元素的值应该在 $[0,(\log_2 ZoTbWidth << 1)-1]$ 内。若该语法元素的值未指明，则设置为 0。

last_sig_coeff_y_prefix：表示最后一个非零系数处在 TB 中的行坐标信息的前缀。该语法元素的值应该在 $[0,(\log_2 ZoTbHeight << 1)-1]$ 内。若该语法元素的值未指明，则设置为 0。

last_sig_coeff_x_suffix：表示最后一个非零系数处在 TB 中的列坐标信息的后缀。该语法元素的值应该在 $[0,(1 << ((last\_sig\_coeff\_x\_prefix >> 1)-1)-1)]$ 内。

last_sig_coeff_y_suffix：表示最后一个非零系数处在 TB 中的行坐标信息的后缀。该语法元素的值应该在 $[0,(1 << ((last\_sig\_coeff\_y\_prefix >> 1)-1)-1)]$ 内。

sb_coded_flag：标识 CG 中是否有非零系数。当 sb_coded_flag 的值为 0 时，CG 内的所有变换系数幅值为 0。当 sb_coded_flag 为 1 时，CG 内的变换系数幅值至少存在一个非零值。当未指明时，设置为 1。

sig_coeff_flag：标识当前系数幅值是否为 0。sig_coeff_flag 的值为 0，当前位置变换系数幅值为 0。sig_coeff_flag 的值为 1，当前位置变换系数幅值为非零值。

abs_level_gtx_flag[j]：标识当前系数幅值的绝对值大于 $(j << 1)+1$。当 abs_level_gtx_flag[j]未指明时，其值推断为 0。

par_level_flag：标识当前系数幅值的奇偶性。par_level_flag 未指明时，其值推断为 0。

abs_remainder：表示采用常规编码的非零系数的剩余幅值。

dec_abs_level：表示使用旁路编码的非零系数幅值。

coeff_sign_flag：标识当前系数幅值的符号。coeff_sign_flag 等于 0，当前系数的符号为正；coeff_sign_flag 等于 1，当前系数的符号为负；coeff_sign_flag 未指明，推断其值为 0。

参考文献

[1] Huffman D A. A Method for the Construction of Minimum Redundancy Codes[J]. Proceedings of the Institute of Radio Engineers, 1952, 40(9): 1098-1101.

[2] Teuhola J. A Compression Method for Clustered Bit-vectors[J]. Information Processing Letters, 1978, 7(6): 308-311.

[3] Rice R. Some Practical Universal Noiseless Coding Techniques-Part1-3[Z]. Jet Propulsion Laboratory, Pasadena, Tech. Rep. JPL-83-17 and JPL-91-3, Nov.1991.

[4] Xue S, Xu Y, Oelmann B. Hybrid Golomb Codes for a Group of Quantised GG Sources[J]. Proceedings of the IEE Vision, Image and Signal Processing, 2003, 150(4): 256-260.

[5] Shannon C E. A Mathematical Theory of Communication[J]. The Bell System Technical Journal, 1948, 27(3): 379-423.

[6] Witten I H, Neal R M, Cleary J G. Arithmetic Coding for Data Compression[J]. Communications of the ACM, 1987, 30(6): 520-540.

[7] Rissanen J, Mohiuddin K. A Multiplication-free Multi-alphabet Arithmetic Code[J]. IEEE Transactions on Communications, 1989, 37(2): 93-98.

[8] Wen J, villasenor J D. Structured Prefix Codes for Quantized Low-Shape-Parameter Generalized Gaussian Sources[J]. IEEE Transactions on Information Theory, 1999, 45(4): 1307-1314.

[9] Marpe D, Blattermann G, Wiegand T. Adaptive Codes for H.26L[C]. VCEG-L13. ITU-T SG16/Q.6, Porto Alegre, Brazil, 2001.

[10] Marpe D, Schwarz H, Wiegand T. Context-based Adaptive Binary Arithmetic Coding in the H.264/AVC Video Compression Standard[J]. IEEE Transactions on Circuits and Systems for video Technology, 2003, 13(7): 620-636.

[11] Schwarz H, Coban M, Karczewicz M, et al. Quantization and Entropy Coding in the Versatile Video Coding (VVC) Standard[J]. IEEE Transactions on Circuits and Systems for video Technology, 2021, 31(10): 3891-3906.

[12] Sole J, et. al. Transform Coefficient Coding in HEVC[J]. IEEE Transactions on Circuits and Systems for video Technology, 2012, 22(12): 1765-1777.

[13] Clare G, Henry F, Jung J. Sign Data Hiding[C]. JCTVC-G271. 7th JCFVC Meeting, Geneva, Switzerland, 2011.

9

第9章

环路滤波

环路滤波（In-Loop Filtering）[1]是提高编码视频主客观质量的有效工具。不同于图像增强等处理中的滤波技术，环路滤波是在视频编码过程中进行滤波，滤波后的图像用于后续图像的编码，即位于编码"环路"之中。环路滤波一方面提高了编码图像的质量，另一方面为后续编码图像提供了高质量的参考图像，从而获得更好的预测效果，提升编码效率。

H.266/VVC 仍采用基于块的混合编码框架，方块效应、振铃效应、颜色偏差及图像模糊等常见编码失真效应仍存在于采用 H.266/VVC 标准的压缩视频中。为了降低这类失真对视频质量的影响，H.266/VVC 主要采用了以下环路滤波或处理技术：亮度映射与色度缩放（Luma Mapping with Chroma Scaling，LMCS）、去方块滤波（De-Blocking Filter，DBF）、样点自适应补偿（Sample Adaptive Offset，SAO）、自适应环路滤波（Adaptive Loop Filter，ALF）[2]。

其中，LMCS 通过对动态范围内信息重新分配码字提高压缩效率；DBF 用于降低方块效应；SAO 用于改善振铃效应；ALF 可以减少解码误差。DBF、SAO、ALF 这 3 个模块在编码框架中的位置如图 9.1 所示。这 3 个滤波模块都处在编码环路中，对重建图像进行处

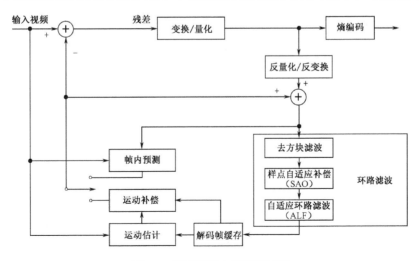

图 9.1　编码框架中的环路滤波

理，并作为后续编码像素的参考使用。与这 3 个模块不同，LMCS 模块对编码前的图像进行预处理，其在解码端的框架结构将在 9.1 节中介绍。

9.1 亮度映射与色度缩放

亮度映射与色度缩放是 H.266/VVC 新引入的编码工具，包括两部分：基于自适应分段线性模型的亮度映射，基于亮度的色度残差缩放。亮度映射应用于像素级，通过充分地利用亮度值范围及光电转换特性（见 2.1 节）来提高视频的编码效率。色度缩放应用于色度块级，旨在补偿亮度信号映射对色度信号的影响。

解码端的 LMCS 框架结构如图 9.2 所示。图中下半部分表示 LMCS 的亮度映射相关过程，其中浅灰色模块表示亮度信号的前向映射（Forward Reshape）与反向映射（Inverse Reshape）。前向映射的输入和反向映射的输出，与视频源亮度信号的光电特性一致，称为原始域信号。经过映射后，前向映射的输出和反向映射的输入，称为映射域信号。前向映射将原始域中的亮度信号映射到映射域，帧内预测、反变换等模块在映射域中进行，如图中的深灰色模块。反向映射将映射域亮度信号映射回原始域，环路滤波（DBF、SAO 与 ALF）、运动补偿等模块在原始域中进行，并且在原始域中得到最终重建图像，如图 9.2 中的无颜色模块。图 9.2 中的上半部分表示 LMCS 的色度残差缩放相关过程，浅灰色模块表示基于亮度的色度残差缩放模块，无颜色模块表示在原始域中的处理，包括环路滤波、运动补偿、帧内预测等。

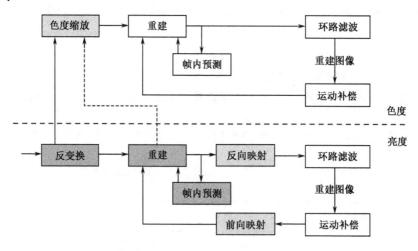

图 9.2　解码端的 LMCS 框架结构

为了匹配解码器，编码端的处理模块也应在相应域进行，如变换、量化应在映射域中进行。LMCS 在编码器、解码器中的相关处理模块为亮度映射、亮度反映射、色度缩放，以实现亮度映射和色度缩放。LMCS 的另一个关键是确定亮度映射函数和色度缩放因子，与视频源的特性直接相关，相关参数的推导过程将在 9.1.2 节中详细介绍。

9.1.1 LMCS 技术

亮度映射的基本思想是在指定的位深下更好地使用允许的亮度值范围。通常，视频信号中所有允许范围的亮度值并不是都被使用的，如 ITU-R BT.2100-2[3]中规定 10 位视频的亮度值范围为[64, 940]，0～63 和 941～1023 不允许用于视频信号。在编解码过程中，前向映射将范围[64, 940]映射至[0, 1023]，然后进行变换、量化等模块处理，可以有效利用 10 比特位深。再如，一个亮度范围较小的视频，也没有充分使用所有允许的亮度值。LMCS 的亮度映射就是为了充分利用允许的位深，将原始域亮度值映射到允许的亮度值范围。

色度缩放的基本思想是补偿亮度信号映射对色度信号的影响。在 H.266/VVC 中，色度分量的量化参数 QP 取决于相应的亮度分量，LMCS 可能会引起亮度值的变化，导致色度分量的 QP 被影响。色度缩放通过调整色度块内的色度残差来平衡这一影响。

1. 基于分段线性模型的亮度映射

在 H.266/VVC 中，前向映射函数 FwdMap 采用一个分段线性模型；反向映射函数 InvMap 为 FwdMap 的逆函数，可由 FwdMap 推导得到。在 FwdMap 分段线性模型中，根据视频源的位深将原始域的码值范围划分为 16 个相等的片段，如 10 位视频源的每个片段都被分配 64 个码字，分配给每个片段的码字数量由变量 OrgCW（当为 10 位视频源时，OrgCW=64）表示。变量 InputPivot[i]（$i=0,\cdots,15$）表示原始域内各片段的边界点，有

$$\text{InputPivot}[i] = i \cdot \text{OrgCW}$$

映射域内各片段的边界点表示为 MappedPivot[i]，MappedPivot[$i+1$] – MappedPivot[i] 的值就是映射域中第 i 个分段的亮度值个数，表示为 SignalledCW[i]。

假设 Y_{pred} 为一个原始域内 10 位深的亮度值，所属片段的索引 i 为 Y_{pred}>>6，则映射域的亮度值 Y'_{pred} 为

$$Y'_{\text{pred}} = \frac{\text{MappedPivot}[i+1] - \text{MappedPivot}[i]}{\text{InputPivot}[i+1] - \text{InputPivot}[i]} \cdot (Y_{\text{pred}} - \text{InputPivot}[i]) + \text{MappedPivot}[i]$$

参数 MappedPivot[i]在 aps_params_type 设置为 1（LMCS_APS）的自适应参数集中标识，详见 9.1.3 节。这些参数的推导过程在 9.1.2 节中介绍。

2. 色度缩放

在色度缩放模块中，前向缩放将原始域色度值转换到映射域，有

$$C_{\text{ResScale}} = C_{\text{Res}} \cdot C_{\text{Scale}} = C_{\text{Res}} / C_{\text{ScaleInv}}$$

后向缩放将映射域色度值转换到原始域，有

$$C_{\text{Res}} = C_{\text{ResScale}} / C_{\text{Scale}} = C_{\text{ResScale}} \cdot C_{\text{ScaleInv}}$$

其中，C_{ResScale} 为映射域的色度残差值，C_{Res} 为原始域的色度残差值，C_{Scale} 为正向缩放时的缩放因子，C_{ScaleInv} 为反向缩放时的缩放因子，C_{Scale} 与 C_{ScaleInv} 互为倒数。

色度缩放以 TU 为单位，同一个 TU 使用相同的缩放因子。缩放因子仍使用分段线性

模型，片段数与亮度片段数一致，同一个片段中的缩放因子相同。计算当前块的上侧及左侧相邻块的重建亮度的平均值 $\mathrm{avg}Y_r'$，根据 $\mathrm{avg}Y_r'$ 及亮度分段边界得到所属片段索引 i，则

$$C_{\mathrm{ScaleInv}}[i] = \frac{\mathrm{InputPivot}[i+1] - \mathrm{InputPivot}[i]}{\mathrm{MappedPivot}[i+1] - \mathrm{MappedPivot}[i] + \mathrm{daltaCRS}}$$

其中，InputPivot[i] 和 MappedPivot[i] 为亮度映射中的参数，色度缩放偏移量 deltaCRS[4] 由自适应参数集（LMCS_APS）标识，i 为所属片段的索引。

9.1.2 LMCS 的实现

H.266/VVC 只规定分段线性函数的表达方式和使用方法，而不规定亮度映射分段线性函数的构建方法。本节将介绍 VTM 编码器中使用的 LMCS 模型参数构建方法，由于 SDR、HDR-PQ、HDR-HLG 视频的特性不同，因而模型参数构建方法也有区别。对于 SDR 和 HDR-HLG 视频，基于局部亮度方差，针对 PSNR 指标进行优化；对于 HDR-PQ 视频，针对 wPSNR（加权 PSNR）指标进行优化[5]，其基本思想是为空间平滑区域分配相比复杂区域更多的码字[6]。

1. SDR 和 HDR-HLG 视频

针对 SDR 和 HDR-HLG 格式的视频，构建分段线性模型的基本思想是，给方差较小的亮度动态范围段分配更多的码字，给方差较大的亮度动态范围段分配较少的码字。图像中平滑区域在编码时将会使用更多的码字，反之亦然。VTM 编码器中确定 LMCS 参数的步骤如下。

（1）统计分析视频内容，在原始域划分片段，分配初始码字。

① 假设编码位深为 10 位，收集并分析输入视频的统计信息，如果内部编码位深不是 10 位，则首先将位深规范化为 10 位。

② 将动态范围[0, 1023]进行 16 等分。

③ 计算有效片段的数量，其中有效片段表示片段对应的亮度值在图像中有对应的样本。例如，一个标准范围的 10 位视频，其亮度值不会在 0～63 及 941～1023 内出现，所以第 0 个与第 15 个片段为无效片段。

④ 对每个有效片段分配相同数量的码字。

$$\mathrm{binCW}[i] = \mathrm{round}\left(\frac{\mathrm{totalCW}}{\mathrm{endIdx} - \mathrm{startIdx} + 1}\right)$$

其中，binCW[i]是分配给第 i 个片段的码字数，totalCW 是共允许分配的码字数，startIdx 和 endIdx 分别是第一个和最后一个有效片段的索引值。

（2）根据图像内容调整片段的码字数量。

① 对于图像中的每个亮度样本位置，计算以当前位置为中心的 winSize×winSize 邻域内亮度局部空间方差 pxlVar。其中

$$\text{winSize} = \lfloor \min(\text{width}, \text{height})/240 \rfloor \times 2 + 1$$

② 计算每个片段的平均对数局部亮度方差。

$$\text{binVar}[i] = \frac{\sum_{\text{bin}} \log_{10}(\text{pxlVar} + 1.0)}{\text{binCnt}[i]}$$

其中，binCnt[i]为第 i 个片段中的亮度样本数。

③ 计算所有片段的平均对数局部空间方差 meanVar 和归一化的平均对数局部空间方差 normVar[i]，其中 normVar[i]=binVar[i]/meanVar。

④ 调整码字分配，将更多的码字分配给平均局部空间方差较小的片段，将较少的码字分配给平均局部方差较大的片段。

$$\text{binCW}[i] = \begin{cases} \text{binCW}[i] + \text{delta2}[i], & \text{normVar} < 0.8 \\ \text{binCW}[i] + \text{delta1}[i], & 0.8 \leqslant \text{normVar} < 0.9 \\ \text{binCW}[i], & 0.9 \leqslant \text{normVar} \leqslant 1.1 \\ \text{binCW}[i] - \text{delta1}[i], & 1.1 < \text{normVar} \leqslant 1.2 \\ \text{binCW}[i] - \text{delta2}[i], & \text{normVar} > 1.2 \end{cases}$$

其中，$\text{delta1}[i] = \text{round}(10 \cdot \text{hist}[i])$，$\text{delta2}[i] = \text{round}(20 \cdot \text{hist}[i])$，hist[i]为第 i 个片段中包含的样本数除以总样本数，其范围设定为[0, 0.4]，以避免分配码字时过于失衡。

（3）如果分配的码字总数超过允许的最大码字数，则从第一个片段开始，每个片段的码字数减少相同的数量，直到等于所允许的最大码字数，最终确定每个片段所分配的码字数 SignalledCW[i]。

（4）根据亮度样本映射前后的相对值及平均局部方差，确定 LMCS 片类型、高码率自适应和色度调整自适应的参数。

2. HDR-PQ 视频

针对 HDR-PQ 格式的视频，使用 wPSNR（加权 PSNR）代替传统的 PSNR 作为压缩视频的客观质量指标。计算默认的 HDR-PQ-LMCS 曲线以匹配自适应 QP 增量（dQP）函数，从而以最大化 wPSNR 为目标，构建 LMCS 分段线性函数。

为了最大化 wPSNR，每个 CTU 的 dQP 与该块亮度均值的关系为

$$\text{dQP}(Y) = \max(-3, \min(6, 0.015 \cdot Y - 1.5 - 6))$$

其中，Y 为亮度均值，Y 的取值范围为$[0, \max(Y)]$，对于 10 位视频 $\max(Y)=1023$。计算 wPSNR 时使用的权值（W_{SSE}）由 dQP 值推导：

$$W_{\text{SSE}}(Y) = 2^{\text{dQP}(Y)/3}$$

在 VTM 编码器中，构建 LMCS 分段线性模型的步骤如下。

（1）计算映射模型曲线的斜率：

$$\text{slop}[Y] = \text{sqrt}(W_{\text{SSE}}(Y)) = 2^{\frac{\text{dQP}(Y)}{6}}$$

如果信号在窄幅范围内（标准范围），则对于 $Y \in [0, 64)$ 或 $Y \in (940, 1023)$，应设置 slope[Y]=0。

（2）积分映射模型曲线的斜率，得到

$$F[Y+1] = F[Y] + \text{slop}[Y], \quad y = 0, \cdots, \max(Y) - 1$$

（3）归一化得到

$$\text{FwdLUT}[Y] = \text{clip3}(0, \max(Y), \text{round}(F[Y] \cdot \max(Y)/F[\max(Y)]))$$

（4）计算每个片段的码字数量 SignalledCW[i]（$i = 0, \cdots, 15$），具体如下：

```
SignalledCW[15] = FwdLUT[1023] - FwdLUT[960];
for( i = 14; i >=0 ; i - -)
SignalledCW[ i ] = FwdLUT[(i + 1) * OrgCW] - FwdLUT[i * OrgCW];
```

9.1.3 LMCS 的相关语法元素

1. SPS 层

sps_lmcs_enabled_flag：标识是否使用 LMCS，值为 1 时表示使用，值为 0 时表示不使用。

2. PH 层

ph_lmcs_enabled_flag：标识当前图像是否使用 LMCS。当此语法元素存在时，值为 1 表示使用；值为 0 表示不使用。当此语法元素不存在时，按其等于 0 处理。

ph_lmcs_aps_id：表示当前图片中的 Slice 所引用的 LMCS APS 的 aps_adaptation_parameter_set_id。

ph_chroma_residual_scale_flag：标识当前图片是否使用色度残差缩放。该值取 1 时，表示使用；该值取 0 时，表示不使用。当此语法元素不存在时，按其等于 0 处理。

3. SH 层

sh_lmcs_used_flag：标识当前 Slice 是否使用 LMCS。该值取 1 时，表示使用；该值取 0 时，表示不使用。当此语法元素不存在时，其被推断为等于 sh_picture_header_in_slice_header_flag ?ph_lmcs_enabled_flag: 0。

4. APS 层

lmcs_min_bin_idx：表示在 LMCS 过程中使用的最小 Bin 索引。它的取值范围为[0, 15]。

lmcs_delta_max_bin_idx：表示最大 Bin 索引 LmcsMaxBinIdx 与 15 之间的差值，即 LmcsMaxBinIdx=15-lmcs_delta_max_bin_idx。其中，lmcs_delta_max_bin_idx 的取值范围为 [0, 15]，LmcsMaxBinIdx 的值大于或等于 lmcs_min_bin_idx。

lmcs_delta_cw_prec_minus1：加 1 用于表示语法元素 lmcs_delta_abs_cw[i]的比特数。它的取值范围为[0, 14]。

lmcs_delta_abs_cw[i]：表示第 i 个区间的码字绝对增量值。

lmcs_delta_sign_cw_flag[i]：标识变量 LmcsDeltaCW[i]的符号，具体如下：

① 如果 lmcs_delta_sign_cw_flag[i]=0，则 LmcsDeltaCW[i]是一个正值。

② 如果 lmcs_delta_sign_cw_flag[i]≠0，则 LmcsDeltaCW[i]是一个负值。

③ 当 lmcs_delta_sign_cw_flag[i]不存在时，按其等于 0 处理。

变量 OrgCW 的值为

$$OrgCW=(1 << BitDepth)/16$$

变量 LmcsDeltaCW[i]（i=lmcs_min_bin_index,$\cdots$,LmcsMaxBinIdx）的值为

$$LmcsDeltaCW[i] = (1 - 2 \cdot lmcs\_delta\_sign\_cw\_flag[i]) \cdot lmcs\_delta\_abs\_cw[i]$$

变量 LmcsCW[i]的值计算方式如下。

① 当 i=0, $\cdots$, lmcs_min_bin_idx-1 时，LmcsCW[i]=0。

② 当 i=lmcs_min_bin_index, $\cdots$, LmcsMaxBinIdx 时，LmcsCW[i]=OrgCW+ LmcsDeltaCW[i]。

③ 当 i=LmcsMaxBinIdx+1, $\cdots$, 15 时，LmcsCW[i]=0。

LmcsCW[i]需要满足以下条件：

$$\sum_{i=0}^{15} LmcsCW[i] \leqslant (1 << BitDepth) - 1$$

变量 InputPivot[i]（i=0, $\cdots$, 15）的值为

$$InputPivot[i] = i \cdot OrgCW$$

变量 LmcsPivot[i]（i=0, $\cdots$, 16）、变量 ScaleCoeff[i]（i=0, $\cdots$, 15）、变量 InvScaleCoeff[i]（i=0, $\cdots$, 15）的值可通过以下方式得到：

```
LmcsPivot[ 0 ] = 0
for( i = 0; i <= 15; i++ ) {
  LmcsPivot[ i + 1 ] = LmcsPivot[ i ] + LmcsCW[ i ]
  ScaleCoeff[ i ] = ( LmcsCW[ i ] * (1 << 11 ) + ( 1 << ( log2( OrgCW ) -
                    1 ) ) ) >> ( Log2( OrgCW ) )
  if( LmcsCW[ i ] == 0 )
    InvScaleCoeff[ i ] = 0
  else
    InvScaleCoeff[ i ] = OrgCW * ( 1 << 11 ) / LmcsCW[ i ]
}
```

LmcsPivot[i]需要满足的条件是，当 LmcsPivot[i]的值不是 1<<(BitDepth-5)的倍数时，LmcsPivot[i]>>(BitDepth-5)的值不应等于 LmcsPivot[i+1]>>(BitDepth-5)的值。

lmcs_delta_abs_crs：表示变量 LmcsDeltaCrs 的绝对码字值。当这个语法元素不存在时，将其推断为 0。

lmcs_delta_sign_crs_flag：标识变量 LmcsDeltaCrs 的符号。当这个语法元素不存在时，将其推断为 0。

变量 LmcsDeltaCrs 的值为

$$LmcsDeltaCrs = (1 - 2 \cdot lmcs\_delta\_sign\_crs\_flag) \cdot lmcs\_delta\_abs\_crs$$

如果 LmcsCW[i]不等于 0，则符合码流一致性要求，LmcsCW[i]+LmcsDeltaCrs 的取值应在[OrgCW>>3, OrgCW<<3-1]内。

变量 ChormaScaleCoeff[i]（i=0,···,15）的值通过以下方式得到：

```
if(LmcsCW[i] == 0)
    ChormaScaleCoeff[i] = (1<<11)
else
    ChormaScaleCoeff[i] = OrgCW * ( 1 << 11 ) / ( LmcsCW[i] + LmcsDeltaCrs )
```

9.2 去方块滤波

方块效应是指图像中编码块边界的不连续性，如图 9.3 所示，压缩重建图像有明显的方块效应，严重影响图像的主观质量。造成方块效应的主要原因是各块的变换量化编码过程相互独立，因此，各块引入的量化误差及其分布特性相互独立，导致相邻块边界的不连续。此外，在运动补偿预测过程中，相邻块的预测值可能来自不同图像的不同位置，这样就会导致预测残差信号在块边界产生数值不连续的问题。另外，时域预测技术使得参考图像中存在的边界不连续可能会传递到后续编码图像。

对块边界进行平滑滤波可以有效地降低、去除方块效应。文献 [7] 中提出了一种环路滤波方法，它采用 3 抽头低通滤波器来削弱边界的不连续性，可以有效降低低比特率编码视频的方块效应。文献 [8] 中提出了分区域滤波方法，在平坦区域利用 9 抽头滤波器对块边界及块内部的像素进行调整，对纹理区域通过解析像素特征对边界处像素进行相应修正。在 H.264/AVC 和 H.265/HEVC 标准中都使用了环路去方块滤波，编码环路中的滤波模块不仅可以改善滤波后重建图像的质量，而且滤波后重建图像作为时域预测参考可以提升后续编码的质量。它自适应地根据不同的视频内容、不同的编码方式选择不同强度的滤波参数，然后对其进行平滑处理。

（a）原始图像　　　　　　　（b）具有方块效应的压缩重建图像

图 9.3　方块效应

在 H.265/HEVC 的去方块滤波技术[9]基础上，H.266/VVC 有少量变化，例如，针对采用子块编码技术的子块边界进行滤波，针对大块亮度分量的长抽头滤波，针对色度分量的强滤波。

在 H.266/VVC 中，去方块滤波模块会对 CU 边界、变换子块边界及预测子块边界进行滤波处理。变换子块边界包括 SBT、ISP 模式及大尺寸 CU 隐式分割时引入的变换单元边界，预测子块边界包括 SbTMVP 模式和仿射模式引入的预测单元边界。

滤波时首先需要确定待滤波的边界，确保去方块滤波过程应用于所有的子块边界和 CU 边界，但是以下几种类型的边界除外：

（1）整幅图像的边界；

（2）当 sps_loop_filter_across_subpic_enabled_flag 的值等于 0 时，不可应用于子图边界；

（3）当 VirtualBoundariesPresentFlag 的值等于 1 时，不可应用于虚拟边界；

（4）当 pps_loop_filter_across_tiles_enabled_flag 的值等于 0 时，不可应用于 Tile 边界；

（5）当 pps_loop_filter_across_slices_enabled_flag 的值等于 0 时，不可应用于 Slice 边界；

（6）当 sh_deblocking_filter_disabled_flag 的值等于 1 时，不可应用于 Slice 的上边界、左边界或 Slice 内部的所有边界；

（7）不对应亮度分量 4×4 像素格边界；

（8）不对应色度分量 8×8 像素格边界；

（9）亮度分量中两侧 intra_bdpcm_luma_flag 的值都为 1 的边界；

（10）色度分量中两侧 intra_bdpcm_chroma_flag 的值都为 1 的边界；

（11）色度子块边界且该边界不是相关变换块的边界。

确定滤波边界之后，遵循先亮度分量、后色度分量，先垂直方向、后水平方向的原则对 CU 中含有的边界进行滤波。边界两侧采用滤波操作的像素数由边界两侧块的大小决定，这使得同方向块边界滤波操作相互独立，例如，当块像素宽度小于或等于 4 时，滤波像素范围限制在边界 1 个像素距离内。因此，同方向块边界的去方块滤波可以并行处理，但需要保证先处理垂直边界再处理水平边界。

去方块滤波包括两个环节：滤波决策和滤波操作。首先，进行滤波决策，以得到边界的最大滤波长度、边界的滤波强度（不滤波、短抽头弱滤波、短抽头强滤波和长抽头滤波）及滤波参数；然后，进行滤波操作，即根据所选择的最大滤波长度、边界的滤波强度及滤波参数对像素进行相应的修正。去方块滤波算法对不同的视频内容及不同的编码参数具有自适应能力，即不同的块边界自适应选择是否滤波、边界的滤波强度及最大滤波长度，例如，对平滑区域处的不连续边界强滤波，对纹理较丰富的区域弱滤波乃至不滤波。另外，在 Slice 级上允许根据不同视频序列的个体特征调节全局滤波参数，即对滤波参数增加偏移值进行微调，如此就可提高或降低滤波强度，优化解码视频质量，获得比默认值更好的效果。

9.2.1　滤波决策

滤波决策的目的是对所有满足滤波尺寸条件的 CU、TU、子块边界，根据视频内容及编码参数，确定最大滤波长度、边界的滤波强度及滤波参数，是去方块滤波的关键环节。获取最大滤波长度是根据 CU 的大小、子块的大小、子块与 CU 边界的距离初步确定相邻块的每行（列）最多可修改的像素个数。获取边界的滤波强度是根据边界块的编码参数初步判断边界块是否需要滤波及其滤波参数，因为相邻块采用不同的编码参数（如采用不同预测方式、不同参考图像、不同运动矢量等），易造成像素值在块边界的不连续。滤波强弱选择需要进一步对视频内容进行分析，主要根据边界两侧块内像素值的变化及编码参数（量化参数）确定边界是否需要滤波，因为平坦区域的不连续块边界才是滤波对象。根据视频内容（块边界及块内部像素值的变化）及编码参数（量化参数）进一步判断边界块是否需要滤波及选择合适的滤波强度，因为边界的不连续也可能是视频自身内容导致的。

1. 获取最大滤波长度

块边界处的像素位置关系如图 9.4 所示，P 块和 Q 块为边界两侧 4×4 大小的块。对于垂直边界，P 表示边界左侧的块，Q 表示边界右侧的块；对于水平边界，P 表示边界上侧的块，Q 表示边界下侧的块。P 块和 Q 块内每行（或列）被滤波的像素数称为滤波长度，分别记为 S_P 和 S_Q，其根据 CU 的大小、子块的大小、子块与 CU 边界的距离确定。

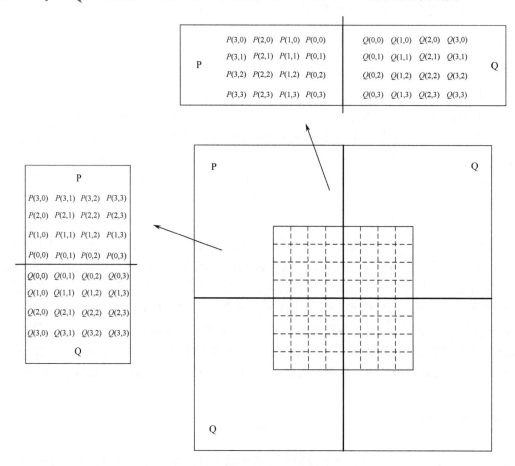

图 9.4 块边界处的像素位置关系

亮度分量滤波长度 S_P 和 S_Q 的初始值应设置为：

（1）如果 CU 或 TU 块边界尺寸（CU 或 TU 块边界距离块边界的像素数）大于或等于

32，则将 S_P 和 S_Q 的值设为 7；

（2）如果 CU 或 TU 边界尺寸小于或等于 4，则将 S_P 和 S_Q 的值设为 1；

（3）在其他情况下，S_P 和 S_Q 的值应设为 3；

当 CU 包含子块时，若 CU 或 TU 边界距离子块边界 8 个像素，则限制 CU 或 TU 边界的 S_P 或 S_Q 的值小于或等于 5。子块边界的 S_P 和 S_Q 的值为：

（1）如果子块边界距离 CU 或 TU 边界 8 个像素，则 S_P 和 S_Q 的值小于或等于 2；

（2）如果子块边界距离 CU 或 TU 边界 4 个像素，则将 S_P 和 S_Q 的值设为 1；

（3）在其他情况下，S_P 和 S_Q 的值应设为 3；

对于 CTU 水平边界的上侧，S_P 的值被限制为小于或等于 3。当最大滤波长度大于 3 时，会将当前块标记为大块，即将标识位 sidePisLargeBlk 或 sideQisLargeBlk 设为 1。对大块进行开关决策时，会考虑更多的边界像素。

色度分量滤波长度 S_P 和 S_Q 的初始值应设置为：

（1）如果 CU 或 TU 边界尺寸都大于或等于 8 个像素，则将 S_P 和 S_Q 的值设为 3；

（2）在其他情况下，S_P 和 S_Q 的值都应设为 1；

（3）对于 CTU 水平边界的上方，S_P 的值被限制为小于或等于 1。

2. 获取边界的滤波强度

获取边界的滤波强度是根据边界块的编码参数初步判断边界块是否需要滤波及确定滤波参数，获取边界的滤波强度模块后，所有允许滤波的边界均可获得边界的滤波强度（Boundary Strength，BS），其值为 0、1 或 2。边界的滤波强度为 0，表示该边界不需要滤波，并且不再进行后续处理（滤波开关决策、滤波强弱选择及滤波操作）。边界的滤波强度为 1 或 2，表示会进行后续模块处理，并且其值会影响后续"滤波强弱选择"中的阈值。边界的滤波强度在一定程度上反映了两个相邻块编码参数的一致性，相邻块采用的编码参数越一致，其块边界误差的连续性越好。

获取边界的滤波强度的顺序如下。

（1）相邻块都采用 BDPCM 模式，亮度分量和色度分量的边界的滤波强度设置为 0。

（2）相邻块至少一个采用帧内编码模式或 CIIP 模式，亮度分量和色度分量的边界的滤波强度设置为 2。

（3）边界是变换块边界，当亮度分量至少存在一个非零变换系数时，亮度分量边界的滤波强度为 1；当 Cb 分量至少存在一个非零变换系数时，Cb 分量的边界的滤波强度为 1；当 Cr 分量至少存在一个非零变换系数时，Cr 分量的边界的滤波强度为 1。

（4）当边界是预测子块边界时：

① 若两个块的编码预测模式不同，则将亮度分量的边界的滤波强度设置为 1。

② 若两个块都采用 IBC 模式，并且运动矢量值不同（水平或垂直绝对差值大于或等于半像素），则将亮度分量的边界的滤波强度设置为 1。

③ 若参考帧不同或参考帧数量不同，则将亮度分量的边界的滤波强度设置为 1。

④ 若相邻块都为一个运动矢量，并且运动矢量值不同（水平或垂直绝对差值大于或等

于半像素），则将亮度分量的边界的滤波强度设置为 1。

⑤ 若相邻块都为 2 个运动矢量且参考帧相同，并且运动矢量值不同（水平或垂直绝对差值大于或等于半像素），则将亮度分量的边界的滤波强度设置为 1。

⑥ 若相邻块都为 2 个运动矢量、2 个参考帧且参考帧相同时，而且运动矢量值不同（水平或垂直绝对差值大于或等于半像素），则将亮度分量的边界的滤波强度设置为 1。

⑦ 若相邻块都为 2 个运动矢量、1 个参考帧，并且运动矢量值不同（水平或垂直绝对差值大于或等于半像素），则将亮度分量的边界的滤波强度设置为 1。

（5）否则，将亮度和色度分量的边界的滤波强度设置为 0。

3. 滤波强弱选择

由于人眼的空间掩盖效应，图像平坦区域的不连续块边界更容易被观察到。如图 9.5（a）所示，当边界两边的像素值相对平滑，但在边界处呈现较大的差异时，人眼视觉系统可以明显地识别出这种位于边界处的不连续。然而，当边界两侧的像素值呈现高度变化的现象时，如图 9.5（b）所示，这种不连续难以察觉。另外，滤波操作也会减弱强纹理区域应有的纹理信息。针对边界滤波强度大于 0 的块边界，滤波强弱选择模块根据边界块内像素值的变化程度判断该边界区域的内容特性，然后根据边界区域的内容特性确定是否需要进行滤波操作，以及进一步选择滤波的强度。滤波强度分为不滤波、短抽头滤波和长抽头滤波，短抽头滤波又分为强滤波和弱滤波。

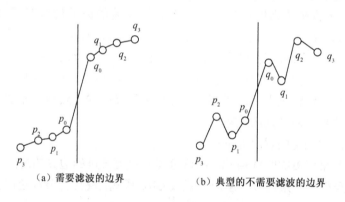

（a）需要滤波的边界　　　　　（b）典型的不需要滤波的边界

图 9.5　图像中的块边界示意图

一个垂直块边界区域如图 9.6 所示，其中 $P(x,y)$、$Q(x,y)$ 分别为块边界两侧的像素值。设 d_{p_0} 表示 P 块首行像素的变化率，d_{q_0} 表示 Q 块首行像素的变化率，d_{p3} 表示 P 块末行像素的变化率，d_{q3} 表示 Q 块末行像素的变化率，s_{p_0} 表示 P 块首行像素的平坦度，s_{q_0} 表示 Q 块首行像素的平坦度，s_{p3} 表示 P 块末行像素的平坦度，s_{q3} 表示 Q 块末行像素的平坦度。

$$d_{pl_0} = d_{p_0} = \left| P(2,0) - 2P(1,0) + P(0,0) \right|$$

$$d_{ql_0} = d_{q_0} = \left| Q(2,0) - 2Q(1,0) + Q(0,0) \right|$$

$$d_{pl_3} = d_{p_3} = \left| P(2,3) - 2P(1,3) + P(0,3) \right|$$

$$d_{ql_3} = d_{q_3} = \left| Q(2,3) - 2Q(1,3) + Q(0,3) \right|$$

$$s_{pl_0} = s_{p0} = \left| P(3,0) - P(0,0) \right|$$

$$s_{ql_0} = s_{q0} = \left| Q(3,0) - Q(0,0) \right|$$

$$s_{pl_3} = s_{p3} = \left| P(3,3) - P(0,3) \right|$$

$$s_{ql_3} = s_{q3} = \left| Q(3,3) - Q(0,3) \right|$$

若相邻块中至少有 1 块被标记为大块，则像素的变化率和平坦度按如下方式调整。

如果 S_P 等于 7，那么

$$s_{pl_0} = s_{pl_0} + \left| P(7,0) - P(6,0) - P(5,0) + P(4,0) \right|$$

$$s_{pl_3} = s_{pl_3} + \left| P(7,3) - P(6,3) - P(5,3) + P(4,3) \right|$$

如果 S_Q 等于 7，那么

$$s_{ql_0} = s_{ql_0} + \left| Q(7,0) - Q(6,0) - Q(5,0) + Q(4,0) \right|$$

$$s_{ql_3} = s_{ql_3} + \left| Q(7,3) - Q(6,3) - Q(5,3) + Q(4,3) \right|$$

如果 sidePisLargeBlk=1，那么

$$d_{pl_0} = \left(d_{pl_0} + \left| P(3,0) - 2P(4,0) + P(5,0) \right| + 1 \right) \gg 1$$

$$d_{pl_3} = \left(d_{pl_3} + \left| P(3,3) - 2P(4,3) + P(5,3) \right| + 1 \right) \gg 1$$

$$s_{pl_0} = \left(s_{pl_0} + \left| P(3,0) - P(S_P,0) + 1 \right| \right) \gg 1$$

$$s_{pl_3} = \left(s_{pl_3} + \left| P(3,3) - P(S_P,3) + 1 \right| \right) \gg 1$$

如果 sideQisLargeBlk=1，那么

$$d_{ql_0} = \left(d_{ql_0} + \left| Q(3,0) - 2Q(4,0) + Q(5,0) \right| + 1 \right) \gg 1$$

$$d_{ql_3} = \left(d_{ql_3} + \left| Q(3,3) - 2Q(4,3) + Q(5,3) \right| + 1 \right) \gg 1$$

$$s_{ql_0} = \left(s_{ql_0} + \left| Q(3,0) - Q(S_Q,0) + 1 \right| \right) \gg 1$$

$$s_{q3} = \left(s_{ql_3} + \left| Q(3,3) - Q(S_Q,3) + 1 \right| \right) \gg 1$$

垂直块边界区域的纹理度定义为

$$C_B = d_{p_0} + d_{q_0} + d_{p_3} + d_{q_3}$$

$$C_{l_B} = d_{pl_0} + d_{pl_3} + d_{ql_0} + d_{ql_3}$$

P	$P(7,0)$ $P(6,0)$ $P(5,0)$ $P(4,0)$ $P(3,0)$ $P(2,0)$ $P(1,0)$ $P(0,0)$	$Q(0,0)$ $Q(1,0)$ $Q(2,0)$ $Q(3,0)$ $Q(4,0)$ $Q(5,0)$ $Q(6,0)$ $Q(7,0)$	Q
	$P(7,1)$ $P(6,1)$ $P(5,1)$ $P(4,1)$ $P(3,1)$ $P(2,1)$ $P(1,1)$ $P(0,1)$	$Q(0,1)$ $Q(1,1)$ $Q(2,1)$ $Q(3,1)$ $Q(4,1)$ $Q(5,1)$ $Q(6,1)$ $Q(7,1)$	
	$P(7,2)$ $P(6,2)$ $P(5,2)$ $P(4,2)$ $P(3,2)$ $P(2,2)$ $P(1,2)$ $P(0,2)$	$Q(0,2)$ $Q(1,2)$ $Q(2,2)$ $Q(3,2)$ $Q(4,2)$ $Q(5,2)$ $Q(6,2)$ $Q(7,2)$	
	$P(7,3)$ $P(6,3)$ $P(5,3)$ $P(4,3)$ $P(3,3)$ $P(2,3)$ $P(1,3)$ $P(0,3)$	$Q(0,3)$ $Q(1,3)$ $Q(2,3)$ $Q(3,3)$ $Q(4,3)$ $Q(5,3)$ $Q(6,3)$ $Q(7,3)$	

图 9.6 滤波开关决策中的垂直块边界区域

块边界区域纹理度的值越大，表明该区域越不平坦，当纹理度大到一定程度时，该边

界就不需要滤波了。因此，H.266/VVC 标准规定，仅当满足式（9-1）时，才开启去方块滤波操作，否则关闭。

$$C_B < \beta \quad 或 \quad C_{l_B} < \beta \tag{9-1}$$

阈值 β 为滤波开关的判决门限，其与边界两侧块的像素值和量化参数 QP 相关。设 QP_P 为 P 块的量化参数，QP_Q 为 Q 块的量化参数，则均值

$$QP_A = (QP_P + QP_Q + 1) >> 1 \tag{9-2}$$

在 H.266/VVC 中，新增了基于亮度分量强度的自适应去方块滤波（Luma-Adaptive De-Blocking Filter）。该技术根据重建像素的平均亮度水平 LumaLevel 为 QP_A 添加一个偏移量 qpOffset 调整去方块滤波的滤波强度，用来补偿在线性光域使用非线性转换函数，如光电转换函数（EOTF）等引入的失真。其中，$LumaLevel = (P(0,0) + P(0,3) + Q(0,0) + Q(0,3)) >> 2$。由于 EOTF 等非线性转换函数在不同视频格式中的形式不同，所以 qpOffset 需要根据具体的视频内容和相应的 LumaLevel 推导得出，具体过程见文献 [1] 8.8.3.6.2 节。

将 qpOffset 与 QP_A 相加得到 qP。

$$qP = QP_A + qpOffset$$

考虑到允许使用片级补偿值 sh_luma_beta_offset_div2，调整后的量化参数值为

$$Q = \text{Clip3}(0, 63, qP + (\text{sh\_luma\_beta\_offset\_div2} << 1))$$

其中

$$\text{Clip3}(x, y, z) = \begin{cases} x, & z < x \\ y, & z > y \\ z, & 其他 \end{cases}$$

然后利用表 9.1，根据 Q 的取值可以得到 β'。当亮度分量的比特深度为 8 时，β 的值等于 β'。否则，有

$$\beta = \beta' \times (1 << (\text{BitDepth} - 8))$$

表 9.1 阈值变量 β'、t'_C 与变量 Q 的关系

Q	0	1	2	3	4	5	6	7	8	9	10	11	12	13	14	15	16
β'	0	0	0	0	0	0	0	0	0	0	0	0	0	0	0	0	6
t'_C	0	0	0	0	0	0	0	0	0	0	0	0	0	0	0	0	0
Q	17	18	19	20	21	22	23	24	25	26	27	28	29	30	31	32	33
β'	7	8	9	10	11	12	13	14	15	16	17	18	20	22	24	26	28
t'_C	0	3	4	4	4	5	5	5	5	7	7	8	9	10	10	11
Q	34	35	36	37	38	39	40	41	42	43	44	45	46	47	48	49	50
β'	30	32	34	36	38	40	42	44	46	48	50	52	54	56	58	60	62
t'_C	13	14	15	17	19	21	24	25	29	33	36	41	45	51	57	64	71
Q	51	52	53	54	55	56	57	58	59	60	61	62	63	64	65		
β'	64	66	68	70	72	74	76	78	80	82	84	86	88	—	—		
t'_C	80	89	100	112	125	141	157	177	198	222	250	280	314	352	395		

当开启滤波器时，必须进一步分析视频内容确定滤波强度。图 9.7 给出了 3 种边界情况。图 9.7（a）与图 9.7（b）相比，图 9.7（a）边界两侧像素值变化平坦，在视觉上会形成更强的块效应，因此，需要对边界周围的像素进行大范围、大幅度的修正，才能得到良好的视觉效果。而对于图 9.7（c），边界处的像素差值特别大，由于像素失真总会处于一定的范围之内，在差值超出一定的范围后，这种块边界差别则由视频内容本身所致。

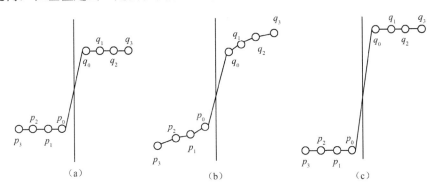

图 9.7　不同边界的情况

对于图 9.6 中的块边界，当满足式（9-1）时，进一步判断使用哪种滤波器的策略如下。

（1）如果至少一边是大块，即 sidePisLargeBlk 的值为 1 或 sideQisLargeBlk 的值为 1，并且满足式（9-3）～式（9-8）的条件，则使用长抽头滤波。

（2）否则，当 S_P 和 S_Q 都大于 2 时，如果满足式（9-7）～式（9-12）的条件，则使用短抽头强滤波。S_P 和 S_Q 都设置为 3。

（3）否则，使用短抽头弱滤波。当 S_P 和 S_Q 都大于 1，且$(d_{p0}+d_{p3})<((\beta+(\beta>>1))>>3)$时，$S_P$ 修正为 2，d_{Ep} 设置 1；否则修正为 1。当 S_P 和 S_Q 都大于 1，且$(d_{q0}+d_{q3})<((\beta+(\beta>>1))>>3)$时，$S_Q$ 修正为 2，d_{Eq} 设置 1，否则修正为 1。

$$2\left(d_{pl_0}+d_{ql_0}\right)<\beta>>4 \tag{9-3}$$

$$2\left(d_{pl_3}+d_{ql_3}\right)<\beta>>4 \tag{9-4}$$

$$s_{pl_0}+s_{ql_0}<\left(3\beta>>5\right) \tag{9-5}$$

$$s_{pl_3}+s_{ql_3}<\left(3\beta>>5\right) \tag{9-6}$$

$$\left|P(0,0)-Q(0,0)\right|<(5t_C+1)>>1 \tag{9-7}$$

$$\left|P(0,3)-Q(0,3)\right|<(5t_C+1)>>1 \tag{9-8}$$

$$2\left(d_{p_0}+d_{q_0}\right)<\beta>>2 \tag{9-9}$$

$$2\left(d_{p_3}+d_{q_3}\right)<\beta>>2 \tag{9-10}$$

$$s_{p_0}+s_{q_0}<\left(\beta>>3\right) \tag{9-11}$$

$$s_{p_3}+s_{q_3}<\left(\beta>>3\right) \tag{9-12}$$

阈值 t_C 为边界处像素值差别的判决门限，其与量化参数相关。

$$Q=\mathrm{Clip3}(0,65,qP+2(BS-1)+(sh\_luma\_tc\_offset\_div2<<1))$$

其中，BS 为边界强度值；sh_luma_tc_offset_div2 为片级补偿值。根据 Q 的取值，通过表 9.1 得到 t'_C 。

$$t'_C = \text{BitDepth} < 10 ?(t'_C + \text{roundOffset}) >> (10 - \text{BitDepth}) : t'_C \cdot (1 << (\text{BitDepth} - 10))$$
$$\text{roundOffset} = 1 << (9 - \text{BitDepth})$$

对于色度分量，其滤波强弱选择的过程与亮度分量近似，区别在于由于色度分量较为平坦，不需要计算平坦度。在计算末行像素特性时需要考虑到色度亚采样的格式对末行位置产生的影响。特别地，当色度分量的 BS 不等于 2 时，若此时 S_P 和 S_Q 值全为 1，则需要将 S_P 和 S_Q 的值修改为 0。

9.2.2 滤波操作

根据亮度分量、色度分量类型及滤波决策的结果，滤波操作包括 5 种类型：亮度分量的长抽头滤波、亮度分量的短抽头强滤波、亮度分量的短抽头弱滤波、色度分量的强滤波、色度分量的弱滤波。

1. 亮度分量的长抽头滤波

长抽头滤波的目的是保留块边界处的斜面或线性信号，针对大块边界修改更多的像素值，滤波器与像素位置相关。针对图 9.6 中的块边界，长抽头滤波操作为

$$p'_{k,i} = \left(\text{refMiddle}_i \cdot f_k + \text{ref}P_i \cdot (64 - f_k) + 32\right) >> 6$$
$$q'_{l,i} = \left(\text{refMiddle}_i \cdot g_l + \text{ref}Q_i \cdot (64 - g_l) + 32\right) >> 6$$
$$\text{ref}P_i = \left(p_{S_P,i} + p_{S_{P+1},i} + 1\right) >> 1$$
$$\text{ref}Q_i = \left(q_{S_Q,i} + q_{S_{Q+1},i} + 1\right) >> 1$$

其中，$i = 1, \cdots, 3$ 为像素行编号，$k = 0, \cdots, S_P - 1$ 为 P 块像素列位置，$l = 0, \cdots, S_Q - 1$ 为 Q 块像素列位置，$p'_{k,i}$ 为 P 块中滤波后的像素，$q'_{l,i}$ 为 Q 块中滤波后的像素，其他参数详见表 9.2。

另外，滤波后的像素 $p'_{k,i}$ 需要钳位到 $p_{k,i} \pm t_C \cdot \text{PD}_i >> 1$，滤波后的像素 $q'_{l,i}$ 需要钳位到 $q_{l,i} \pm t_C \cdot \text{QD}_i >> 1$（其中 $p_{k,i}$ 和 $q_{l,i}$ 为滤波前的像素）。当 $S_P = 7$ 时，$\text{QD}_{0\ldots6} = \text{PD}_{0\ldots6} = \{6,5,4,3,2,1,1\}$；当 $S_P = 5$ 时，$\text{QD}_{0\ldots4} = \text{PD}_{0\ldots4} = \{6,5,4,3,2\}$；当 $S_P = 3$ 时，$\text{QD}_{0\ldots2} = \text{PD}_{0\ldots2} = \{6,4,2\}$。

表 9.2 长抽头滤波参数表

$S_P = 7$ $S_Q = 7$	$f_i = 59 - 9i$，$g_j = 59 - 9j$ $\text{refMiddle} = (2(p_0 + q_0) + p_1 + q_1 + p_2 + q_2 + p_3 + q_3 + p_4 + q_4 +$ $p_5 + q_5 + p_6 + q_6 + 8) >> 4$
$S_P = 7$ $S_Q = 3$	$f_i = 59 - 9i$，$g_j = 53 - 21j$ $\text{refMiddle} = (2(p_0 + q_0) + q_0 + 2(q_1 + q_2) + p_1 + q_1 + p_2 + p_3 + p_4 +$ $p_5 + p_6 + 8) >> 4$

$S_P = 3$ $S_Q = 7$	$f_i = 53 - 21i$, $g_j = 59 - 9j$ refMiddle $= (2(p_0 + q_0) + p_0 + 2(p_1 + p_2) + p_1 + q_1 + q_2 + q_3 + q_4 +$ $q_5 + q_6 + 8) >> 4$
$S_P = 7$ $S_Q = 5$	$f_i = 59 - 9i$, $g_j = 58 - 13j$ refMiddle $= (2(p_0 + q_0 + p_1 + q_1) + p_2 + q_2 + p_3 + q_3 + p_4 + q_4 +$ $p_5 + q_5 + 8) >> 4$
$S_P = 5$ $S_Q = 7$	$f_i = 58 - 13i$, $g_j = 59 - 9j$ refMiddle $= (2(p_0 + q_0 + p_1 + q_1) + p_2 + q_2 + p_3 + q_3 + p_4 + q_4 +$ $p_5 + q_5 + 8) >> 4$
$S_P = 5$ $S_Q = 5$	$f_i = 58 - 13i$, $g_j = 58 - 13j$ refMiddle $= (2(p_0 + q_0 + p_1 + q_1 + p_2 + q_2) + p_3 + q_3 + p_4 + q_4 + 8) >> 4$
$S_P = 5$ $S_Q = 3$	$f_i = 58 - 13i$, $g_j = 53 - 21j$ refMiddle $= (p_0 + q_0 + p_1 + q_1 + p_2 + q_2 + p_3 + q_3 + 4) >> 3$
$S_P = 3$ $S_Q = 5$	$f_i = 53 - 21i$, $g_j = 58 - 13j$ refMiddle $= (p_0 + q_0 + p_1 + q_1 + p_2 + q_2 + p_3 + q_3 + 4) >> 3$

2. 亮度分量的短抽头强滤波

短抽头强滤波需要分别对块边界两侧 3 个像素进行修正,以图 9.6 中第一行像素为例,其修改后的像素值为

$$p_0' = \text{Clip3}(p_0 - 3t_C, p_0 + 3t_C, (p_2 + 2p_1 + 2p_0 + 2q_0 + q_1 + 4) >> 3)$$
$$p_1' = \text{Clip3}(p_1 - 2t_C, p_1 + 2t_C, (p_2 + p_1 + p_0 + q_0 + 2) >> 2)$$
$$p_2' = \text{Clip3}(p_2 - 1t_C, p_2 + 1t_C, (2p_3 + 3p_2 + p_1 + p_0 + q_0 + 4) >> 3)$$
$$q_0' = \text{Clip3}(q_0 - 3t_C, q_0 + 3t_C, (q_2 + 2q_1 + 2q_0 + 2p_0 + p_1 + 4) >> 3)$$
$$q_1' = \text{Clip3}(q_1 - 2t_C, q_1 + 2t_C, (q_2 + q_1 + q_0 + p_0 + 2) >> 2)$$
$$q_2' = \text{Clip3}(q_2 - 1t_C, q_2 + 1t_C, (2q_3 + 3q_2 + q_1 + q_0 + p_0 + 4) >> 3)$$

3. 亮度分量的短抽头弱滤波

短抽头弱滤波修正的像素范围及幅度较小,且根据每行(或列)像素的具体情况确定滤波操作。以图 9.6 中第一行像素为例,具体的短抽头弱滤波操作如下。

计算边界处像素的变化程度:

$$\Delta = (9(q_0 - p_0) - 3(q_1 - p_1) + 8) >> 4$$

如果 $|\Delta| \geqslant 10t_C$,则该行像素都不需要修正。其对应图 9.7(c)中边界不连续很大程度上是视频自身内容所致。

如果 $|\Delta| < 10t_C$,则按照式(9-13)~式(9-15)对边界处像素 p_0 和 q_0 进行修正。

$$\Delta = \text{Clip3}(-t_C, t_C, \Delta) \tag{9-13}$$
$$p_0' = \text{Clip1}(p_0 + \Delta) \tag{9-14}$$
$$q_0' = \text{Clip1}(q_0 - \Delta) \tag{9-15}$$

接着，根据边界两侧像素的变化率判断 p_1 和 q_1 是否需要修正。当 $d_{Ep}=1$ 成立时，按照式（9-16）对 p_1 进行修正；当 $d_{Eq}=1$ 成立时，按照式（9-17）对 q_1 进行修正。

$$p_1' = \text{Clip1}(p_1 + \Delta p) \tag{9-16}$$

$$q_1' = \text{Clip1}(q_1 + \Delta q) \tag{9-17}$$

其中，

$$\Delta p = \text{Clip3}\left(-(t_C \gg 1),(t_C \gg 1),\left(\left(\left(p_2+p_0+1\right)\gg 1\right)-p_1+\Delta\right)\gg 1\right)$$

$$\Delta q = \text{Clip3}\left(-(t_C \gg 1),(t_C \gg 1),\left(\left(\left(q_2+q_0+1\right)\gg 1\right)-q_1+\Delta\right)\gg 1\right)$$

4. 色度分量的强滤波

色度分量的强滤波与亮度分量的短抽头强滤波相似，对边界块的每行或每列的 3 个像素进行修正。但为了避免增加行缓冲区，对水平 CTU 边界上方 P 块的滤波长度限制为 1 个像素。色度分量的强滤波如下。

$$p_0' = \text{Clip3}(p_0-t_C, p_0+t_C, (p_3+p_2+p_1+2p_0+q_0+q_1+q_2+4)\gg 3)$$
$$p_1' = \text{Clip3}(p_1-t_C, p_1+t_C, (2p_3+p_2+2p_1+p_0+q_0+q_1+4)\gg 3)$$
$$p_2' = \text{Clip3}(p_2-t_C, p_2+t_C, (3p_3+2p_2+p_1+p_0+q_0+4)\gg 3)$$
$$q_0' = \text{Clip3}(q_0-t_C, q_0+t_C, (p_2+p_1+p_0+2q_0+q_1+q_2+q_3+4)\gg 3)$$
$$q_1' = \text{Clip3}(q_1-t_C, q_1+t_C, (p_1+p_0+q_0+2q_1+q_2+2q_3+4)\gg 3)$$
$$q_2' = \text{Clip3}(q_2-t_C, q_2+t_C, (p_0+q_0+q_1+2q_2+3q_3+4)\gg 3)$$

对于水平 CTU 边界，即当 $S_P=1$，$S_Q=3$ 时，有

$$p_0' = \text{Clip3}(p_0-t_C, p_0+t_C, (3p_1+2p_0+q_0+q_1+q_2+4)\gg 3)$$
$$q_0' = \text{Clip3}(q_0-t_C, q_0+t_C, (2p_1+p_0+2q_0+q_1+q_2+q_3+4)\gg 3)$$
$$q_1' = \text{Clip3}(q_1-t_C, q_1+t_C, (p_1+p_0+q_0+2q_1+q_2+2q_3+4)\gg 3)$$
$$q_2' = \text{Clip3}(q_2-t_C, q_2+t_C, (p_0+q_0+q_1+2q_2+3q_3+4)\gg 3)$$

5. 色度分量的弱滤波

色度分量的弱滤波与亮度分量的短抽头弱滤波相似，色度分量的弱滤波仅对边界块的每行或每列的 1 个像素进行修正。

计算边界处像素的变化程度：

$$\Delta = \left(\left(\left(q_0-p_0\right)\ll 2\right)+p_1-q_1+4\right)\gg 3$$

按照式（9-18）～式（9-20）对边界处像素 p_0 和 q_0 进行修正。

$$\Delta = \text{Clip3}(-t_C, t_C, \Delta) \tag{9-18}$$
$$p_0' = \text{Clip1}(p_0+\Delta) \tag{9-19}$$
$$q_0' = \text{Clip1}(q_0-\Delta) \tag{9-20}$$

9.2.3 DBF 的相关语法元素

1. SPS 层

sps_virtual_boundaries_enabled_flag：标识是否允许环内滤波过程跨越虚拟边界，1 表示不允许，0 表示允许。

sps_virtual_boundaries_present_flag：标识虚拟边界信息是否在 SPS 层中存在，1 表示存在，0 表示不存在。

2. PPS 层

pps_loop_filter_across_tiles_enabled_flag：标识 Tile 的边界处是否执行环路滤波操作，包括去方块滤波、像素自适应补偿和自适应环路滤波。1 表示执行，0 表示不执行。

pps_loop_filter_across_slices_enabled_flag：标识在 Slice 的左边界及上边界处是否执行环路滤波操作。1 表示执行，0 表示不执行。

pps_deblocking_filter_control_present_flag：标识 PPS 层中是否存在控制去方块滤波的语法元素。1 表示存在，0 表示不存在。

pps_deblocking_filter_override_enabled_flag：标识 Slice 头部是否存在语法元素 pps_deblocking_filter_override_flag。1 表示存在，0 表示不存在。

pps_deblocking_filter_disabled_flag：标识在语法元素 slice_deblocking_filter_disabled_flag 不存在的条件下，是否对各个 Slice 执行去方块滤波操作。1 表示不执行，0 表示执行。

3. PH 层

ph_luma_beta_offset_div2 & ph_luma_tc_offset_div2：去方块滤波参数 $\beta/2$ 和 $t_C/2$ 的默认补偿值，该补偿值还可以在 Slice 头部进行重载。

4. SH 层

sh_deblocking_params_present_flag：标识 Slice 头部是否存在去方块滤波参数。1 表示存在，0 表示不存在。

sh_deblocking_filter_disabled_flag：标识当前 Slice 是否进行去方块滤波操作。1 表示不进行，0 表示进行。

sh_luma_beta_offset_div2 & sh_luma_tc_offset_div2：当前 Slice 的去方块滤波参数 $\beta/2$ 和 $t_C/2$ 的补偿值。

9.3 样点自适应补偿

H.266/VVC 采用基于块的变换，并在频域对变换系数进行量化。对于图像里的强边缘，由于高频交流系数的量化失真，解码后会在边缘周围产生波纹现象，这种失真被称为振铃效应，严重影响视频的主客观质量。如图 9.8 所示，实线中的高频信息失真后变成虚线（实线表示原始像素值，虚线表示重建像素值）。可以看到，重建像素值在边缘两侧上下波动。

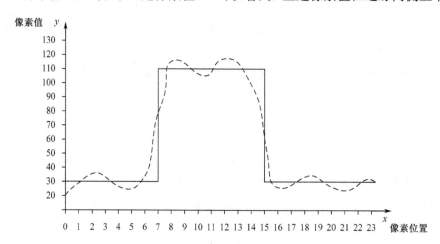

图 9.8　振铃效应示意图

如上所述，造成此现象的根本原因是高频信息的丢失。因此，要抑制振铃效应，就需要减小高频分量的失真，而直接精细量化高频分量势必会降低压缩效率。样点自适应补偿技术则从像素域入手抑制振铃效应：对重建曲线中出现的波峰像素添加负值进行补偿，对波谷像素添加正值进行补偿。由于在解码端只能得到重建图像信息，因此可以根据重建图像的特点，通过将其划分类别，在像素域进行补偿处理。

9.3.1　SAO 技术

H.266/VVC 标准沿用了 H.265/HEVC 标准中的 SAO 技术[10]。H.266/VVC 标准中的 SAO 以 CTB 为基本单位，通过选择一个合适的分类器将重建像素划分类别，然后对不同类别的像素使用不同的补偿值，可以有效提高视频的主客观质量。它包括两大类补偿形式，分别是边界补偿（Edge Offset，EO）和边带补偿（Band Offset，BO）。此外，SAO 技术中还引入了参数融合。

1. 边界补偿

边界补偿技术是通过比较当前像素与相邻像素的大小对当前像素进行归类的，然后对同类像素补偿相同数值。为了均衡复杂度与编码效率，边界补偿选用了一维 3 像素分类模式。

根据选取像素的位置差异，边界补偿分为 4 种模式：水平方向（EO_0）、垂直方向（EO_1）、135°方向（EO_2）及 45°方向（EO_3），如图 9.9 所示。其中，c 表示当前像素，a 和 b 表示相邻像素。

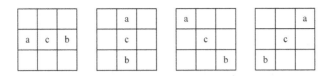

图 9.9　4 种边界补偿模式

在任意一种模式下，根据以下条件将重建像素归为 5 个不同种类。

（1）如果 a 的像素值 > c 的像素值且 b 的像素值 > c 的像素值，则将像素 c 划分为种类 1。

（2）如果 c 的像素值 < a 的像素值且 c 的像素值 == b 的像素值，或者 c 的像素值 == a 的像素值且 c 的像素值 < b 的像素值，则将像素 c 划分为种类 2。

（3）如果 c 的像素值 > a 的像素值且 c 的像素值 == b 的像素值，或者 c 的像素值 == a 的像素值且 c 的像素值 > b 的像素值，则将像素 c 划分为种类 3。

（4）如果 c 的像素值 > a 的像素值且 c 的像素值 > b 的像素值，则将像素 c 划分为种类 4。

（5）如果不属于以上 4 种情况，则将像素 c 划分为种类 0。

种类 1～种类 4 所表示的像素关系如图 9.10 所示，这 4 个种类的边缘形状依次为谷状、凹角、凸角、峰状。

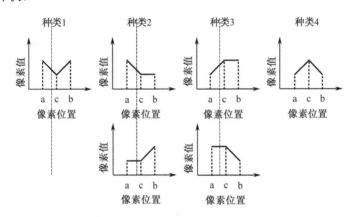

图 9.10　边界补偿分类

边界补偿技术首先根据以上规则将 CTB 块中的所有像素分成 5 类，然后对属于种类 1、种类 2、种类 3、种类 4 的像素进行补偿，即增加或减小一定像素值（补偿值），对于属于种类 0 的像素不进行补偿。不同种类的像素可以采用不同的补偿值，但同一种类的像素必须采用相同的补偿值。

实验结果表明，超过 90% 的补偿值，符号与种类相匹配。基于这一规律，按照不同划分种类对补偿值的符号进行限制：种类 1 和种类 2 的补偿值大于或等于 0，种类 3 和种类 4 的补偿值小于或等于 0。因此，对于边界补偿来讲，只需要传送补偿值的绝对值，解码器根据像素补偿种类就可以判断出它的符号。

2. 边带补偿

边带补偿（BO）技术根据像素强度进行归类，它将像素范围等分成 32 条边带。例如，对于 8bit 像素值，其范围为 0~255，每条边带包含 8 个像素值，即[8k,8k+7]属于第 k 条边带，k 的取值范围为[0,31]。然后，每条边带会根据自身像素特点进行补偿，且同一条边带使用相同的补偿值。

一般情况下，在一定的图像区域内，像素值的波动范围很小，一个 CTB 中的大多数像素属于少数几条边带。H.266/VVC 标准规定，一个 CTB 只能选择 4 条连续的边带，并只对属于这 4 条边带的像素进行补偿。这样对边带补偿值数量与边界补偿值数量进行了统一，可以减少对线性存储器的要求。选择哪 4 条边带可以通过率失真优化方法确定，然后将最小边带号及 4 个补偿值传至解码端。

3. SAO 参数融合

参数融合（Merge）是指对于一个 CTB，其 SAO 参数直接使用相邻块的 SAO 参数，这时只需要标识采用了哪个相邻块的 SAO 参数即可。

如图 9.11 所示，A、B、C 均表示 CTB，在对 C 进行 SAO 参数决策时，A 和 B 的 SAO 参数已经确定，此时，C 的 SAO 参数有以下 3 种选择：

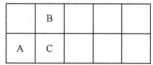

图 9.11 参数融合示意图

① 直接使用 A 的参数；

② 直接使用 B 的参数；

③ 通过分析自身像素块的特点，选择不同于 A 和 B 的参数。

前两种选择属于参数融合算法。对于这两种情况，C 仅需要传送融合标识位即可。

值得注意的是，采用参数融合时，一个 CTU 的亮度分量和色度分量必须同时使用自身左相邻块的补偿参数，或者同时使用自身上相邻块的补偿参数。采用非参数融合时，亮度分量和色度分量则独立根据自身像素值的特点选择划分模式及补偿值，并在码流中传输相关信息。

9.3.2 SAO 的实现

1. 快速 SAO 模式判别

SAO 最终的补偿模式可以从以下 8 种情况中进行选择：不补偿、EO_0 模式、EO_1 模式、EO_2 模式、EO_3 模式、BO 模式、左相邻块参数融合模式和上相邻块参数融合模式。另外，对于非参数融合模式，像素被分成许多类，每类又可能有多个候选补偿值。SAO 模式判别就是指为 CTU 选择一组 SAO 参数（模式、补偿值、边带信息等），通常选择率失真性能最优的一组 SAO 参数。

$$SAO^* = \arg\min D \quad \text{s.t.} \quad R \leqslant R_c$$

其中，SAO^* 为最优的一组 SAO 参数，R_c 为允许最大编码比特数，D 为失真，R 为编码比特数，R 包含编码该模式的各种标识信息及补偿值信息等。

拉格朗日优化法可以将其转化为非限制条件下的求极值问题：

$$\min(D + \lambda R)$$

其中，λ 为拉格朗日因子，详见第 12 章。基于率失真优化的 SAO 模式判别过程需要得到每种候选 SAO 参数对应的 D 和 R，通常需要尝试每种可能的 SAO 参数对 CTU 进行 SAO 处理。因此，在基于率失真优化的 SAO 模式选择过程中，不可避免地多次计算原始像素与重建像素之间的失真，计算复杂度很高。为了降低计算复杂度，可以优化失真计算方法，进而降低基于率失真优化的 SAO 模式选择过程的计算复杂度。下面介绍快速的失真计算方法。

设 (x, y) 为像素位置，$s(x, y)$ 为原始像素值，$u(x, y)$ 为重建像素值（SAO 补偿前），m 为补偿值，C 为像素范围。

原始像素值与重建像素值间的失真为

$$D_{pre} = \sum_{(x,y) \in C} \left(s(x,y) - u(x,y) \right)^2$$

SAO 补偿后，原始像素值与重建像素值之间的失真为

$$D_{post} = \sum_{(x,y) \in C} \left(s(x,y) - u(x,y) + m \right)^2$$

因此，D_{post} 与 D_{pre} 的差值为

$$\Delta D = D_{post} - D_{pre} = \sum_{(x,y) \in C} \left(m^2 - 2m \left(s(x,y) - u(x,y) \right) \right) = Nm^2 - 2mE$$

其中，N 是像素个数，E 是原始像素值与重建像素值（SAO 补偿前）之间的差值之和，即

$$E = \sum_{(x,y) \in C} \left(s(x,y) - u(x,y) \right)$$

同时，该算法满足线性关系。假设一个 CTB 的补偿模式选择了边界补偿模式 EO_0，那么按照模式 EO_0 及像素分类准则将像素分为 5 类。m_1、m_2、m_3、m_4 分别表示种类 1、种类 2、种类 3、种类 4 的补偿值，那么对该 CTB 进行模式 EO_0 补偿所带来的相对失真为

$$\Delta D = (N_1 m_1^2 - 2m_1 E_1) + (N_2 m_2^2 - 2m_2 E_2) + (N_3 m_3^2 - 2m_3 E_3) + (N_4 m_4^2 - 2m_4 E_4)$$

其中，N_1、N_2、N_3、N_4 分别表示属于这 4 个种类的像素个数，E_1、E_2、E_3、E_4 分别表示这 4 个种类的像素原始像素值与 SAO 处理前重建像素值的差值之和。

基于上述的快速失真计算方法，选用某种 SAO 类型时增加的率失真代价利用以下公式计算：

$$\Delta J = \Delta D + \lambda \Delta R \tag{9-21}$$

其中，λ 为拉格朗日因子，R 为编码 SAO 参数信息所需的比特数。在决策 SAO 的最优模式时，比较 ΔJ 的值即可，ΔJ 称为相对率失真代价。

2. SAO 在 VTM10.0 中的实现过程

为了对 H.266/VVC 中的 SAO 有一个更加准确的认识，下面介绍 VTM10.0 中 SAO 的实现方法。SAO 过程的重点是利用拉格朗日优化法选择最优的 SAO 参数，为了降低计算复杂度，该过程采用了上述快速模式判别方法。一个 CTU 的 SAO 整体流程如图 9.12 所示。

图 9.12　SAO 整体流程

（1）信息统计。

为了利用上述快速模式判别方法，首先对一个采用不同 SAO 模式的 CTU（包括一个亮度分量 CTB 和两个色度分量 CTB）进行信息统计。SAO 信息统计如表 9.3 所示。

表 9.3　SAO 信息统计

划分模式	划分种类或边带	像素个数 n	差值之和 E
EO_0	1	$n_{0,1}$	$E_{0,1}$
	2	$n_{0,2}$	$E_{0,2}$
	3	$n_{0,3}$	$E_{0,3}$
	4	$n_{0,4}$	$E_{0,4}$
EO_1	1	$n_{1,1}$	$E_{1,1}$
	2	$n_{1,2}$	$E_{1,2}$
	3	$n_{1,3}$	$E_{1,3}$
	4	$n_{1,4}$	$E_{1,4}$
EO_2	1	$n_{2,1}$	$E_{2,1}$
	2	$n_{2,2}$	$E_{2,2}$
	3	$n_{2,3}$	$E_{2,3}$
	4	$n_{2,4}$	$E_{2,4}$
EO_3	1	$n_{3,1}$	$E_{3,1}$
	2	$n_{3,2}$	$E_{3,2}$
	3	$n_{3,3}$	$E_{3,3}$
	4	$n_{3,4}$	$E_{3,4}$
BO	0	$n_{4,0}$	$E_{4,0}$
	1	$n_{4,1}$	$E_{4,1}$
	…	…	…
	31	$n_{4,31}$	$E_{4,31}$

（2）亮度分量 CTB 的 SAO 模式。

首先，亮度分量 CTB 分别尝试 5 种 SAO 模式：EO_0 模式、EO_1 模式、EO_2 模式、EO_3 模式、BO 模式，得到每种模式的相对率失真代价。这需要针对每种模式尝试不同的补偿值,每种模式的相对率失真代价为最优补偿值时的相对率失真代价,后面将详细介绍。考虑不补偿模式,根据式(9-21)选择最优的 SAO 模式(包含不补偿模式),并记录该模式的相对率失真代价 ΔD_{luma}。

然后,分别尝试左相邻块参数融合模式(左侧块可用)和上相邻块参数融合模式(上侧块可用),得到相对率失真代价 $\Delta D_{\text{luma-merge-left}}$ 和 $\Delta D_{\text{luma-merge-up}}$。

(3)色度分量 CTB 的 SAO 模式。

同亮度分量 CTB,可以为两个色度分量得到最优 SAO 模式(包含不补偿模式),并记录最优 SAO 模式的相对率失真代价 ΔD_{chroma}(两个色度分量的和)。值得注意的是,两个色度分量共用相同的划分模式,并得到左相邻块参数融合模式(左侧块可用)和上相邻块参数融合模式(上侧块可用)的相对率失真代价 $\Delta D_{\text{chroma-merge-left}}$ 和 $\Delta D_{\text{chroma-merge-up}}$。

(4)CTU 的最优 SAO 模式。

综合亮度分量 CTB 和色度分量 CTB 的 SAO 模式,为 CTU 组合成 3 种 SAO 模式。

① 非参数融合最优 SAO 模式,即亮度分量非参数融合最优 SAO 模式和色度分量非参数融合最优 SAO 模式的组合,得到总的相对率失真代价为

$$\Delta J_1 = \Delta D_1 + \lambda R_1$$

其中,$\Delta D_1 = \Delta D_{\text{luma}} + \Delta D_{\text{chroma}}$,$R_1$ 为 SAO 参数的编码比特数(亮度模式、色度模式、补偿值和边带号等)。

② 左相邻块参数融合 SAO 模式,其相对率失真代价为

$$\Delta J_2 = \Delta D_2 + \lambda R_2$$

其中,$\Delta D_2 = \Delta D_{\text{luma-merge-left}} + \Delta D_{\text{chroma-merge-left}}$,$R_2$ 为左融合标识位编码比特数。

③ 上相邻块参数融合 SAO 模式,其相对率失真代价为

$$\Delta J_3 = \Delta D_3 + \lambda R_3$$

其中,$\Delta D_3 = \Delta D_{\text{luma-merge-up}} + \Delta D_{\text{chroma-merge-up}}$,$R_3$ 为上融合标识位编码比特数。

通过比较 ΔJ_1、ΔJ_2 和 ΔJ_3,拥有最小相对率失真代价的模式为该 CTU 的最优 SAO 模式,该模式的 SAO 参数包括亮度模式、色度模式、补偿值和边带号等。

(5)CTU 的 SAO 滤波。

采用最优的 SAO 参数对该 CTU 进行补偿。

如前所述,亮度分量和色度分量 CTB 的 SAO 模式选择过程中需要确定每种 EO 模式(EO_0 模式、EO_1 模式、EO_2 模式、EO_3 模式)的相对率失真代价,这就需要为每种 EO 模式尝试不同的补偿值。下面以 EO_0 模式为例,介绍其最优补偿值的确定过程。

采用 EO_0 模式时,CTB 中的像素被分为 5 类,对属于种类 1~种类 4 的像素需要进行补偿,每个种类又可以选择不同的补偿值,因此需要为每个种类选取最优补偿值($m_{0,1}$、$m_{0,2}$、$m_{0,3}$、$m_{0,4}$)。每个种类(种类 1~种类 4)最优补偿值的确定过程独立进行,下面以种类 1 的最优补偿值 $m_{0,1}$ 为例介绍其获取过程,如图 9.13 所示。

图 9.13　EO 模式补偿值获取过程

首先，利用统计信息计算初始补偿值：

$$m''_{0,1} = (\text{double})E_{0,1}/(\text{double})n_{0,1}$$

将补偿值取整：

$$m'_{0,1} = \begin{cases} (\text{int})(m''_{0,1}+0.5), & m''_{0,1} > 0 \\ (\text{int})(m''_{0,1}-0.5), & m''_{0,1} < 0 \end{cases}$$

将补偿值限制在[−7, 7]，即

$$m'_{0,1} = \begin{cases} 7, & m'_{0,1} > 7 \\ -7, & m'_{0,1} < -7 \end{cases}$$

然后，根据边界补偿种类对补偿值进一步限制调整，如种类 1、种类 2 的补偿值必须大于或等于 0，种类 3、种类 4 的补偿值必须小于或等于 0。

$$若\, m'_{0,1} < 0, \quad 则\, m'_{0,1} = 0$$

最后，利用快速模式判别方法，遍历所有候选补偿值$[0, m'_{0,1}]$，选取相对率失真代价最小的补偿值作为最优补偿值 $m_{0,1}$。

此时，编码比特数 $R = |m_{0,1}| + 1$。

同时，亮度分量和色度分量 CTB 的 SAO 模式选择过程中需要确定 BO 模式的相对率失真代价，这就需要尝试不同的边带及补偿值。BO 模式下，CTB 内的像素被划分到 32 条边带，最终选择 4 条连续边带，并只对属于这 4 条边带的像素进行补偿，不同的边带可以选择不同的补偿值。

BO 模式的确定过程为：首先依次为 0～31 条边带选取最优补偿值，然后确定最优的连续 4 条边带。下面以第 0 条边带为例介绍其最优补偿值 $m_{4,0}$ 的获取过程，如图 9.14 所示。

图 9.14　BO 模式补偿值获取过程

类似 EO 模式下补偿值的确定过程，得到限幅后的 $m'_{4,0}$，再根据其符号确定候选补偿值范围为

$$\begin{cases} [0, m'_{4,0}], & m'_{4,0} > 0 \\ [m'_{4,0}, 0], & m'_{4,0} < 0 \end{cases}$$

最后，利用快速模式判别方法，遍历所有候选补偿值，选取相对率失真代价最小的补偿值作为最优补偿值 $m_{4,0}$。

此时，编码比特数 $R = |m_{4,0}| + 2$。

选取最优的连续 4 条边带的方法为：在 $(\Delta J_{4,0} + \Delta J_{4,1} + \Delta J_{4,2} + \Delta J_{4,3})$, $(\Delta J_{4,1} + \Delta J_{4,2} + \Delta J_{4,3} + \Delta J_{4,4})$,$\cdots$, $(\Delta J_{4,28} + \Delta J_{4,29} + \Delta J_{4,30} + \Delta J_{4,31})$ 中寻找最小的一组，最小的一组对应的 4 条边带则为最优边带。其中，$\Delta J_{4,0}, \Delta J_{4,1}, \cdots, \Delta J_{4,31}$ 分别为第 0～31 条边带取最优补偿值时的相对率失真代价。

9.3.3 SAO 的相关语法元素

1. SPS 层

sps_sao_enabled_flag：标识是否采用 SAO 补偿技术。当该值取 1 时，表示使用；当该值取 0 时，表示不使用。

2. PPS 层

pps_loop_filter_across_tiles_enabled_flag：标识在 Tile 的边界处是否执行环路滤波操作，包括去方块滤波、像素自适应补偿和自适应环路滤波。取值为 1 时，表示执行；取值为 0 时，表示不执行。

pps_loop_filter_across_slices_enabled_flag：标识在 Slice 的左边界及上边界处是否执行环路滤波操作。取值为 1 时，表示执行；取值为 0 时，表示不执行。

pps_sao_info_in_ph_flag：标识 SAO 信息是否出现在 PH 层语法结构中。取值为 1 时，表示 SAO 信息在 PH 层语法结构中，而不在引用不包含 PH 层语法结构的 PPS 层的 Slice 头中；取值为 0 时，表示 SAO 信息不在 PH 层语法结构中，但可以出现在引用 PPS 层的 Slice 头中。

3. PH 层

ph_sao_luma_enabled_flag：标识当前图片的亮度分量是否使用 SAO。当此语法元素存在时，取值为 1 表示使用，取值为 0 表示不使用；当此语法元素不存在时，按其等于 0 处理。

ph_sao_chroma_enabled_flag：标识对当前图片的色度分量是否使用 SAO。当此语法元素存在时，取值为 1 表示使用，取值为 0 表示不使用；当此语法元素不存在时，按其等于 0 处理。

4. SH 层

sh_sao_luma_used_flag：标识当前 Slice 的亮度分量是否允许进行 SAO 操作。取值为 1 时，表示允许进行 SAO；取值为 0 时，表示不允许进行 SAO。当该语法元素未出现时，其值推断为 ph_sao_luma_enabled_flag。

sh_sao_chroma_used_flag：标识当前 Slice 的色度分量是否允许进行 SAO 操作。取值为 1 时，表示允许进行 SAO；取值为 0 时，表示不允许进行 SAO。当该语法元素未出现时，其值推断为 ph_sao_chroma_enabled_flag。

5. CTU 层

（1）sao_merge_left_flag：代表当前 CTU 的 SAO 参数信息是否与左侧相邻块进行了融合，取值为 0 或 1。取值为 1 表示当前 CTU 的 SAO 信息，即语法元素 sao_type_idx_luma、sao_type_idx_chroma、sao_band_position、sao_eo_class_luma、sao_eo_class_chroma、sao_offset_abs、sao_offset_sign 的值是根据左侧 CTU 的相应语法元素得到的；取值为 0 表示以上构成 SAO 信息的语法元素的值不是从左侧 CTU 得到的。其默认值为 0。

（2）sao_merge_up_flag：代表当前 CTU 的 SAO 参数信息是否与上侧相邻块进行了融合，取值为 0 或 1。取值为 1 表示当前 CTU 的 SAO 信息，即语法元素 sao_type_idx_luma、sao_type_idx_chroma、sao_band_position、sao_eo_class_luma、sao_eo_class_chroma、sao_offset_abs、sao_offset_sign 的值是根据上侧 CTU 的相应语法元素得到的；取值为 0 表示以上构成 SAO 信息的语法元素的值不是从上侧 CTU 得到的。其默认值为 0。

（3）sao_type_idx_luma：代表亮度分量的补偿类型。数组 SaoTypeIdx[cIdx][rx][ry] 表示色彩分量为 cIdx 且位置为 (rx, ry) 处的 CTB 的补偿类型；其取值为 0 表示不补偿，取值为 1 表示边带补偿，取值为 2 表示边界补偿。

亮度分量的补偿类型，即数组 SaoTypeIdx[0][rx][ry] 的值由以下步骤得到。如果 sao_type_idx_luma 存在，则将其赋给 SaoTypeIdx[0][rx][ry]。否则，进行以下步骤：若 sao_merge_left_flag=1，则将 SaoTypeIdx[0][rx−1][ry] 的值赋给 SaoTypeIdx[0][rx][ry]；若 sao_merge_up_flag=1，则将 SaoTypeIdx[0][rx][ry−1] 的值赋给 SaoTypeIdx[0][rx][ry]；其他情况下，将 SaoTypeIdx[0][rx][ry] 设置为 0。

（4）sao_type_idx_chroma：代表色度分量的补偿类型。色度分量的补偿类型即数组 SaoTypeIdx[cIdx][rx][ry] 的值（cIdx=1, 2），由以下步骤得到。如果 sao_type_idx_chroma 存在，则将其赋给 SaoTypeIdx[cIdx][rx][ry]。否则，进行以下步骤：若 sao_merge_left_flag=1，则将 SaoTypeIdx[0][rx−1][ry] 的值赋给 SaoTypeIdx[cIdx][rx][ry]；若 sao_merge_up_flag=1，则将 SaoTypeIdx[0][rx][ry−1] 的值赋给 SaoTypeIdx[cIdx][rx][ry]；其他情况下，将 SaoTypeIdx[cIdx][rx][ry] 设置为 0。

（5）sao_offset_abs[cIdx][rx][ry][i]：表示色彩分量为 Idx、位置为 (rx, ry) 的 CTB 的第 i 个种类的补偿值。当其不存在时，通过以下步骤得到：若 sao_merge_left_flag=1，则将 sao_offset_abs[cIdx][rx−1][ry][i] 的值赋给 sao_offset_abs[cIdx][rx][ry][i]；若 sao_merge_up_flag=1，则将 sao_offset_abs[cIdx][rx][ry−1][i] 的值赋给 sao_offset_abs[cIdx][rx][ry][i]；否则，将其设为 0。

（6）sao_offset_sign_flag[cIdx][rx][ry][i]：代表色彩分量为 Idx、位置为 (rx, ry) 的 CTB 的第 i 个补偿值的符号。当该值不存在时，通过以下方式获得：若 sao_merge_left_flag=1，则将 sao_offset_sign_flag[cIdx][rx−1][ry][i] 的值赋给 sao_offset_sign_flag[cIdx][rx][ry][i]；若 sao_merge_up_flag=1，则将 sao_offset_sign_flag[cIdx][rx][ry−1][i] 的值赋给 sao_offset_sign_flag[cIdx][rx][ry][i]；若 SaoTypeIdx[cIdx][rx][ry]=2，则当 i 等于 0 或 1 时，sao_offset_sign_ flag[cIdx][rx][ry][i]=0，当 i 等于 2 或 3 时，sao_offset_sign_flag[cIdx][rx][ry][i]=1；否则，将 sao_offset_sign_flag[cIdx][rx][ry][i]=0 置为 0。

（7）sao_band_position[cIdx][rx][ry]：代表进行边带补偿的最小边带位置。当其不存在时，通过以下步骤获得：若 sao_merge_left_flag=1，则将 sao_band_position[cIdx][rx−1][ry]赋给 sao_band_position[cIdx][rx][ry]；若 sao_merge_up_flag=1，则将 sao_band_position[cIdx][rx][ry−1]赋给 sao_band_position[cIdx][rx][ry]；否则，将 sao_band_position[cIdx][rx][ry]置为 0。

（8）sao_eo_class_luma：代表亮度分量的边界补偿模式。数组 SaoEoClass[cIdx][rx][ry]表示色彩分量为 cIdx、在位置(rx, ry)处的 CTB 的补偿类型。SaoEoClass[0][rx][ry]通过以下步骤得到。如果 sao_eo_class_luma 存在，则将其值赋给 SaoEoClass[0][rx][ry]。否则，进行以下步骤：若 sao_merge_left_flag=1，则将 SaoEoClass[0][rx−1][ry]的值赋给 SaoEoClass[0][rx][ry]；若 sao_merge_up_flag=1，则将 SaoEoClass[0][rx][ry−1]的值赋给 SaoEoClass[0][rx][ry]；其他情况下，将 SaoEoClass[0][rx][ry]置为 0。

（9）sao_eo_class_chroma：代表色度分量的边界补偿模式。数组 SaoEoClass[cIdx][rx][ry]的值（cIdx=1, 2）通过以下步骤得到。如果 sao_eo_class_chroma 存在，则将其值赋给 SaoEoClass[cIdx][rx][ry]。否则，进行以下步骤：若 sao_merge_left_flag=1，则将 SaoEoClass[cIdx][rx−1][ry]的值赋给 SaoEoClass[cIdx][rx][ry]；若 sao_merge_up_flag=1，则将 SaoEoClass[cIdx][rx][ry−1]的值赋给 SaoEoClass[cIdx][rx][ry]；其他情况下，将 SaoEoClass[cIdx][rx][ry]置为 0。

9.4　自适应环路滤波

在 H.266/VVC 中，自适应环路滤波（Adaptive Loop Filter，ALF）技术包括亮度 ALF、色度 ALF 和分量间 ALF。ALF 基于维纳滤波原理，通过原始图像信息和重建图像信息建立维纳—霍夫方程求解一系列具有最小均方误差的滤波器系数，达到减小解码误差、有效提升 PSNR 的目的。

9.4.1　维纳滤波

图像滤波通常采用滤波模板与图像卷积，对邻域像素进行运算操作，以达到去噪、增强等目的。维纳滤波器是一种使滤波输出与期望输出间均方误差最小的线性滤波器。假设视频原始像素值为 $o[i]$（滤波后的期望像素值），待滤波的像素值为 $r[i]$（可以为压缩重建值），滤波后像素值为 $f[i]$，i 为像素坐标则滤波性能评价准则为滤波后图像与原始图像的均方误差 MSE：

$$\text{MSE} = E\left[\left(f[i] - o[i]\right)^2\right] = E\left[\left(\sum_{n=0}^{N-1} c_n \cdot r[i+p_n] - o[i]\right)^2\right] \tag{9-22}$$

其中，n 表示滤波系数的序号，c_n 表示所需的滤波系数，p_n 表示当前滤波系数相对于中心点的偏移量。

为了使 MSE 最小，对 c_n 求偏导并使其值为 0，即

$$\frac{\partial \text{MSE}}{\partial c_m} = E\left[2\left(\sum_{n=0}^{N-1} c_n \cdot r[i+p_n] - o[i]\right) \cdot r[i+p_m]\right], \quad m = 0,1,\cdots,N-1 \tag{9-23}$$

$$E\left[2\left(\sum_{n=0}^{N-1} c_n \cdot r[i+p_n] - o[i]\right) \cdot r[i+p_m]\right] = 0, \quad m = 0,1,\cdots,N-1 \tag{9-24}$$

整理得

$$\sum_{n=0}^{N-1} c_n \cdot E\left(r[i+p_n] \cdot r[i+p_m]\right) = E\left(o[i] \cdot r[i+p_m]\right), \quad m = 0,1,\cdots,N-1 \tag{9-25}$$

将其展开为矩阵形式：

$$\begin{bmatrix} E(r[i+p_0]\cdot r[i+p_0]) & E(r[i+p_1]\cdot r[i+p_0]) & \cdots & E(r[i+p_{N-1}]\cdot r[i+p_0]) \\ E(r[i+p_0]\cdot r[i+p_1]) & E(r[i+p_1]\cdot r[i+p_1]) & \cdots & E(r[i+p_{N-1}]\cdot r[i+p_1]) \\ \vdots & \vdots & \ddots & \vdots \\ E(r[i+p_0]\cdot r[i+p_{N-1}]) & E(r[i+p_1]\cdot r[i+p_{N-1}]) & \cdots & E(r[i+p_{N-1}]\cdot r[i+p_{N-1}]) \end{bmatrix} \cdot \begin{bmatrix} c_0 \\ c_1 \\ \vdots \\ c_{N-1} \end{bmatrix} = \begin{bmatrix} E(o[i]\cdot r[i+p_0]) \\ E(o[i]\cdot r[i+p_1]) \\ \vdots \\ E(o[i]\cdot r[i+p_{N-1}]) \end{bmatrix} \tag{9-26}$$

对于确定图像区域 R 及内容，则为

$$\begin{bmatrix} \sum_{i\in R}(r[i+p_0]\cdot r[i+p_0]) & \sum_{i\in R}(r[i+p_1]\cdot r[i+p_0]) & \cdots & \sum_{i\in R}(r[i+p_{N-1}]\cdot r[i+p_0]) \\ \sum_{i\in R}(r[i+p_0]\cdot r[i+p_1]) & \sum_{i\in R}(r[i+p_1]\cdot r[i+p_1]) & \cdots & \sum_{i\in R}(r[i+p_{N-1}]\cdot r[i+p_1]) \\ \vdots & \vdots & \ddots & \vdots \\ \sum_{i\in R}(r[i+p_0]\cdot r[i+p_{N-1}]) & \sum_{i\in R}(r[i+p_1]\cdot r[i+p_{N-1}]) & \cdots & \sum_{i\in R}(r[i+p_{N-1}]\cdot r[i+p_{N-1}]) \end{bmatrix} \cdot \begin{bmatrix} c_0 \\ c_1 \\ \vdots \\ c_{N-1} \end{bmatrix} = \begin{bmatrix} \sum_{i\in R}(o[i]\cdot r[i+p_0]) \\ \sum_{i\in R}(o[i]\cdot r[i+p_1]) \\ \vdots \\ \sum_{i\in R}(o[i]\cdot r[i+p_{N-1}]) \end{bmatrix} \tag{9-27}$$

求解该线性方程组即可得到一组滤波系数 c_n 使滤波输出与期望输出间的 MSE 最小，这组滤波系数即维纳滤波器的系数。

因此，以原始图像为目标对压缩重建图像进行维纳滤波，可以有效提升重建图像的质量。然而，维纳滤波器系数与重建图像内容相关，编码传输滤波系数也会带来压缩码率的提升。为了减少滤波器系数，可以为大量像素（如一幅图像）使用同一组滤波器。但是，不同像素会具有不同的内容特性，共享滤波器系数会降低滤波性能。因此，有效权衡滤波器性能和滤波器系数数量是视频编码中使用维纳滤波器的关键。

9.4.2 ALF 技术

在 H.266/VVC 中，ALF 技术根据视频内容自适应地在有限个滤波系数集中选择一组滤波器，对重建视频进行滤波。滤波系数集包含 M 个滤波器子集，每个滤波器子集包含与视频内容相关的 N 类滤波器，ALF 滤波系数集如图 9.15 所示。解码端针对每个 CTU，ALF 根据子集索引确定滤波器子集，根据像素块（4×4）的内容确定滤波器类，即可确定该像素

块使用的滤波器系数。编码端则首先根据像素块内容确定滤波器类，然后利用率失真优化准则确定最优滤波器子集，并对子集索引进行编码。

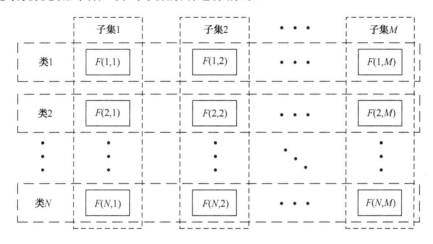

图 9.15　ALF 滤波系数集

1. 滤波系数集

在 ALF 滤波系数集中，包含固定子集和 APS 子集。固定子集是通过预训练得到的滤波器系数子集，固定子集已有标准指定，不需要传输。APS 子集是根据当前视频重建图像，利用维纳滤波原理生成的滤波系数子集。编码端每个 Slice 可以生成一个 APS 子集，每个 APS 有一个 ID 号。每个 Slice 可以选择使用 ALF 滤波系数集中的部分子集，由 PH 层或 SH 层确定，每个 CTU 选择一个允许的子集或一个滤波器。在 H.266/VVC 中，APS 子集利用 APS 承载。

2. 滤波操作

由于不同 Slice、Tile 可能相互独立解码，因此可能不允许 ALF 跨越边界滤波（SPS 层语法元素规定）。在不允许跨越 Slice 边界滤波时，需要对边界外的像素进行扩充，即如果滤波模板作用于"边界"外的不可用像素，则使用与其欧氏距离最近的重建值进行替代。

另外，除了 Tile、Slice 真实边界，还存在虚拟边界，虚拟边界是图像内部定义的边界。虚拟边界的确定方法为：对于亮度分量，CTU 的倒数第 4 行为虚拟边界；对于色度分量，CTU 的倒数第 2 行为虚拟边界。

在解码过程中，为了方便并行计算，当前 CTU 的虚拟边界以下的像素需要等到下方的 CTU 解码重建后才能进行 DBF、SAO 和 ALF。然而 ALF 的输入需要是 SAO 之后的重建像素，如果计算时要使用虚拟边界以下的像素，则需要等待下方的 CTU 解码重建，这样会影响 CTU 并行计算的效率。因此，对虚拟边界以上的像素进行块分类和滤波时，不能使用虚拟边界以下的像素[11]。简单来说，对于虚拟边界以上 4×4 块的一维拉普拉斯梯度计算，仅使用虚拟边界以上的样本。对于虚拟边界以下 4×4 块的一维拉普拉斯梯度计算，仅使用虚拟边界以下的样本。在滤波计算过程中，当需要使用跨越虚拟边界的像素时，虚拟边界以外的像素利用虚拟边界内的像素进行填充。

9.4.3 亮度 ALF

对于亮度 ALF，滤波系数集包含 16 个固定子集和最多 8 个 APS 子集，每个子集包含最多 25 组滤波器类。对于每个选用亮度 ALF 的 CTU，选用的滤波子集由编码的子集索引确定，选用的滤波器类由像素块的内容特征确定。

1. 滤波器子集

在 H.266/VVC 中，亮度分量 ALF 包含 16 个固定子集，共包含 64 组滤波系数（不同子集、不同类对应的滤波系数可能相同）。根据子集索引和类别，查文献［1］中的 AlfClassToFiltMap 可以得到滤波器编号；再根据滤波器编号，查文献[1]中的 AlfFixFiltCoeff，即可得到相应滤波器的系数。

在 H.266/VVC 中，APS 子集的 ID 值为 0～7，即最多包括 8 个 APS 子集。是否使用及使用哪个 APS 子集，由 Slice 层的头信息（sh_num_alf_aps_ids_luma、sh_alf_aps_id_luma）决定。

每个 CTU 允许选择是否使用 ALF（alf_ctb_flag），允许选择使用哪个滤波系数子集（alf_luma_prev_filter_idx、alf_luma_fixed_filter_idx）。

2. 滤波器类

对于已经确定滤波系数子集的 CTU，将其划分成 4×4 的像素块，根据 4×4 像素块的内容特性，选择一个滤波器类。4×4 像素块的滤波器类确定方法如下。

（1）拉普拉斯梯度。

针对每个 4×4 亮度块，计算以该块为中心的 8×8 像素块中的每个像素在 0°、90°、135°、45° 方向上的一维拉普拉斯算子梯度。为了减小计算复杂度，仅针对横纵坐标都为偶数或都不为偶数的部分像素点，计算在 0°、90°、135°、45° 方向上的梯度。如图 9.16 所示，针对中心 4×4 亮度块，需要计算标 "V" 的像素 4 个方向上的梯度。

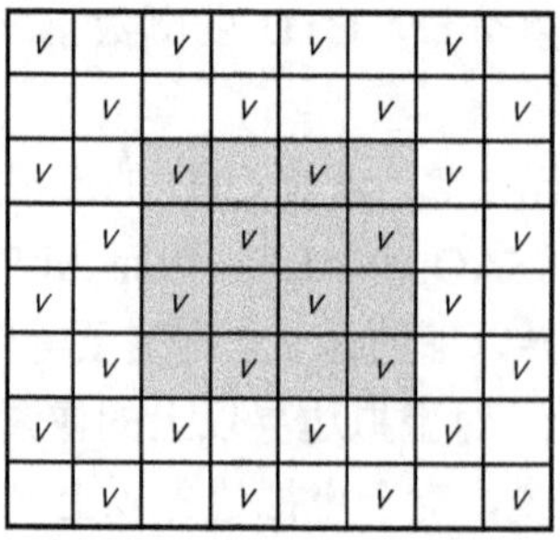

图 9.16 计算梯度的像素位置

每个 4×4 亮度块的左上角位置为(i, j)，该亮度块在 4 个方向上的平均梯度为

$$g_{\mathrm{v}} = \sum_{k=i-2}^{i+5} \sum_{l=j+\min Y}^{j+\max Y} V_{k,l}$$

$$g_{\mathrm{h}} = \sum_{k=i-2}^{i+5} \sum_{l=j+\min Y}^{j+\max Y} H_{k,l}$$

$$g_{d1} = \sum_{k=i-2}^{i+5} \sum_{l=j+\min Y}^{j+\max Y} D1_{k,l}$$

$$g_{d2} = \sum_{k=i-2}^{i+5} \sum_{l=j+\min Y}^{j+\max Y} D2_{k,l}$$

$$V_{k,l} = \left| 2R(k,l) - R(k,l-1) - R(k,l+1) \right|$$

$$H_{k,l} = \left| 2R(k,l) - R(k-1,l) - R(k+1,l) \right|$$

$$D1_{k,l} = \left| 2R(k,l) - R(k-1,l-1) - R(k+1,l+1) \right|$$

$$D2_{k,l} = \left| 2R(k,l) - R(k-1,l+1) - R(k+1,l-1) \right|$$

其中，$R(k, l)$为(k, l)位置像素的重建亮度值，当(k, l)跨越边界（包括虚拟边界）时，采用边界像素拓展的方式。

$\min Y$ 和 $\max Y$ 的取值与虚拟边界有关，对于处于虚拟边界上方 4 行的 4×4 块，$\min Y$=-2，$\max Y$=3；对于处于虚拟边界下方 4 行的 4×4 块，$\min Y$=0，$\max Y$=5；在其他情况下，$\min Y$=-2，$\max Y$=5。同时，分类系数 ac 也进行相应的缩放，对于虚拟边界上下各 4 行的 4×4块，分类系数 ac=3；否则，ac=2。

（2）方向性因子 D。

方向性因子 D 体现梯度方向，首先计算水平方向和垂直方向的梯度最大值和最小值的比值，以及对角方向的梯度最大值和最小值的比值：

$$r_{\mathrm{h,v}} = \frac{\max(g_{\mathrm{h}}, g_{\mathrm{v}})}{\min(g_{\mathrm{h}}, g_{\mathrm{v}})}$$

$$r_{d1,d2} = \frac{\max(g_{d1}, g_{d2})}{\min(g_{d1}, g_{d2})}$$

与阈值$t_1 = 2$、$t_2 = 4.5$比较，得到方向性因子 D：

① 如果$r_{\mathrm{h,v}} \leq t_1$且$r_{d1,d2} \leq t_1$，则 D=0。

② 如果$r_{\mathrm{h,v}} < r_{d1,d2}$且$t_1 < r_{d1,d2} \leq t_2$，则 D=1。

③ 如果$r_{\mathrm{h,v}} < r_{d1,d2}$且$r_{d1,d2} > t_2$，则 D=2。

④ 如果$r_{\mathrm{h,v}} \geq r_{d1,d2}$且$t_1 < r_{\mathrm{h,v}} \leq t_2$，则 D=3。

⑤ 如果$r_{\mathrm{h,v}} \geq r_{d1,d2}$且$r_{\mathrm{h,v}} > t_2$，则 D=4。

（3）活动性因子 A。

活动性因子 A 体现梯度的强弱，以查表方式获得：

$$A = \mathrm{varTab}\left[\mathrm{Clip3}\left(0, 15, ((g_{\mathrm{v}} + g_{\mathrm{h}}) \cdot \mathrm{ac}) >> (\mathrm{BitDepth} - 1)\right) \right]$$

$$varTab[\ ] = \{0,1,2,2,2,2,2,3,3,3,3,3,3,3,4\}$$

其中，BitDepth 为比特深度。

（4）滤波器类。

滤波器类的索引为

$$filtIdx = 5D + A$$

3. 滤波器模板

亮度 ALF 滤波器模板为中心对称的 7×7 菱形，如图 9.17（a）所示。因此，每个亮度 ALF 滤波器只需要存储 12 个滤波系数（图中标号为 12 的系数不需要），图 9.17 也给出了滤波器模板不同位置的滤波系数顺序。通过调整滤波系数位置，每组滤波系数实际对应 4 种滤波器模板，分别是不变换（transposeIdx=0）、对角线变换（transposeIdx=1）、垂直翻转（transposeIdx=2）、旋转变换（transposeIdx=3），如图 9.17 所示。

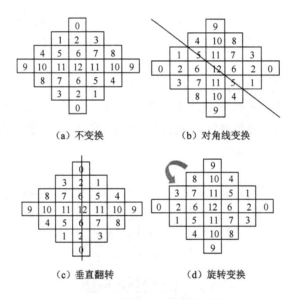

（a）不变换　　　　　（b）对角线变换

（c）垂直翻转　　　　　（d）旋转变换

图 9.17　亮度 ALF 菱形滤波器

针对每个 4×4 的亮度块，需要根据内容特性选择 4 种滤波器模板中的一个，利用 4 个方向的梯度确定滤波器模板变换方式，如表 9.4 所示。

表 9.4　滤波器模板变换方式

梯 度 值	变换方式
$g_{d2} < g_{d1}$ 且 $g_h < g_v$	不变换
$g_{d2} < g_{d1}$ 且 $g_v < g_h$	对角线变换
$g_{d1} < g_{d2}$ 且 $g_h < g_v$	垂直翻转
$g_{d1} < g_{d2}$ 且 $g_v < g_h$	旋转变换

4. 滤波过程

根据以上步骤,可以为每个4×4的亮度块确定一个7×7的滤波器模板(包括变换方式),然后对 4×4 亮度块中的每个像素进行滤波处理, $R(i,j)$ 为滤波前的重建值,滤波后的值 $R'(i,j)$ 为

$$R'(i,j) = R(i,j) + \left(\left(\sum_{k \neq 0} \sum_{l \neq 0} f(k,l) \times K\big(R(i+k,j+l) - R(i,j), c(k,l)\big) + \text{AlfS} \right) >> S \right)$$

其中, $f(k,l)$ 为滤波系数, $K(x,y)$ 为钳位函数, $c(k,l)$ 为每个位置对应的钳位门限值,即将差值 $R(i+k,j+l) - R(i,j)$ 钳位在 $(-c(k,l), c(k,l))$,钳位操作是为了降低邻域像素值与当前像素值差异过大造成的影响。$\text{AlfS} = 1 << (\text{alfShiftY} - 1)$, $S = \text{alfShiftY}$, alfShiftY 通过查文献 [1] 中的表 45 得到。

对于固定子集,钳位门限值 $c(k,l)$ 为固定值 2^{BitDepth} 。对于 APS 子集,由 APS 语法元素 alf_luma_clip_idx 指定每个滤波系数相应的钳位门限值索引 clipIdx,然后结合图像位深 BitDepth,通过表 9.5 得到钳位门限值。

表 9.5　钳位门限值索引

BitDepth	clipIdx			
	0	1	2	3
8	2^8	2^5	2^3	2^1
9	2^9	2^6	2^4	2^2
10	2^{10}	2^7	2^5	2^3
11	2^{11}	2^8	2^6	2^4
12	2^{12}	2^9	2^7	2^5
13	2^{13}	2^{10}	2^8	2^6
14	2^{14}	2^{11}	2^9	2^7
15	2^{15}	2^{12}	2^{10}	2^8
16	2^{16}	2^{13}	2^{11}	2^9

5. 滤波器构建

APS 滤波器通常根据当前编码 Slice 的重建图像构建,以适应编码 Slice 的失真特性。因此,APS 构建方法不是 H.266/VVC 标准的范畴,本节介绍 VTM 中构建 APS 滤波器的方法。

构建 APS 滤波器的基本思想是,将 Slice 分成 4×4 的块,根据梯度计算每个 4×4 块的方向性和活动度,进而得到每个块的滤波器类。针对每个滤波器类,将所有采用该类滤波器的 4×4 的块作为一个整体,利用维纳—霍夫方程,求该滤波器类的系数。

为了提高算法性能和降低计算复杂度,可以进行如下优化。

(1)ALF 并不能提高每个 CTU 的压缩性能,因此利用率失真优化策略,确定不采用 ALF 的 CTU,进而将不采用 ALF 的 CTU 排除,重新计算滤波器系数。该优化策略可迭代

多次，以至达到最优。

（2）APS 滤波系数需要编码传输，合并减少 25 类滤波器可以提高压缩效率。获得 25 组滤波器系数之后，对相邻滤波器类采用其中一组滤波器系数，如果引起的压缩性能下降有限，则将相邻滤波器类融合成一类。该优化策略可迭代多次，直至达到最优。

9.4.4 色度 ALF

色度 ALF 较为简单，只使用 APS 子集。APS 层编码传输色度 APS 子集时，与亮度信息 APS 子集共用一个 ID 号，也最多维持 ID 号为 0～7 的 8 个 APS 子集。每个 Slice 只使用一个 APS 子集，且 Cb 分量和 Cr 分量共同使用一个 APS 子集，由 SH 层语法元素 sh_alf_aps_id_chroma 标识。

色度分量 Cb 和 Cr，每个 APS 子集都包含最多 8 组滤波器。每个 CTU 选择使用其中的一个滤波器，Cb 分量和 Cr 分量可以使用不同索引的滤波器，分别由 CTU 语法元素 alf_ctb_filter_alt_idx[0]和 alf_ctb_filter_alt_idx[1]标识。

色度分量滤波器采用中心对称的 5×5 菱形滤波器模板，如图 9.18 所示。因此，每个亮度 ALF 滤波器只需要存储 6 个滤波系数（图中标号为 6 的系数不需要）。

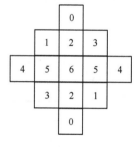

色度分量的滤波过程和亮度分量相似，但不考虑重建像素值的内容特性，不需要对滤波器模板进行变换。值得注意的是，每个系数也有对应的钳位门限值。

类似亮度分量，APS 滤波器系数不是 H.266/VVC 标准的范畴，VTM 中构建色度分量 APS 滤波器的方法如下。

图 9.18　色度分量菱形滤波器

针对色度分量，将 Slice 划分成 8 个区域，每个区域内分别包含连续整数个 CTU，各部分 CTU 数量保持基本一致。为每个区域计算一组滤波器系数，共得到 8 组滤波器。然后，类似亮度分量，可以通过合并色度分量区域的方式优化合并滤波器，从而节省编码比特。

9.4.5 分量间 ALF

通常视频的亮度分量包含的细节纹理较多，而色度分量相对平坦。另外，人眼对亮度信息更敏感，视频编码也会尽量保留更多的细节。可以通过对亮度信息进行 ALF 补偿色度分量的细节，改善色度分量的重建质量。因此，H.266/VVC 中引入了分量间 ALF（CCALF），利用重建亮度值进行 CCALF，对色度值进行补充和修正，包含 CCALF 的 ALF 滤波框架如图 9.19 所示。

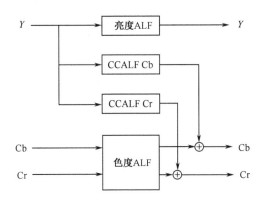

图 9.19　包含 CCALF 的 ALF 滤波框架

CCALF 只使用 APS 子集。APS 层编码传输 CCALF 的 APS 子集时，与亮度信息 APS 子集共用一个 ID 号，维持 ID 号为 0～7 的 8 个 APS 子集。每个 Slice 只使用一个 APS 子集，且 Cb 分量和 Cr 分量可以使用不同的 APS 子集，分别由 SH 层语法元素 sh_alf_cc_cb_aps_id 和 sh_alf_cc_cr_aps_id 标识。

CCALF 针对色度分量 Cb 和 Cr，每个 APS 子集都包含最多 4 个滤波器。每个 CTU 选择使用其中一个滤波器，Cb 分量和 Cr 分量可以使用不同索引的滤波器，分别由 CTU 语法元素 alf_ctb_cc_cb_idc 和 alf_ctb_cc_cr_idc 标识。

CCALF 滤波器采用 3×4 的菱形滤波器模板，如图 9.20 所示，当前滤波像素为 "7" 位置处的像素（因为色度分量实际采样位置不与亮度分量一致，应用在亮度分量上的滤波器针对色度分量是对称的）。因此，每个 CCALF 滤波器只需要存储 7 个滤波系数。CCALF 滤波过程和色度 ALF 相似，只不过对亮度信息滤波，得到的滤波值叠加在色度分量上。

图 9.20　CCALF 菱形滤波器

由于亮度分量纹理特征丰富，通过 CCALF 将细节信息作用于色度分量 CCALF 可能会产生 "色度纹理过丰富" 的伪影，尤其是 QP 较大时将造成图像主观质量的降低。为了防止这一现象的发生，VTM 参考编码器可以通过配置来减弱 CCALF 在高 QP 编码区域的应用。当在 CTU 中有以下情况时，应在此 CTU 中禁止使用 CCALF：

（1）sliceQP 值减 1 小于或等于原始 QP。

（2）局部对比度大于 $(1 << (bitDepth - 2)) - 1$ 的色度样本数超过 CTU 的高度，其中局部对比度是滤波区域内最大亮度和最小亮度的差值。

（3）滤波区域内超过 1/4 的色度值在 $(1 << (bitDepth - 1)) - 16$ 和 $(1 << (bitDepth - 1)) + 16$ 之间。

CCALF 滤波器系数也不是 H.266/VVC 标准的范畴，VTM 中构建 CCALF 滤波器的方法如下。

将 Slice 划分成 4 个区域，每个区域内分别包含连续整数个 CTU，各部分 CTU 数量保持基本一致。为每个区域计算一组滤波器系数，共得到 4 组滤波器。然后，类似色度 ALF，可以通过合并色度分量区域的方式优化合并滤波器组，从而节省编码比特。

9.4.6　ALF 的相关语法元素

1. SPS 层

sps_alf_enabled_flag：标识是否开启 ALF 技术，1 表示开启，0 表示不开启。

sps_ccalf_enabled_flag：标识是否开启 CCALF 技术，1 表示开启，0 表示不开启。

2. APS 层

alf_luma_filter_signal_flag：标识是否包含亮度 ALF 滤波系数，1 表示包含，0 表示不包含。

alf_chroma_filter_signal_flag：标识是否包含色度 ALF 滤波系数，1 表示包含，0 表示不包含。

alf_cc_cb_filter_signal_flag：标识是否包含 Cb 分量 CCALF 滤波系数，1 表示包含，0 表示不包含。

alf_cc_cr_filter_signal_flag：标识是否包含 Cr 分量 CCALF 滤波系数，1 表示包含，0 表示不包含。

alf_luma_clip_flag：标识是否包含亮度钳位门限值，1 表示包含，0 表示不包含。

alf_luma_num_filters_signalled_minus1：亮度 ALF 子集中包含的滤波器数量，为该值加 1。

alf_luma_coeff_delta_idx[filtIdx]：亮度 ALF 第 filtIdx 个分类所使用的滤波器组序号，因为多个分类可能使用同一组滤波器。

alf_luma_coeff_abs[sfIdx][j]：亮度 ALF 第 sfIdx 个滤波器的第 j 个滤波系数的绝对值。

alf_luma_coeff_sign[sfIdx][j]：亮度 ALF 第 sfIdx 个滤波器的第 j 个滤波系数的符号。

alf_luma_clip_idx[sfIdx][j]：亮度 ALF 第 sfIdx 个滤波器的第 j 个滤波系数对应的钳位门限值。

alf_chroma_clip_flag：标识是否包含色度钳位门限值，1 表示包含，0 表示不包含。

alf_chroma_num_alt_filters_minus1：色度 ALF 子集中包含的滤波器数量，为该值加 1。

alf_chroma_coeff_abs[altIdx][j]：色度 ALF 第 altIdx 个滤波器的第 j 个滤波系数的绝对值。

alf_chroma_coeff_sign[altIdx][j]：色度 ALF 第 altIdx 个滤波器的第 j 个滤波系数的符号。

alf_chroma_clip_idx[altIdx][j]：色度 ALF 第 altIdx 个滤波器的第 j 个滤波系数对应的钳位门限值。

alf_cc_cb_filters_signalled_minus1：色度 Cb 分量 CCALF 子集中包含的滤波器数量，为该值加 1。

alf_cc_cb_mapped_coeff_abs[k][j]：色度 Cb 分量 CCALF 第 k 个滤波器的第 j 个滤波系

数的绝对值。

alf_cc_cb_coeff_sign[k][j]：色度 Cb 分量 CCALF 第 k 个滤波器的第 j 个滤波系数的符号。

alf_cc_cr_filters_signalled_minus1：色度 Cr 分量 CCALF 子集中包含的滤波器数量，为该值加 1。

alf_cc_cr_mapped_coeff_abs[k][j]：色度 Cr 分量 CCALF 第 k 个滤波器的第 j 个滤波系数的绝对值。

alf_cc_cr_coeff_sign[k][j]：色度 Cr 分量 CCALF 第 k 个滤波器的第 j 个滤波系数的符号。

3. PPS 层

pps_loop_filter_across_tiles_enabled_flag：标识在 Tile 的边界处是否执行环路滤波操作，1 表示执行，0 表示不执行。

pps_loop_filter_across_slices_enabled_flag：标识在 Slice 的边界处是否执行环路滤波操作，1 表示执行，0 表示不执行。

pps_alf_info_in_ph_flag：标识 ALF 信息是否出现在 PH 层语法结构中。1 表示 ALF 信息在 PH 层语法结构中，不在不包含 PH 层语法结构的 Slice 头中；0 表示 ALF 信息不在 PH 层语法结构中，但可以出现在 Slice 头中。

4. PH 层

ph_alf_enabled_flag：标识当前图像是否使用 ALF，1 表示使用，0 表示不使用。当此语法元素不存在时，按其等于 0 处理。

ph_num_alf_aps_ids_luma：当前图像亮度 ALF 使用 APS 子集的数量。

ph_alf_aps_id_luma[i]：第 i 个亮度 APS 子集的 ID 号。

ph_alf_cb_enabled_flag：标识当前图像的 Cb 分量是否使用 ALF 滤波，1 表示使用，0 表示不使用。当此语法元素不存在时，按其等于 0 处理。

ph_alf_cr_enabled_flag：标识当前图像的 Cr 分量是否使用 ALF 滤波，1 表示使用，0 表示不使用。当此语法元素不存在时，按其等于 0 处理。

ph_alf_aps_id_chroma：当前图像使用色度 ALF 滤波器的 ID。

ph_alf_cc_cb_enabled_flag：标识当前图像 Cb 分量是否使用 CCALF，1 表示使用，0 表示不使用。当此语法元素不存在时，按其等于 0 处理。

ph_alf_cc_cb_aps_id：当前图像色度 Cb 分量使用 CCALF 滤波器的编号。

ph_alf_cc_cr_enabled_flag：标识当前图像 Cr 分量是否使用 CCALF，1 表示使用，0 表示不使用。当此语法元素不存在时，按其等于 0 处理。

ph_alf_cc_cr_aps_id：当前图像色度 Cr 分量使用 CCALF 滤波器的编号。

5. SH 层

sh_alf_enabled_flag：标识当前 Slice 是否使用 ALF，1 表示使用，0 表示不使用。当此语法元素不存在时，其值等于 ph_alf_enabled_flag。

sh_num_alf_aps_ids_luma：当前 Slice 亮度 ALF 使用 APS 子集的数量。当 sh_alf_enabled_flag 等于 1 且 sh_num_alf_aps_ids_luma 不存在时，其值推断为 ph_num_alf_aps_ids_luma。

sh_alf_aps_id_luma[i]：第 i 个亮度 APS 子集的 ID 号。

sh_alf_cb_enabled_flag：标识当前 Slice 的 Cb 分量是否使用 ALF 滤波，1 表示使用，0 表示不使用。当此语法元素不存在时，推断为 ph_alf_cb_enabled_flag。

sh_alf_cr_enabled_flag：标识当前 Slice 的 Cr 分量是否使用 ALF 滤波，1 表示使用，0 表示不使用。当此语法元素不存在时，推断为 ph_alf_cr_enabled_flag。

sh_alf_aps_id_chroma：当前 Slice 色度 ALF 使用 APS 滤波器的 ID。

sh_alf_cc_cb_enabled_flag：标识当前 Slice 的 Cb 分量是否使用 CCALF，1 表示使用，0 表示不使用。当此语法元素不存在时，推断为 ph_alf_cc_cb_enabled_flag。

sh_alf_cc_cb_aps_id：当前 Slice 色度 Cb 分量使用 CCALF 滤波器的编号。

sh_alf_cc_cr_enabled_flag：标识当前 Slice 的 Cr 分量是否使用 CCALF，1 表示使用，0 表示不使用。当此语法元素不存在时，推断为 ph_alf_cc_cr_enabled_flag。

sh_alf_cc_cr_aps_id：当前 Slice 色度 Cr 分量使用 CCALF 滤波器的编号。

6. CTU 层

alf_ctb_flag[i]：标识该 CTB 是否使用 ALF，1 表示使用，0 表示未使用。i 为 0 表示亮度分量，i 为 1 表示色度 Cb 分量，i 为 2 表示色度 Cr 分量。

alf_use_aps_flag：1 表示使用 APS 滤波器，0 表示使用固定滤波器。

alf_luma_prev_filter_idx：使用 APS 滤波器的 ID，PH 层或 SH 层中已经标识哪些 APS 滤波器可能被使用并编号。

alf_luma_fixed_filter_idx：使用固定滤波器的 ID。

alf_ctb_filter_alt_idx[i]：色度 ALF 使用的滤波器 ID，i 为 0 表示色度 Cb 分量，i 为 1 表示色度 Cr 分量。

alf_ctb_cc_cb_idc：色度 Cb 分量 CCALF 使用的滤波器 ID。

alf_ctb_cc_cr_idc：色度 Cr 分量 CCALF 使用的滤波器 ID。

参考文献

[1] ITU-T Recommendation H.266 and ISO/IEC 23090-3. Versatile Video Coding[S]. 2020.

[2] Karczewicz M, Hu N, Taquet J, et al. VVC in-loop Filters[J]. IEEE Transactions on CSVT, Circuits and Systems for Video Technology (CSVT), 2021, 31(10): 3907-3925.

[3] ITU-R BT.2100-2. Image Parameter Values for High Dynamic Range Television for Use in Production and International Programme Exchange[S]. 2018.

[4] François E, Galpin F, Naser K, et al. AHG7/AHG15: Signalling of Corrective Values for

Chroma Residual Scaling[C]. JVET-P0371, 16th JVET Meeting, Geneva, Switzerland, 2019.

[5]　François E, Segall C A, Tourapis A M, et al. High Dynamic Range Video Coding Technology in Responses to the Joint Call for Proposals on Video Compression With Capability Beyond HEVC[J]. IEEE Transactions on Circuits and Systems for Video Technology, 2019, 30(5): 1253-1266.

[6]　Lu T, Pu F, Yin P, et al. Luma Mapping with Chroma Scaling in Versatile Video Coding[C]. IEEE Data Compression Conference, Teleconference, 2020.

[7]　Pang K K, Tan T K. Optimum Loop Filter in Hybrid Coders[J]. IEEE Transactions on Circuits and Systems for Video Technology, 1994, 4(2): 158-167.

[8]　Kim S D, Yi J, Kim H M, et al. A Deblocking Filter with Two Separate Modes in Block-Based Video Coding[J]. IEEE Transactions on Circuits and Systems for Video Technology, 1999, 9(1): 156-160.

[9]　Norkin A, Bjontegaard G, Fuldseth A, et al. HEVC Deblocking Filter[J]. IEEE Transactions on Circuits and Systems for Video Technology, 2012, 22(12): 1746-1754.

[10]　Fu C-M, Alshina E, Alshin A, et al. Sample Adaptive Offset in the HEVC Standard[J]. IEEE Transactions on Circuits and Systems for Video Technology, 2012, 22(12): 1755-1764.

[11]　Andersson K, Ström J, Zhang Z, et al. Fix for ALF Virtual Boundary Processing[C]. JVET-Q0150, 17th JVET Meeting, Brussels, Belgium, 2020.

第 10 章

面向多样化视频的编码工具

定位为多用途（Versatile）的 H.266/VVC 标准，除了通用编码工具，还针对特定特性的全景视频、屏幕视频开发了特定的编码工具，以追求更高的编码性能。本章将介绍 H.266/VVC 标准中针对全景视频和屏幕视频的编码工具。

10.1　全景视频编码

全景视频是具有 360 度全包围视角的球面视频，而包括 H.266/VVC 在内的视频编码算法都是以平面视频为对象的。为了采用传统的视频编码算法，全景视频需要转换为平面视频，经纬图等角映射（ERP）、立方体映射（CMP）是常采用的格式，详细信息见 2.1.6 节。ERP 及 CMP 格式全景视频，有别于普通二维视频，为此 H.266/VVC 标准采用了特殊的编码工具[1]。

10.1.1　水平环绕运动补偿

1. 算法原理

在普通平面视频编码算法的运动补偿中，当运动矢量指向参考图像边界区域外的像素时，会对参考图像边界进行填充（Padding）以获取参考像素值，填充方法是用距离填充位置最近的图像边界像素值作为填充值。

ERP 格式全景视频的左右边界是连续的，即图像的最左侧列像素与最右侧列像素内容是相邻的，如图 2.8 所示。水平环绕运动补偿（Horizontal Wrap Around Motion Compensation）针对该类格式视频设计，可以使用图像右侧像素对左侧像素进行填充（Padding），也可以使用图像左侧像素对右侧像素进行填充[2]。

另外，水平环绕运动补偿适用于其他左右边界连续的格式，如等面积映射（Equal-Area Projection）。

2. 标准实现

在 H.266/VVC 标准中，水平环绕运动补偿技术由 SPS 层语法元素 sps_ref_wraparound_enabled_flag 和 PPS 层语法元素 pps_ref_wraparound_enabled_flag 标识是否被启用。当水平环绕运动补偿技术被启用时，利用 PPS 层语法元素 pps_pic_width_minus_wraparound_offset 计算得到水平环绕偏移值：

$$\text{offset} = W - \text{pps\_pic\_width\_minus\_wraparound\_offset} \times \text{MinCbSizeY}$$

其中，W 为图像宽度（以像素为单位），MinCbSizeY 为亮度编码块（CB）的最小尺寸（以像素为单位）。在通常情况下，offset 与 W 取值相同。

对于位置为 x（横坐标）的参考像素，其填充值取同行 $\tilde{x}$ 位置的参考像素值。

$$\tilde{x} = \begin{cases} x + \text{offset}, & x < 0 \\ x - \text{offset}, & x > W - 1 \end{cases}$$

水平环绕运动补偿过程如图 10.1 所示，当参考块的一部分位于参考图像的左边界（或右边界）之外时，参考块边界之外的部分（见图 10.1 左图中阴影部分）在球面域与参考块在参考图像边界内的部分是相邻的，可以从映射图像的右边界（或左边界）获取。

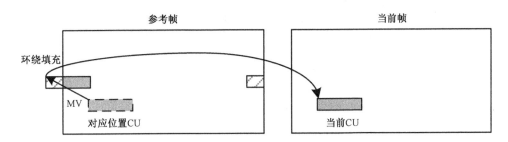

图 10.1　水平环绕运动补偿过程

3. 相关语法元素

（1）SPS 层。

sps_ref_wraparound_enabled_flag：标识该视频序列是否启用水平环绕运动补偿技术，1 表示启用，0 表示不启用。

（2）PPS 层。

pps_ref_wraparound_enabled_flag：标识该视频帧是否启用水平环绕运动补偿技术，1 表示启用，0 表示不启用。当 sps_ref_wraparound_enabled_flag 为 0 时，pps_ref_wraparound_enabled_flag 也应为 0。

pps_pic_width_minus_wraparound_offset：以 MinCbSizeY（最小 CB 大小）为单位的图像宽度与水平环绕偏移值的差。

（3）GCI。

gci_no_ref_wraparound_constraint_flag：取 1 时表示 OlsInScope 中所有帧的 sps_ref_wraparound_enabled_flag 为 0，取 0 时则无此限制。

10.1.2 虚拟边界取消环路滤波

1. 算法原理

多面投影映射是将球面全景视频投影在多个平面上，如 CMP 格式，CMP 也是全景视频的常用映射格式。CMP 映射方式如图 2.9 所示，可以看到在全景视频中，空间连续的内容被投影在多个面上。为了采用平面视频编码算法，通常将多个面拼接成一个矩形图像。无论采用何种拼接方式，都不可避免地会在某些相邻投影面之间出现图像内容不连续现象。CMP 格式全景视频的常用拼接格式如图 10.2 所示，其 6 个面分别为立方体映射后的 6 个面，可以看到多个面的边界处出现内容不连续的现象。

如果对这些不连续边界使用环路滤波，则在重建视频中会出现拼接伪影。H.266/VVC 标准允许对指定边界禁用环路滤波，即虚拟边界取消环路滤波技术。

图 10.2　CMP 格式全景视频的 3×2 拼接格式

2. 标准实现

在 H.266/VVC 标准中，虚拟边界取消环路滤波技术被设计为一项通用技术，由 SPS 层语法元素 sps_virtual_boundaries_enabled_flag 标识是否被启用。在码流中标识水平和垂直虚拟边界的位置信息，编解码的环路滤波模块中不对虚拟边界进行滤波处理。因此，CMP 格式的全景视频可以根据映射和拼接格式确定虚拟边界，编码这些虚拟边界的位置信息，并启用虚拟边界取消环路滤波技术。

在 H.266/VVC 标准中，最大水平虚拟边界数和最大垂直虚拟边界数都是 3，两个虚拟边界间的距离不小于 CTU 宽度。

3. 相关语法元素

（1）SPS 层。

sps_virtual_boundaries_enabled_flag：标识该视频序列是否启用虚拟边界取消环路滤波技术，1 表示启用，0 表示未启用。

sps_virtual_boundaries_present_flag：标识该视频序列是否存在虚拟边界，1 表示存在，0 表示不存在。

sps_num_ver_virtual_boundaries：垂直虚拟边界数。

sps_num_hor_virtual_boundaries：水平虚拟边界数。

sps_virtual_boundary_pos_x_minus1[i]：第 i 个垂直虚拟边界位置坐标值除以 8 后减 1。

sps_virtual_boundary_pos_y_minus1[i]：第 i 个水平虚拟边界位置坐标值除以 8 后减 1。

（2）PH 层。

ph_virtual_boundaries_present_flag：标识该视频帧是否存在虚拟边界，1 表示存在，0 表示不存在。

ph_num_ver_virtual_boundaries：垂直虚拟边界数。

ph_num_hor_virtual_boundaries：水平虚拟边界数。

ph_virtual_boundary_pos_x_minus1[i]：第 i 个垂直虚拟边界位置坐标值除以 8 后减 1。

ph_virtual_boundary_pos_y_minus1[i]：第 i 个水平虚拟边界位置坐标值除以 8 后减 1。

10.2 屏幕内容视频编码

屏幕内容视频应用十分广泛，如计算机桌面分享、文档演示、游戏动画等。屏幕内容是一种特殊的视频类型，通常由计算机生成。相比自然视频，屏幕内容视频不受摄像机镜头的物理限制，不存在传感器噪声，常含有更少的颜色类型、更多的重复图形、更锐利的物体边缘，场景切换也在屏幕内容视频中频繁出现。

针对屏幕内容视频的这些特性，H.266/VVC 标准采用了多种屏幕内容编码（Screen Content Coding，SCC）工具，包括帧内块复制、变换跳过模式的残差编码、块差分脉冲编码调制、调色板模式、自适应色度变换等。

10.2.1 帧内块复制

1. 算法原理

不再将参考区域限制在相邻像素行，帧内块复制（Intra Block Copy，IBC）可以利用当前帧所有已编码区域，预测待编码 CU。预测过程与帧间预测类似，以 CU 为单位在当前帧已经完成重建的区域内搜索匹配的块。使用块矢量（Block Vector，BV）来描述当前 CU 与匹配区域的位移，与帧间预测中的运动矢量类似，利用块矢量可以获取匹配块作为当前 CU

的预测值。如图 10.3 所示，IBC 预测模式可以有效利用屏幕内容中重复出现的内容，完成更高效的预测[3]。

2. 标准实现

在 H.266/VVC 标准中，IBC 预测模式由 SPS 层语法元素 sps_ibc_enabled_flag 标识是否被启用。当被启用时，CU 层语法元素 pred_mode_ibc_flag 标识每个 CU 是否使用 IBC 预测模式。另外，长和宽的值均不大于 64 的 CU 才能使用帧内块复制，块矢量精度可以为 1 像素或 4 像素。帧内块复制支持有两种预测模式，IBC Merge 模式和 IBC AMVP 模式，它们分别与帧间预测中的 Merge 模式、AMVP 模式类似。

IBC Merge 模式的块矢量候选列表通过空域块矢量和历史块矢量构建，记为 bvCandList。bvCandList 的长度在 SPS 层语法元素中标识，最大值为 6，其构建按照以下顺序进行。

（1）空域块矢量。如图 10.4 所示，空域块矢量仅可以从 A_1 和 B_1 位置获取。如果 A_1 位置有效，则将 A_1 位置块矢量加入 bvCandList。如果 B_1 位置有效，则将 B_1 位置块矢量加入 bvCandList。对于像素个数不大于 16 的 CU，不使用空域块矢量作为候选。

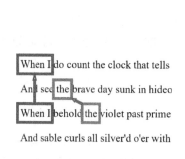

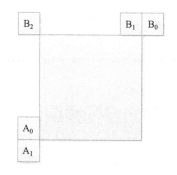

图 10.3　IBC 预测模式　　　　图 10.4　块矢量空域候选

（2）历史块矢量。帧内块复制维护一个最大长度值为 5 的历史块矢量列表，记录已编码 CU 的块矢量。当采用帧内块复制的 CU 完成编码时，更新历史块矢量列表：若块矢量已在历史块矢量列表中，则将列表中的该块矢量移动到列表末尾；否则，直接将该块矢量添加到历史块矢量列表末尾。对于像素个数不大于 16 的 CU，不进行历史块矢量列表更新。

bvCandList 添加完空域块矢量后，如果其长度仍小于规定长度，则将历史块矢量列表中的块矢量从后向前依次选取，并加入 bvCandList，直到 bvCandList 达到规定长度。

（3）零值块矢量。若 bvCandList 仍未达到规定长度，则将零值块矢量加入 bvCandList，直到列表达到规定长度。

IBC AMVP 模式候选仅通过空域相邻块获取块矢量预测值，其预测值的构建方式与 IBC Merge 模式中的空域块矢量预测方式相同。

VTM10[4]中的编码端 IBC 运动搜索使用了两种模式。首先使用哈希搜索，在一定搜索范围内，将与当前块哈希匹配的参考块放入哈希搜索列表，再在该表的多个候选项中搜索，选择开销最小的块矢量。其中哈希键使用 32 位的 CRC 码，基于 4×4 的子块进行计算。对于大于 4×4 的参考块，只有当所有子块与当前块对应位置子块哈希匹配时，才认为参考块与当前块哈希匹配。如果哈希搜索无法有效工作，则在指定的局部搜索范围内使用与运动矢量搜索类似的块匹配搜索，搜索精度为整像素精度。

为了降低复杂度，H.266/VVC 标准对帧内块复制的参考区域进行了限制，只有位于当前 CTU 及当前 CTU 左侧 CTU 的部分区域可以作为参考区域。如图 10.5 所示，当 CTU 的大小是 128×128 时，根据当前 CU 所在区域及当前 CTU 已重建区域的不同，可以分为 6 种情况。图中方块代表 64×64 的块，4 个方块组成一个 CTU，深色部分可以作为参考区域，浅色部分不可作为参考区域。

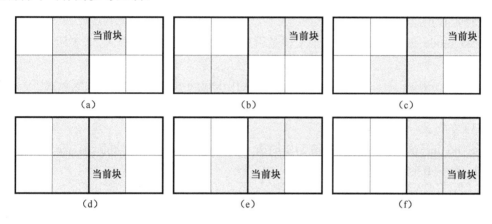

图 10.5　帧内块复制参考区域限制

具体限制条件如下。

（1）如图 10.5（a）所示，当前 CU 位于当前 CTU 的左上区域，此时当前 CTU 的已重建部分，以及左侧 CTU 的右上、左下、右下部分可以作为参考区域。

（2）如图 10.5（b）所示，当前 CU 位于当前 CTU 的右上区域，且当前 CTU 中位于坐标(0,64)的样点还未重建，此时当前 CTU 的已重建部分，以及左侧 CTU 的左下、右下部分可以作为参考区域。

（3）如图 10.5（c）所示，当前 CU 位于当前 CTU 的右上区域，且当前 CTU 中位于坐标(0, 64)的样点已经重建，此时当前 CTU 的已重建部分，以及左侧 CTU 的右下部分可以作为参考区域。

（4）如图 10.5（d）所示，当前 CU 位于当前 CTU 的左下区域，且当前 CTU 中位于坐标(64,0)的样点还未重建，此时当前 CTU 的已重建部分，以及左侧 CTU 的右上、右下部分可以作为参考区域。

（5）如图 10.5（e）所示，当前 CU 位于当前 CTU 的左下区域，且当前 CTU 中位于坐标(64, 0)的样点已经重建，此时当前 CTU 的已重建部分，以及左侧 CTU 的右下部分可以作为参考区域。

（6）如图 10.5（f）所示，当前 CU 位于当前 CTU 的右下区域，此时仅有当前 CTU 的已重建部分可以作为参考区域，左侧 CTU 不可作为参考区域。

3. 相关语法元素

（1）SPS 层。

sps_ibc_enabled_flag：标识该视频序列是否启用 IBC 模式，1 表示启用，0 表示未启用。

sps_six_minus_max_num_ibc_merge_cand：用于推导块矢量候选列表 bvCandList 的长度，最小值为 0，最大值为 5。如果 sps_ibc_enabled_flag 的值为 1，则候选列表的长度为 6 减去 sps_six_minus_max_num_ibc_merge_cand 的值，此时块矢量候选列表长度最大值为 6，最小值为 1。

（2）CU 层。

pred_mode_ibc_flag：标识当前 CU 是否采用帧内块复制预测模式，1 表示采用，0 表示未采用。

general_merge_flag：标识当前 CU 是否采用 Merge 模式，在 IBC 预测模式下，1 表示采用 IBC Merge 模式，0 表示采用 IBC AMVP 模式。

（3）GCI。

gci_no_ibc_constraint_flag：值为 1 时表示 OlsInScope 中所有帧的 sps_ibc_enabled_flag 均为 0，值为 0 时则无此限制。

10.2.2 变换跳过模式的残差编码

通常视频编码需要对预测残差进行变换，H.266/VVC 标准中添加了变换跳过模式，即跳过变换模块，直接对 CU 的预测残差进行量化及熵编码。采用变换跳过模式的 CU，其熵编码与非变换跳过模式有区别，具体熵编码方法参见 8.4.4 节。

在 H.266/VVC 标准中，变换跳过模式仅对宽和高都小于 MaxTsSize 的 CU 使用，MaxTsSize 的值在 SPS 层语法元素中标识，最大为 32。

相关语法元素如下。

（1）SPS 层。

sps_transform_skip_enabled_flag：标识该视频序列是否启用变换跳过模式，1 表示启用，0 表示未启用。

sps_log2_transform_skip_max_size_minus2：指定变换跳过模式的最大块尺寸 MaxTsSize，其值为 0～3，具体计算方式如下。

$$\text{MaxTsSize} = 1 << (\text{sps\_log2\_transform\_skip\_max\_size\_minus2} + 2)$$

（2）片头。

sh_ts_residual_coding_disabled_flag：值为 1 时表示跳过变换模式 CU 使用 residual_coding() 语法结构解析残差，值为 0 时表示跳过变换模式 CU 使用 residual_ts_coding() 语法结构解析残差。

（3）CU 层。

transform_skip_flag：标识当前 CU 是否采用跳过变换模式，1 表示采用，0 表示是否采用跳过变换模式取决于其他语法元素。

（4）GCI。

gci_no_transform_skip_constraint_flag：值为 1 时表示 OlsInScope 中所有帧的 sps_transform_ skip_enabled_flag 均为 0，值为 0 时则无此限制。

10.2.3 块差分脉冲编码调制

1. 算法原理

H.265/HEVC 标准中有一种特殊的编码模式——PCM（Pulse Coded Modulation）模式。在该模式下，编码器直接对 CU 的像素值进行量化熵编码，而不经过预测、变换模块。当图像内容极不规则或量化参数非常小时，该模式的编码性能可能更好。

针对屏幕内容视频，H.266/VVC 标准中采用了新编码模式——块差分脉冲编码调制（Block Differential Pulse Coded Modulation，BDPCM）模式[5]。采用 BDPCM 模式时，CU 完成帧内预测（仅限水平方向和垂直方向）后，不对预测残差进行变换而直接量化，然后对量化预测残差按预测方向进行差分脉冲编码。

2. 标准实现

在 H.266/VVC 标准中，BDPCM 模式由 SPS 层语法元素 sps_bdpcm_enabled_flag 标识是否被启用，且仅对宽和高都小于 MaxTsSize 的 CU 使用（见 10.2.2 节）。当 BDPCM 模式被允许使用时，每个 CU 的亮度块和色度块分别被标识是否采用 BDPCM 模式。当编码块采用 BDPCM 模式时，进一步标识采用水平模式或垂直模式，只允许使用水平方向和垂直方向的帧内预测。

下面以一个 CU 的亮度块为例，介绍其采用 BDPCM 模式时的编码实现过程。

（1）使用帧内预测的水平模式或垂直模式得到预测值，预测过程使用未滤波的参考像素。

（2）求亮度值与预测值的差，得到预测误差。对预测误差进行量化，得到预测误差的量化值。

（3）根据预测方向，对预测误差的量化值进行差分编码。设 CU 高为 M，宽为 N，$Q(r_{i,j})$ 为该亮度块第 i 行第 j 列像素的预测误差量化值。当采用垂直模式时，差分编码后的像素值为

$$\tilde{r}_{i,j} = \begin{cases} Q(r_{i,j}), & i = 0 \\ Q(r_{i,j}) - Q(r_{i-1,j}), & 1 \leqslant i \leqslant (M-1) \end{cases}$$

在水平模式下，差分编码后的像素值为

$$\tilde{r}_{i,j} = \begin{cases} Q(r_{i,j}), & j=0 \\ Q(r_{i,j}) - Q(r_{i,j-1}), & 1 \leqslant j \leqslant (N-1) \end{cases}$$

（4）对 $\tilde{r}_{i,j}$ 进行熵编码，采用与变换跳过模式相同的编码方式，详见 8.4.4 节；但在无损编码时，如果语法元素 slice_ts_residual_coding_disabled_flag 的值为 1，则采用与变换系数相同的编码方式，详见 8.4.3 节。

采用 BDPCM 模式的 CU，后续构建 MPM 列表时将其作为水平模式或垂直模式。在去方块滤波中，如果边界两侧的 CU 均使用 BDPCM 模式，则不进行滤波。

3. 相关语法元素

（1）SPS 层。

sps_bdpcm_enabled_flag：标识该视频序列是否启用 BDPCM 模式，1 表示启用，0 表示未启用。

（2）CU 层。

intra_bdpcm_luma_flag：标识当前亮度块是否采用 BDPCM 模式，1 表示采用，0 表示未采用。

intra_bdpcm_luma_dir_flag：值为 0 时表示当前亮度块的 BDPCM 模式预测方向为水平方向，值为 1 时表示当前亮度块的 BDPCM 模式预测方向为垂直方向。

intra_bdpcm_chroma_flag：标识当前色度块是否采用 BDPCM 模式，1 表示采用，0 表示未采用。

intra_bdpcm_chroma_dir_flag：值为 0 时表示当前色度块的 BDPCM 方向为水平方向，值为 1 时表示当前色度块的 BDPCM 方向为垂直方向。

（3）GCI。

gci_no_bdpcm_constraint_flag：值为 1 时表示 OlsInScope 中所有帧的 sps_bdpcm_enabled_flag 均为 0，值为 0 时则无此限制。

10.2.4 调色板模式

1. 算法原理

屏幕视频的像素值经常集中在少量颜色，H.265/HEVC 和 H.266/VVC SCC 采用的调色板模式（Palette Mode）可以有效提高屏幕视频的编码性能[6-7]。在调色板模式下，编解码端维护一个称为调色板的颜色列表，当像素值等于或接近调色板中的某一颜色时，编码端只需要编码该颜色索引。当屏幕内容视频中的颜色种类较少时，可以用长度较短的调色板完成像素信息描述，获得较高的编码效率。

2. 标准实现

在 H.266/VVC 标准中，调色板模式[7]由 SPS 层语法元素 sps_palette_enabled_flag 标识是否被启用。当被启用时，CU 级语法元素 pred_mode_plt_flag 标识每个 CU 是否使用调色板模块。另外，调色板模式仅适用于尺寸小于 64×64 且样点数大于 16 的 CU。

在编码端，需要确定适用于当前 CU 的调色板，并将调色板信息传输至解码端。VTM10 中生成调色板需要以下几个步骤。

（1）通过简化的 K 聚类方法初步生成调色板。

首先，使用空列表初始化调色板；然后，依次遍历 CU 中的每个样点，计算当前样点与当前调色板中每个颜色的 SAD，找到调色板中与当前样点 SAD 值最小的颜色，作为当前样点的预测值，其 SAD 值作为预测误差。如果预测误差小于误差阈值，则将前位置样点与对应颜色聚类为同一簇，否则将此位置样点作为新的颜色加入调色板中。误差阈值根据当前量化参数，通过查表法获取。完成对每个样点的遍历后，根据调色板中每个颜色聚类的样点数，对调色板进行重新排序，并舍弃超过调色板最大长度限制的颜色。

（2）对调色板进行进一步调整。

完成聚类后，形成若干个簇。通过率失真决策，判断是否使用调色板预测列表中的某个颜色代替步骤（1）中的聚类中心，作为调色板中的颜色。如果某个簇只有一个样点，且此样点不在调色板预测列表中，那么此样点使用跳出调色板编码。

（3）对调色板颜色重新排序。

此时调色板中部分颜色为步骤（1）中产生的聚类中心，部分颜色为调色板预测列表中的颜色，需要进行重新排序，将作为聚类中心的颜色移动到调色板列表前侧，预测列表中的颜色移动到调色板列表后侧。

在建立调色板后，对于 CU 中的每个像素，可以使用调色板中索引进行表达，也可以使用跳出符号表示此位置颜色不在调色板中，此时除编码跳出符号本身外，还需要对量化后的各颜色分量进行编码。图 10.6 展示了一个调色板索引表的生成过程。

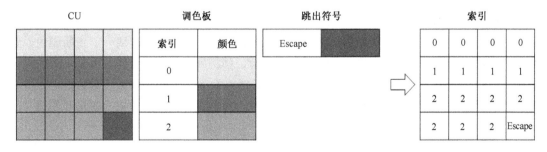

图 10.6　调色板索引表的生成过程

为了对调色板进行编码，需要维护一个预测列表对调色板进行预测，使用复用标志描述预测列表中每个颜色是否在调色板中出现。对于未在预测列表中出现的颜色，需要编码此类颜色的数量，并将颜色分量值进行编码。如果 CU 中使用了跳出符号并编码调色板之外的颜色，则需要更新调色板，将新的颜色加入调色板中。完成调色板更新后，使用当前调色板作为后续调色板的预测列表，并将之前预测列表中未在此调色板使用的颜色加入当前预测列表，直到达到预测列表的最大长度。对调色板索引的编码类似系数编码，按照系数组（Coefficient Group，CG）进行编码，可以采用水平扫描模式或垂直扫描模式进行。

调色板模式的具体编码过程如下。

（1）编码调色板。

首先，编码复用标志列表，用来描述预测列表中的颜色是否在调色板中出现，复用标志为 1 表示预测列表对应位置的颜色在调色板中出现，为 0 表示不出现。为了提高编码效率，编码复用标志列表时采用类似游程编码的方案，仅编码每个非 0 标志前 0 标志的个数。进而编码调色板中不在预测列表中的颜色数量，并依次编码各颜色。然后，使用一个语法元素表示当前 CU 中是否含有跳出符号。

（2）编码调色板索引。

遍历每个系数组中每个位置的索引。使用一个语法元素表示当前位置索引的编码模式是否与上一个位置相同，如果不相同，则再使用一个语法元素表示是否可以直接复制上一行（水平扫描模式）或左一列（垂直扫描模式）的索引值。如果以上两种情况均不满足，则对此索引值进行编码。另外，需要依次对跳出符号所代指的颜色进行编码。

（3）更新预测列表。

建立空的新预测列表，并将当前调色板中的颜色依次加入新预测列表。然后，将旧预测列表中未在此调色板中使用的颜色依次加入新预测列表，直到达到预测列表的最大长度。新预测列表将用于后续 CU 的调色板编码。

对于采用双树的 Slice，调色板列表长度最大值为 15，预测列表长度最大值为 31，需要在亮度分量和色度分量上分别应用调色板模式，亮度分量的调色板仅含有亮度分量，色度分量的调色板仅含有两个色度分量。对于采用单树的 Slice，调色板列表长度最大值为 31，预测列表长度最大值为 63，调色板根据 3 个分量建立，调色板中的每个颜色都使用 3 个颜色分量表示，局部双树块的调色板仍对不同分量分别建立。

调色板模式可以用于所有色度格式中，但是在非 4：4：4 格式下，当一个位置使用跳出符号时，如果由于色度下采样的原因，这个位置的样点没有色度值，则仅编码亮度值。此外，在非 4：4：4 格式下，对局部双树块调色板模式进行两点改动。第一，更新调色板预测列表时，由于双树块只含有亮度分量或色度分量，预测列表仅更新含有的分量，缺失的分量使用默认值填充。第二，调色板列表长度最大值调整为 15，预测列表长度最大值仍保持为 63。在单色格式下，由于单色格式仅含有亮度分量，此时调色板模式中的分量数设置为 1。

3. 相关语法元素

（1）SPS 层。

sps_palette_enabled_flag：标识该视频序列是否启用调色板模式，1 表示启用，0 表示未启用。

（2）CU 层。

pred_mode_plt_flag：标识当前 CU 是否采用调色板模式，1 表示采用，0 表示未采用。

palette_predictor_run：复用列表中非零元素前 0 的数量。

num_signalled_palette_entries：调色板中显式编码的颜色数量。

new_palette_entries[cIdx][i]：调色板中第 cIdx 个颜色分量的第 i 个值。

palette_escape_val_present_flag：值为 1 时表示当前 CU 含有至少一个跳出调色板编码的样点，值为 0 时表示当前 CU 没有跳出调色板编码的样点。

palette_idx_idc：调色板索引指示。

palette_transpose_flag：值为 1 时表示在调色板编码时，以垂直顺序遍历扫描当前 CU 的各采样点，值为 0 表示以水平顺序遍历扫描。

copy_above_palette_indices_flag：值为 1 时表示当前调色板索引在水平顺序扫描时与上侧一行的同位置相同，或者在垂直顺序扫描时与左侧一列的同位置相同；值为 0 时表示当前调色板索引需要根据码流解析或推断。

run_copy_flag：值为 1 时表示当前位置运行类型与前一个扫描位置相同，如两位置均为索引模式且索引值相同，或者两位置均需要复制上侧一行或左侧一列的同位置索引；值为 0 表示当前位置索引与前一个扫描位置不同。

palette_escape_val：表示量化后跳出调色板编码的样点值。

（3）GCI。

gci_no_palette_constraint_flag：值为 1 时表示 OlsInScope 中所有帧的 sps_ibc_enabled_flag 均为 0，值为 0 无此限制。

10.2.5　自适应色度变换

1. 算法原理

为了削弱颜色失真效应，屏幕视频经常使用 4∶4∶4 颜色格式。为了有效利用颜色分量间的相关性，H.266/VVC 标准针对 4∶4∶4 颜色格式的视频，采用了自适应色度变换（Adaptive Color Transform，ACT）技术[8]。ACT 技术允许使用颜色转换模块，将视频信息转换到 YCgCo 颜色空间，进行变换、量化、熵编码等操作。

包含 ACT 模块的编码器如图 10.7 所示，编码器可以选择是否将颜色空间转换到 YCgCo，当采用颜色空间转换模块时，变换、量化、熵编码等在 YCgCo 颜色空间进行。YCgCo 颜色空间具有多个优势：具有接近 KL 变换的编码性能；与 RGB 颜色空间的转换可逆，支持有损压缩和无损压缩；只包含移位和加法运算，计算复杂度低。

2. 标准实现

在 H.266/VVC 标准中，ACT 模块由 SPS 层语法元素 sps_act_enabled_flag 标识是否被启用。当被启用时，CU 级语法元素 cu_act_enabled_flag 标识每个 CU 是否使用颜色转换模块。当 CU 使用颜色转换模块时，CU 预测残差信息将被转换到 YCgCo 颜色空间。

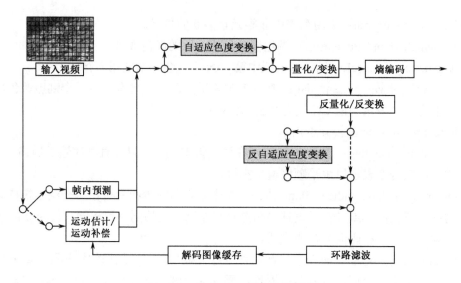

图 10.7　包含 ACT 模块的编码器

RGB 颜色空间转换到 YCgCo 颜色空间的公式为

$$Co = R - B$$
$$t = B + (Co \gg 1)$$
$$Cg = G - t$$
$$Y = t + (Cg \gg 1)$$

YCgCo 颜色空间转换到 RGB 颜色空间的公式为

$$t = Y - (Cg \gg 1)$$
$$G = Cg + t$$
$$B = t - (Co \gg 1)$$
$$R = Co + B$$

相比 RGB 颜色空间的 R、G、B 分量，YCgCo 颜色空间的 Y、Cg、Co 分量的动态范围不同。在使用 YCgCo 颜色空间时，量化参数需要进行调整，Y、Cg、Co 分量对应的调整值分别为-5、1、3。调整后的量化参数只在量化模块和反量化模块中使用，不影响环路滤波等后续模块。

此外，当颜色分量间的块划分方式不同时，禁止使用 ACT 技术。使用帧内预测的 CU，仅当亮度和色度预测模式相同时才可以使用 ACT 技术。使用帧间预测或帧内块复制预测的 CU，仅当预测残差含有至少一个非零系数时才可使用 ACT 技术。

3. 相关语法元素

（1）SPS 层。

sps_act_enabled_flag：标识该视频序列是否启用 ACT 模式，1 表示启用，0 表示不启用。

（2）CU 层。

cu_act_enabled_flag：标识当前 CU 是否采用 ACT 模式，1 表示采用，0 表示未采用。

（3）GCI。

gci_no_act_constraint_flag：值为 1 时表示 OlsInScope 中所有帧的 sps_act_enabled_flag 均为 0，值为 0 时则无此限制。

参考文献

[1]　ITU-T Recommendation H.266 and ISO/IEC 23090-3. Versatile Video Coding[S]. 2020.

[2]　Xiu X, Hanhart P, He Y, et al. A Unified Video Codec for SDR, HDR, and 360° Video Applications[J]. IEEE Transactions on Circuit and Systems for Video Technology, 2020, 30(5): 1296-1310.

[3]　Xu X, Liu S, Chuang T, et al. Intra Block Copy in HEVC Screen Content Coding Extensions[J]. IEEE Journal on Emerging and Selected Topics in Circuits and Systems, 2016, 6(4): 409-419.

[4]　JVET VVC. Versatile Video Coding (VVC) Reference Software: VVC Test Model (VTM) [OL].

[5]　Karczewicz M, Coban M. CE8-related: Block-based Quantized Residual Domain DPCM[C]. JVET-N0413, 14th JVET Meeting, Geneva, Switzerland, 2019.

[6]　Joshi R, Liu S, Sullivan G J, et al. HEVC Screen Content Coding Draft Text 4[C]. JCTVC-U1005, 21st JCT-VC Meeting, Warsaw, Poland, 2015.

[7]　Chao Y H, Hung C H, Chien W J. CE8-2.1: Palette Mode Coding[C]. JVET-O0119, 15th JVET Meeting, Gothenburg, Sweden, 2019.

[8]　Xiu X, Chen Y W, Ma T C. Support of Adaptive Color Transform for 444 Video Coding in VVC[C]. JVET-P0517, 16th JVET Meeting, Geneva, Switzerland, 2019.

11

第 11 章

网络适配层

与 H.265/HEVC 类似，H.266/VVC 也采用了视频编码层（Video Coding Layer，VCL）和网络适配层（Network Abstract Layer，NAL）的双层架构，以适应不同的网络环境和视频应用。网络适配层的主要任务是对视频编码后的数据进行划分和封装，并进行必要的标识，使其可以很好地适应复杂多变的网络环境。

11.1 分层结构

网络类型多种多样，不同的网络环境具有不同的特性，压缩视频在其中进行传输时必然会受到影响。例如，不同类型的网络支持的最大传输单元（Maximum Transmission Unit，MTU）可能有所不同：有线网络的 MTU 一般为 1500 字节，而无线网络的 MTU 要小得多。因此，不同网络中传输的压缩视频数据应被划分成大小不同的分组。然而，压缩视频数据与普通数据不同，高效的分组策略必须结合视频数据的内容特性，即不同的网络需要根据视频数据特性采用特定的分组策略。

另外，不同的应用场景对视频有不同的需求，视频业务会采用不同的传输协议。目前，网络上流行的点播类视频应用对时延要求较低，注重视频数据的完整性和正确性，采用可靠的传输协议——TCP/IP[1]，传输过程不需要分析视频数据的内容特性。而视频会议对实时性要求较高，采用不可靠的传输协议（UDP/IP）会导致数据分组丢失[2]，由于不同视频数据的重要性不同，高效的传输策略需要对视频分组的内容特性进行分析。

为了适应不同的网络环境和应用需求，NAL 可以为复杂的视频数据增加友好的网络应用接口。视频编码数据根据其内容特性被分成若干 NAL 单元（NAL Unit，NALU），并对 NALU 的内容特性进行标识。网络只需要根据 NALU 及其标识就可以优化视频传输性能，不再需要亲自分析视频数据的内容特性。图 11.1 为 H.266/VVC 标准中的视频编码层（VCL）和网络适配层（NAL），该分层结构使视频编码在保证编码效率的前提下可以很好地适应各种网络环境[3]。

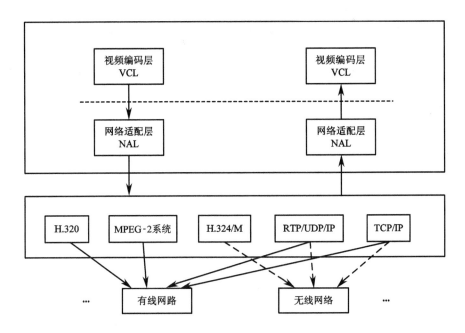

图 11.1　H.266/VVC 标准中的分层结构

如第 2 章所述，原始视频序列由按时间顺序排列的一幅幅图像组成，每幅图像由按空间顺序排列的像素点组成。原始视频数据有非常好的结构性，易于理解、处理。然而，为了更高效地表示视频信息，视频编码算法会尽可能地去除视频的时域、空域及视觉冗余，这使得压缩后的视频数据结构复杂、难以理解。例如，经过熵编码，码流中的二进制符号不再简单地对应实际数值，严重时单个符号的丢失或错误会导致后续数据无法正确解码。又如，时域和空域预测技术使不同图像、不同 CTU 的压缩数据相互依赖，甚至导致压缩码流中图像的顺序与它们的原始顺序不同。复杂的依赖关系也导致不同数据的重要性不同，如被用于参考的图像比不被用于参考的图像重要，头信息比普通数据重要，运动矢量信息比变换系数重要。

在网络上优化传输这种高度复杂的压缩视频流时，必须对码流进行深入分析或解码才能清楚不同数据的重要程度。例如，在实际的网络传输环境中，如果网络发生了较为严重的拥塞，网络设备将根据数据的重要性丢弃分组。然而，对码流进行深入分析甚至解码的计算复杂度太高，会无法得到通用网络设备的支持。如果网络设备不对压缩数据进行分析，就无法判断视频数据分组的重要性，这些分组将会被平等对待，随机丢弃分组显然不利于视频传输的优化。另外，对网络工程师来说，了解编码原理、分析压缩视频流也有较大的难度。因此，NAL 根据视频数据的特性对压缩视频流进行封装和标识，使其可以被网络识别并进行优化处理。

如图 11.2 所示，原始视频由一系列图像组成，箭头表示编码时的一种时域预测关系。经过编码（VCL）后，每幅图像变成一段难以理解的码流片段，每个码流片段内的数据不再具有类似像素表示的形式。时域预测技术使这些码流片段相互依赖，如码流片段 2 依赖码流片段 1 和码流片段 3，码流片段 3 依赖码流片段 1 和码流片段 5。显然，这些码流片段具有不同的重要性，码流片段 1 是其他码流片段解码时的参考，它的重要性最高；码流片段 2 和码流片段 4 不会作为其他图像的参考，它们的重要性最低。NAL 根据压缩视频码流的内容特性将其划分成多个数据段，对每个数据段进行封装并对内容特性进行标识，就生成了 NALU，其内容特性信息存放在 NALU 头信息中。

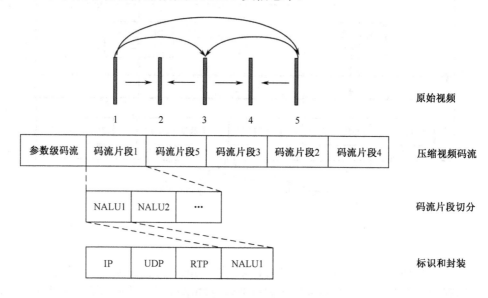

图 11.2　H.266/VVC 标准中 NAL 的作用机制

NALU 可以作为载荷直接在网络上进行传输，如图 11.2 所示。需要注意的是，NALU 的大小不一定与网络的 MTU 大小一致，因此网络分组与 NALU 就产生几种组合形式：一个网络分组包含一个 NALU；一个网络分组包含多个 NALU，即多个 NALU 合并到一个网络分组；多个网络分组包含一个 NALU，即一个 NALU 被分割到多个网络分组。

在网络传输过程中，网络设备可以直接通过 NALU 的头信息获取 NALU 承载视频数据的内容特性，在此基础上优化视频流的传输。针对网络拥塞引起的丢弃分组问题，网络设备需要清楚各个分组的优先级，其可以直接通过 NALU 的头信息获得。

11.2　网络适配层单元

在 H.266/VVC 标准中，所有的视频编码数据被封装成一个个的 NALU，它们具有统一的语法结构。如图 11.3 所示，每个 NALU 包含两部分：NALU 头（Header）和 NALU 载荷——原始字节序列载荷（Raw Byte Sequence Payload，RBSP）。NALU 头的长度为固定两字节，反映 NALU 的内容特征。RBSP 的长度为整数字节，承载视频编码后的比特流片段[4]。

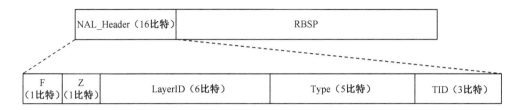

图 11.3　NALU 结构

11.2.1　NALU 头

NALU 头主要承载 NALU 载荷的内容特征，由定长的 5 部分组成：forbidden_zero_bit（F）、nuh_reserved_zero_bit（Z）、nuh_layer_id（Layer ID）、nal_unit_type（Type）和 nuh_temporal_id_plus1（TID），如表 11.1 所示。

表 11.1　NALU 头语法结构

语法元素	编码方式
nal_unit_header( ) {	—
forbidden_zero_bit	f(1)
nuh_reserved_zero_bit	u(1)
nuh_layer_id	u(6)
nal_unit_type	u(5)
nuh_temporal_id_plus1	u(3)
}	—

forbidden_zero_bit：值应设置为 0。

nuh_reserved_zero_bit：值应设置为 0。1 预留待未来使用。

nuh_layer_id：表示 NALU 对应的层标识号，取值范围 0～55。一帧编码图像内的所有 VCL NALU 应具有相同的 nuh_layer_id 值。

nal_unit_type：表示 NALU 的类型，即 NAL 单元中包含的 RBSP 语法结构的类型，共 5 比特，分为 VCL 和 non-VCL 两类，取值范围为 0～31，如表 11.2 所示。

表 11.2　NALU 类型

NALU 类型值	NALU 类型	NALU 载荷内容和 RBSP 语法结构	NALU 分类
0	TRAIL_NUT	后置图像或子图的编码 Slice*	VCL
1	STSA_NUT	STSA 图像或子图的编码 Slice*	VCL
2	RADL_NUT	RADL 图像或子图的编码 Slice *	VCL
3	RASL_NUT	RASL 图像或子图的编码 Slice *	VCL
4	RSV_VCL_4	预留的非 IRAP 图像的 VCL NALU 类型	VCL
5	RSV_VCL_5		
6	RSV_VCL_6		

续表

NALU 类型值	NALU 类型	NALU 载荷内容和 RBSP 语法结构	NALU 分类
7	IDR_W_RADL	IDR 图像或子图的编码 Slice *	VCL
8	IDR_N_LP		VCL
9	CRA_NUT	CRA 图像或子图的编码 Slice *	VCL
10	GDR_NUT	GDR 图像或子图的编码 Slice *	VCL
11	RSV_IRAP_11	预留的 IRAP 图像的 VCL NALU 类型	VCL
12	OPI_NUT	操作点信息	non-VCL
13	DCI_NUT	解码能力信息	non-VCL
14	VPS_NUT	视频参数集	non-VCL
15	SPS_NUT	序列参数集	non-VCL
16	PPS_NUT	图片参数集	non-VCL
17	PREFIX_APS_NUT	自适应参数集	non-VCL
18	SUFFIX_APS_NUT		non-VCL
19	PH_NUT	图像头	non-VCL
20	AUD_NUT	AU 定界符	non-VCL
21	EOS_NUT	序列结束	non-VCL
22	EOB_NUT	码流结束	non-VCL
23	PREFIX_SEI_NUT	补充增强信息	non-VCL
24	SUFFIX_SEI_NUT		non-VCL
25	FD_NUT	填充数据	non-VCL
26	RSV_NVCL_26	预留的 non-VCL NALU 类型	non-VCL
27	RSV_NVCL_27		non-VCL
28	UNSPEC_28	未明确的 non-VCL NALU 类型	non-VCL
29	UNSPEC_29		non-VCL
30	UNSPEC_30		non-VCL
31	UNSPEC_31		non-VCL

* pps_mixed_nalu_types_in_pic_flag 等于 0 指示图像属性，等于 1 指示子图属性。

对于 NALU 的类型有以下约束。

（1）如果 NALU 的 nal_unit_type 取值在 UNSPEC_28 与 UNSPEC_31 之间，则其语义尚未明确，不会影响解码过程。

（2）如果不是为了确定比特流解码单元的数据量，则解码器应该忽略所有 nal_unit_type 为预留值的 NALU。

（3）如果 pps_mixed_nalu_types_in_pic_flag 的值为 0，则同一个图像或 PU 的所有 VCL NALU 应当具有相同的 nal_uint_type 值。否则（值为 1），应满足以下至少一个约束：图像应包含至少两个子图；图像的 VCL NALU 应具有至少两个不同的 nal_unit_type 值；图像中没有 VCL NALU 的 nal_unit_type 值为 GDR_NUT；如果图像中有至少一个 VCL NALU 的 nal_unit_type 值为 IDR_W_RADL、IDR_N_LP 或 CRA_NUT，则图像其他 VCL NALU 的

nal_unit_type 值应与之同类型，或为 TRAIL_NUT。

nuh_temporal_id_plus1：NALU 所在时域层的标识号，取值不能为 0，NALU 的时域层级 TemporalId = nuh_temporal_id_plus1 − 1。一个编码图像、图像单元（Picture Unit，PU）或接入单元（Access Unit，AU）的 TemporalId 值由其包含的 VCL NALU（而非 non-VCL NALU）的 TemporalId 值确定。根据图像的时域层标识号就可以确定其重要性，如时域层标识号小的图像不参考时域层标识号大的图像。因此，只需要获取 NALU 头中的 nuh_layer_id_plus1 值就可以获得该 NALU 的重要性，配合 NALU 的类型（nal_unit_type）就可以实现视频流的时域分级。

另外，NALU 的 TemporalId 有以下约束。

（1）当 nal_unit_type 值在 IDR_W_RADL 与 RSV_IRAP_11 之间时，TemporalId 取值为 0。否则，当 nal_unit_type 取值为 STSA_NUT，并且 vps_independent_layer_flag[General LayerIdx[nuh_layer_id]] 等于 1 时，TemporalId 应大于 0。

（2）同一个 AU 中的 VCL NALU 具有相同的 TemporalId 值。

（3）non-VCL NALU 的 TemporalId 值应满足以下约束：

如果 nal_unit_type 取值为 DCI_NUT、OPI_NUT、VPS_NUT 或 SPS_NUT，则 TemporalId 的值为 0。

如果 nal_unit_type 取值为 PH_NUT，则 TemporalId 的值为包含此 NALU PU 的 TemporalId 值。

如果 nal_unit_type 取值为 EOS_NUT 或 EOB_NUT，则 TemporalId 的值为 0。

如果 nal_unit_type 取值为 AUD_NUT、FD_NUT、PREFIX_SEI_NUT 或 SUFFIX_SEI_NUT，则 TemporalId 的值为包含此 NALU 的 AU 的 TemporalId 值。

如果 nal_unit_type 取值为 PPS_NUT、PREFIX_APS_NUT 或 SUFFIX_APS_NUT，则 TemporalId 的值应当大于或等于包含此 NALU PU 的 TemporalId 值。

11.2.2 NALU 载荷

视频编码过程中输出包含不同内容的压缩数据比特流片段，这些比特流片段称为 SODB（String of Data Bits），SODB 为最高有效位（Most Significant）在左的存储形式，即字节内的比特按照从左到右、从高到低的顺序排列。在 SODB 后添加 RBSP 尾（rbsp_trailing_bits）就生成了 RBSP，RBSP 尾由称为 RBSP 停止比特的一比特 1 和其后的零比特或多比特 0 组成。RBSP 即整数字节化的 SODB，RBSP 的数据类型即 SODB 的数据类型。

由 SODB 生成 RBSP 的过程如下。

如果 SODB 是空的（长度为 0 字节），则生成的 RBSP 也是空的。否则，RBSP 由如下方式生成。

（1）RBSP 的第一字节直接取 SODB 最左端的 8 比特，第二字节取 SODB 接下来的 8 比特，以此类推，直到 SODB 中所剩的内容不足 8 比特（包括 0）。

（2）RBSP 的下一字节首先包含 SODB 的最后几比特，然后添加 1（RBSP 停止比特）。

如果该字节包含的比特小于 8，则在后面添加 0 直到该字节包含 8 比特。

（3）最后可能会加入若干 16 比特的语法元素 rbsp_cabac_zero_word 作为填充比特，其值为 0x0000。

RBSP 可以包含一个 Slice 的压缩数据、VPS、SPS、PPS、补充增强信息等，也可以为定界、序列结束、比特流结束、填充数据等。

RBSP 不能直接作为 NALU 的载荷，因为在字节流应用环境中 0x000001 为 NALU 的起始码，0x000000 为结束码。因此，为了避免 NALU 载荷中的字节流片段与 NALU 的起始码、结束码冲突，需要对 RBSP 字节流进行如下冲突避免处理。

$$0x000000 \longrightarrow 0x00000300$$
$$0x000001 \longrightarrow 0x00000301$$
$$0x000002 \longrightarrow 0x00000302$$
$$0x000003 \longrightarrow 0x00000303$$

其中，0x000002 为预留码。注意，当 RBSP 数据的最后一字节等于 0x00 时（这种情况只会在 RBSP 的末尾是 rbsp_cabac_zero_word 时出现），0x03 会被加入数据的末尾。

经过冲突避免处理后的 RBSP 可以直接作为 NALU 的载荷信息，在其前方增加 NALU 头就会生成 NALU。NALU 的语法结构如表 11.3 所示，表中详细给出了 RBSP 的冲突避免方法。其中，NumBytesInNalUnit 表示 NALU 的字节数，emulation_prevention_three_byte 为冲突避免时插入的 0x03。

表 11.3　NALU 的语法结构

语法元素	编码方式
nal_unit(NumBytesInNalUnit) {	—
nal_unit_header( )	—
NumBytesInRbsp = 0	—
for(i = 2; i < NumBytesInNalUnit; i++)	—
if(i + 2 < NumBytesInNalUnit　&&　next_bits(24)　==　0x000003) {	—
rbsp_byte[NumBytesInRbsp++]	b(8)
rbsp_byte[NumBytesInRbsp++]	b(8)
i += 2	—
emulation_prevention_three_byte　/* equal to 0x03 */	f(8)
} else	—
rbsp_byte[NumBytesInRbsp++]	b(8)
}	—

rbsp_byte[i]：表示一个 RBSP 的第 i 字节。

emulation_prevention_three_byte：取值为 0x03。当其在 NALU 中存在时，应该被解码器丢弃。

11.3 视频比特流中的 NALU

压缩视频比特流由一个个连续排列的 NALU 组成，其顺序应与解码顺序一致。在 H.266/VVC 标准中使用了图像单元（PU）和接入单元（AU）的概念。每个 AU 包含同一时刻的一个或多个 PU，每个 PU 包含且仅包含一幅完整图像的编码数据，每个图像编码数据包含一个或多个 Slice NALU，即 VCL NALU。另外，一个 PU 还可以包含 non-VCL NALU，如各种参数集、SEI 等。PU 可以看成压缩视频比特流的基本单位，压缩视频比特流由多个按顺序排列的 PU 组成。每个 NALU 都会属于某个 PU，压缩视频比特流的第一个 NALU 则为第一个 PU 的第一个 NALU。

1. AU 的顺序及其与 CVS 的关系

一个比特流包含一个或多个编码视频序列（CVS）。如图 3.1 所示，从时间维度看，一个 CVS 包含一个或多个 AU；从层级维度看，一个 CVS 包含一个或多个编码层视频序列（CLVS）。CVS 的第一个 AU 是 CVS 起始（CVS Start，CVSS）AU，CVSS AU 中的每个 PU 都是对应层级 CLVS 的起始（CLVS Start，CLVSS）PU，CLVSS PU 是 NoOutputBeforeRecoveryFlag 为 1 的帧内随机接入点（IRAP）PU 或逐渐解码刷新（GDR）PU。每个 CVSS AU 需要包含 CVS 中每一层的一个 PU，CVS 内 AU 包含的每幅图像的 nuh_layer_id 都应该等于其对应 CVSS AU 中某一幅图像的 nuh_layer_id。

2. PU 的顺序及其与 AU 的关系

一个 AU 包含一个或多个按照 nuh_layer_id 升序排列的 PU。

在一个 AU 中最多可以包含一个 AU 定界符（AU Delimiter，AUD）NALU。当 AU 中存在 AUD NALU 时，其应该为 AU 的第一个 NALU，同时也是 AU 内第一个 PU 的第一个 NALU。当 vps_max_layers_minus1 大于 0 时，在每个 IRAP 或 GDR AU 中应该有且只有一个 AUD NALU。在一个 AU 中最多可以包含一个操作点信息（Operating Point Information，OPI）NALU。当 AU 中存在 OPI NALU 时，其应该是 AU 中位于 AUD NALU 之后的第一个 NALU，当 AUD NALU 不存在时，其为第一个 NALU。在一个 AU 中最多可以包含一个比特流结束（End of Bitstream，EOB）NALU。当 AU 中存在 EOB NALU 时，其应该为 AU 的最后一个 NALU，同时也是 AU 内最后一个 PU 的最后一个 NALU。

一个 VCL NALU 如果是 AU 的第一个 VCL NALU，则它需要是一幅图像的第一个 VCL NALU，并且满足以下一个或多个约束。

（1）VCL NALU 的 nuh_layer_id 要小于或等于解码顺序上前一幅图像的 nuh_layer_id。

（2）VCL NALU 的 ph_pic_order_cnt_lsb 不等于解码顺序上前一幅图像的 ph_pic_order_cnt_lsb。

（3）VCL NALU 的 PicOrderCntVal 不等于解码顺序上前一幅图像的 PicOrderCntVal。

以下任意一种 NALU 在当前 AU 的第一个 VCL NALU 与其之前一个 VCL NALU 之间

的首次出现，都意味着一个新 AU 的开始。

（1）AUD NALU（可能存在）。

（2）OPI NALU（可能存在）。

（3）DCI NALU（可能存在）。

（4）VPS NALU（可能存在）。

（5）SPS NALU（可能存在）。

（6）PPS NALU（可能存在）。

（7）前置 APS NALU（可能存在）。

（8）PH NALU（可能存在）。

（9）前置 SEI NALU（可能存在）。

（10）nal_unit_type 等于 RSV_NVCL_26 或在 UNSPEC28 到 UNSPEC29 之间的 NALU（可能存在）。

3. 编码图像和 NALU 的顺序及其与 PU 的关系

一个 PU 由零个或一个 PH NALU 和一幅编码图像组成，编码图像包含一个或多个 VCL NALU 和零个或多个其他 non-VCL NALU。当一幅图像包含多于一个 VCL NALU 时，PU 中应该存在 PH NALU。如果一个 VCL NALU 的 sh_picture_header_in_slice_header_flag 等于 1，或者它是 PH NALU 后的第一个 VCL NALU，则它是一幅图像的第一个 VCL NALU。

对一个 PU 中 non-VCL NALU（除 AUD、OPI 和 EOB 以外的 NALU）的顺序有以下约束。

（1）当 PU 内存在 PH NALU 时，其应在 PU 的第一个 VCL NALU 之前。

（2）当 PU 内存在 DCI NALU、VPS NALU、SPS NALU、PPS NALU、前置 SEI NALU、nal_unit_type 等于 RSV_NVCL_26 或在 UNSPEC28 到 UNSPEC29 之间的 NALU 中任意一个或多个时，它们不应在 PU 的最后一个 VCL NALU 之后。

（3）当 PU 内存在 DCI NALU、VPS NALU、SPS NALU 或 PPS NAL 中任意一个或多个时，它们应同时在 PH NALU 和第一个 VCL NALU 之前。

（4）PU 中 nal_unit_type 等于 SUFFIX_SEI_NUT、FD_NUT 或 RSV_NVCL_27 的 NALU，以及 nal_unit_type 在 UNSPEC_30 到 UNSPEC_31 之间的 NALU，不应在第一个 VCL NALU 之前。

（5）当 PU 内存在前置 APS NALU 时，其应在第一个 VCL NALU 之前。

（6）当 PU 内存在后置 APS NALU 时，其应在最后一个 VCL NALU 之后。

（7）当 PU 内存在序列结束（End of Sequence，EOS）NALU 时，其应为 PU 中所有 NALU 的最后一个，除非其后还跟随有其他 EOS NALU 或 EOB NALU。

4. VCL NALU 的顺序及其与编码图像的关系

对于一幅编码图像中的任意两个 VCL NALU A 和 B，subpicIdxA 和 subpicIdxB 为它们的子图级别索引号，sliceAddrA 和 sliceAddrB 为它们的 sh_slice_address 值。当以下任意一条约束满足时，A 在 B 之前。

（1）subpicIdxA 小于 subpicIdxB。

（2）subpicIdxA 等于 subpicIdxB，并且 sliceAddrA 小于 sliceAddrB。

11.4 网络适配层单元的应用

NALU 是压缩视频数据的基本单位，也是后续视频传输的基本单位，它能够适应不同的传输方式和应用环境。不同应用需求采用不同的传输机制，压缩视频业务可以分成两种应用场景：分组流和字节流。分组流应用是指直接将编码器输出的 NALU 作为网络分组的有效载荷，接收端的解码器可以从网络分组中直接以 NALU 的形式获取压缩视频数据，如基于 RTP/UDP/IP 的实时视频通信。字节流应用是指 NALU 按照解码顺序组织成有序的连续字节或比特流进行传输、处理。为了保证解码器以 NALU 的形式获得视频数据，须在 NALU 边界插入同步标识，如基于流的传输系统 H.320、MPEG2 等。

11.4.1 字节流应用

字节流应用要求对 NALU 的边界进行标识以保证解码端可以对 NALU 进行识别。在这样的应用系统中，H.266/VVC 标准的附录 B 中规范定义了字节流格式。

NALU 流生成字节流的过程如下。

（1）在每个 NALU 前面插入 3 字节的起始码 start_code_prefix_one_3bytes，其对应的值为 0x000001。

（2）如果 NALU 的类型为 DCI_NUT、VPS_NUT、SPS_NUT、PPS_NUT、PREFIX_APS_NUT 或 SUFFIX_APS_NUT，或者解码顺序为一个 AU 的第一个 NALU，则在其起始码前再插入 zero_byte，其对应的值为 0x00。

（3）在视频流的首个 NALU 的起始码（可能包含 zero_byte）前插入 leading_zero_8bits，其对应的值为 0x00。

（4）根据需要可在每个 NALU 后增加 trailing_zero_8bits，其对应的值为 0x00，作为填充数据。

字节流格式的 NALU 语法格式如表 11.4 所示，通过该语法格式可以从字节流格式的视频数据获取 NALU。可以看到：通过查找起始码 0x000001 可以确定 NALU 的前边界，通过查找起始码 0x00000001 可以确定 AU 的前边界，通过查找第一个起始码 0x00000001 可以确定视频数据的前边界。

表 11.4　字节流格式的 NALU 语法格式

语法元素	编码方式
byte_stream_nal_unit(NumBytesInNalUnit) {	—
while(next_bits(24) != 0x000001 && next_bits(32) != 0x00000001)	—
leading_zero_8bits　/* equal to 0x00 */	f(8)
if(next_bits(24) != 0x000001)	
zero_byte　/* equal to 0x00 */	f(8)
start_code_prefix_one_3bytes　/* equal to 0x000001 */	f(24)
nal_unit(NumBytesInNalUnit)	
while(more_data_in_byte_stream( ) && next_bits(24) != 0x000001 && next_bits(32) != 0x00000001)	—
trailing_zero_8bits　/* equal to 0x00 */	f(8)
}	—

在二进制视频数据的字节边界未知的情形下，字节流应用允许视频数据以比特流的形式出现。在处理以比特流形式存在的字节流时，首先需要定位字节的边界，使视频数据保持字节对齐。确定字节边界的方法为：在比特流中从头搜索二进制比特串'00000000 00000000 00000000 00000001'（连续 31 比特 0 后跟 1 比特 1），该比特串之后的第一比特即 1 字节的第一比特，这样便可得到字节对齐的字节流。

11.4.2　分组流应用

视频分组流是网络视频传输的一种有效方式，当视频 NALU 作为网络分组的载荷在网络中传输时，不同的网络分组因承载不同特性的 NALU 而具有不同的重要性，网络可以根据分组重要性优化视频流的服务质量。基于 RTP/UDP/IP 的实时视频业务采用典型的分组流传输方式，本节将介绍 NALU 作为 RTP 载荷的可能格式（至本书截稿为止，相应的征求意见稿即 RFC 还未定稿）[5]。

RTP 分组由 RTP 头（Header）和 RTP 载荷（Payload）前后两部分组成。RTP 可以承载不同类型的载荷，如采用不同压缩标准生成的视频数据，RTP 头的结构如图 11.4 所示，每个信息域的语义见 RFC3550[6]。当 RTP 分组承载 H.266/VVC 的 NALU 时，其 RTP 头中的信息域在遵循 RFC3550 的前提下有特定的语义。

Marker Bit（M）：1bit，M 位为 1 表示该分组为 AU 的最后一个分组，当根据 NALU 内容无法确定其是一个 AU 的最后一个 NALU 时，这个标识位可以有效地传递这一信息。

Payload Type（PT）：7bit，该信息域表示载荷的类型，承载 H.266/VVC 数据时该域应标识为 H.266/VVC，新载荷类型的语义值可以通过 profile 或动态方式指定。

Timestamp：32bit，它是内容的采样时间戳，必须使用 90kHz 的时钟频率。如果承载的 NALU 没有时间属性（如参数集），RTP 头的时间戳应设置为所属 AU 中图像的时间戳。接收端在显示图像时应使用 RTP 头中的时间戳，忽略时间 SEI 中的时间信息。

Synchronization Source（SSRC）：32bit，用于识别 RTP 报文的来源。一个单独的 SSRC

用于一个单独比特流的所有部分。

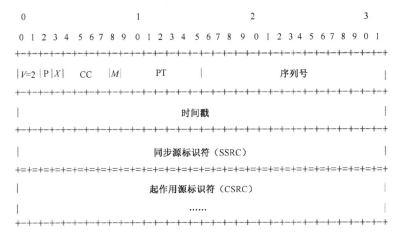

图 11.4　RTP 头的结构

根据承载的 NALU 的数量，RTP 分组分为 3 类。

（1）单 NALU 分组：一个分组只承载一个 NALU。

（2）聚合分组（Aggregation Packet，AP）：一个分组承载多个 NALU。

（3）分片分组（Fragmentation Unit，FU）：一个分组只承载一个 NALU 的一部分。

RTP 载荷的结构与 RTP 分组的类型相关，前两字节称为载荷头，载荷头的结构与 NALU 头的结构相同，如图 11.3 所示，其每个域的值根据承载 NALU 的头确定。下面简单介绍 3 类 RTP 分组的载荷结构，这里只考虑 H.266/VVC 视频流仅在一个 RTP 会话中传输的情况（Single Session Transmission，SST）。

1. 单 NALU 分组

单 NALU 分组的载荷结构如图 11.5 所示。两字节的载荷头复用 RTP 分组承载的 NALU 头。可选的两字节 DON（Decoding Order Number）的最低有效位 DONL 域如果存在，则其

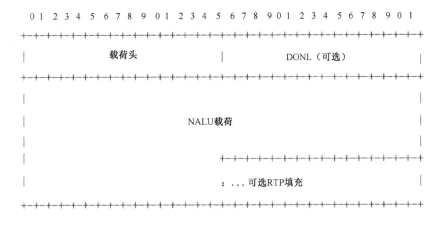

图 11.5　单 NALU 分组的载荷结构

用来标明承载的 NALU 的解码序号。当 sprop-max-don-diff（DON 的最大值）大于零（解码顺序与传输顺序不一致）时，DONL 域必须存在，并且所包含的 NALU 的 DON 变量等于 DONL 域的值；否则，DONL 域不存在。NALU 载荷是指 RTP 分组承载 NALU 的 RBSP。

2. 聚合分组

聚合分组（AP）将多个小的 NALU 放在同一个 RTP 分组中，这样可以减少传输小分组的分组头开销，如参数集等 non-VCL NALU 通常只包含较少的数据。AP 承载的所有 NALU 必须属于同一个 AU，并且按解码顺序排列。每个 NALU 被封装为一个聚合单元（Aggregation Unit）。图 11.6 给出了聚合分组的载荷结构，其由一个载荷头、两个或多个聚合单元、可选填充数据构成。

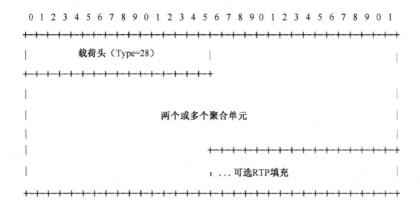

图 11.6　聚合分组的载荷结构

载荷头中：如果所有 NALU 的 F 比特均等于 0，则载荷头的 F 比特设置为 0，否则设置为 1；Type 设定为 28，表明这是聚合分组；LayerID 设置为所有 NALU 中 LayerID 的最小值；TID 设置为所有 NALU 中 TID 的最小值。载荷头后，多个聚合单元按顺序排放。每个聚合单元在 NALU 前添加两字节标明该聚合单元包含 NALU 的字节数，首个聚合单元前还包含可选的两字节 DONL 域，如图 11.7（a）、图 11.7（b）所示。

3. 分片分组

为了让大分组适应小 MTU 网络，一个 NALU 可以分割成多段，每段形成一个 RTP 分片分组（FU）。每个分片分组应包含 NALU 中连续的整字节数据，同一个 NALU 形成的多个分片分组的序列号应按顺序并连续排列。

分片分组的载荷结构如图 11.8 所示，由载荷头、FU 头、可选 DONL 域、FU 载荷和可选 RTP 填充组成。载荷头中的 Type 应设定为 29，表明这是分片分组，F 比特、LayerID、TID 的值与 NALU 头中的对应域相同。

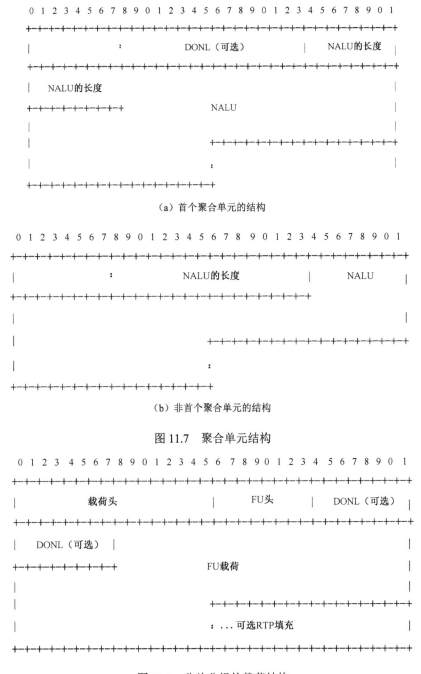

（a）首个聚合单元的结构

（b）非首个聚合单元的结构

图 11.7　聚合单元结构

图 11.8　分片分组的载荷结构

FU 头含有 8 比特，结构如图 11.9 所示。S 标明该 FU 是否为 NALU 的首个 FU，当该 FU 是 NALU 的首个 FU 时，S 为 1，否则为 0。E 标明该 FU 是否为 NALU 的最后一个 FU，当该 FU 是 NALU 的最后一个 FU 时，E 为 1，否则为 0。P 标明该 FU 是否为一幅图像的最后一个 FU，当该 FU 是图像的最后一个 FU 时，P 为 1。FU 类型为 NALU 的 Type 域的复制。

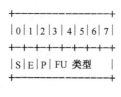

图 11.9　FU 头结构

　　FU 载荷为 NALU 载荷（RBSP）分段后的数据。NALU 头不在 FU 载荷中出现，其各项信息体现在 FU 的载何头和 FU 头中。

参考文献

[1]　Postel J. Transmission control protocol[S]. RFC 793, 1981.

[2]　Schulzrinne H, Casner S, Frederick R, et al. RTP: A transport protocol for real-time applications[S]. RFC 1889, 1996.

[3]　Wang Y K, Skupin R, Hannuksela M M. The High-Level Syntax of the Versatile Video Coding (VVC) Standard[J]. IEEE Transactions on Circuits and Systems of Video Technology, 2021, 31(10): 3779-3800.

[4]　ITU-T Recommendation H.266 and ISO/IEC 23090-3. Versatile Video Coding[S]. 2020.

[5]　Zhao S, Wenger S, Sanchez Y, et al. RTP Payload Format for Versatile Video Coding (VVC) draft-ietf-avtcore-rtp-vvc-16[OL]. 2022.

[6]　Schulzrinne H, Casner S, Frederick R, et al. RTP: A Transport Protocol for Real-time Applications[S]. RFC 3550, 2003.

12

第 12 章

率失真优化

为了将具有庞大数据量的视频在有限信道内传输、存储，高压缩率的编码算法往往会造成编码重建视频与原始视频存在差别，即重建视频产生失真，该类压缩被称为有损压缩。对于有损压缩算法，其性能需要根据编码输出的比特率和编码带来的失真度共同衡量。编码比特率和失真度相互制约、相互矛盾，如降低编码比特率往往会增加视频的失真度，相反要想获得更好的视频质量，又会提高视频的编码比特率。因此，视频编码的主要目的就是在保证一定视频质量的条件下尽量降低编码比特率，或者在一定编码比特率限制条件下尽量地减小编码失真。在固定的编码框架下，为了应对不同的视频内容，往往有多种候选的编码方式，编码器的一个主要工作就是以某种策略选择最优的编码参数，以实现最优的编码性能。基于率失真理论的编码参数优化方法被称为率失真优化，率失真优化技术是保证编码器编码效率的主要手段。

无论是从信息论的角度，还是从系统设计的角度看，率失真优化技术贯穿了整个视频编码系统。本书前面的章节分别详细地介绍了目前 H.266/VVC 所采用的各类编码工具，本章在此基础上讨论 H.266/VVC 编码器如何在率失真优化的指导下选择最优的编码参数，实现高效的压缩性能。本章首先给出率失真理论的基本概念，包括失真的度量和率失真函数定义性质；然后介绍率失真优化技术及其在视频编码中的应用；最后讨论率失真优化技术在 H.266/VVC 编码器中的具体实现。

12.1 率失真优化技术

12.1.1 率失真理论

第 8 章讨论了熵编码，即无失真信源编码，它可以保证解码重建信息与编码前的原始信息完全一致。但针对视频信息，无失真编码并非必要的。例如，在传送图像时，并不需要精确地把全部图像传送到观察者，电视信号每像素的黑白灰度级只需要分成 256 级，屏幕上的画面就已足够清晰悦目了。又如静止图像或视频帧，从空间频域来看，若将高频分量丢弃，只传输或存储低频分量，则数据率可以大大减少，多数图像质量仍能令人满意，这是因为人的视觉特性能够容忍传送的图像存在一定的误差。

另外，由第 2 章可知，视频的数据量极大，采用无损压缩仍然无法满足通常的信道带宽限制。因此，需要采用量化等手段进一步提高压缩率，这也会导致解码重建信息与编码前的原始信息不一致，产生失真。只使用压缩率无法衡量有损压缩算法的性能，需要同时考虑重建信息的质量和压缩率。

在允许一定程度失真的条件下，能够把信源信息压缩到什么程度？也就是说，最少需要多少比特才能描述信源？针对这个问题，香农在 1959 年发表了《保真度准则下的离散信源编码定理》[1]，定义了信息率失真函数 $R(D)$，并论述了其相关基本定理。之后，率失真理论逐渐受到了人们的重视，Berger 的著作比较系统、完整地给出了一般信源的信息率失真函数及其定理证明[2]。

本节主要介绍率失真理论的基本内容。首先给出信源的互信息量和失真度的定义，然后讨论率失真函数，在此基础上论述在保真度准则下的信源编码定理。

1. 互信息量

设有两个离散的符号消息集合 X 和 Y，X 是信源发出的符号集合，Y 是信宿收到的符号集合。接收者事先不知道信源发出的是哪个符号消息，信源发送哪个符号消息是一个随机事件。信源发出符号信息通过信道传递给信宿，简化的通信系统如图 12.1 所示，信源发出的消息称为信道输入消息，信宿收到的消息称为信道输出消息。由于信道噪声，信道输入消息与信道输出消息不一定相同。

图 12.1 简化的通信系统

通常，信源集合 X 包含的各个符号消息 $X = \{x_1, x_2, \cdots, x_N\}$ 及它们的概率分布 $p(x_1)$, $p(x_2), \cdots, p(x_N)$ 已知，即预先知道信源集合 X 的概率空间，用矩阵表示为

$$\begin{bmatrix} X \\ P \end{bmatrix} = \begin{bmatrix} x_1 & x_2 & \dots & x_N \\ p(x_1) & p(x_2) & \dots & p(x_N) \end{bmatrix}$$

其中，x_i（$i=1, 2, \cdots, N$）为集合 X 中各个符号消息的取值，概率 $p(x_i)$ 为符号消息 x_i 出现的先验概率。

信宿收到的符号消息集合 Y 的概率空间可以表示为

$$\begin{bmatrix} Y \\ P \end{bmatrix} = \begin{bmatrix} y_1 & y_2 & \dots & y_M \\ p(y_1) & p(y_2) & \dots & p(y_M) \end{bmatrix}$$

其中，y_j（$j=1, 2, \cdots, M$）为集合 Y 中各个消息的取值，概率 $p(y_j)$ 为符号消息 y_j 出现的概率。在信宿收到集合 Y 中的一个符号消息 y_j（$j=1, 2, \cdots, M$）后，接收者重新估计关于信源各个消息 x_i 发生的概率就为条件概率 $p(x_i | y_j)$，这种条件概率又被称为后验概率。

对于两个离散随机事件集 X 和 Y，事件 y_j 的出现给出的关于事件 x_i 的信息量定义为互信息量 $I(x_i;y_j)$，其定义公式为

$$I(x_i;y_j) = \log_2 \frac{p(x_i \mid y_j)}{p(x_i)} \tag{12-1}$$

即互信息量定义为后验概率与先验概率比值的对数。互信息量的单位与自信息量一样取决于对数的底。由式（12-1）又可得

$$I(x_i;y_j) = \log_2 \frac{1}{p(x_i)} - \log_2 \frac{1}{p(x_i \mid y_i)}$$

即互信息量等于自信息量减去条件自信息量。或者说，互信息量是一种消除的不确定性的度量，即互信息量等于先验的不确定性减去尚存在的不确定性。互信息量 $I(x_i;y_j)$ 可取正值，也可取负值。如果互信息量 $I(x_i;y_j)$ 取负值，则说明信宿在未收到消息 y_j 以前对消息 x_i 是否出现的猜测难易程度较小，但由于噪声的存在，接收到消息 y_j 后，反而使信宿对消息 x_i 是否出现的猜测难易程度增加了。也就是说，信宿接收到消息 y_j 后，x_i 出现的不确定性反而增加了，所以获得的信息量为负值。

为了从整体上表示从一个随机变量 Y 给出关于另一个随机变量 X 的信息量，定义互信息量 $I(x_i;y_j)$ 在 X 和 Y 的联合概率空间中的统计平均值为随机变量 X 和 Y 间的平均互信息量。

$$
\begin{aligned}
I(X;Y) &= \sum_{i=1}^{N} \sum_{j=1}^{M} p(x_i y_j) I(x_i;y_j) \\
&= \sum_{i=1}^{N} \sum_{j=1}^{M} p(x_i y_j) \log_2 \frac{p(x_i \mid y_j)}{p(x_i)} \\
&= \sum_{i=1}^{N} \sum_{j=1}^{M} p(x_i y_j) \log_2 \frac{1}{p(x_i)} - \sum_{i=1}^{N} \sum_{j=1}^{M} p(x_i y_j) \log_2 \frac{1}{p(x_i \mid y_j)}
\end{aligned}
$$

平均互信息量 $I(X; Y)$ 与各类熵的关系为

$$I(X;Y) = H(X) - H(X \mid Y)$$
$$I(X;Y) = H(Y) - H(Y \mid X)$$
$$I(X;Y) = H(X) + H(Y) - H(XY)$$

具体如图 12.2 所示。

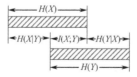

图 12.2 平均互信息量和熵的关系图

2. 失真度

图 12.3 给出了一个通信系统的框图，由于率失真理论只涉及信源编码问题，所以可以将信道编码和译码看成信道的一部分，把信道编码、信道、信道译码这 3 部分看成一个没

有任何干扰的广义信道。从直观感觉可知，允许失真越大，信息传输速率越小；允许失真越小，信息传输速率越大。所以，信息传输速率与信源编码引起的失真是相关的，并且信宿收到消息的失真只是由信源编码引起的，讨论信息传输速率和失真的关系可以略去广义的无扰信道。对于失真信源编码，也可以把信源编码和信源译码等价成一个信道，由于是失真编码，所以信道不是一一对应的，用信道传递概率来描述编码、译码前后关系，简化的通信系统如图 12.4 所示。

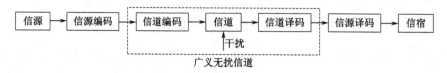

图 12.3　通信系统框图

图 12.4　简化的通信系统

设离散无记忆信源为

$$\begin{bmatrix} X \\ P \end{bmatrix} = \begin{bmatrix} x_1 & x_2 & \cdots & x_N \\ p(x_1) & p(x_2) & \cdots & p(x_N) \end{bmatrix}$$

经过信道传输后接收端的离散变量 Y 的概率空间为

$$\begin{bmatrix} Y \\ P \end{bmatrix} = \begin{bmatrix} y_1 & y_2 & \cdots & y_M \\ p(y_1) & p(y_2) & \cdots & p(y_M) \end{bmatrix}$$

对于每对 (x_i, y_j)，指定一个非负的函数 $d(x_i, y_j) \geqslant 0$（$i=1,2,\cdots,N;\ j=1,2,\cdots,M$），称 $d(x_i, y_j)$ 为单个符号的失真度或失真函数。用它来表示信源发出一个符号 x_i，而在接收端再现为 y_j 所引起的误差或失真大小。通常较小的 $d(x_i, y_j)$ 值代表较小的失真，因而 $d(x_i, y_j) = 0$ 表示没有失真。由于信源 X 有 N 个符号，信道输出 Y 有 M 个符号，所以 $d(x_i, y_j)$ 有 $N \times M$ 个，这 $N \times M$ 个非负函数可以排列成矩阵形式，即

$$\boldsymbol{D} = \begin{pmatrix} d(x_1, y_1) & d(x_1, y_2) & \cdots & d(x_1, y_M) \\ d(x_2, y_1) & d(x_2, y_2) & \cdots & d(x_2, y_M) \\ \vdots & \vdots & \ddots & \vdots \\ d(x_N, y_1) & d(x_N, y_2) & \cdots & d(x_N, y_M) \end{pmatrix}$$

其中，$\boldsymbol{D}$ 称为失真矩阵，是一个 $N \times M$ 阶矩阵。

失真函数可有多种形式，但应尽可能符合信宿的主观特性，如人们的实际需要、失真引起的损失、风险大小等。常用的失真函数如下。

平方失真：

$$d(x, y) = (x - y)^2$$

绝对失真：

$$d(x,y) = |x - y|$$

相对失真：

$$d(x,y) = \frac{|x - y|}{|x|}$$

误码失真：

$$d(x,y) = \delta(x,y) = \begin{cases} 0, & x = y \\ 1, & x \neq y \end{cases}$$

其中，x 为信源输出消息；y 为信宿收到消息。

前 3 种失真函数适用于连续信源，最后一种失真函数适用于离散信源。均方失真和绝对失真只与 $(x - y)$ 有关，数学处理上比较方便，并且与主观特性比较匹配。不同的信源可以根据实际需求选择合适的失真函数。

由于 X 和 Y 都是随机变量，故单个符号失真度 $d(x_i, y_j)$ 也是随机变量。显然，规定了单个符号失真度 $d(x_i, y_j)$ 之后，传输一个符号引起的平均失真度，即信源的平均失真度为

$$\overline{D} = E[d(x_i, y_j)]$$

$$= \sum_{i=1}^{N} \sum_{j=1}^{M} p(x_i, y_j) d(x_i, y_j)$$

$$= \sum_{i=1}^{N} \sum_{j=1}^{M} p(x_i) p(y_j \mid x_i) d(x_i, y_j)$$

它是在 X 和 Y 的联合概率空间求平均的。不同的信源符号和不同的接收符号，产生的失真不同。但平均失真度已对信源和信道进行了统计平均，所以此值可描述某一信源在某一试验信道传输下的失真大小，可从总体上描述整个系统的失真情况。若信源符号的平均失真度不大于所允许的失真度 D，即 $\overline{D} \leqslant D$，则称为保真度准则。

可以看到，平均失真度 $\overline{D}$ 不仅与单个符号的失真度有关，还与信源的概率分布和信道的转移概率有关。当信源和单个符号失真度固定，即 $P(X)$ 和 $d(x_i, y_j)$ 给定时，选择不同的试验信道相当于选择不同的编码方法，所得的平均失真度 $\overline{D}$ 不同，在有些试验信道下 $\overline{D} \leqslant D$，而有些试验信道下 $\overline{D} > D$。满足保真度准则的信道被称为 D 失真许可的试验信道，所有 D 失真许可的试验信道的集合用 B_D 表示，即

$$B_D = \left\{ p(y_j \mid x_i : \overline{D} \leqslant D \quad i = 1, 2, \cdots, N; j = 1, 2, \cdots, M) \right\}$$

在这个集合中，任何一个试验信道矩阵 $[P(y_j \mid x_i)]$ 下的平均失真度 $\overline{D}$ 都不大于 D。

3. 率失真函数

假设信源输出的信息速率为 R，在信道容量为 C 的信道上传输。如果 $R > C$，就需要对信源进行压缩，使压缩后信源输出的信息速率 R 小于信道容量 C，这一压缩过程势必会引入失真。因此，对于这一压缩过程，总是希望在满足一定信息速率限制的情况下（如不大于信道容量 C），使其引起的失真尽量小。而对于很多实际的应用，该问题等价于希望在

满足一定失真的情况下，使信源必须传输给收信者的信息传输速率 R 尽可能小。从接收端来看，就是在满足保真度准则下，寻找再现信源消息必须获得的最低平均信息量。

接收端获得的平均信息量可用平均互信息量 $I(X;Y)$ 来表示，这就变成在满足保真度准则的条件下（$\overline{D} \leqslant D$），寻找平均互信息量 $I(X;Y)$ 的最小值。B_D 是所有满足保真度准则的试验信道集合，可以在失真度 D 的限制下在试验信道集合 B_D 中寻找某个信道 $p(y_j|x_i)$，使 $I(X;Y)$ 取最小值。由于平均互信息量 $I(X;Y)$ 是 $p(y_j|x_i)$ 的 U 形凸函数，所以在 B_D 集合中，极小值存在。这个最小值就是在 $\overline{D} \leqslant D$ 条件下，信源必须传输的最小平均信息量，即

$$R(D) = \min_{p(y_j|x_i) \in B_D} I(X;Y) \tag{12-2}$$

这就是信息率失真函数，简称率失真函数。

注意，在研究 $R(D)$ 时，引用的条件概率 $p(y_j|x_i)$ 并没有实际信道含义，只是为了求平均互信息量的最小值而引用的假想可变试验信道，实际上这些信道反映的仅是不同的信源编码方法。所以改变试验信道求平均互信息量的最小值，实质上是选择一种编码方式使信息传输速率最小。

信息率失真函数 $R(D)$ 是在假定信源给定的情况下，在用户可以容忍的失真度内再现信源消息所必须获得的最小平均互信息量。它反映了信源可以压缩的程度，即在满足一定失真度要求下（$\overline{D} \leqslant D$），信源可压缩的最小速率。信息率失真函数只反映信源的特性，不同的信源，其信息率失真函数 $R(D)$ 不同。

在实际应用中，研究信息率失真函数 $R(D)$ 是为了在已知信源和允许失真度的条件下，使信源必须传送给信宿信息的传输速率最小，即用尽可能少的码符号尽快地传送尽可能多的消息，以提高通信的有效性，这是信源编码问题。离散信源率失真函数 $R(D)$ 的一般曲线图形如图 12.5 所示。由图 12.5 可知，当限定失真度等于 D^* 时，信息率失真函数 $R(D^*)$ 是信息压缩所允许的最低限度。若 $R(D) > R(D^*)$，则必有 $D < D^*$，即如果信息率压缩至 $R(D) < R(D^*)$，则最小失真度 D 必大于限定失真度 D^*。所以说，信息率失真函数给出了在限定失真条件下信息压缩允许的下界。

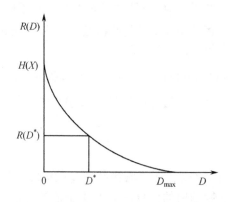

图 12.5　$R(D)$ 的一般曲线图形

信息率失真函数 $R(D)$ 对信源编码具有指导意义。然而，对于一个实际信源，计算其 $R(D)$

很困难。这是因为信源符号的概率分布很难确知，即便知道了概率分布，求解其 $R(D)$ 也极为困难，这是一个条件极小值的求解问题。利用上述理论知识，可以得到几种典型的信源率失真函数，如高斯信源、拉普拉斯信源等。在率失真理论中，这些典型的率失真函数常常作为给定失真条件下信息可被压缩的下界。

当信源服从参数为 α 的拉普拉斯分布

$$p(x) = \frac{\alpha}{2} e^{-\alpha|x|}$$

并且失真度定义为绝对误差时，其率失真函数为

$$R(D) = \begin{cases} \ln\left(\dfrac{1}{\alpha D}\right), & 0 < D < \dfrac{1}{\alpha} \\ 0, & D > \dfrac{1}{\alpha} \end{cases}$$

当信源服从零均值方差为 σ^2 的高斯分布

$$p(u) = \frac{1}{\sqrt{2\pi}\sigma} e^{-u^2/2\sigma^2}$$

并且失真度定义为平方误差时，其率失真函数为

$$R(D) = \begin{cases} \dfrac{1}{2} \log_2 \dfrac{\sigma^2}{D}, & D < \sigma^2 \\ 0, & D > \sigma^2 \end{cases}$$

4. 率失真信源编码定理

对于无失真信源编码来说，每个信源符号（或符号序列）必须对应一个码字（或码字序列），信源输出信息率不能减少。但是，在允许一定失真的情况下，信源输出信息率最少可减少到信息率失真函数 $R(D)$，有可能是多个信源符号（或符号序列）对应一个码字（或码字序列）。率失真信源编码定理就是关于信息率和失真关系的一个极限定理，也称香农第三定理，即保真度准则下的离散信源编码定理。

定理 12.1　保真度准则下信源编码定理

设 $R(D)$ 是离散无记忆平稳信源的信息率失真函数，并且有有限的失真测度。对于任意的允许失真度 $D \geq 0$ 和任意小的正数 $\varepsilon > 0, \delta > 0$，当信源序列长度 l 足够长时，一定存在一种信源编码 C，其码字个数为

$$M \leq e^{\{l[R(D)+\varepsilon]\}}$$

而编码后码的平均失真度

$$d(C) \leq D + \delta$$

定理显示：对于任何失真度 $D \geq 0$，只要码长 l 足够长，总可以找到一种信源编码 C，使编码后每个信源符号的信息传输速率

$$R' = \frac{\log_2 M}{l} = R(D) + \varepsilon$$

$$R' > R(D)$$

而码的平均失真度 $d(C) \leqslant D$。也就是说，在允许失真 D 的条件下，信源可达到的最小传输速率是信源的 $R(D)$。

定理 12.2　保真度准则下信源编码逆定理

不存在平均失真度为 D 而平均信息传输率 $R' < R(D)$ 的任何信源码。也就是说，对任意码长为 l 的信源码 C，若码字个数 $M < e^{l[R(D)]}$，则一定有 $d(C) > D$。逆定理显示：如果编码后平均每个信源符号的信息传输速率 R' 小于信息率失真函数 $R(D)$，就不能在保真度准则下再现信源的消息。

保真度准则下的信源编码定理及其逆定理在实际通信理论中有重要的意义。这两个定理证实了在允许失真度 D 确定后，总存在一种编码方法，使编码后的信息传输速率 R' 大于 $R(D)$ 且可任意接近于 $R(D)$，而平均失真度小于允许失真度 D。反之，若 $R' < R(D)$，则编码后的平均失真度将大于 D。如果用二进制符号来进行编码，则在允许一定失真度 D 的情况下，平均每个信源符号所需二进制码符号的下限值就是 $R(D)$。从香农第三定理可知，$R(D)$ 确实是允许失真度为 D 的情况下信源信息压缩的下限值。比较香农第一定理和香农第三定理可知，当信源给定后，无失真信源压缩的极限值是信源熵 $H(X)$；而有失真信源压缩的极限值是信息率失真函数 $R(D)$。在给定允许失真度 D 后，一般有 $R(D) < H(X)$。香农第三定理是有失真信源压缩的理论基础。

香农第三定理只是一个最优编码方法的存在定理，对于复杂信源的有损编码在实际应用中还存在大量的问题。

实际信源 $R(D)$ 函数的计算相当困难。第一，需要对实际信源的统计特性有确切的数学描述。第二，需要对符合主客观实际的失真给予正确的度量，否则不能求出符合主客观实际的 $R(D)$ 函数。例如，通常采用均方误差来表示信源的平均失真度，但对于视频信源来说，均方误差与人眼主观失真感受不一致，如何定义符合主观感受的失真测度非常困难。第三，即便对实际信源有了确切的数学描述，又有符合主观感受的失真测度，率失真函数 $R(D)$ 的计算是一个条件极小值的求解问题，复杂信源往往无法得到具体的率失真函数。即便求得了符合实际的信息率失真函数，还要寻找最佳压缩编码方法才能达到或逼近 $R(D)$。目前，对于视频编码通常采用统一的编码框架，如基于块的混合编码框架，率失真优化是指从有限多种候选编码参数中选择最优编码参数。

12.1.2　视频编码中的率失真优化

视频压缩的目标是在保证视频质量的前提下尽量降低视频流的压缩码率。但是，编码输出的码率和压缩后的失真度之间的关系是相互制约和矛盾的。低码率更适应网络传输带宽需求，但会增大视频的失真度。相反，想要获得更好的视频重建质量必然会提高传输码率。如何在视频质量和压缩码率之间取得好的平衡无疑是一个必须解决的问题。

1. 视频失真测度

准确度量视频失真是权衡编码性能的先决条件。一般来说，视频的客观失真测度应与人类视觉系统的感知失真一致。主观评价方法是由观看者根据主观感受来给出视频质量整体好坏的评价[3]，这种评价结果必然符合人的视觉感受。但其耗时耗力，无法用数学模型描述，不能直接用于度量视频编码中的失真，而且主观评价易受主观因素影响。

近期，客观质量评估模型一直是视频领域的研究热点，但由于人们对人眼的视觉和认知机制仍不清楚，使用已有的客观评估方法得到的视频质量与主观体验质量的一致性较差[4]。在实际应用中，人们常常采用平方误差和（SSE）、均方误差（MSE）、绝对误差和（SAD）及峰值信噪比（PSNR）等客观评价方法来作为失真测度指标。

$$SSE = \sum_{x=0}^{M-1} \sum_{y=0}^{N-1} \left| f(x,y) - f'(x,y) \right|^2$$

$$MSE = \frac{1}{MN} \sum_{x=0}^{M-1} \sum_{y=0}^{N-1} \left| f(x,y) - f'(x,y) \right|^2$$

$$SAD = \sum_{x=0}^{M-1} \sum_{y=0}^{N-1} \left| f(x,y) - f'(x,y) \right|$$

$$PSNR = 10\log_{10} \frac{(255)^2 MN}{\sum_{x=0}^{M-1} \sum_{y=0}^{N-1} \left| f(x,y) - f'(x,y) \right|^2}$$

其中，$f(x,y)$ 和 $f'(x,y)$ 为位于 (x,y) 处的原始像素值和重建像素值，$M \times N$ 为视频的空间分辨率。

2. 视频率失真曲线

12.1.1 节介绍了率失真函数，码率和失真的关系可以用一条光滑的下凸单调曲线刻画，称为率失真曲线。当率失真曲线已知时，对于给定的失真限制 D^*，在率失真曲线上可以直接得到最小速率 $R(D^*)$，如图 12.5 所示。在实际编码系统中，通常对系统的编码复杂度、时延和内存等都有一定的要求，因此实际编码系统的最优性能并不能达到率失真曲线定义的理论值。能够满足约束条件的最优编码方案所能达到的最好性能是实际编码系统的最优性能，高效视频编码的任务就是找到更靠近实际率失真曲线的压缩方法。

对于一个特定的视频编码系统，如 H.266/VVC 视频编码标准，编码结构及可采用的编码技术已经确定。使用不同的编码参数可以得到不同的率失真性能，具体的编码参数包括量化参数、编码单元的分割模式、预测模式、变换模式等。使用一组特定的编码参数对视频源进行编码，就可以获得该编码参数条件下的编码速率和失真，即率失真性能，这组编码参数对应的 (R, D) 称为实际率失真曲线的一个可操作点。

遍历所有可行的编码参数组合就可以得到所有可操作点，由于实际编码系统中编码参数的取值是有限的，如在 H.266/VVC 中量化参数只有 64 个（比特深度为 8 时），得到的可操作点的数量也是有限的（见图 12.6）。对于任意给定的速率限制 R^*，总可以找到一个

D 最小的可操作点，该操作点就是满足速率限制 R^* 下的最优可操作点，相应的编码参数则为最优的编码参数。遍历速率限制 R^*，就可以得到一组最优的可操作点，这些最优可操作点的连线称为可操作率失真曲线，如图 12.6 所示。该曲线反映的是系统实际可达到的性能，其下边界也就是可操作率失真曲线的凸包络定义的系统最优率失真性能。在给定码率约束的条件下，最小失真的可操作点出现在凸包络上，可操作点越靠近率失真曲线的凸包络，它的率失真性能就越好。率失真优化的目的就是找到一组编码参数使得对应的可操作点尽可能接近凸包络，也就是在一组可能的操作点中确定能使系统性能最优的操作点。

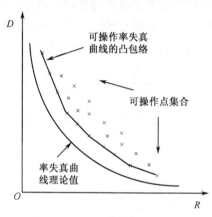

图 12.6　可操作率失真曲线

3. 视频编码率失真优化

不同的编码参数可以得到不同的率失真性能，最优的编码方案就是在编码系统定义的所有编码参数中使用能够使系统性能最优的参数值，视频编码系统中的率失真优化就是基于率失真优化理论选择最优的编码参数[5]。对于一个典型的基于混合编码框架的视频编码系统，有大量编码参数，包括预测模式、运动估计、量化、编码模式等，且每个编码参数都有多个候选值，如在 H.266/VVC 中帧内预测模式包括 65 种角度模式、DC 模式、Planar 模式、MIP 模式等。

对于需要编码的视频序列，遍历所有的编码参数候选模式对视频进行编码，满足码率限制失真最小的一组编码参数集即最优的视频编码参数。将一个视频序列作为编码单元，遍历大量的编码参数组合需要极大的计算量，在实际的视频编码中无法使用这类穷举搜索方法。视频编码过程往往将视频序列分为多个较小的子任务，分别为每个子任务确定最优的编码参数集。这里的子任务可以是编码一个 CU、一幅图像或一个 GOP。假设编码中共包含 N 个子任务，第 i 个子任务 U_i 有 M 种不同的参数组合，其对应 M 个可操作点，即码率 $R_{i,j}$ 和失真 $D_{i,j}$，$j=1,2,\cdots,M$，则确定最优编码参数集的过程等价于最小化所有子任务的失真和：

$$\min \sum_{i=1}^{N} D_{i,j} \quad \text{s.t.} \quad \sum_{i=1}^{N} R_{i,j} < R_{\text{c}} \tag{12-3}$$

值得注意的是，这里假设失真 $D_{i,j}$ 具有可加性，实际的视频质量在空域、时域都不是加性的，但由于目前视频编码中常用的质量测度指标 MSE 是加性的，后续内容仍使用这一加性假设。另外，在实际视频编码系统中子任务之间的可操作点有一定的相关性，这就导致当前子任务的参数选择结果会影响下一个子任务的参数选择结果。例如，当图像编码单元使用帧间预测时，参考图像选择不同的编码参数会影响当前图像的编码性能。

关于上述的限定性优化问题，它的求解方法通常有动态规划法（Dynamic Programming）[6-7]和拉格朗日优化法[8-10]。拉格朗日优化法是视频率失真优化中最常见和最有力的优化工具，它是由 H. Everett 在 1963 年提出的，在 1988 年首次被应用在信源编码中，接着被用于树裁剪和熵受限的资源分配问题中，之后拉格朗日优化法得到了广泛应用。假设 S 表示变量 B 的有限集，B 的目标函数和限定函数分别是 $D(B)$ 和 $R(B)$，则约束性优化问题可以描述为在给定一个限定码率 R_c 下，寻找最优的 B，使得

$$\min_{B \in S} D(B) \quad \text{s.t.} \quad R(B) < R_c \tag{12-4}$$

该约束性问题可以通过引入拉格朗日因子 λ，转换为非约束性问题：

$$\min_{B \in S} \{D(B) + \lambda R(B)\} \tag{12-5}$$

可以证明当 $\lambda \geq 0$，且 $R_c = R(B^*(\lambda))$ 时，非约束性问题的最优解 $B^*(\lambda)$ 也是约束性问题式（12-4）的最优解。也就是说，对任意 $B \in S$，当 $R(B) \leqslant R(B^*(\lambda))$ 时，有 $D(B^*(\lambda)) \leqslant D(B)$。

根据上述理论，在给定非负数的 λ 下，最优解 $B^*(\lambda)$ 可以通过式（12-5）获取。不同的 λ 对应不同的限定码率 $R_c = R(B^*(\lambda))$。但在约束性优化问题中常常先给定 R_c 而不是 λ，因此应该在进行优化之前就确定 λ。那么，如何得到合适的 λ 在给定限定码率 R_c 的条件下确定最优解 $B^*(\lambda)$ 呢？一种途径是根据经验选择合适的 λ，如采用二分法搜索算法尝试不同的 λ 取值，最终得到满足限定码率 R_c 的 λ[11]。视频编码中 λ 的取值与量化参数有较固定的函数关系，已有的速率控制往往首先根据限定码率预测编码单元的量化参数，然后利用量化参数与 λ 之间的映射关系确定合适的 λ。直接根据限定码率预测 λ 取值的方法，应用到了 H.265/HEVC 的速率控制算法中[12]。

对于已确定的 λ，式（12-3）这一限定性问题可以转化为

$$\min J, \quad J = \sum_{i=1}^{N} D_{i,j} + \lambda \sum_{i=1}^{N} R_{i,j}$$
$$= \sum_{i=1}^{N} \left(D_{i,j} + \lambda R_{i,j} \right)$$
$$= \sum_{i=1}^{N} J_{i,j}$$

对于相互对立的子任务，即编码单元之间的失真和码率互不相关，最优编码参数的获取可以通过最小化每个子任务的率失真代价进行。

$$\min\{J_{i,j} = D_{i,j} + \lambda R_{i,j}\} \tag{12-6}$$

其中，$i \in \{1, \cdots, N\}$，$j \in \{1, \cdots, M\}$。对于相关性较强的编码单元，不能直接独立优化各子任务。

式（12-6）的最优解就是一条斜率为 $-\lambda$ 的斜线和可操作率失真曲线相切的点，如图 12.7

所示。因此，使用拉格朗日优化法无法选择位于凸包络以内的可操作点，即使这些可操作点的率失真性能更优。在图 12.7 中，点 B 的率失真性能优于点 A，但由于其位于凸包络的内部，拉格朗日优化法无法选择它，最终只能选择点 A 作为最优解。

动态规划法通过构造网格来代表所有可能的解，网格的每个阶段代表每个子任务的输入，每个状态都表示每组参数集对应的累积失真和码率，如图 12.8 所示。在编码中，查看每个阶段上所有状态的累积失真和码率，删除那些率失真性能较差的路径，最终得到一条失真最小的路径作为最优路径，该路径上的参数集作为最优的编码模式。该算法可以求解可操作率失真曲线上的任何点，而不受率失真曲线凸包络的限制。动态规划法适用于编码单元的率失真性能相互依赖的情况，然而其复杂度随着网格数的增加而递增，这使得动态规划法在实际编码系统中难以得到应用。

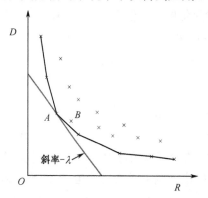

图 12.7 基于拉格朗日优化法的率失真优化   图 12.8 基于动态规划法的率失真优化

12.2 H.266/VVC 中的率失真优化

率失真优化技术在视频编码中扮演了重要的角色，使用其选择最优的编码参数是保证视频编码效率的关键。但值得注意的是，率失真优化技术不属于视频编码标准化的范畴，编码器可以使用不同的优化方法选择编码参数。不过，为了追求高编码效率，率失真优化方法是最主要的编码参数选择优化技术。与以往的编码标准相比，H.266/VVC 采用了更先进的编码算法和多种高效的编码工具，因此编码过程也面临更多的编码参数选择[13]。针对 H.266/VVC 标准，本节首先从理论角度讨论拉格朗日优化方法在图像组层、片层、CTU 层和 CU 层如何应用，继而从实现角度介绍 H.266/VVC 参考模型 VTM 中确定最优编码参数的具体过程。由于主要编码参数属于 CTU 层及其以下层，因此本节只关注 CTU 层及其以下层编码单元编码参数的具体优化过程。

12.2.1 视频图像组的率失真优化

如第 5 章所述，时域预测允许使用其他图像组（GOP）的图像，图像组已经不是完全独立的编码单元。但是简单起见，本节讨论的图像组仍看成相互独立编码，但后续的优化方法仍然适用于现有标准的编码结构。不同图像组的编码过程相互独立，不同图像组间的编码参数及率失真性能互不影响，因此不同图像组可以独立优化编码参数。一个图像组包含多幅图像，时域预测技术把当前编码图像与参考图像关联起来，图 12.9 给出了一个低时延编码结构。可以看到，第 1 幅图像作为后续多幅图像的参考图像，这就使得这些图像的率失真性能相互依赖。因此，图像组率失真优化过程需要考虑图像之间的依赖关系。

对于给定的图像组，视频编码的率失真优化是指在满足该图像组编码比特数（目标比特数）限制条件下获取一组最佳的编码参数集，使用该编码参数集可以获得最优的重建视频质量。

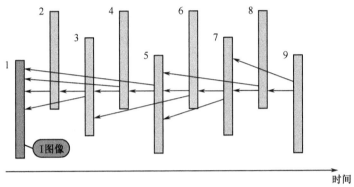

图 12.9 低时延编码结构

$$\min \sum_{i=1}^{N} D_{i,j} \quad \text{s.t.} \quad \sum_{i=1}^{N} R_{i,j} < R_c$$

其中，N 为图像组包含的图像数，$D_{i,j}$ 和 $R_{i,j}$ 分别表示第 i 幅图像采用第 j 组编码参数所产生的失真和比特数，R_c 为目标比特数。假设每幅图像，可以选择 M 个编码参数集中的任一组，那么对于一个含有 N 幅图像的图像组，共有 M^N 组选择。为了获得最优的编码参数，应该计算使用每组编码参数时的比特数和失真，从中选择出满足目标比特数条件下失真最小的那一组编码参数作为图像组的最优编码参数。这种穷举算法的计算复杂度极高，在实际视频编码中无法应用。

根据 12.1.2 节中的方法，可以将这一约束问题通过拉格朗日优化法转化为一个等价的无约束问题：

$$\min J, \quad J = \sum_{i=1}^{N} D_{i,j} + \lambda \sum_{i=1}^{N} R_{i,j} \tag{12-7}$$

如果图像间的编码比特数和失真互不相关，可以通过最小化每幅图像的率失真代价分别确定图像的最优编码参数。

$$\begin{aligned}
\min J, \quad J &= \sum_{i=1}^{N} \left(D_{i,j} + \lambda R_{i,j} \right) \\
&= \sum_{i=1}^{N} J_{i,j}
\end{aligned}$$

$$\min\left\{J_{i,j} = D_{i,j} + \lambda R_{i,j}\right\}$$

其中，λ 的值是获得优化编码参数的关键，其值由总目标码率 R_c 决定。

在实际视频编码中，如 H.266/VVC 标准使用了帧间预测技术。这种帧间预测技术使不同图像的编码比特数和失真具有相互依赖的关系，即不同图像的率失真性能相互依赖，式（12-7）中率失真代价的计算应考虑图像间的依赖关系[14]。下面将针对如图 12.9 所示的低时延编码结构，分析图像组的率失真优化技术。

假设 D_i 和 R_i 分别表示第 i 幅图像的编码失真和比特数。由于当前图像会使用前面已编码图像作为参考，因此当前图像的失真 D_i 不但与其编码比特数 R_i 相关，也与已编码的重建图像质量相关，即

$$D_i = F_i\left(D_{i-1}, D_{i-2}, \cdots, D_1, R_i\right) \tag{12-8}$$

其中，$F_i(\cdot)$ 表示 D_i 与 R_i 及 $\left(D_{i-1}, D_{i-2}, \cdots, D_1\right)$ 的关系。对于第一幅图像，它的失真 D_1 只与 R_1 有关，则有

$$D_i = F_1\left(R_1\right)$$
$$D_2 = F_2\left(D_1, R_2\right)$$
$$= F_2\left(F_1\left(R_1\right), R_2\right)$$
$$D_i = F_i\left(F_1\left(R_1\right), F_2\left(F_1\left(R_1\right), R_2\right), \cdots, R_i\right)$$

可以看到，第 i 幅图像的失真 D_i 与该图像组内当前图像及前面所有已编码图像的编码比特数有关。实验表明，当前图像的失真与参考图像的失真有线性关系[15]，可进一步拓展为

$$D_i = \mu_{i,i-1}D_{i-1} + \mu_{i,i-2}D_{i-2} + \cdots + \mu_{i,1}D_1 + F_i'(R_i) + \mu_{i,0}$$
$$= \sum_{j=1}^{i-1} \mu_{i,j}D_j + F_i'(R_i) + \mu_{i,0}$$

其中，$\mu_{i,i-1}$ 为常数，表示第 i 幅图像的失真受第 $i-1$ 幅图像失真的影响程度。

则式（12-7）中的率失真代价可以改写为

$$J = \sum_{i=1}^{N}\left(\sum_{j=1}^{i-1} \mu_{i,j}D_j + F_i'(R_i) + \mu_{i,0}\right) + \lambda\sum_{i=1}^{N} R_i$$
$$= \sum_{i=1}^{N-1}\left(\sum_{j=i}^{N} \mu_{j,i}D_i + \lambda R_i\right) + F_N'(R_N) + \mu_{N,0} \tag{12-9}$$

令

$$J_i = \sum_{j=i}^{N} \mu_{j,i}D_i + \lambda R_i, \quad i = 1, \cdots, N-1 \tag{12-10}$$

D_i 为第 i 幅图像的失真，如式（12-8）所示，其不仅与该图像的编码比特数 R_i 有关，还与已编码图像的失真相关。但当前面已编码图像的失真确定时，D_i 只与该图像的编码比特数 R_i 相关，则 J_i 只与变量 R_i 相关，并且 $\sum_{j=i}^{N} \mu_{j,i}D_i$ 包含了该图像对其他后续图像的影响。

因此，最小化式（12-9）中的代价 J 可以按编码顺序依次最小化 J_i 来实现。而对于第 N 幅图像，在前面 $N-1$ 幅图像的编码参数确定后，可以直接根据 $J_N = D_N + \lambda R_N$ 确定。

最小化式（12-10）可以进一步调整为

$$J_i = D_i + \omega_i \lambda R_i$$

$$\omega_i = \frac{1}{\displaystyle\sum_{j=i}^{N} \mu_{j,i}}$$

因此，图像组率失真优化可以通过依次独立确定每幅图像的最优编码参数来实现，每幅图像通过 ω_i 值来反映其与后续图像率失真性能的依赖关系。ω_i 主要与视频的内容特性和总目标比特数相关，可以通过实验方法获取。

需要强调的是，以上分析中失真以图像为单位，假设图像的率失真性能有稳定的依赖关系。实际图像不同空间区域的内容不同，导致不同区域的率失真性能与其他区域的依赖关系也不同。因此，该优化方法推广到 CTU 级可以获得更优的编码性能。

12.2.2　片层的率失真优化

在 H.266/VVC 标准中，片（Slice）是相对独立的编码单元，如熵编码、帧内预测、运动矢量预测等关键编码模块都不使用当前图像其他片的信息，只在片边界进行环路滤波时可能会使用相邻片的信息。一个片包含整数个 CTU，其编码参数的率失真优化问题可描述为

$$\min \sum_{i=1}^{N} D_{i,j} \quad \text{s.t.} \quad \sum_{i=1}^{N} R_{i,j} < R_{\mathrm{c}}$$

其中，N 为片包含的 CTU 数，$D_{i,j}$ 和 $R_{i,j}$ 分别表示第 i 个 CTU 采用第 j 组编码参数所带来的失真和码率，R_{c} 为片的目标码率。

同理，可以将这一约束问题，通过拉格朗日优化法转化为一个等价的无约束问题：

$$\min J, \quad J = \sum_{i=1}^{N} D_{i,j} + \lambda \sum_{i=1}^{N} R_{i,j}$$

$$= \sum_{i=1}^{N} \left(D_{i,j} + \lambda R_{i,j} \right)$$

$$= \sum_{i=1}^{N} J_{i,j}$$

如果片中不同 CTU 的码率和失真互不相关，则可以通过最小化每个 CTU 的率失真代价分别确定 CTU 的最优编码参数：

$$\min \left\{ J_{i,j} = D_{i,j} + \lambda R_{i,j} \right\}$$

其中，λ 的值是获得优化参数的关键，其值由片的目标码率 R_{c} 决定。

然而，空域预测技术使 CTU 间的率失真性能相互影响，如帧内预测使用相邻 CTU 的重建像素值，运动矢量预测使用相邻 CTU 的运动矢量。这种空域预测关系复杂多变，CTU

间率失真性能的相互关系更难描述，片层的率失真优化的关键是明晰 CTU 间率失真性能的关系。目前，率失真优化中 CTU 间率失真性能的相关性还未被考虑，通常按 CTU 具有独立的率失真性能进行优化。

12.2.3 CTU 层的率失真优化

CTU 是 H.266/VVC 的基本编码单元，每个 CTU 可以被划分为不同的编码单元 CU，每个 CU 可以选择不同的预测模式。因此，可以把 CTU 编码参数的优化过程分成：CTU 层主要选择不同的 CU 划分模式、CU 层主要选择不同的预测模式。

每个 CTU 可以以多类型树的形式被划分为不同的编码单元 CU，包括从最大 128×128 到最小 4×4 的多种正方形、矩形划分，具体的 CU 划分模式是 CTU 的关键编码参数。CTU 层的率失真优化目的是确定最优的 CU 划分模式，也称为 CU 划分模式选择。CTU 层的 CU 划分模式选择的率失真优化问题可以描述为：在总比特数 R 受限的情况下，选择一个 CU 划分模式，使一个 CTU 的总失真度 D 最小。

$$\min \sum D_{i,j} \quad \text{s.t.} \quad \sum R_{i,j} < R_\text{c}$$

其中，R_c 为 CTU 的限定码率，$D_{i,j}$ 和 $R_{i,j}$ 分别表示一种 CU 划分模式组合中第 i 个 CU 采用第 j 组编码参数所带来的失真和码率。将该约束问题使用拉格朗日优化法转化为无约束问题：

$$\min J, \quad J = \sum D_{i,j} + \lambda \sum R_{i,j} \tag{12-11}$$

对每个 CU 划分模式，按编码顺序对每个 CU 进行编码，并选取最优 CU 的编码参数（12.2.4 节将介绍包含哪些参数及其获取方式），按式（12-11）求该划分模式下所有 CU 的代价和，代价最小的划分模式则为最优划分模式。

在不同的划分模式下，一个 CU 可能使用其他 CU 的重建像素值（如帧内预测）或编码参数（如运动矢量预测），这将导致不同划分模式会形成 CU 间不同的依赖关系。为了降低计算复杂度，实际优化过程往往按顺序对 CTU 进行多类型树递归划分，当前 CU 编码参数的优化过程不考虑对后续 CU 率失真性能的影响。

12.2.4 CU 层的率失真优化

在 H.266/VVC 中，每个 CU 可以采用不同的预测模式。预测模式主要可以分为两类：帧内预测模式和帧间预测模式。CU 层率失真优化的目的是为 CU 选择最优的预测模式及预测参数。

帧内预测是利用当前图像已编码的像素对当前编码块进行预测，H.266/VVC 提供了 65 种角度模式、DC 模式、Planar 模式、MIP 模式等。帧内预测就是选择一种最优的预测模式，可以采用基于拉格朗日优化法的率失真优化方法：

$$\min J, \quad J = D(\text{Mode}) + \lambda_{\text{Mode}} R(\text{Mode}) \tag{12-12}$$

其中，$D(\text{Mode})$、$R(\text{Mode})$ 分别表示采用不同帧内预测模式时的失真和比特数；λ_{Mode} 为拉格朗日因子。最优的预测模式为率失真代价最小的模式。粗选时 $D(\text{Mode})$ 为 SAD 和 SATD 的最小值，细选时 $D(\text{Mode})$ 为 SSE。

帧间预测是利用已编码其他图像的像素预测当前编码块，H.266/VVC 允许使用不同的运动矢量、多个参考图像、Merge、AMVP 和仿射等技术。因此，帧间预测模式需要结合 Merge、AMVP 等技术，为每个 CU 选择运动矢量、参考图像、预测权值等编码参数。可以采用基于拉格朗日优化法的率失真优化方法：

$$\min J,\ J = D(\text{Motion}) + \lambda_{\text{Mode}} R(\text{Motion}) \qquad (12\text{-}13)$$

其中，$D(\text{Motion})$、$R(\text{Motion})$ 分别表示采用不同运动模式（包括运动矢量、参考图像、预测权值等）时的失真和比特数；λ_{Mode} 为拉格朗日因子。最优的预测模式为率失真代价最小的运动模式。

对于一个采用帧间预测的 CU，包含大量的运动模式，计算每种运动模式下的 $D(\text{Motion})$ 和 $R(\text{Motion})$ 都需要使用该运动模式进行编码，计算复杂度极高。因此，通常可以将式（12-13）简化为

$$\min J,\quad J = \text{DFD}(\text{Motion}) + \lambda_{\text{Motion}} R_{\text{MV}}(\text{Motion}) \qquad (12\text{-}14)$$

其中，$\text{DFD}(\text{Motion})$ 为采用不同运动模式时运动补偿预测误差；$R_{\text{MV}}(\text{Motion})$ 为运动矢量相关信息（运动矢量、参考图像索引、参考队列索引等）的编码比特数；λ_{Motion} 为拉格朗日因子。

12.3　VTM 中的率失真优化实现

目前，实际的视频编码率失真优化过程包括两部分：速率控制部分将视频序列分成编码单元，考虑编码单元的相关性通过码率分配技术确定每个编码单元目标码率，根据目标码率独立确定关键编码参数——量化参数；利用拉格朗日优化法确定每个编码单元的其他编码参数（除量化参数外）。其中速率控制部分将在第 13 章介绍，本节涉及的率失真优化内容主要包括除量化参数以外其他编码参数的确定方法，主要介绍 H.266/VVC 参考模型 VTM10.0[16]中使用的确定 CTU 编码参数的率失真优化方法。

12.3.1　CTU 编码优化

H.266/VVC 编码参考模型 VTM 采用拉格朗日优化法为每个 CTU 确定除量化参数外的编码参数，主要包括 CU 划分模式、CU 的预测参数等。一个 CTU 包含大量的编码参数组合，其采用分级方式确定不同层的编码参数，主要步骤如下。

（1）遍历所有的 CU 划分模式进行编码，按式（12-11）确定最优的 CU 划分模式。

（2）对其中的每个 CU，遍历所有的预测模式，按式（12-12）或式（12-13）确定最优的预测模式。

计算每个编码参数组合的率失真代价都需要采用这组编码参数对 CTU 进行编码，这会导致计算复杂度非常高。为了降低计算复杂度，可以根据不同的编码参数采用不同的简化方法，如式（12-14）中的失真为运动补偿预测误差，可以为

$$SAD = \sum_{i,j} |Diff(i,j)|$$

其中，$Diff(i,j)$ 表示编码单元经过运动补偿后预测误差位于 (i,j) 处的值。

另外，采用 Hadamard 变换代替实际的 DCT（DST）也可以有效降低计算复杂度，且其率失真性能与使用 DCT（或 DST）相近，这一技术在第 6 章中已经详细介绍。

由关键优化式（12-11）、式（12-12）及式（12-14）可以看出，拉格朗日因子是采用拉格朗日优化法确定编码参数的关键。速率控制已经为每个 CTU 确定了量化参数，然后可以根据拉格朗日因子与量化参数的关系进一步确定拉格朗日因子。VTM 中使用了两个拉格朗日因子：式（12-11）～式（12-13）中的 λ_{Mode} 及式（12-14）中的 λ_{Motion}，具体为

$$\lambda_{Mode} = \alpha \cdot W_k \cdot 2^{((QP-12)/3.0)}$$

$$\lambda_{Motion} = \sqrt{\lambda_{Mode}} \tag{12-15}$$

其中，QP 为量化参数；W_k 表示加权因子，该值由编码配置和编码图像在 GOP 中所处的位置决定。变量 α 的取值与当前图像是否作为参考图像有关，计算方法为

$$\alpha = \begin{cases} 1.0 - Clip3(0.0, 0.5, 0.05 \cdot N_B), & \text{参考图像} \\ 1.0, & \text{非参考图像} \end{cases}$$

其中，N_B 表示 B 参考图像个数。

以上为亮度分量的拉格朗日因子，而色差分量的拉格朗日因子计算方法为

$$\lambda_{chroma} = \lambda_{Mode} / w_{chroma}$$

$$w_{chroma} = 2^{(QP-QP_{chroma})/3}$$

其中，QP_{chroma} 为色度分量的量化参数。

VTM10.0 中利用率失真优化方法确定 CTU 编码参数的过程包括：CU 划分模式判别和预测模式判别。

（1）分层递归遍历所有的 CU 划分模式进行编码，按式（12-11）将率失真代价最小的划分模式确定为最优的 CU 划分模式，这一过程称为 CU 划分模式判别。

（2）对其中的每个 CU，遍历所有的预测模式，帧内预测和帧间预测分别按式（12-12）或式（12-13）选取率失真代价最小的预测模式作为最优的预测模式，这一过程被称为预测模式判别。预测模式判别可以分为帧内预测模式判别和帧间预测模式判别。

12.3.2 CU 划分模式判别

在 H.266/VVC 中，每个 CU（不受限时）支持四叉树、二叉水平、二叉垂直、三叉水平、三叉垂直等划分结构。因此，一个 CTU 可以递归划分成众多种 CU 划分模式。为了便于表述，将深度为 0 的 CU 记为 LCU，将深度为 1 的 CU 记为 CU_i，将深度为 2 的 CU 记

为 $CU_{i,j}$，将深度为 3 的 CU 记作 $CU_{i,j,k}$，将深度为 4 的 CU 记作 $CU_{i,j,k,l}$，如图 12.10 所示，其中 i、j、k、l 表示各 CU 在父块中的序号，取值范围如下：

（1）当父块为四叉树划分时，取值范围为 {0,1,2,3}；

（2）当父块为三叉树划分时，取值范围为 {0,1,2}；

（3）当父块为二叉树划分时，取值范围为 {0,1}。

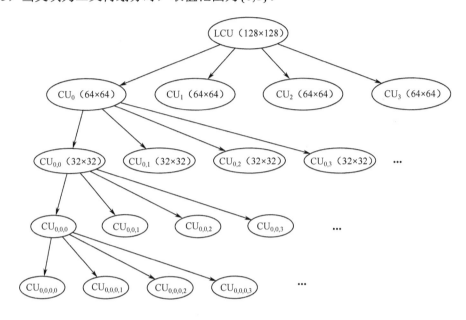

图 12.10　CU 模式划分过程

1. 划分模式

CU 选取最优的预测模式是指通过 12.3.3 节和 12.3.4 节的方法获得最优帧内预测参数或帧间预测参数，CTU 最优 CU 划分模式判别的步骤如下。

（1）为 LCU（表示不划分）选取最优的预测模式，并记录相应的率失真代价 J_{LCU}。

（2）对 LCU 进行四叉树划分，得到 CU_0、CU_1、CU_2、CU_3。

（3）为 CU_0 选取最优的预测模式，并记录相应的率失真代价 J_0。

（4）对 CU_0 进行四叉树划分，得到 $CU_{0,0}$、$CU_{0,1}$、$CU_{0,2}$、$CU_{0,3}$。

（5）为 $CU_{0,0}$ 选取最优的预测模式，并记录相应的率失真代价 $J_{0,0}$。

（6）对 $CU_{0,0}$ 进行四叉树划分，得到 $CU_{0,0,0}$、$CU_{0,0,1}$、$CU_{0,0,2}$、$CU_{0,0,3}$。

（7）为 $CU_{0,0,0}$ 选取最优的预测模式，并记录相应的率失真代价 $J_{0,0,0}$。

（8）对 $CU_{0,0,0}$ 进行四叉树划分（到达最深划分），得到 $CU_{0,0,0,0}$、$CU_{0,0,0,1}$、$CU_{0,0,0,2}$、$CU_{0,0,0,3}$。

（9）为 $CU_{0,0,0,0}$、$CU_{0,0,0,1}$、$CU_{0,0,0,2}$、$CU_{0,0,0,3}$ 分别选取最优的预测模式，并记录相应的率失真代价 $J_{0,0,0,0}$、$J_{0,0,0,1}$、$J_{0,0,0,2}$、$J_{0,0,0,3}$。

（10）比较 $CU_{0,0,0,0}$、$CU_{0,0,0,1}$、$CU_{0,0,0,2}$、$CU_{0,0,0,3}$ 的率失真代价和（$J_{0,0,0,0}+J_{0,0,0,1}+J_{0,0,0,2}+$

$J_{0,0,0,3}$）是否大于 $J_{0,0,0}$。如果是，则 $CU_{0,0,0}$ 的最优划分模式是不分割；否则，$CU_{0,0,0}$ 的最优划分模式是四叉树划分，并更新 $CU_{0,0,0}$ 的率失真代价 $J_{0,0,0}=J_{0,0,0,0}+J_{0,0,0,1}+J_{0,0,0,2}+J_{0,0,0,3}$。

（11）类似步骤（8）～步骤（10），对 $CU_{0,0,0}$ 进行二叉水平划分，比较 $J_{0,0,0,0}+J_{0,0,0,1}$ 是否大于 $J_{0,0,0}$。如果否，则 $CU_{0,0,0}$ 的最优划分模式为二叉水平划分，更新 $CU_{0,0,0}$ 的率失真代价 $J_{0,0,0}=J_{0,0,0,0}+J_{0,0,0,1}$。

（12）类似步骤（8）～步骤（10），对 $CU_{0,0,0}$ 进行二叉垂直划分，比较 $J_{0,0,0,0}+J_{0,0,0,1}$ 是否大于 $J_{0,0,0}$。如果否，则 $CU_{0,0,0}$ 的最优划分模式为二叉垂直划分，更新 $CU_{0,0,0}$ 的率失真代价 $J_{0,0,0}=J_{0,0,0,0}+J_{0,0,0,1}$。

（13）类似步骤（8）～步骤（10），对 $CU_{0,0,0}$ 进行三叉水平划分，比较 $J_{0,0,0,0}+J_{0,0,0,1}+J_{0,0,0,2}$ 是否大于 $J_{0,0,0}$。如果否，则 $CU_{0,0,0}$ 的最优划分模式为三叉水平划分，更新 $CU_{0,0,0}$ 的率失真代价 $J_{0,0,0}=J_{0,0,0,0}+J_{0,0,0,1}+J_{0,0,0,2}$。

（14）类似步骤（8）～步骤（10），对 $CU_{0,0,0}$ 进行三叉垂直划分，比较 $J_{0,0,0,0}+J_{0,0,0,1}+J_{0,0,0,2}$ 是否大于 $J_{0,0,0}$。如果否，则 $CU_{0,0,0}$ 的最优划分模式为三叉垂直划分，更新 $CU_{0,0,0}$ 的率失真代价 $J_{0,0,0}=J_{0,0,0,0}+J_{0,0,0,1}+J_{0,0,0,2}$。

（15）类似步骤（7）～步骤（14），分别确定出 $CU_{0,0,1}$、$CU_{0,0,2}$、$CU_{0,0,3}$ 的最优划分模式及率失真代价 $J_{0,0,1}$、$J_{0,0,2}$、$J_{0,0,3}$。

（16）判断 $CU_{0,0,0}$、$CU_{0,0,1}$、$CU_{0,0,2}$、$CU_{0,0,3}$ 的率失真代价和 $J_{0,0,0}+J_{0,0,1}+J_{0,0,2}+J_{0,0,3}$ 是否大于 $J_{0,0}$。如果是，则 $CU_{0,0}$ 的最优划分模式为不划分；否则，$CU_{0,0}$ 的最优划分模式为四叉树划分，更新 $CU_{0,0}$ 的率失真代价 $J_{0,0}=J_{0,0,0}+J_{0,0,1}+J_{0,0,2}+J_{0,0,3}$。

（17）类似步骤（6）～步骤（16），对 $CU_{0,0}$ 先后尝试二叉水平划分、二叉垂直划分、三叉水平划分、三叉垂直划分，与当前最优划分模式比较，确定 $CU_{0,0}$ 的最优划分模式，并更新 $CU_{0,0}$ 的率失真代价。

（18）类似步骤（6）～步骤（17），分别确定 $CU_{0,1}$、$CU_{0,2}$、$CU_{0,3}$ 的最优模式及率失真代价 $J_{0,1}$、$J_{0,2}$、$J_{0,3}$。

（19）比较 $J_{0,0}+J_{0,1}+J_{0,2}+J_{0,3}$ 是否小于 J_0，如果是，则 CU_0 的最优划分模式为不划分，否则 CU_0 需要进行四叉树划分，该最佳划分模式包含更深的进一步划分，更新 CU_0 的率失真代价 $J_0=J_{0,0}+J_{0,1}+J_{0,2}+J_{0,3}$。

（20）类似步骤（4）～步骤（19），分别对 CU_0 先后尝试进行二叉水平划分、二叉垂直划分、三叉水平划分、三叉垂直划分，与当前最优划分模式进行比较，确定 CU_0 的最优划分模式，并更新 CU_0 的率失真代价。

（21）类似步骤（3）～步骤（20），分别确定 CU_1、CU_2、CU_3 的最优划分模式及率失真代价 J_1、J_2、J_3。

（22）比较 J_0、J_1、J_2、J_3 与 J_{LCU} 的大小，最终确定出 CTU 的最优 CU 划分模式。

2. 限制条件

为了降低计算复杂度，VTM 对 CU 划分模式进行了如下限制。

（1）四叉树划分所得的 CU 块的最大尺寸为 128×128，最小尺寸为 8×8，超出范围均不进行四叉树划分。

（2）二叉树及三叉树划分所得的亮度块的最大尺寸为 32×32，最小尺寸为 4×4；允许的色度块的最大尺寸为 64×64，最小尺寸为 4×4；超出范围均不进行二叉树及三叉树划分。

（3）当前 CU 块的树结构（treeType）为 TREE_C 时，当前 CU 块不进行四叉树、二叉树、三叉树划分。

（4）当前 CU 块的宽度/高度小于或等于 8 时，不进行四叉树划分。

（5）如果当前为色度块，且当前色度块的宽度/高度小于或等于 4，则不进行四叉树划分。

（6）如果父 CU 为二叉树及三叉树划分，则子 CU 不进行四叉树划分。

（7）如果父 CU 为三叉水平（垂直）划分，则子 CU 不进行二叉水平（垂直）划分。

（8）以下情况下不进行二叉水平划分：

① 当前 CU 块的高度小于或等于 4；

② 当前亮度块（色度块）的宽度或高度大于 32（64）；

③ 当前 CU 块的宽度大于变换块所允许的最大尺寸 64，并且高度小于或等于变换块所允许的最大尺寸 64；

④ 当前 CU 为色度块，并且当前色度块的尺寸小于或等于 16。

（9）以下情况下不进行二叉垂直划分：

① 当前 CU 块的宽度小于或等于 4；

② 当前亮度块（色度块）的宽度或高度大于 32（64）；

③ 当前 CU 块的宽度小于或等于变换块所允许的最大尺寸 64，并且高度大于变换块所允许的最大尺寸 64；

④ 当前 CU 为色度块，并且当前色度块的尺寸小于或等于 16，或者当前色度块的宽度等于 4。

（10）如果当前模式为帧间预测模式，并且当前 CU 块的尺寸等于 32，则不进行二叉树划分。

（11）以下情况下不进行三叉水平划分：

① 当前 CU 块的高度小于或等于 8；

② 当前亮度块（色度块）的宽度或高度大于 32（64）；

③ 当前 CU 块的宽度大于变换块所允许的最大尺寸 64，或高度大于变换块所允许的最大尺寸 64；

④ 当前 CU 块为色度块，并且当前色度块的尺寸小于或等于 32。

（12）以下情况下不进行三叉垂直划分：

① 当前 CU 块的宽度小于或等于 8；

② 当前亮度块（色度块）的宽度或高度大于 32（64）；

③ 当前 CU 块的宽度大于变换块所允许的最大尺寸 64，或高度大于变换块所允许的最大尺寸 64；

④ 当前 CU 块为色度块，并且当前色度块的尺寸小于或等于 32，或者当前色度块的宽度等于 8。

（13）如果当前模式为帧间预测模式，并且当前 CU 块的尺寸等于 64，则不进行三叉树划分。

12.3.3 帧内预测模式判别

帧内预测模式判别的目的是为 CU 从候选模式中选取最优的预测模式。每个 CU 的候选亮度帧内预测模式包括 65 种角度模式、DC 模式、Planar 模式、MPM 模式、MIP 模式和 ISP 模式。一个 CU 的亮度块的最优帧内预测模式判别过程如下。

（1）遍历 Planar、DC 和所有的偶数编号的 33 种非扩展传统角度预测模式，按式（12-12）计算每种预测模式的率失真代价（粗选），筛选出率失真代价最小的几种模式，加入最优候选模式列表，列表长度取决于 CU 的大小及是否添加 MIP 模式。

（2）遍历最优候选模式列表中每种角度相邻两侧的奇数编号扩展角度模式，按式（12-12）计算每种预测模式的率失真代价（粗选），与（1）筛选出的最优候选模式进行比较，取率失真代价最小的几种模式更新最优候选模式列表。

（3）获取 MPM 列表，遍历其中的所有 MPM 模式，按式（12-12）计算每种预测模式的率失真代价（粗选），更新最优候选模式列表。

（4）对于支持 MIP 模式（如块尺寸）的 CU，遍历可选的 MIP 模式，按式（12-12）计算每种预测模式的率失真代价（粗选），更新最优候选模式列表。

（5）对最优候选模式列表进行裁剪，如保留 3 种角度模式、至少保留 4 种 MIP 模式。

（6）取 MPM 列表中第一种角度模式，若其未在最优候选模式列表中，将其添加到最优候选模式列表。

（7）如果支持 ISP 模式，则将 ISP 模式添加到最优候选模式列表，依据是否进行二次变换添加 16～48 种 ISP 模式。

（8）遍历最优候选模式列表（细选），选取率失真代价最小的预测模式作为该 CU 亮度块的最优帧内预测模式。

如果当前模式为非 ISP 模式，则对最优候选模式列表中的模式进行编码，编码过程包括预测、获取残差、变换量化、反量化、反变换、重建后计算 SSE，按式（12-12）计算率失真代价。

如果当前模式为 ISP 模式，则先设定各种 ISP 的划分模式（水平或垂直）和预测角度模式，然后对划分、预测好的 CU 逐个进行与非 ISP 模式相同的编码，按照式（12-12）计算率失真代价，最后计算当前 ISP 模式的总率失真代价。

CU 色度块的候选帧内预测模式包括 DC 模式、Planar 模式、Ver 模式、Hor 模式、DM 模式、LM_L 模式、LM_T 模式。CU 色度块的最优帧内预测模式判别过程如下。

（1）遍历 DC、Ver、Hor、LM_L 和 LM_T 等模式（粗选），按式（12-12）分别计算 Cr、Cb 分量的率失真代价，并根据 Cr、Cb 分量的率失真代价和裁剪掉两个失真最大的预测模式，建立最优候选模式列表。

（2）为最优候选模式列表增加 DM、Planar 和 LM 模式（细选），分别对 6 种模式进行预测、变换、量化、反量化、反变换和重建，按式（12-12）计算率失真代价。选取率失真代价最小的预测模式作为该 CU 色度块的最优帧内预测模式。

12.3.4 帧间预测模式判别

帧间预测模式判别是指为 CU 选择最优的帧间预测参数，主要参数包括参考图像列表、参考图像索引、运动矢量和加权值等。在 H.266/VVC 中，为了进一步细化和改善帧间预测技术，在针对具有平移运动的帧间块的常规 Merge、AMVP 技术的基础上，扩展出了联合帧间帧内预测技术（CIIP）、带有矢量差的 Merge 技术（MMVD）和几何帧间预测技术（GPM），同时提出了针对非平移运动模型的基于子块的帧间预测技术，包括仿射 Merge 技术、仿射 AMVP 技术和 SbTMVP 技术。对于每个 CU 块，遍历上述的所有模式，从中选取率失真代价最小的模式作为最优帧间预测模式。

VTM 编码器中的帧间预测模式的率失真优化判别过程如图 12.11 所示，分别进行 AMVP 预测模式、SbTMVP 预测模式、仿射 Merge 预测模式、常规 Merge 帧间预测模式、CIIIP 预测模式、MMVD 预测模式和 GPM 预测模式判别，根据率失真代价得到最优帧间预测模式及其相应的代价。其中，常规 Merge 帧间预测模式、CIIP 预测模式和 MMVD 预测模式中可选择出率失真代价最小的模式，将此模式同 GPM 预测模式和 AMVP 预测模式选出的率失真代价最小的模式再次进行比较，进一步确定最终的模式。以下将分别叙述各种预测模式的判别流程。

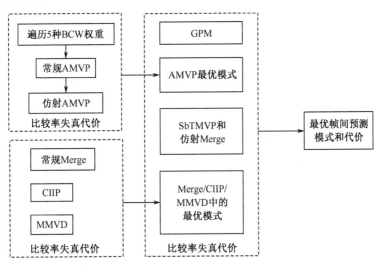

图 12.11 帧间预测模式的率失真优化判别过程

下述预测模式均有快速算法：当开启快速算法时，如果当前最优预测模式为 Merge 预测模式，则提前结束预测；如果不是 Merge 预测模式，则遍历前向和后向预测的 MVD，当 MVD 为 0 时提前结束预测。

1. 常规 Merge 预测模式

构建常规 Merge 候选列表，对其中每个候选进行运动补偿、DMVR 后，运用式（12-14）计算率失真代价，保存对应的模式信息及代价，并依照代价大小从小到大排序，从而生成一个代价列表 L1。

2. CIIP 预测模式

（1）选取常规 Merge 候选列表的前 4 项进行 CIIP 预测，运用式（12-14）计算率失真代价，将所得代价与代价列表 L1 内的代价依次进行比较，若所得代价更小，则在列表中插入该代价及其对应的模式信息。

（2）遍历代价列表 L1，对列表中 CIIP 模式的候选进行色度分量的处理。

3. MMVD 预测模式

（1）使用常规 Merge 候选列表的前两项构建 MMVD 候选列表，在对其中每个候选进行运动补偿后，运用式（12-14）计算率失真代价，将所得代价与代价列表 L1 内的代价进行比较，若所得代价更小，则在列表中插入该代价及其对应的模式信息。

（2）对代价列表 L1 进行裁剪，仅保留其中率失真代价小于 1.25 倍最小率失真代价的模式。

4. GPM 预测模式

GPM 模式在 3 次粗选的基础上细选得到代价最小的组合模式，其将与其他帧间预测模式的最优模式进行比较。GPM 预测模式的筛选过程如下。

（1）使用常规 Merge 候选列表构建单向 GPM 列表。在对其中每个候选进行运动补偿后，运用式（12-14）计算整个 CU 的率失真代价，选取代价最小的候选并保存。

（2）遍历 GPM 划分模式，在每种划分模式下，遍历单向 GPM 列表中的候选，计算出 CU 大区和小区各自的率失真代价并保存。

（3）进行第一次代价粗选：遍历大区和小区的全部可能组合模式，每种模式从步骤（2）保存的内容中得到对应大区和小区的代价并求和，将求和代价与步骤（1）中的代价进行比较，若求和代价较小则保存该代价及对应模式信息，生成代价列表 L2，并由小到大排序。

（4）进行第 2 轮代价粗选：遍历代价列表 L2 的前 60 项组合模式，进行加权融合后计算率失真代价，保存该代价及对应模式信息，生成代价列表 L3。

（5）进行第 3 轮代价粗选：遍历代价列表 L3，通过阈值（1.25×代价列表 L3 中最小代价、Merge 的最优代价和仿射 Merge 的最优代价 3 者中最小的一个）缩短代价列表。

（6）对代价列表 L3 中的每个候选进行色度加权融合。

（7）对代价列表 L3 中每个候选进行运动补偿，计算残差，再经过量化变换，运用式（12-13）计算率失真代价，并选出代价最小的模式作为 GPM 的最优模式。

5. 仿射 Merge 和 SbTMVP 预测模式

SbTMVP 的预测 MV 和仿射 Merge 候选列表共同组成基于子块的 Merge 候选列表（Subblock Merge List）。

（1）如果当前最优预测模式不是 Skip 预测模式，则先对 Subblock Merge（仿射 Merge）候选列表中所有的候选进行运动补偿，然后运用式（12-14）计算率失真代价，并保存该代价及对应的模式信息，生成代价列表 L4。

（2）对代价列表 L4 依照率失真代价从小到大的顺序进行排序，仅保留其中率失真代价小于 1.25 倍最小率失真代价的模式。

（3）对代价列表 L4 中的模式运用式（12-13）进行细选，选择其中率失真代价最小的模式为 Subblock Merge 帧间预测的最优模式。

6. AMVP 预测模式

遍历 5 种双向加权预测（Bi-Prediction with CU-Level Weights，BCW）权重组合，每种 BCW 权重组合下需要对当前 CU 尝试常规 AMVP 预测模式、4 参数仿射 AMVP 预测模型和 6 参数仿射 AMVP 预测模型，每种预测模式分别计算并比较率失真代价获得最优模式，然后在以上 3 种预测模式的最优模式中选取率失真代价最小的模式作为当前 BCW 权重组合下的最优模式，再对该模式进行运动补偿、变换量化、反量化、反变换和重建，最后运用式（12-13）计算率失真代价，选取率失真代价最小的模式为 AMVP 的最优模式，最优模式使用的 BCW 权重组合为最优组合。具体流程如下。

（1）常规 AMVP 预测模式。

① 单向预测：遍历两个参考帧列表中的每个参考帧，得到每个参考帧最优的 AMVP 候选，并且以最优 AMVP 候选为起点，进行运动搜索得到最优 MVP。运用式（12-14）计算每个参考帧对应最优 MVP 的率失真代价并保存。

② 双向预测：将单向预测得到的结果作为双向预测的初始值。对前后向参考帧列表分别计算代价，从而得到双向预测最优 MVP 并保存。

快速算法如下。

当 m_mvdL1ZeroFlag 为 true 时，获取前向预测的最优参考帧的 AMVP 列表及 AMVP 最优候选，用该 AMVP 最优候选作为后向预测的最优 MV。

当 m_MCTSEncConstraint 为 true 时，检查该最优 MV 是否在当前 Tile 所限制的区域内。如果不在，则令双向预测的代价无穷大，且不进行后续迭代操作；否则，用该最优 MV 进行运动补偿获得后向预测的预测值，在后续双向预测加权时使用。

当前模式为快速帧间搜索模式一（FASTINTERSEARCH_MODE1）和快速帧间搜索模式二（FASTINTERSEARCH_MODE2）时仅循环一次，此时对步骤①中代价较高预测方向的参考帧列表进行一次全搜索，如果不是等权重预测，则选择权重绝对值较小的参考帧列表进行一次全搜索。

③ 根据标志位决策是否进行 SMVD，若进行，则：

将前向参考帧列表的每一项和后向参考帧列表的每一项两两组合，计算每种候选组合进行运动补偿后的代价，找到代价最小的 AMVP 候选组合，并保存当前组合的 MV 信息。

对当前组合 MV 进行 AMVR 操作，并运用式（12-14）计算组合 MV 的率失真代价，保存该代价，记为代价 1。

构建 SMVD 列表，运用式（12-14）计算列表中组合 MV 的率失真代价，并保存代价，记为代价 2。

如果代价 2 小于代价 1，则将计算代价 2 时得到的组合 MV 作为最优 MV。

以最优 MV 为起点进行运动估计，找到率失真代价最小的 MVP 作为最优 MVP。

如果使用最优 MVP 得到的代价小于步骤②中的代价，则表示使用 SMVD 得到的代价更优，新信息将覆盖原双向预测得到的最优 MV 等信息。

④ 将双向预测的代价与两个单向预测的代价进行比较，选出代价最小的预测模式，并保存该代价作为常规 AMVP 的最优代价。

（2）仿射 AMVP 预测。

① 单向预测：遍历两个参考帧列表中的所有参考帧，得到对应每个参考帧的最优控制点的运动矢量（Control Point Motion Vector，CPMV）组合。

构造仿射 AMVP 列表，运用式（12-14）计算每个 CPMV 组合候选的率失真代价，得到仿射 AMVP 的最优 CPMV 组合。

遍历仿射 AMVP 最优 CPMV 组合、常规 AMVP 最优平移 MV（所有控制点用同一MV）、当前参考帧列表的最优 CPMV 组合、4 参数仿射 AMVP 预测模型得到的最优 CPMV组合（仅在 6 参数仿射 AMVP 预测模型中遍历该项），运用式（12-14）计算每组 CPMV组合候选的率失真代价，得到最优的 CPMV 组合。

运用式（12-14）分别计算前向和后向参考帧列表中每个参考帧对应的最优 CPMV 组合的率失真代价，选取其中率失真代价最小的作为前向预测的最优 CPMV 组合和后向预测的最优 CPMV 组合并保存。

② 双向预测：获取前向预测和后向预测的信息，包括两个参考帧列表中最优参考帧的索引号、各个参考帧对应的最优 CPMV 组合及其索引号，以及前向预测和后向预测的最优CPMV 组合。分别对前向预测和后向预测参考帧列表中的所有参考帧重复两次如下操作。

在首次迭代时，用当前预测方向的反方向的最优 CPMV 组合进行运动补偿，获得预测值。

用单向预测中得到的当前参考帧的最优 CPMV 组合进行运动估计后得到最优 CPMVP组合，然后进行运动补偿获得预测值，并与反方向运动补偿的预测值进行加权后得到双向预测值。

运用式（12-14）计算当前参考帧的率失真代价，与目前的双向预测最优率失真代价比较，如果当前参考帧的率失真代价较小，则将当前参考帧的率失真代价作为目前双向预测最优率失真代价，并保存当前参考帧的最优 CPMVP 组合作为双向预测中当前预测方向的最优CPMVP 组合。

如果在某次迭代结束后发现没有更新目前双向预测最优率失真代价，则不再进行后续迭代过程。

用更新后的当前预测方向的最优 CPMVP 组合进行运动补偿获得当前预测方向的预测值，在后续迭代时与反方向的预测值进行加权融合。

③ 比较前向预测、后向预测和双向预测的率失真代价，选取其中率失真代价最小的模式作为仿射 AMVP 的最优模式，将最优的率失真代价作为当前仿射 AMVP 预测模式（4 参数或 6 参数）的率失真代价，同时存储最优预测方向中的最优 CPMVP 组合、最优预测方向的最优参考帧索引、最优参考帧的最优仿射 AMVP 候选索引及最优参考帧的仿射 AMVP 候选个数。

（3）比较常规 AMVP 最优候选的代价和仿射 AMVP 最优候选的代价，选取代价较小者进行运动补偿、变换量化、反量化、反变换、重建，然后用式（12-13）计算率失真代价。

参考文献

[1] Shannon CE. Coding Theorems for a Discrete Source with a Fidelity Criterion[J]. IRE National Convention Record, 1959, 4: 142-163.

[2] Berger T. Rate-distortion Theory[M]. Upper Saoldle River: Prentice-Hall, 1971.

[3] Wu HR, Rao KR. Digital Video Image Quality and Perceptual Coding[M]. Boca Raton, USA: CRC Press, 2005.

[4] Lin W, Kuo CCJ. Perceptual Visual Quality Metrics: A Survey[J]. Journal of Visual Communication and Image Representation, 2011, 22(4): 297-312.

[5] Sullivan GJ, Wiegand T. Rate-distortion Optimization for Video Compression[J]. IEEE Signal Processing Magazine, 1998, 15(6): 74-90.

[6] Bellman R. Dynamic Programming[M]. Princeton: Princeton University Press, 1957.

[7] Bertsekas DP. Dynamic Programming and Optimal Control[M]. 4th Edition. Belmont, USA: Athena Scientific, 2012.

[8] Everett H. Generalized Lagrange Multiplier Method for Solving Problems of Optimum Allocation of Resources[J]. Operations Research, 1963, 11(3): 399-417.

[9] Shoham Y, Gersho A. Efficient Bit Allocation for an Arbitrary Set of Quantizers[J]. IEEE Transactions on Acoustics, Speech and Signal Processing, 1988, 36(9): 1445-1453.

[10] Ortega A, Ramchandran K, Vetterli M. Optimal Trellis-based Buffered Compression and Fast Approximation[J]. IEEE Transactions on Image Processing, 1994, 3(1): 26-40.

[11] Ramchandran K, Vetterli M. Best Wavelet Packet Bases in a Rate-distortion Sense[J]. IEEE Transactions on Image Processing, 1993, 2(2): 160-175.

[12] Li B, Li H, Li L, et al. Rate Control by R-lambda Model for HEVC[C]. JCTVC-K0103, 11th JCTVC Meeting, Shanghai, China, 2012.

[13] ITU-T Recommendation H.266 and ISO/IEC 23090-3. Versatile Video Coding[S]. 2020.

[14] Li H, Li B, Xu J. Rate-distortion Optimized Reference Picture Management for High Efficiency Video Coding[J]. IEEE Transactions on Circuits and Systems for Video Technology, 2012, 22(12): 1844-1857.

[15] Wang S, Ma S, Wang S, et al. Rate-GOP based Rate Control for High Efficiency Video Coding[J]. IEEE Journal of Selected Topics in Signal Processing, 2013, 7(6): 1101-1111.

[16] JVET VVC. Versatile video coding (VVC) reference software: VVC test model (VTM)[OL].

13

第 13 章

速率控制

视频传输带宽通常会受到一定限制，为了在满足信道带宽和传输时延限制的情况下有效传输视频数据，并保证视频的播放质量，需要对视频编码过程进行速率控制。所谓速率控制，就是通过选择一系列编码参数，使得视频编码后的比特率满足所需要的速率限制要求，并且使编码失真尽量小。速率控制属于率失真优化的范畴，速率控制算法的重点是确定与速率相关的量化参数（Quantization Parameter，QP），其他编码参数的优化方法已经在第 12 章中介绍过了。

13.1 视频编码速率控制

13.1.1 速率控制的基本原理

第 12 章中详细剖析了视频编码的率失真特性，同一视频使用不同的编码参数将产生不同的编码速率和视频质量。因此，可以通过调节编码参数使编码速率与目标速率一致，以达到速率控制的目的。在率失真优化准则下确定的编码参数中，视频编码速率主要与量化参数密切相关，并且遵循一定的规律。速率控制的主要工作是建立编码速率与量化参数的关系模型，根据目标编码速率确定视频编码参数中的量化参数。

基于第 12 章的率失真优化知识，一个视频序列的速率控制问题可以描述为：在总编码比特数小于或等于 R_c 的条件下，为每个编码单元确定最优的量化参数，使总失真最小，即

$$Q^* = (Q_1^*, \cdots, Q_N^*) = \underset{(Q_1, \cdots, Q_N)}{\arg\min} \sum_{i=1}^{N} D_i \quad \text{s.t.} \quad \sum_{i=1}^{N} R_i \leqslant R_c \tag{13-1}$$

以图像作为编码单元为例，其中 N 为该序列包含的图像数，D_i 为第 i 幅图像的失真，$Q^* = (Q_1^*, \cdots, Q_N^*)$ 为各图像的最优量化参数。在实际视频编码标准中，拥有独立量化参数的

最小单位通常是宏块。在 H.266/VVC 标准中，拥有独立量化参数的最小单位为量化组（Quantization Group，QG）。以宏块为例，如果允许控制宏块级的量化参数，则速率控制就需要确定所有宏块的最优量化参数。另外，对于变速率的情形，可能需要控制每个编码单元使其满足一定的编码比特限制，即

$$Q^* = (Q_1^*, \cdots, Q_N^*) = \underset{(Q_1, \cdots, Q_N)}{\arg\min} \sum_{i=1}^{N} D_i \quad \text{s.t.} \quad R_i \leqslant R_{j,\mathrm{c}}, \quad i = 1, \cdots, N$$

其中，$R_{j,\mathrm{c}}$ 为第 i 个编码单元的编码比特数限制。

由于视频编码算法采用了大量的帧内、帧间预测技术，导致编码单元的率失真性能相互依赖，直接根据式（13-1）利用率失真优化技术确定编码单元的量化参数复杂度极高，这在第 12 章中已经详细介绍过了。因此，实际的速率控制方案通常会被分解为两个步骤执行。

（1）考虑视频在空域、时域的相关性，根据总目标比特数确定每个编码单元的最优目标比特数，这被称为比特分配。

（2）依据编码速率与量化参数的关系模型，为每个编码单元根据其目标比特数独立确定其量化参数。

比特分配的目的是为每个编码单元分配最优的目标比特数，使得视频编码后的总失真最小，即利用率失真优化技术为每个编码单元分配目标比特数，可以描述为

$$R_T^* = \left(R_{T_1}^*, \cdots, R_{T_N}^*\right) = \underset{(R_{T_1}, \cdots, R_{T_N})}{\arg\min} \sum_{i=1}^{N} D_i \quad \text{s.t.} \quad \sum_{i=1}^{N} R_i \leqslant R_{\mathrm{c}} \tag{13-2}$$

由于各编码单元的率失真性能相互依赖，因此该步骤的关键是考虑各编码单元之间率失真性能的相关性，实现最优的比特分配。

在每个编码单元的目标比特数都确定后，根据每个编码单元的目标比特数独立确定其量化参数，可以描述为

$$Q_i^* = \underset{Q_i}{\arg\min} D_i \quad \text{s.t.} \quad R_i \leqslant R_{i,\mathrm{c}}$$

由于编码单元的编码速率主要与量化参数相关，其他编码参数的影响较小，因此编码速率与量化参数有较为确定的关系，可以基于这一关系直接根据编码单元的目标比特数确定其量化参数。

在这一环节中需要强调的是，编码速率和量化参数的关系与视频的内容特性密切相关。图 13.1 给出了视频序列 "BQSquare" 采用 VTM10.0[1]测试模型得到的编码速率（单位为 bit/s），采用低时延模式[2]，每幅图像使用相同的量化参数 32，GOP 大小为 4。从图 13.1 中可以看出，在量化参数保持不变的情况下，编码速率随着编码时间的变化而变化。在第 3～4s，编码比特数迅速增加，这是由于视频序列发生了场景切换，时域复杂度较高；而在第 4～7s，编码比特数呈下降趋势，这是由于这一段视频内容的时域和空域复杂度较低。一般来说，当量化参数一定时，视频序列空域、时域复杂度越高，产生的编码比特数也越多；反之，则会产生较少的编码比特数，编码速率将会随着视频内容的变化而不断变化。

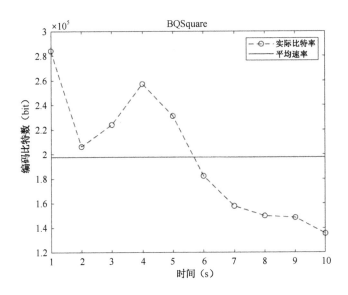

图 13.1　量化参数保持不变时实际的编码速率

13.1.2　缓冲机制

　　视频的编码速率与编码参数、编码结构、视频内容等诸多因素密切相关，速率控制算法通常无法保证实际编码速率与目标速率完全一致。为了减小二者之间的差别，通常会在编码器和传输信道间建立一个数据缓冲区，称为"缓冲（Buffer）机制"，用于平滑编码速率和信道速率之间的差别。此外，缓冲区还可以容忍一定的速率波动，以避免编码速率与信道速率随时保持一致而引起的视频质量波动。

　　图 13.2 给出了一个实际使用缓冲区的视频传输系统，编码器输出的视频码流首先进入缓冲区（缓冲器），缓冲区中的数据以"先进先出"（First in First out，FIFO）的原则按信道速率进行传输。与之对应，在解码器和信道间也通过缓冲区来调节信道速率与编码速率的差异。

图 13.2　实际使用缓冲区的视频传输系统

　　缓冲机制可以使编码速率更好地匹配信道速率，然而，它的存在不但会消耗一定的存储空间，而且会引入时延。一般来说，缓冲区越大，消耗的存储空间也越大，适应信道速率的能力越强，但也会导致解码时延增大。因此，在实际应用中，缓冲区的大小往往由允许的最大时延及运营成本决定。对于有限的缓冲区，在进行速率控制时需要避免缓冲区溢出。

　　为了设计含缓冲区的速率控制算法，通常将缓冲区的动态变化过程用流体流量模型[3]来表示。令 $B_c(n)$ 表示 n 时刻的缓冲区充盈度，则 $n+1$ 时刻的缓冲区充盈度为

$$B_c(n+1) = \max\left\{0, B_c(n) + A(n) - u(n)\right\} \tag{13-3}$$

其中，$A(n)$ 为 n 时刻的实际编码速率；$u(n)$ 为 n 时刻的信道速率。式（13-3）反映了缓冲区充盈度的动态变化，视频编码速率的流体流量控制模型如图 13.3 所示。

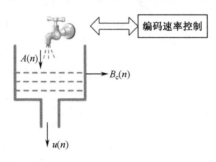

图 13.3　视频编码速率的流体流量控制模型

为了有效发挥缓冲区的作用，需要将缓冲区内的数据量维持在一定水平，以应对信道速率的变化，以及编码速率与目标速率的匹配误差。使用缓冲区视频编码速率控制的基本思想为：如果实际编码速率比可用的信道带宽高，则多余的比特会在缓冲区中积累；当缓冲区中的比特数积累到一定程度时，速率控制算法会采取一定措施适量降低实际编码速率，以降低缓冲区充盈度；反之，当缓冲区充盈度低于一定程度时，速率控制算法会适量提高实际编码速率，使得缓冲区充盈度回升至一定水平。

13.1.3　速率控制技术

视频编码中的速率控制过程如图 13.4 所示，首先为编码单元进行目标比特分配，即根据视频内容、缓冲区状态和信道带宽为编码单元分配恰当数量的目标比特；然后为编码单元独立确定量化参数实现目标比特分配，其关键是确定量化参数，因此这个环节也被称为"量化参数确定"。

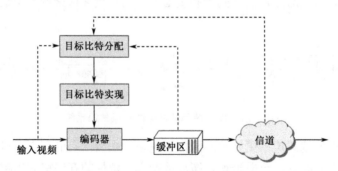

图 13.4　视频编码中的速率控制过程

1. 目标比特分配

视频编码标准中拥有独立量化参数的最小单元通常是宏块，H.266/VVC 中最小单元为

QG，即速率控制可以为每个最小单元确定不同的量化参数。因此，实际的速率控制算法可以作用于不同的编码单元等级，如图像组（GOP）级、图像（Frame）级、片（Slice）级、宏块（Macroblock）级或量化组 QG 级等，这主要取决于与目标速率的匹配精度需求和速率控制算法复杂度限制。例如，图像级速率控制为每幅图像确定一个量化参数，因此该图像所有宏块都采用这一量化参数，这将无法精确匹配目标速率以毫秒级变化的无线信道，并且无法反映出不同宏块内容所具有的不同率失真性能，进而影响编码效率，但图像级速率控制具有复杂度低的优点。

下面以宏块为例进行说明。对于宏块级速率控制，每个宏块拥有独立的量化参数，可以为视频提供更精细的速率控制。一个视频序列拥有大量的宏块，直接对宏块进行目标比特分配仍然过于复杂。因此，通常采用分级的方式来简化目标比特分配问题，依次可以是 GOP 级、图像级、宏块级，即首先为每个 GOP 确定目标比特数，其次根据每个 GOP 的目标比特数确定其中每幅图像的目标比特数，最终确定每个宏块的目标比特数。

如式（13-2）所示，每个层级的比特分配都需要利用率失真优化技术为每个编码单元分配目标比特数，以达到最优的编码性能。对于率失真性能相对独立的编码单元，如 GOP 之间通常独立编码（见第 12 章），不同编码单元的率失真性能主要与编码单元的内容特性相关。而对于率失真性能相互依赖的编码单元，如采用了帧间预测技术的各编码图像，则需要重点考虑编码单元率失真性能间的相互依赖关系。下面将以图像级为例讨论率失真性能相互依赖的编码单元的比特分配，以宏块级为例讨论率失真性能独立的编码单元的比特分配。

（1）图像级目标比特分配。

图像级目标比特分配的重点是关注图像率失真性能间的相互依赖关系，因为参考图像的率失真性能直接影响当前图像的率失真性能。已知当前 GOP 的目标比特数为 R_c，则图像级的目标比特分配问题可描述为

$$R_T^* = \left(R_{T_1}^*, \cdots, R_{T_N}^*\right) = \underset{(R_{T_1}, \cdots, R_{T_N})}{\arg\min} \sum_{i=1}^{N} D_i \quad \text{s.t.} \quad \sum_{i=1}^{N} R_i \leqslant R_c \tag{13-4}$$

其中，N 为该 GOP 包含的图像数；D_i 为第 i 幅图像的失真；R_i 为第 i 幅图像的编码比特数；$R_T^* = \left(R_{T_1}^*, \cdots, R_{T_N}^*\right)$ 为最佳比特分配方式。采用拉格朗日优化方法[4-5]可以将其转换为无约束条件下的求极值问题：

$$R_T^* = \underset{(R_{T_1}, \cdots, R_{T_N})}{\arg\min} \left\{ \sum_{i=1}^{N} D_i + \lambda \cdot \sum_{i=1}^{N} R_i \right\}$$

即最小化率失真代价

$$J = \sum_{i=1}^{N} D_i + \lambda \cdot \sum_{i=1}^{N} R_i \tag{13-5}$$

其最优解需要满足

$$\frac{\partial J}{\partial R_i} = 0, \quad i = 1, \cdots, N$$

正如 12.2.1 节的分析，当前图像失真 D_i 不仅与其编码比特数 R_i 相关，而且与参考图像

的质量相关。对于图 12.9 中的低时延编码结构，由 12.2.1 节的分析可知

$$D_i = \sum_{j=1}^{i-1} \mu_{i,j} D_j + F_i'(R_i) + \mu_{i,0} \tag{13-6}$$

其中，$\mu_{i,i-1}$ 为常数，表示第 i 幅图像的失真受第 $i-1$ 幅图像失真的影响程度，其与视频内容特性相关。式（13-5）中的率失真代价为

$$\begin{aligned}
J &= \sum_{i=1}^{N} \left(\sum_{j=1}^{i-1} \mu_{i,j} D_j + F_i'(R_i) + \mu_{i,0} \right) + \lambda \sum_{i=1}^{N} R_i \\
&= \sum_{i=1}^{N-1} \left(\sum_{j=i}^{N} \mu_{j,i} D_i + \lambda R_i \right) + F_N'(R_N) + \mu_{N,0} \\
&= \sum_{i=1}^{N-1} \left(\omega_i D_i + \lambda R_i \right) + F_N'(R_N) + \mu_{N,0}
\end{aligned} \tag{13-7}$$

其中

$$\omega_i = \sum_{j=i}^{N} \mu_{j,i}$$

如式（13-6）所示，第 i 幅图像的失真 D_i 不仅与该图像的编码比特数 R_i 有关，还与已编码图像的失真相关。但是，当已编码图像的失真确定后，D_i 只与该图像的编码比特数 R_i 相关。$\omega_i D_i$ 包含了该图像对其他后续图像的影响，因此有

$$\begin{aligned}
\frac{\partial J}{\partial R_i} &= \omega_i \frac{\partial D_i}{\partial R_i} + \lambda = 0 \\
\frac{\partial D_i}{\partial R_i} &= -\frac{\lambda}{\omega_i}
\end{aligned} \tag{13-8}$$

假设视频编码变换系数服从参数为 α 的拉普拉斯分布[6]：

$$p(x) = \frac{\alpha}{2} e^{-\alpha|x|}$$

其中，α 反映视频的内容特性。当失真度定义为绝对误差时，其率失真函数为

$$R(D) = \begin{cases} \ln\left(\dfrac{1}{\alpha D}\right), & 0 < D \leqslant \dfrac{1}{\alpha} \\ 0, & D > \dfrac{1}{\alpha} \end{cases}$$

因此

$$\frac{\partial D_i}{\partial R_i} = -\frac{1}{\alpha_i} e^{-R} \tag{13-9}$$

结合式（13-8）和式（13-9）可以得到

$$R_i = -\ln\left(\frac{\alpha_i}{\omega_i} \lambda \right) \tag{13-10}$$

其中，α_i 和 ω_i 与视频的内容特性相关，且 ω_i 与视频的时域预测结构相关；λ 则由总目标比特数 R_c 确定。因此，对于确定的时域预测结构和视频内容，给定一个总目标比特数 R_c，就

可以利用式（13-10）预测每幅图像的最优编码比特数 R_i。

然而，式（13-10）中的参数 α_i、ω_i、λ 分别与视频的内容、时域预测结构、总目标比特数相关，多变的视频内容及复杂的编码算法使得在实际应用中往往无法准确获得相关参数，通常并不直接使用式（13-10）确定每幅图像的最优目标比特数。但对于固定的时域预测结构，内容特性稳定的视频，不同图像之间的最优目标比特数具有较为稳定的关系：

$$\frac{R_i}{R_j} = \frac{\ln\left(\dfrac{\alpha_i}{\omega_i}\lambda\right)}{\ln\left(\dfrac{\alpha_j}{\omega_j}\lambda\right)} = \eta_{i,j} \tag{13-11}$$

再结合 $\sum_{i=1}^{N} R_i = R_c$ 可以实现目标比特分配。因此，在实际速率控制中的目标比特分配环节，可以根据不同的时域预测结构为不同的图像分配不同的权重。需要注意的是，每幅图像的权重应与视频内容特性、时域预测结构及总目标比特数相关。

（2）宏块级目标比特分配。

对于宏块级目标比特分配，采用帧内预测模式宏块的率失真性能与参考宏块的率失真性能关系密切；对于使用帧间预测模式的宏块，其运动信息也可由空域相邻宏块预测得到，但由于运动信息可以有多个选择，以至于使用帧间预测模式宏块的率失真性能受相邻宏块影响较小。因此，对于允许采用帧间预测的 P 图像，采用帧间预测模式的宏块占大多数，通常忽略宏块间率失真性能的依赖性进行比特分配。

设 $\omega_i = 1$，根据式（13-10）可得

$$R_i = -\ln\left(\alpha_i\lambda\right) \tag{13-12}$$

可以看出，每个宏块的目标比特数与视频内容特性直接相关，如背景区域待编码的残差较小，其分配的码率应较小；而细节和运动比较剧烈的区域待编码的残差较大，其分配的码率应较大。

需要注意的是，实际编码单元的失真并不是加性的，视频序列的质量并不是所有图像质量的求和或求平均，图像的质量也不是所有宏块质量的求和或求平均。但是，由于人们对视觉认知机制还不清楚，目前仍没有可以准确体现视频主观质量的客观测度方法。大量主观实验已经表明，空域、时域的质量波动容易影响视频序列的整体质量，视频时域、空域质量的一致性已经成为衡量速率控制算法性能的一个重要方面。因此，在使用式（13-1）进行优化过程中，需要考虑视频时域、空域的质量波动，通常的做法是将质量波动控制在一定范围内[7]。

2. 量化参数确定

速率控制的第二个步骤是根据编码单元的目标比特数独立确定其量化参数。在基于块的混合视频编码框架下，编码速率主要取决于量化参数。因此，该步骤的关键是建立速率—量化参数（R-QP）模型，进而用其估计目标编码速率所对应的量化参数。下面将以二次

R-QP 模型[8]为例分析其合理性，并简单介绍其他 R-QP 模型。

（1）二次模型。

实验表明，采用早期视频编码标准得到的 DCT 系数服从拉普拉斯分布[9]，其率失真函数为

$$R(D) = \begin{cases} \ln\left(\dfrac{1}{\alpha D}\right), & 0 < D \leqslant \dfrac{1}{\alpha} \\ 0, & D > \dfrac{1}{\alpha} \end{cases} \tag{13-13}$$

其中，α 为与视频内容特性相关的参数。将对数形式的分段函数 $f(x) = \ln x$ 在 $x = x_0$ ($x_0 > 1$) 处泰勒级数展开，并代入 $x = 1/(\alpha D)$，可得

$$\begin{aligned} R(D) &= \ln x_0 + \frac{1}{x_0}\left(\frac{1}{\alpha D} - x_0\right) - \frac{1}{2!(x_0)^2}\left(\frac{1}{\alpha D} - x_0\right)^2 + R_3(D) \\ &= \left(\ln x_0 - 1 - \frac{1}{2!}\right) + \frac{2}{x_0\alpha}D^{-1} - \frac{1}{2!(\alpha x_0)^2}D^{-2} + R_3(D) \end{aligned} \tag{13-14}$$

其中，$x_0 > 1$ 满足泰勒级数的收敛条件。使用平均量化步长作为失真的测度，并省略高阶项，可以得到第 i 个 DCT 系数的 R-Q 函数：

$$R_i = \alpha_0' + \frac{\alpha_1'}{\alpha_i}Q_i^{-1} + \frac{\alpha_2'}{\alpha_i^2}Q_i^{-2} \tag{13-15}$$

其中，R_i 为第 i 个 DCT 系数的编码比特数，Q_i 为其使用的量化步长，α_0'、α_1'、α_2' 为模型参数。对于拉普拉斯信源，$\alpha_i = \sqrt{2}/\sigma_i$，$\sigma_i$ 为标准差，可反映 DCT 系数的分布特性[10]，则式（13-15）变为

$$R_i = b_0' + b_1'\sigma_i Q_i^{-1} + b_2'\sigma_i^2 Q_i^{-2}$$

其中，b_0'、b_1'、b_2' 为模型参数，σ_i 为第 i 个 DCT 系数的标准差。早期的研究表明，σ_i 可以根据变换前视频残差信号的分布特性得到，即

$$\sigma_i^2 = k_i\sigma_f^2$$

其中，k_i 为模型参数，σ_f^2 为变换前视频残差信号的方差。

对于具有 N 个变换系数的像素块，若该块所有变换系数都采用同一量化参数 QP，则

$$\begin{aligned} \overline{R} &= \sum_{i=1}^{N}R_i \\ &= \sum_{i=1}^{N}\left(b_0' + b_1'\sigma_i Q_i^{-1} + b_2'\sigma_i^2 Q_i^{-2}\right) \\ &= c_0' + c_1'\sigma_f QP^{-1} + c_2'\sigma_f^2 QP^{-2} \end{aligned}$$

其中，c_0'、c_1'、c_2' 为模型参数，$\overline{R}$ 为视频块残差信号的编码比特数。

残差信号的 MAD 常被用于反映残差信号的方差，且易于计算。因此，二次模型可改写为

$$\frac{R-H}{M} = a \cdot \mathrm{QP}^{-1} + b \cdot \mathrm{QP}^{-2} \tag{13-16}$$

其中，H 为该宏块的头信息（包括运动矢量、参考图像序号等）所需的编码比特数；M 反映视频的内容特性，可以用残差信号的 MAD 表示。

（2）一阶线性模型。

将式（13-15）省略二次项和常数项，可以得到简化的线性模型[11]：

$$R = af(s)/\mathrm{QP}$$

其中，$f(s)$ 反映编码单元的内容特性，a 为模型参数。

（3）对数模型。

假设 DCT 系数服从高斯分布，根据高斯分布信源的率失真函数，可以得到对数模型[12]：

$$R = \alpha + \beta \log_2 1/\mathrm{QP}$$

其中，α 表示头信息的编码比特数，β 为模型参数。

（4）指数模型。

为了更好地控制函数的曲率，Ding 等提出了指数模型[13]：

$$R = \alpha + \frac{\beta}{\mathrm{QP}^\gamma}, \ 0 < \gamma \leqslant 2$$

其中，α、β、γ 是 3 个模型参数，它们的取值依赖视频的内容特性。

（5）分段模型。

根据变换系数服从方差为 σ^2 的拉普拉斯分布，可以得到如下分段模型[14]：

$$R(\mathrm{QP}) = \begin{cases} \dfrac{1}{2}\log_2\left(2\mathrm{e}^2 \cdot \dfrac{\sigma^2}{\mathrm{QP}^2}\right), & \dfrac{\sigma^2}{\mathrm{QP}^2} > \dfrac{1}{2\mathrm{e}} \\[2mm] \dfrac{\mathrm{e}}{\ln 2} \cdot \dfrac{\sigma^2}{\mathrm{QP}^2}, & \dfrac{\sigma^2}{\mathrm{QP}^2} \leqslant \dfrac{1}{2\mathrm{e}} \end{cases}$$

其中，$\sigma^2/\mathrm{QP}^2 > 1/2\mathrm{e}$ 对应高码率情形，$\sigma^2/\mathrm{QP}^2 \leqslant 1/2\mathrm{e}$ 对应低码率情形。

（6）R-λ-QP 模型。

根据双曲函数形式的率失真函数[15]，可以得到拉格朗日因子：

$$\lambda = -\frac{\partial D}{\partial R} = CK \cdot R^{-K-1} = \alpha \cdot R^\beta$$

其中，α 和 β 的取值与视频内容特性有关。根据 QP 和 $\ln\lambda$ 存在的线性关系[16-17]，可以进一步得到量化参数。

（7）R-ρ-QP 模型。

实验表明，量化后变换系数中 0 系数所占百分比 ρ 与编码比特数 R 有良好的线性关系[18]：

$$R(\rho) = \theta(1-\rho)$$

其中，θ 为模型参数，与视频内容特性相关。当变换系数的分布已知时，ρ 随量化参数 QP 单调递增，且 QP 和 ρ 是一一对应的关系。因此，可以通过 ρ 来建立编码比特数 R 与量化参数 QP 的关系，即首先根据目标比特数 R 确定 ρ，进而利用 ρ 与 QP 的一一对应关系确定 QP。

13.2 H.266/VVC 速率控制

速率控制是视频编码器中必备的关键模块，H.266/VVC[19]编码器同样需要相应的速率控制算法。与以前的视频编码标准相比，H.266/VVC 采用了大量的新编码技术，VTM 的速率控制算法以 H.265/HEVC 的推荐算法 JCTVC-K0103[20]为基础，在其上进行了一些改进。这主要是因为：新的时域预测技术使帧间的率失真性能依赖关系更加复杂；多类型树的划分方式使 CU 间具有更复杂的率失真性能依赖关系；新的变换技术也使得 R-QP 关系更加复杂。

H.266/VVC 的速率控制算法仍然可以采用传统的两步骤方式：目标比特分配和量化参数确定。目标比特分配的核心在于：考虑视频帧率失真间的相互依赖关系实现图像级的目标比特分配，考虑视频内容的 CTU 级目标比特分配。量化参数确定环节的核心在于：根据视频内容特性建立编码比特数与量化参数的关系模型。

如前文所述，速率控制不属于 H.266/VVC 标准化的内容。但由于速率控制是视频编码器中必备的关键模块，因此随着 H.266/VVC 标准关键技术的确定，相应的速率控制算法也不断出现。在 2018 年 7 月 JVET 第 11 次会议上，提案 K0390[21]进一步发展了 $R-\lambda$ 控制算法，采用不同策略分别更新 Skip 模式和非 Skip 模式 CTU 的 R-D 参数；提案 L0241[22]提出了一种适用于 RA 配置的自适应 λ 比值估计方法；在此基础上，提案 M0600[23]在图像级目标比特分配过程中引入了由 Skip 比例推导出的质量依赖因子（QDF），用于提高速率控制的性能。

本节将详细介绍 H.266/VVC 测试模型 VTM10.0 中的速率控制算法[1]。该速率控制算法主要分为两个步骤：

（1）根据目标码率为不同编码单元分配目标比特数；

（2）根据 R 与 λ、λ 与 QP 的关系模型确定不同编码单元的量化参数。

13.2.1 目标比特分配

该目标比特分配算法仍采用分级策略（GOP 级、图像级、CTU 级），依次为不同编码单元分配目标比特。

1. GOP 级目标比特分配

视频序列在编码时通常被划分为多个连续的 GOP，GOP 通常采用固定的时域编码结构，是速率控制算法需要处理的最大编码单元。GOP 级目标比特分配是指根据信道速率和缓冲区状态为每个 GOP 分配目标比特数。当前，GOP 的总目标比特数 T_G 为

$$T_G = \overline{T}_f \cdot N_G$$

其中，N_G 为一个 GOP 所包含的图像数，$\overline{T}_f$ 为每幅图像的平均目标比特数，有

$$\begin{aligned}
\overline{T}_f &= \frac{u}{F_r} + \frac{\dfrac{u}{F_r}N_{v,c} - R_{v,c}}{SW} \\
&= \frac{u}{F_r} - \frac{1}{SW}\left(R_{v,c} - \frac{u}{F_r}N_{v,c}\right)
\end{aligned}$$ （13-17）

其中，u 为信道速率，F_r 为帧率，$N_{v,c}$ 为视频序列已经编码的总帧数，这些帧的实际编码比特数为 $R_{v,c}$，SW 是滑动窗口的尺寸，目的是平滑比特波动。

由式（13-17）可以看出，$\overline{T}_f$ 由两项组成：第一项 $\dfrac{u}{F_r}$ 为目标速率下的每帧平均目标比特数；第二项 $\dfrac{1}{SW}\left(R_{v,c} - \dfrac{u}{F_r}N_{v,c}\right)$ 反映了缓冲区状态对目标比特数的影响，其中 $R_{v,c} - \dfrac{u}{F_r}N_{v,c}$ 为当前缓冲区的充盈度，SW 反映了其对缓冲区状态的调整尺度，较小的 SW 容易导致 GOP 之间较大的比特波动。需要注意的是：该分配策略适合固定信道速率的情形，对于速率时变的信道可参考 13.1.2 节相关内容。

2. 图像级目标比特分配

一个 GOP 包含多幅图像，图像级目标比特分配是指根据该 GOP 的总目标比特数为每幅图像分配目标比特数。第 j 幅图像（j 的取值范围为 $[1, N_G]$）的目标比特数 $T_f(j)$ 为

$$T_f(j) = \beta \widetilde{T}_f(j) + (1-\beta)\widehat{T}_f(j)$$

其中，β 取典型值 0.9；$\widetilde{T}_f(j)$ 是根据当前 GOP 的总目标比特数为每幅图像分配的目标比特数，有

$$\widetilde{T}_f(j) = T_G \frac{\omega_f(j)}{\displaystyle\sum_{k=1}^{N_G}\omega_f(k)}$$

$\widehat{T}_f(j)$ 则为根据当前 GOP 剩余的编码比特数为该图像分配的目标比特数：

$$\widehat{T}_f(j) = \frac{T_G - R_{G,c}}{\displaystyle\sum_{k=1}^{N_G}\omega_f(k)}\omega_f(j)$$

其中，$R_{G,c}$ 为当前 GOP 中已编码图像产生的实际比特数；$\omega_f(j)$ 为 GOP 中每幅图像的分配权重，反映了不同图像在 GOP 中的重要性，其大小应与目标速率、视频内容特性及时域预测结构密切相关（见 13.1.3 节）。该算法根据不同的时域预测结构为不同级图像设置了固定的 $\omega_f(j)$，如表 13.1 和表 13.2 所示。

表 13.1 低时延结构的 $\omega_f(j)$ 值

编码顺序 j	图像播放顺序	分配权值			
		bpp>0.2	0.2≥bpp>0.1	0.1≥bpp>0.05	其他
1	1	2	2	2	2
2	2	3	3	3	3
3	3	2	2	2	2
4	4	6	10	13	14

表 13.2 随机接入结构的 $\omega_f(j)$ 值

编码顺序 j	图像播放顺序	分配权值			
		bpp>0.2	0.2≥bpp>0.1	0.1≥bpp>0.05	其他
1	8	15	20	25	30
2	4	5	6	7	8
3	2	4	4	4	4
4	1	1	1	1	1
5	3	1	1	1	1
6	6	4	4	4	4
7	5	1	1	1	1
8	7	1	1	1	1

注：bpp $= R/(F_r wh)$，w 和 h 分别为图像的宽和高。

3. CTU 级目标比特分配

CTU 级目标比特分配是指根据当前图像的总目标比特数为该图像内每个 CTU 确定目标比特数。对于一个包含 N_L 个 CTU 的图像，第 m 个待编码 CTU 的目标比特数 $T_L(m)$ 为

$$T_L(m) = \frac{T_f - H_f - R_{L,c}}{\sum\limits_{k=m}^{N_L} \omega_L(k)} \omega_L(m)$$

其中，$R_{L,c}$ 为当前图像已编码 CTU（第 1 个到第 $m-1$ 个 CTU）所用的实际比特总数，H_f 为该图像头信息比特数的预测值，$\omega_L(m)$ 为每个 CTU 的比特分配权重。

如 13.1.3 节所述，CTU 级目标比特分配重点考虑不同 CTU 的内容特性，权重 $\omega_L(m)$ 反映了第 m 个 CTU 的内容特性。为了降低复杂度，该算法设定 $\omega_L(m)$ 为与当前图像处于相同层且距离最近的图像对应位置 CTU MAD 的平方，即通过时域预测得到。另外，H_f 为视频序列中与当前图像处于相同层的所有已编码图像头信息所用实际比特的平均值。

13.2.2 量化参数确定

实验表明，双曲函数能够很好地反映 H.266/VVC 视频码率和失真之间的关系：

$$D(R) = CR^{-K}$$

其中，C 和 K 是与视频内容特性有关的模型参数，则拉格朗日因子 λ 为

$$\lambda = -\frac{\partial D}{\partial R} = CKR^{-K-1} = \alpha R^{\beta} \tag{13-18}$$

其中，α 和 β 与视频内容特性有关。另外，实验结果表明，量化参数 QP 和 $\ln \lambda$ 之间存在如下线性关系：

$$QP = 4.2005\ln \lambda + 13.7122 + 0.5 \tag{13-19}$$

因此，联合式（13-18）和式（13-19）就可以根据编码单元的目标比特数确定其量化参数。

VTM 的速率控制算法就采用了这一思路，量化参数确定过程具体可分为两个步骤。

（1）根据编码单元的目标比特数得到其对应的 λ 值。

（2）由 λ 和量化参数的关系确定每个编码单元的量化参数。下面详细介绍图像级、CTU 级量化参数的确定方法。

1. 图像级量化参数确定

第 j 幅图像的目标比特数为 $T_f(j)$，该图像包含 $N_{\text{pixels,f}}$ 个像素，因此平均每像素目标比特数为 $\text{bpp} = T_f(j)/N_{\text{pixels,f}}$，则该图像对应的拉格朗日因子如下。

非 IRAP 帧：
$$\lambda = \alpha \cdot \text{bpp}^{\beta} \tag{13-20}$$

IRAP 帧：
$$\lambda = \frac{\alpha}{256} \left(\frac{\left(\dfrac{\text{SATD}_f}{N_{\text{pixels,f}}} \right)^{1.2517}}{\text{bpp}} \right)^{\beta} \tag{13-21}$$

其中，α 和 β 分别为与当前图像处于相同层且距离最近的图像编码完成后 α 和 β 的更新值，SATD_f 为该图像的 SATD 值。为了减小视频质量的波动，相邻图像 λ 的比值应限制在 $[1/2^{10/3}, 2^{10/3}]$ 内，并且处于相同时间层的邻近两幅图像 λ 的比值应限制在 $[0.5, 2]$ 内。

得到 λ 值之后，可利用式（13-19）中 QP 和 λ 之间的关系计算当前图像的 QP。为了减小视频质量的波动，对 QP 也需要进行如下限制：相邻图像 QP 的差值不超过 10，相同时间层邻近两幅图像 QP 的差值不超过 3。

量化参数确定后，即可对当前图像进行编码，该图像编码完成后可得实际编码比特数 bpp'。利用 bpp' 更新参数 α 和 β，待后续图像的速率控制使用。参数 α 和 β 的具体更新方法如下。

非 IRAP 帧：
$$\lambda' = \alpha_{\text{old}} \cdot \left(\text{bpp}' \right)^{\beta_{\text{old}}}$$
$$\alpha_{\text{new}} = \alpha_{\text{old}} + \delta_{\alpha} \cdot \left(\ln \lambda_{\text{old}} - \ln \lambda' \right) \cdot \alpha_{\text{old}}$$
$$\beta_{\text{new}} = \beta_{\text{old}} + \delta_{\beta} \cdot \left(\ln \lambda_{\text{old}} - \ln \lambda' \right) \cdot \ln \text{bpp}'$$

IRAP 帧:

$$\lambda_{\text{dif}} = \beta_{\text{old}} \cdot (\ln T_{\text{f}} - \ln R_{\text{f}})$$

$$\alpha_{\text{new}} = \alpha_{\text{old}} \cdot e^{\lambda_{\text{dif}}}$$

$$\beta_{\text{new}} = \beta_{\text{old}} + \frac{\lambda_{\text{dif}}}{\ln\left(\dfrac{\text{SATD}_{\text{f}}}{N_{\text{pixels,f}}}\right)^{1.2517}}$$

其中，α_{old}、β_{old}、λ_{dif} 为该图像确定量化参数时使用的 α、β、λ 值，α_{new}、β_{new} 为更新后的值，T_{f} 和 R_{f} 分别为该图像的目标比特数和实际比特数。δ_{α} 和 δ_{β} 取值与每像素的目标比特值有关，如表 13.3 所示。

表 13.3 δ_{α} 和 δ_{β} 取值

参 数	目标比特值				
	<0.03	<0.08	<0.2	<0.5	其他
δ_{α}	0.01	0.05	0.1	0.2	0.4
δ_{β}	0.005	0.025	0.05	0.1	0.2

对于一些特殊情况，如实际编码的 bpp′ 太小时（该图像大部分 CU 都为 Skip 模式），更新过程采用下面的方法:

$$\alpha_{\text{new}} = (1 - \delta_{\alpha} / 2)\,\alpha_{\text{old}}$$

$$\beta_{\text{new}} = (1 - \delta_{\beta} / 2)\,\beta_{\text{old}}$$

此外，更新后的 α 和 β 还需要一定的限制: α 值限制在 $[0.05, 20]$ 内，β 值限制在 $[-3.0, -0.1]$ 内。

2. CTU 级量化参数确定

CTU 级量化参数的确定方法与图像级量化参数的确定类似，首先根据目标比特数与 λ 的关系得到 λ，第 m 个 CTU 的 λ 为

$$\lambda = \alpha \cdot \text{bpp}^{\beta}$$

其中，$\text{bpp} = T_{\text{L}}(m) / N_{\text{pixels,L}}$ 表示该 CTU 平均每像素的目标比特数，$N_{\text{pixels,L}}$ 为 CTU 的像素总数; α 和 β 为与当前图像处于相同层且距离最近图像对应位置 CTU 的 α 和 β 更新值。对于 CTU 级速率控制来说，相邻两个 CTU 的 λ 值应限制在 $[1/2^{1/3}, 2^{1/3}]$ 内，当前 CTU 与其所属图像的 λ 值应限制在 $[1/2^{2/3}, 2^{2/3}]$ 内。

得到 λ 后，可利用式（13-19）确定当前 CTU 的量化参数。相邻两个 CTU 的 QP 差不得大于 1，当前 CTU 与其所属图像的 QP 差不得大于 2。

每编码完一个 CTU 后，需要对 α、β 和 $R_{\text{L,c}}$ 进行更新，更新过程与图像级相同。

参考文献

[1]　JVET VVC. Versatile video coding (VVC) reference software: VVC test model (VTM)[OL].

[2]　Bossen F, et al. JVET common test conditions and software reference configurations for SDR video[C]. JVET-N1010, 14th JVET Meeting, Geneva, Switzerland, 2019.

[3]　Li Z, Xiao L, Zhu C, et al. A Novel Rate Control Scheme for Video over the Internet[C]. IEEE International Conference on Acoustics, Speech and Signal Processing, Orlando, Florida, USA, 2002.

[4]　Sullivan GJ, Wiegand T. Rate-distortion Optimization for Video Compression[J]. IEEE Signal Processing Magazine, 1998, 15(6): 74-90.

[5]　Ortega A, Ramchandran K. Rate-distortion Methods for Image and Video Compression[J]. IEEE Signal Processing Magazine, 1998, 15(6): 23-50.

[6]　Lam EY, Goodman JW. A Mathematical Analysis of the DCT Coefficient Distributions for Images[J]. IEEE Trans. Image Processing, 2000, 9(10): 1661-1666.

[7]　Wan S, Gong Y, Yang F. Perception of Temporal Pumping Artifact in Video Coding with the Hierarchical Prediction Structure[C]. IEEE International Conference on Multimedia and Expo (ICME), Melbourne, Australia, 2012.

[8]　Lee HJ, Chiang T, Zhang YQ. Scalable Rate Control for MPEG-4 Video[J]. IEEE Transaction on Circuits and Systems for Video Technology, 2000, 10(6): 878-894.

[9]　Smoot SR. Rowe LA. Laplacian Model for AC DCT Terms in Image and Video Coding[C]. the 9th Image and Multidimensional Signal Processing Workshop, Belize City, Belize, 1996.

[10]　Pao IM, Sun MT. Modeling DCT Coefficients for Fast Video Encoding[J]. IEEE Transactions on Circuits and Systems for Video Technology, 1999, 9(4): 608-616.

[11]　Sethuraman S, Krishnamurthy R. Model based Multi-Pass Macroblock-Level Rate Control for Visually Improved Video Coding[C]. The Workshop and Exhibition on MPEG-4 (Cat No. 01EX511), Sydney, Australia, 2001.

[12]　Cover TM, Thomas JA. Elements of Information Theory[M]. New York, USA: Wiley-Interscience, 2012.

[13]　Ding W, Liu B. Rate Control of MPEG Video Coding and Recording by Rate-quantization Modeling[J]. IEEE Transactions on Circuits and Systems for Video Technology, 1996, 6(1): 12-20.

[14]　Ribas-Corbera J, Lei S. Rate Control in DCT Video Coding for Low-Delay Communications[J]. IEEE Transactions on Circuits and Systems for Video Technology, 1999, 9(1): 172-185.

[15]　Mallat S, Falzon F. Analysis of Low Bit Rate Image Transform Coding[J]. IEEE Transactions on Signal Processing, 1998, 46(4): 1027-1042.

[16]　Li B, Zhang D, Li H, et al. QP Determination by Lambda Value[C]. JCTVC-I0426, 9th JCT-VC Meeting, Geneva, Switzerland, 2012.

[17]　Li B, Li L, Zhang J, et al. Encoding with Fixed Lagrange Multipliers[C]. JCTVC-J0242, 10th

JCT-VC Meeting, Stockholm, Sweden, 2012.

[18] He Z, Yong KK, Mitra SK. Low-Delay Rate Control for DCT Video Coding via ρ-domain Source Modeling[J]. IEEE Transactions on Circuits and Systems for Video Technology, 2001, 11(8): 928-940.

[19] ITU-T Recommendation H.266 and ISO/IEC 23090-3. Versatile Video Coding[S]. 2020.

[20] Li B, Li H, Li L, et al. Rate Control by R-lambda Model for HEVC[C]. JCTVC-K0103, 11th JCT-VC Meeting, Shanghai, China, 2012.

[21] Li Y, Chen Z, Li X, et al. Rate Control for VVC[C]. JVET-K0390, 11th JVET Meeting, Ljubljana, Slovenia, 2018.

[22] Liu Z, Li Y, Chen Z, et al. AHG10: Adaptive Lambda Ratio Estimation for Rate Control in VVC[C]. JVET-L0241, 12th JVET Meeting, Macao, China, 2018.

[23] Liu Z, Chen Z, Li Y. AHG10: Quality Dependency Factor Based Rate Control for VVC[C]. JVET-M0600, 13th JVET Meeting, Marrakech, Morocco, 2019.

附录 A 术语及英文解释

Access Unit (AU): A set of PUs that belong to different layers and contain coded pictures associated with the same time for output from the DPB.

Adaptive Colour Transform (ACT): A cross-component transform applied to the decoded residual of a coding unit in the 4：4：4 colour format prior to reconstruction and loop filtering.

Adaptive Loop Filter (ALF): A filtering process that is applied as part of the decoding process, and is controlled by parameters conveyed in an APS.

AC Transform Coefficient: Any transform coefficient for which the frequency index in at least one of the two dimensions is non-zero.

ALF APS: An APS that controls the ALF process.

Adaptation Parameter Set (APS): A syntax structure containing syntax elements that apply to zero or more slices as determined by zero or more syntax elements found in slice headers.

Associated GDR Picture: The previous GDR picture (when present) in decoding order, for a particular picture with nuh_layer_id equal to a particular value layerId, that has nuh_layer_id equal to layerId and between which and the particular picture in decoding order there is no IRAP picture with nuh_layer_id equal to layerId.

Associated GDR Subpicture: The previous GDR subpicture (when present) in decoding order, for a particular subpicture with nuh_layer_id equal to a particular value layerId and subpicture index equal to a particular value subpicIdx, that has nuh_layer_id equal to layerId and subpicture index equal to subpicIdx and between which and the particular subpicture in decoding order there is no IRAP subpicture with nuh_layer_id equal to layerId and subpicture index equal to subpicIdx.

Associated IRAP Picture: The previous IRAP picture (when present) in decoding order, for a particular picture with nuh_layer_id equal to a particular value layerId, that has nuh_layer_id equal to layerId and between which and the particular picture in decoding order there is no GDR picture with nuh_layer_id equal to layerId.

Associated IRAP Subpicture: The previous IRAP subpicture (when present) in decoding order, for a particular subpicture with nuh_layer_id equal to a particular value layerId and subpicture index equal to a particular value subpicIdx, that has nuh_layer_id equal to layerId and subpicture index equal to subpicIdx and between which and the particular subpicture in decoding order there is no GDR subpicture with nuh_layer_id equal to layerId and subpicture index equal to subpicIdx.

Associated Non-VCL NALU: A non-VCL NALU (when present) for a VCL NALU where the VCL NALU is the associated VCL NALU of the non-VCL NALU.

Associated VCL NALU: The preceding VCL NALU in decoding order for a non-VCL NALU with nal_unit_type equal to EOS_NUT, EOB_NUT, SUFFIX_APS_NUT, SUFFIX_SEI_NUT, FD_NUT, RSV_NVCL_27, UNSPEC_30, or UNSPEC_31; or otherwise the next VCL NALU in decoding order.

Bin: One bit of a bin string.

Binarization: A set of bin strings for all possible values of a syntax element.

Binarization Process: A unique mapping process of all possible values of a syntax element onto a set of bin strings.

Binary Split: A split of a rectangular $M{\times}N$ block of samples into two blocks where a vertical split results in a first $(M/2){\times}N$ block and a second $(M/2){\times}N$ block, and a horizontal split results in a first $M{\times}(N/2)$ block and a second $M{\times}(N/2)$ block.

Bin String: An intermediate binary representation of values of syntax elements from the binarization of the syntax element.

Bi-Predictive (B) Slice: A slice that is decoded using intra prediction or using inter prediction with at most two motion vectors and reference indices to predict the sample values of each block.

Bitstream: A sequence of bits, in the form of a NALU stream or a byte stream, that forms the representation of a sequence of AUs forming one or more coded video sequences (CVSs).

Block: An $M{\times}N$ (M-column by N-row) array of samples, or an $M{\times}N$ array of transform coefficients.

Block Vector: A two-dimensional vector that provides an offset from the coordinates of the current coding block to the coordinates of the reference block in the same decoded slice.

Byte: A sequence of 8bit, within which, when written or read as a sequence of bit values, the left-most and right-most bits represent the most and least significant bits, respectively.

Byte-Aligned: A position in a bitstream is byte-aligned when the position is an integer multiple of 8bit from the position of the first bit in the bitstream, and a bit or byte or syntax element is said to be byte-aligned when the position at which it appears in a bitstream is byte-aligned.

Byte Stream: An encapsulation of a NALU stream into a series of bytes containing start code prefixes and NALUs.

Chroma: A sample array or single sample representing one of the two colour difference signals related to the primary colours, represented by the symbols Cb and Cr.

NOTE — The term chroma is used rather than the term chrominance in order to avoid the implication of the use of linear light transfer characteristics that is often associated with the term chrominance.

Clean Random Access (CRA) PU: A PU in which the coded picture is a CRA picture.

Clean Random Access (CRA) Picture: An IRAP picture for which each VCL NALU has nal_unit_type equal to CRA_NUT.

NOTE — A CRA picture does not use inter prediction in its decoding process, and could be the first picture in the bitstream in decoding order, or could appear later in the bitstream. A CRA picture could have associated RADL or RASL pictures. When a CRA picture has NoOutputBeforeRecoveryFlag equal to 1, the associated RASL pictures are not output by the decoder, because they might not be decodable, as they could contain references to pictures that are not present in the bitstream.

Clean Random Access (CRA) Subpicture: An IRAP subpicture for which each VCL NALU has nal_unit_type equal to CRA_NUT.

Coded Layer Video Sequence (CLVS): A sequence of PUs with the same value of nuh_layer_id that consists, in decoding order, of a CLVSS PU, followed by zero or more PUs that are not CLVSS PUs, including all subsequent PUs up to but not including any subsequent PU that is a CLVSS PU.

NOTE —A CLVSS PU could be an IDR PU, a CRA PU, or a GDR PU. The value of NoOutputBeforeRecoveryFlag is equal to 1 for each IDR PU, and each CRA PU that has HandleCraAsClvsStartFlag equal to 1, and each CRA or GDR PU that is the first PU in the layer of the bitstream in decoding order or the first PU in the layer of the bitstream that follows an EOS NALU in the layer in decoding order.

Coded Layer Cideo Sequence Start (CLVSS) PU: A PU in which the coded picture is a CLVSS picture.

Coded Layer Video Sequence Start (CLVSS) Picture: A coded picture that is an IRAP picture with NoOutputBeforeRecoveryFlag equal to 1, or a GDR picture with NoOutputBeforeRecoveryFlag equal to 1.

Coded Picture: A coded representation of a picture comprising VCL NALUs with a particular value of nuh_layer_id within an AU and containing all CTUs of the picture.

Coded Picture Buffer (CPB): A first-in first-out buffer containing DUs in decoding order specified in the hypothetical reference decoder in Annex C.

Coded Representation: A data element as represented in its coded form.

Coded Video Sequence (CVS): A sequence of AUs that consists, in decoding order, of a CVSS AU, followed by zero or more AUs that are not CVSS AUs, including all subsequent AUs up to but not including any subsequent AU that is a CVSS AU.

Coded Video Sequence Start (CVSS) AU: An IRAP AU or GDR AU for which the coded picture in each PU is a CLVSS picture.

Coding Block: An $M \times N$ block of samples for some values of M and N such that the division of a CTB into coding blocks is a partitioning.

Coding Tree Block (CTB): An $N \times N$ block of samples for some value of N such that the division of a component into CTBs is a partitioning.

Coding Tree Unit (CTU): A CTB of luma samples, two corresponding CTBs of chroma samples of a picture that has three sample arrays, or a CTB of samples of a monochrome picture, and syntax structures used to code the samples.

Coding Unit (CU): A coding block of luma samples, two corresponding coding blocks of chroma samples of a picture that has three sample arrays in the single tree mode, or a coding block of luma samples of a picture that has three sample arrays in the dual tree mode, or two coding blocks of chroma samples of a picture that has three sample arrays in the dual tree mode, or a coding block of samples of a monochrome picture, and syntax structures used to code the samples.

Component: An array or single sample from one of the three arrays (luma and two chroma) that compose a picture in $4:2:0$, $4:2:2$, or $4:4:4$ colour format or the array or a single sample of the array that compose a picture in monochrome format.

Context Variable: A variable specified for the adaptive binary arithmetic decoding process of a bin by an equation containing recently decoded bins.

Deblocking Filter: A filtering process that is applied as part of the decoding process in order to minimize the appearance of visual artefacts at the boundaries between blocks.

Decoded Picture: A picture produced by applying the decoding process to a coded picture.

Decoded Picture Buffer (DPB): A buffer holding decoded pictures for reference, output reordering, or output delay specified for the hypothetical reference decoder.

Decoder: An embodiment of a decoding process.

Decoding Order: The order in which syntax elements are processed by the decoding process.

Decoding Process: The process specified in this Specification that reads a bitstream and derives decoded pictures from it.

Decoding Unit (DU): An AU if DecodingUnitHrdFlag is equal to 0 or a subset of an AU otherwise, consisting of one or more VCL NALUs in an AU and the associated non-VCL NALUs.

Emulation Prevention Byte: A byte equal to 0x03 that is present within a NALU when the syntax elements of the bitstream form certain patterns of byte values in a manner that ensures that no sequence of consecutive byte-aligned bytes in the NALU can contain a start code prefix.

Encoder: An embodiment of an encoding process.

Encoding Process: A process not specified in this Specification that produces a bitstream conforming to this Specification.

Filler Data NALUs: NALUs with nal_unit_type equal to FD_NUT.

Flag: A variable or single-bit syntax element that can take one of the two possible values, 0 and 1.

Frequency Index: A one-dimensional or two-dimensional index associated with a transform coefficient prior to the application of a transform in the decoding process.

Gradual Decoding Refresh (GDR) AU: An AU in which there is a PU for each layer present in the CVS and the coded picture in each present PU is a GDR picture.

Gradual Decoding Refresh (GDR) PU: A PU in which the coded picture is a GDR picture.

Gradual Decoding Refresh (GDR) Picture: A picture for which each VCL NALU has nal_unit_type equal to GDR_NUT.

NOTE — The value of pps_mixed_nalu_types_in_pic_flag for a GDR picture is equal to 0. When pps_mixed_nalu_types_in_pic_flag is equal to 0 for a picture, and any slice of the picture has nal_unit_type equal to GDR_NUT, all other slices of the picture have the same value of nal_unit_type, and the picture is known to be a GDR picture after receiving the first slice.

Gradual Decoding Refresh (GDR) Subpicture: A subpicture for which each VCL NALU has nal_unit_type equal to GDR_NUT.

Hypothetical Reference Decoder (HRD): A hypothetical decoder model that specifies constraints on the variability of conforming NALU streams or conforming byte streams that an encoding process may produce.

Hypothetical Stream Scheduler (HSS): A hypothetical delivery mechanism used for checking the conformance of a bitstream or a decoder with regards to the timing and data flow of the input of a bitstream into the hypothetical reference decoder.

Instantaneous Decoding Refresh (IDR) PU: A PU in which the coded picture is an IDR picture.

Instantaneous Decoding Refresh (IDR) Picture: An IRAP picture for which each VCL NALU has nal_unit_type equal to IDR_W_RADL or IDR_N_LP.

NOTE — An IDR picture does not use inter prediction in its decoding process, and could be the first picture in the bitstream in decoding order, or could appear later in the bitstream. Each IDR picture is the first picture of a CVS in decoding order. When an IDR picture for which each VCL NALU has nal_unit_type equal to IDR_W_RADL, it could have associated RADL pictures. When an IDR picture for which each VCL NALU has nal_unit_type equal to IDR_N_LP, it does not have any associated leading pictures. An IDR picture does not have associated RASL pictures.

Instantaneous Decoding Refresh (IDR) Subpicture: An IRAP subpicture for which each VCL NALU has nal_unit_type equal to IDR_W_RADL or IDR_N_LP.

Inter-Layer Reference Picture (ILRP): A picture in the same AU with the current picture, with nuh_layer_id less than the nuh_layer_id of the current picture, and is marked as "used for long-term reference".

Inter Coding: Coding of a coding block, slice, or picture that uses inter prediction.

Inter Prediction: A prediction derived from blocks of sample values of one or more reference pictures as determined by motion vectors.

Intra Block Copy (IBC) Prediction: A prediction derived from blocks of sample values of the same decoded slice as determined by block vectors.

Intra Coding: Coding of a coding block, slice, or picture that uses intra prediction.

Intra Prediction: A prediction derived from neighbouring sample values of the same decoded slice.

Intra Random Access Point (IRAP) AU: An AU in which there is a PU for each layer present in the CVS and the coded picture in each PU is an IRAP picture.

Intra Random Access Point (IRAP) PU: A PU in which the coded picture is an IRAP picture.

Intra Random Access Point (IRAP) Picture: A coded picture for which all VCL NALUs have the same value of nal_unit_type in the range of IDR_W_RADL to CRA_NUT, inclusive.

NOTE 1 — An IRAP picture could be a CRA picture or an IDR picture. An IRAP picture does not use inter prediction from reference pictures in the same layer in its decoding process. The first picture in the bitstream in decoding order is an IRAP or GDR picture. For a single-layer bitstream, provided the necessary parameter sets are available when they need to be referenced, the IRAP picture and all subsequent non-RASL pictures in the CLVS in decoding order are correctly decodable without performing the decoding process of any pictures that precede the IRAP picture in decoding order.

NOTE 2 — The value of pps_mixed_nalu_types_in_pic_flag for an IRAP picture is equal to 0. When pps_mixed_nalu_types_in_pic_flag is equal to 0 for a picture, and any slice of the picture has nal_unit_type in the range of IDR_W_RADL to CRA_NUT, inclusive, all other slices of the picture have the same value of nal_unit_type, and the picture is known to be an IRAP picture after receiving the first slice.

Intra Random Access Point (IRAP) Subpicture: A subpicture for which all VCL NALUs have the same value of nal_unit_type in the range of IDR_W_RADL to CRA_NUT, inclusive.

Intra (I) Slice: A slice that is decoded using intra prediction only.

Layer: A set of VCL NALUs that all have a particular value of nuh_layer_id and the associated non-VCL NALUs.

Leading Picture: A picture that precedes the associated IRAP picture in output order.

Leading Subpicture: A subpicture that precedes the associated IRAP subpicture in output order.

Leaf: A terminating node of a tree that is a root node of a tree of depth 0.

Level: A defined set of constraints on the values that may be taken by the syntax elements and variables of this Specification, or the value of a transform coefficient prior to scaling.

NOTE — The same set of levels is defined for all profiles, with most aspects of the definition of each level being in common across different profiles. Individual implementations could, within the specified constraints, support a different level for each supported profile.

List 0 (List 1) Motion Vector: A motion vector associated with a reference index pointing into reference picture List 0 (List 1).

List 0 (List 1) Prediction: Inter prediction of the content of a slice using a reference index pointing into reference picture List 0 (List 1).

LMCS APS: An APS that controls the LMCS process.

Long-Term Reference Picture (LTRP): A picture with nuh_layer_id equal to the nuh_layer_id of the current picture and marked as "used for long-term reference".

Luma: A sample array or single sample representing the monochrome signal related to the primary colours, represented by the symbol or subscript Y or L.

NOTE — The term luma is used rather than the term luminance in order to avoid implying the use of linear light transfer characteristics that is often associated with the term luminance. The symbol L is sometimes used instead of the symbol Y to avoid confusion with the symbol y as used for vertical location.

Luma Mapping with Chroma Scaling (LMCS): A process that is applied as part of the decoding process that maps luma samples to particular values and in some cases also applies a scaling operation to the values of chroma samples.

Motion Vector: A two-dimensional vector used for inter prediction that provides an offset from the coordinates in the decoded picture to the coordinates in a reference picture.

Multi-Type Tree: A tree in which a parent node can be split either into two child nodes using a binary split or into three child nodes using a ternary split, each of which could become the parent node for another split into either two or three child nodes.

Network Abstraction Layer Unit (NALU): A syntax structure containing an indication of the type of data to follow and bytes containing that data in the form of an RBSP interspersed as necessary with emulation prevention bytes.

Network Abstraction Layer Unit (NALU) Stream: A sequence of NALUs.

Operation Point (OP): A temporal subset of an OLS, identified by an OLS index and a highest value of TemporalId.

Output Layer: A layer of an output layer set that is output.

Output Layer Set (OLS): A set of layers for which one or more layers are specified as the output layers.

Output Layer Set (OLS) Layer Index: An index, of a layer in an OLS, to the list of layers in the OLS.

Output Order: The order of pictures or subpictures within a CLVS indicated by increasing POC values, and for decoded pictures that are output from DPB, this is the order in which the decoded pictures are output from the DPB.

Output Time: A time when a decoded picture is to be output from the DPB (for the decoded pictures that are to be output from the DPB) as specified by the HRD according to the output timing DPB operation.

Palette: A set of representative component values.

Palette Prediction: A prediction derived from one or more palettes.

Partitioning: The division of a set into subsets such that each element of the set is in exactly one of the subsets.

Picture: An array of luma samples in monochrome format or an array of luma samples and two corresponding arrays of chroma samples in 4 : 2 : 0, 4 : 2 : 2, and 4 : 4 : 4 colour format.

NOTE — A picture is either a frame or a field. However, in one CVS, either all pictures are frames or all pictures are fields.

Picture Header (PH): A syntax structure containing syntax elements that apply to all slices of a coded picture.

Picture-Level Slice Index: An index, defined when pps_rect_slice_flag is equal to 1, of a slice to the list of slices in a picture in the order as the slices are signalled in the PPS when pps_single_slice_per_subpic_flag is equal to 0, or in the order of increasing subpicture indices of the subpicture corresponding to the slices when pps_single_slice_per_subpic_flag is equal to 1.

Picture Order Count (POC): A variable that is associated with each picture, uniquely identifies the associated picture among all pictures in the CLVS, and, when the associated picture is to be output from the DPB, indicates the position of the associated picture in output order relative to the output order positions of the other pictures in the same CLVS that are to be output from the DPB.

Picture Parameter Set (PPS): A syntax structure containing syntax elements that apply to zero or more entire coded pictures as determined by a syntax element found in each picture header.

Picture Unit (PU): A set of NALUs that are associated with each other according to a specified classification rule, are consecutive in decoding order, and contain exactly one coded picture.

Prediction: An embodiment of the prediction process.

Prediction Process: The use of a predictor to provide an estimate of the data element (e.g., sample value or motion vector) currently being decoded.

Predictive (P) Slice: A slice that is decoded using intra prediction or using inter prediction with at most one motion vector and reference index to predict the sample values of each block.

Predictor: A combination of specified values or previously decoded data elements (e.g., sample value or motion vector) used in the decoding process of subsequent data elements.

Profile: A specified subset of the syntax of this Specification.

Quadtree: A tree in which a parent node can be split into four child nodes, each of which could become the parent node for another split into four child nodes.

Quantization Parameter: A variable used by the decoding process for scaling of transform coefficient levels.

Railing Picture: A picture for which each VCL NALU has nal_unit_type equal to TRAIL_NUT.

NOTE — Trailing pictures associated with an IRAP or GDR picture also follow the IRAP or GDR picture in decoding order. Pictures that follow the associated IRAP picture in output order and precede the associated IRAP picture in decoding order are not allowed.

Random Access: The act of starting the decoding process for a bitstream at a point other than the beginning of the bitstream.

Random Access Decodable Leading (RADL) PU: A PU in which the coded picture is a RADL picture.

Random Access Decodable Leading (RADL) Picture: A coded picture for which each VCL NALU has nal_unit_type equal to RADL_NUT.

NOTE — All RADL pictures are leading pictures. A RADL picture with nuh_layer_id equal to layerId is not used as a reference picture for the decoding process of any picture with nuh_layer_id equal to layerId that follows, in output order, the IRAP picture associated with the RADL picture. When sps_field_seq_flag is equal to 0, all RADL pictures, when present, precede, in decoding order, all non-leading pictures of the same associated IRAP picture.

Random Access Decodable Leading (RADL) Subpicture: A subpicture for which each VCL NALU has nal_unit_type equal to RADL_NUT.

Random Access Skipped Leading (RASL) PU: A PU in which the coded picture is a RASL picture.

Random Access Skipped Leading (RASL) Picture: A coded picture for which there is at least one VCL NALU with nal_unit_type equal to RASL_NUT and other VCL NALUs all have nal_unit_type equal to RASL_NUT or RADL_NUT.

NOTE — All RASL pictures are leading pictures of an associated CRA picture. When the associated CRA picture has NoOutputBeforeRecoveryFlag equal to 1, the RASL picture is not output and might not be correctly decodable, as the RASL picture could contain references to pictures that are not present in the bitstream. RASL pictures are not used as reference pictures for the decoding process of non-RASL pictures in the same layer, except that a RADL subpicture, when present, in a RASL picture in the same layer could be used for inter prediction of the collocated RADL subpicture in a RADL picture that is associated with the same CRA picture as the RASL picture. When sps_field_seq_flag is equal to 0, all RASL pictures, when present, precede, in decoding order, all non-leading pictures of the same associated CRA picture.

Random Access Skipped Leading (RASL) Subpicture: A subpicture for which each VCL NALU has nal_unit_type equal to RASL_NUT.

Raster Scan: A mapping of a rectangular two-dimensional pattern to a one-dimensional pattern such that the first entries in the one-dimensional pattern are from the first top row of the two-dimensional pattern scanned from left to right, followed similarly by the second, third, etc., rows of the pattern (going down) each scanned from left to right.

Raw Byte Sequence Payload (RBSP): A syntax structure containing an integer number of bytes that is encapsulated in a NALU and is either empty or has the form of a string of data bits containing syntax elements followed by an RBSP stop bit and zero or more subsequent bits equal to 0.

Raw Byte Sequence Payload (RBSP) Stop Bit: A bit equal to 1 present within a raw byte sequence payload (RBSP) after a string of data bits, for which the location of the end within an RBSP can be identified by searching from the end of the RBSP for the RBSP stop bit, which is the last non-zero bit in the RBSP.

Reference Index: An index into a reference picture list.

Reference Picture: A picture that is a short-term reference picture, a long-term reference picture, or an inter-layer reference picture.

NOTE — A reference picture contains samples that could be used for inter prediction in the decoding process of subsequent pictures in decoding order.

Reference Picture List (RPL): A list of reference pictures that is used for inter prediction of a P or B slice.

NOTE — Two RPLs, RPL 0 and RPL 1, are generated for each slice of a picture. The set of unique pictures referred to by all entries in the two RPLs associated with a picture consists of all reference pictures that could be used for inter prediction of the associated picture or any picture following the associated picture in decoding order. For the decoding process of a P slice, only RPL 0 is used for inter prediction. For the decoding process of a B slice, both RPL 0 and RPL 1 are used for inter prediction. For decoding the slice data of an I slice, no RPL is used for for inter prediction.

Reference Picture List 0: The reference picture list used for inter prediction of a P slice or the first of the two reference picture lists used for inter prediction of a B slice.

Reference Picture List 1: The second reference picture list used for inter prediction of a B slice.

Residual: The decoded difference between a prediction of a sample or data element and its decoded value.

Scaling: The process of multiplying transform coefficient levels by a factor, resulting in transform coefficients.

Scaling List: A list that associates each frequency index with a scale factor for the scaling process.

Scaling List APS: An APS with syntax elements used to construct the scaling lists.

Sequence Parameter Set (SPS): A syntax structure containing syntax elements that apply to zero or more entire CLVSs as determined by the content of a syntax element found in the PPS referred to by a syntax element found in each picture header.

Short-Term Reference Picture (STRP): A picture with nuh_layer_id equal to the nuh_layer_id of the current picture and marked as "used for short-term reference".

Slice: An integer number of complete tiles or an integer number of consecutive complete CTU rows within a tile of a picture that are exclusively contained in a single NALU.

Slice Header: A part of a coded slice containing the data elements pertaining to all tiles or CTU rows within a tile represented in the slice.

Source: A term used to describe the video material or some of its attributes before encoding.

Start Code Prefix: A unique sequence of three bytes equal to 0x000001 embedded in the byte stream as a prefix to each NALU.

NOTE — The location of a start code prefix can be used by a decoder to identify the beginning of a new NALU and the end of a previous NALU. Emulation of start code prefixes is prevented within NALUs by the inclusion of emulation prevention bytes.

Step-Wise Temporal Sublayer Access (STSA) PU: A PU in which the coded picture is an STSA picture.

Step-Wise Temporal Sublayer Access (STSA) Picture: A coded picture for which each VCL NALU has nal_unit_type equal to STSA_NUT.

NOTE — An STSA picture does not use pictures in the same layer and with the same TemporalId as the STSA picture for inter prediction reference. Pictures following an STSA picture in decoding order in the same layer and with the same TemporalId as the STSA picture do not use pictures prior to the STSA picture in decoding order in the same layer and with the same TemporalId as the STSA picture for inter prediction reference. An STSA picture enables up-switching, at the STSA picture, to the sublayer containing the STSA picture, from the immediately lower sublayer of the same layer when the coded picture does not belong to the lowest sublayer. STSA pictures in an independent layer always have TemporalId greater than 0.

Step-Wise Temporal Sublayer Access (STSA) Subpicture: A subpicture for which each VCL NALU has nal_unit_type equal to STSA_NUT.

String Of Data Bits (SODB): A sequence of some number of bits representing syntax elements present within a raw byte sequence payload prior to the raw byte sequence payload stop bit, where the left-most bit is considered to be the first and most significant bit, and the right-most bit is considered to be the last and least significant bit.

Sub-Bitstream Extraction Process: A specified process by which NALUs in a bitstream that do not belong to a target set, determined by a target OLS index and a target highest TemporalId, are removed from the bitstream, with the output sub-bitstream consisting of the NAL units in the bitstream that belong to the target set.

Sublayer: A temporal scalable layer of a temporal scalable bitstream, consisting of VCL NALUs with a particular value of the TemporalId variable and the associated non-VCL NALUs.

Sublayer Representation: A subset of the bitstream consisting of NALUs of a particular sublayer and the lower sublayers.

Subpicture: A rectangular region of one or more slices within a picture.

Subpicture-Level Slice Index: An index, defined when pps_rect_slice_flag is equal to 1, of a slice to the list of slices in a subpicture in the order as they are signalled in the PPS.

Supplemental Enhancement Information (SEI) Message: A syntax structure with specified semantics that conveys a particular type of information that assists in processes related to decoding, display or other purposes but is not needed by the decoding process in order to determine the values of the samples in decoded pictures.

Syntax Element: An element of data represented in the bitstream.

Syntax Structure: Zero or more syntax elements present together in the bitstream in a specified order.

Ternary Split: A split of a rectangular $M \times N$ block of samples into three blocks where a vertical split results in a first $(M/4) \times N$ block, a second $(M/2) \times N$ block, a third $(M/4) \times N$ block, and a horizontal split results in a first $M \times (N/4)$ block, a second $M \times (N/2)$ block, a third $M \times (N/4)$ block.

Tier: A specified category of level constraints imposed on values of the syntax elements in the bitstream, where the level constraints are nested within a tier and a decoder conforming to a certain tier and level would be capable of decoding all bitstreams that conform to the same tier or the lower tier of that level or any level below it.

Tile: A rectangular region of CTUs within a particular tile column and a particular tile row in a picture.

Tile Column: A rectangular region of CTUs having a height equal to the height of the picture and a width specified by syntax elements in the picture parameter set.

Tile Row: A rectangular region of CTUs having a height specified by syntax elements in the picture parameter set and a width equal to the width of the picture.

Tile Scan: A specific sequential ordering of CTUs partitioning a picture in which the CTUs are ordered consecutively in CTU raster scan in a tile whereas tiles in a picture are ordered consecutively in a raster scan of the tiles of the picture.

Trailing Subpicture: A subpicture for which each VCL NALU has nal_unit_type equal to TRAIL_NUT.

NOTE — Trailing subpictures associated with an IRAP or GDR subpicture also follow the IRAP or GDR subpicture in decoding order. Subpictures that follow the associated IRAP subpicture in output order and precede the associated IRAP subpicture in decoding order are not allowed.

Transform: A part of the decoding process by which a block of transform coefficients is converted to a block of spatial-domain values.

Transform Block: A rectangular $M \times N$ block of samples resulting from a transform in the decoding process.

Transform Coefficient: A scalar quantity, considered to be in a frequency domain, that is associated with a particular one-dimensional or two-dimensional frequency index in a transform in the decoding process.

Transform Coefficient Level: An integer quantity representing the value associated with a particular two dimensional frequency index in the decoding process prior to scaling for computation of a transform coefficient value.

Transform Unit (TU): A transform block of luma samples and two corresponding transform blocks of chroma samples of a picture when using a single coding unit tree for luma and chroma; or, a transform block of luma samples or two transform blocks of chroma samples when using two separate coding unit trees for luma and chroma, and syntax structures used to transform the transform block samples.

Tree: A tree is a finite set of nodes with a unique root node.

Video Coding Layer (VCL) NALU: A collective term for coded slice NALUs and the subset of NALUs that have reserved values of nal_unit_type that are classified as VCL NALUs in this Specification.

附录 B　专业名词缩写

ACT　　　　Adaptive Colour Transform
ALF　　　　Adaptive Loop Filter
AMVR　　　Adaptive Motion Vector Resolution
APS　　　　Adaptation Parameter Set
AU　　　　Access Unit
AUD　　　　Access Unit Delimiter
AVC　　　　Advanced Video Coding (Rec. ITU-T H.264/ISO/IEC 14496-10)
B　　　　　Bi-Predictive
BCW　　　　Bi-Prediction with CU-Level Weights
BDOF　　　Bi-Directional Optical Flow
BDPCM　　Block-based Delta Pulse Code Modulation
BP　　　　　Buffering Period
CABAC　　Context-based Adaptive Binary Arithmetic Coding
CB　　　　　Coding Block
CBR　　　　Constant Bit Rate
CCALF　　Cross-Component Adaptive Loop Filter
CPB　　　　Coded Picture Buffer
CPMV　　　Control Point Motion Vector
CRA　　　　Clean Random Access
CRC　　　　Cyclic Redundancy Check
CTB　　　　Coding Tree Block
CTU　　　　Coding Tree Unit
CU　　　　　Coding Unit
CVS　　　　Coded Video Sequence
DCI　　　　Decoding Capability Information
DCT　　　　Discrete Cosine Transform
DMVR　　　Decoder Side Motion Vector Refinement
DPB　　　　Decoded Picture Buffer
DST　　　　Discrete Sine Transform
DRAP　　　Dependent Random Access Point

DU	Decoding Unit
DUI	Decoding Unit Information
EG	Exponential-Golomb
EGk	*k*th Order Exponential-Golomb
EOB	End of Bitstream
EOS	End of Sequence
FD	Filler Data
FIFO	First-In, First-Out
FL	Fixed-Length
GBR	Green, Blue, and Red
GCI	General Constraints Information
GDR	Gradual Decoding Refresh
GPM	Geometric Partitioning Mode
HEVC	High Efficiency Video Coding (Rec. ITU-T H.265/ISO/IEC 23008-2)
HRD	Hypothetical Reference Decoder
HSS	Hypothetical Stream Scheduler
I	Intra
IBC	Intra Block Copy
IDR	Instantaneous Decoding Refresh
ILRP	Inter-Layer Reference Picture
IRAP	Intra Random Access Point
LFNST	Low Frequency Non-Separable Transform
LPS	Least Probable Symbol
LSB	Least Significant Bit
LTRP	Long-Term Reference Picture
LMCS	Luma Mapping With Chroma Scaling
MIP	Matrix-based Intra Prediction
MPS	Most Probable Symbol
MSB	Most Significant Bit
MTS	Multiple Transform Selection
MVP	Motion Vector Prediction
NAL	Network Abstraction Layer
OLS	Output Layer Set
OP	Operation Point
OPI	Operating Point Information
P	Predictive
PH	Picture Header

POC	Picture Order Count
PPS	Picture Parameter Set
PROF	Prediction Refinement with Optical Flow
PSNR	Peak Signal to Noise Ratio
PT	Picture Timing
PU	Picture Unit
QP	Quantization Parameter
QG	Quantization Group
RADL	Random Access Decodable Leading (Picture)
RASL	Random Access Skipped Leading (Picture)
RBSP	Raw Byte Sequence Payload
RGB	Red, Green, and Blue
RPL	Reference Picture List
SAO	Sample Adaptive Offset
SAR	Sample Aspect Ratio
SEI	Supplemental Enhancement Information
SH	Slice Header
SLI	Subpicture Level Information
SODB	String of Data Bits
SPS	Sequence Parameter Set
STRP	Short-Term Reference Picture
STSA	Step-Wise Temporal Sublayer Access
TR	Truncated Rice
VBR	Variable Bit Rate
VCL	Video Coding Layer
VPS	Video Parameter Set
VSEI	Versatile Supplemental Enhancement Information (Rec. ITU-T H.274/ISO/ IEC 23002-7)
VUI	Video Usability Information
VVC	Versatile Video Coding (Rec. ITU-T H.266/ISO/IEC 23090-3)

反侵权盗版声明

电子工业出版社依法对本作品享有专有出版权。任何未经权利人书面许可，复制、销售或通过信息网络传播本作品的行为；歪曲、篡改、剽窃本作品的行为，均违反《中华人民共和国著作权法》，其行为人应承担相应的民事责任和行政责任，构成犯罪的，将被依法追究刑事责任。

为了维护市场秩序，保护权利人的合法权益，我社将依法查处和打击侵权盗版的单位和个人。欢迎社会各界人士积极举报侵权盗版行为，本社将奖励举报有功人员，并保证举报人的信息不被泄露。

举报电话：（010）88254396；（010）88258888

传　　真：（010）88254397

E-mail： dbqq@phei.com.cn

通信地址：北京市万寿路 173 信箱

　　　　　电子工业出版社总编办公室

邮　　编：100036